建筑电工学

（第 5 版）

主编　王明昌

重庆大学出版社

内 容 提 要

本书是根据教育部颁布的《电工学课程教学基本要求》教学大纲,结合建工类各非电专业的特点编写的。

全书共 8 章,分别介绍了电工基本知识和单相交流电路、三相交流电路、变压器、交流异步电动机、低压电器及控制电路、建筑施工现场供电、建筑电气照明、电子技术基础。每章均有小结、基本知识自检题、思考题与练习题,书后有实验指导书,并附习题参考答案。

本书可作为高等院校建工类非电专业电工学课程的教材,也可作为工程技术人员的参考书。

图书在版编目(CIP)数据

建筑电工学/王明昌主编.— 5 版.—重庆:重庆大学出版社,2013.2(2022.7 重印)

高等学校土木工程本科规划教材

ISBN 978-7-5624-1016-4

Ⅰ.①建…　Ⅱ.①王…　Ⅲ.①建筑工程—电工—高等学校—教材　Ⅳ.①TU85

中国版本图书馆 CIP 数据核字(2013)第 022600 号

建筑电工学

(第 5 版)

主编　王明昌

责任编辑:曾令维　乔丽英　　版式设计:曾令维
责任校对:任卓惠　　　　　　责任印制:张　策

*

重庆大学出版社出版发行

出版人:饶帮华

社址:重庆市沙坪坝区大学城西路 21 号

邮编:401331

电话:(023) 88617190　88617185(中小学)

传真:(023) 88617186　88617166

网址:http://www.cqup.com.cn

邮箱:fxk@ cqup.com.cn(营销中心)

全国新华书店经销

POD:重庆新生代彩印技术有限公司

*

开本:787mm×1092mm　1/16　印张:21.25　字数:530 千
2013 年 2 月第 5 版　　2022 年 7 月第 29 次印刷
ISBN 978-7-5624-1016-4　定价:48.00 元

土木工程专业本科系列教材
编审委员会

第5版前言

本书出版以来,受到众多高等院校的欢迎。自第4版修订后,更受欢迎,也提出了宝贵的修改意见,在这里特表示由衷的感谢。此次修订是在第4版的基础上,根据部分院校反馈的意见和教育部颁布的《电工学课程教学基本要求》教学大纲,并结合建筑工程专业的发展需求进行的。本书可作为高等院校建工类非电专业电工学课程的教材,也可作为工程技术人员的参考书。

本版对建筑电气照明章节进行了较大改动,其他章节仅对错误的地方进行了改正。修订后,本书的主要内容仍具有电工基本知识和单相交流电路、三相交流电路、变压器、交流异步电动机、建筑电器及控制电路、建筑施工现场供电、建筑电气照明、模拟电子技术基础等结构。

全书共8章,其中绪论、第1,2,6,7,8章及实验指导书由王明昌、周燕、王学杰修订;第3章主要由冯芳碧、王正勇修订;第4,5章及实验指导书(部分)由赵宏家、赵远鹏修订。全书仍由王明昌担任主编。

由于编者水平有限,书中不妥和错误之处在所难免,恳请广大师生和读者批评指正,以便更加完善。

编　者
2013 年 1 月

目　　录

绪　论

《建筑电工学》是建筑工程类各专业的一门重要的技术基础课,它是学好有关专业课程的重要基础。特别是当建筑业发展到目前的阶段,电在建筑工程中已得到广泛深入的应用。为了满足生产的需要,为了给生活、工作提供卫生、舒适的环境,要求在建筑物内设置完善的给水、排水、供热、通风、空调、通讯、闭路电视、火灾自动报警、供电等系统。这些设备设置在建筑物内,必然要求与建筑结构及生产设备等统筹安排、相互协调,因此要搞好建筑设计、结构设计及建筑施工就应掌握《建筑电工学》的基本知识,以便具有综合处理以上设备与建筑物主体之间关系的能力,从而作出优良的建筑设计或组织好建筑施工。

再说,要使建筑生产力向高度发展,就要研究先进技术,而先进的技术是与电工技术有着密切联系的。如上述给排水自动控制系统、火灾自动报警系统等都说明工作过程的自动化只有在电气化的条件下才有可能实现。因此,建筑业的革新与发展,也要求从事建筑工程的技术人员不仅要掌握本专业的知识,而且要学习《建筑电工学》。

学习《建筑电工学》这门课的主要目的,就是要掌握电工技术的基本理论、基本知识和基本技能;为学习有关专业课和从事专业技术工作以及进一步钻研新技术奠定良好基础。

本课程的主要内容和基本要求是:

1. 电路

是全课程的理论基础,它包括电路的基本知识、单相正弦交流电路、三相交流电路。通过学习掌握其基本概念,并初步学会一般电路的分析、计算方法。

2. 电气设备

该部分主要包括变压器、互感器、交流异步电动机、建筑电器及控制电路。要求在了解结构、弄懂原理的基础上,学会正确使用和选择电动机、变压器、低压控制电器和保护电器,并熟悉继电-接触器控制的基本电路,学会分析与本专业有关的典型控制电路。

3. 建筑施工供电与照明

该部分包括建筑施工现场供电、建筑防雷与安全用电、建筑电气照明。通过这部分的学习,使学生熟悉建筑施工现场的供电方式、主要设备、材料及其选择方法,掌握安全用电常识及建筑防雷措施;了解建筑电气照明的基本知识,能看懂一般建筑电气照明工程图。

4. 模拟电子技术基础

该部分主要介绍半导体器件、基本放大电路及其分析方法、多级放大电路、放大电路中的负反馈及功率放大电路。通过这些部分内容的学习,要求搞清主要电子电路的工作原理及应用;初步学会分析计算基本放大电路的静态工作点、电压放大倍数和输入、输出电阻。了解放大电路中负反馈的作用及功率放大电路的组成及特点。为进一步学习有关电子技术打下基础。

5. 电工与电子实验

为了培养学生的动手能力,增加感性认识,加深对基本理论和基本概念的理解,本教材编入了部分实验的指导书,供参考使用。通过实验使学生受到必要的实际操作技能的训练;并要求能独立完成不太复杂的电工、电子实验;掌握电压表、电流表、万用表、稳压电源的使用方法,了解功率表、信号发生器、示波器的使用方法。培养学生分析问题和解决问题的能力,树立科学严谨的工作作风。

第1章 电工基本知识和单相交流电路

为什么现代工农生产和日常生活中都普遍应用交流电呢？这是因为交流电具有容易产生、输送经济和利于使用等优点。例如交流电可以利用变压器把电压升高或降低,这就可以用高压远距离输电以减小线路中的电流,降低损耗、节省导线材料;而用低压配电,使用安全,可降低用电设备成本。此外,交流电动机与直流电动机相比,前者具有结构简单、成本低廉、工作可靠和维护方便等优点。因此,发电厂发出的一般都是交流电,故建筑施工现场也都是采用的交流电。

本章主要讨论单相正弦交流电的产生、基本概念和单相交流电路的分析计算方法。但是,为了解决物理学与电工技术课的衔接问题,先来回顾一下电路与磁路的基本概念和基本定律。读者应该注意对一些重要概念从工程观点出发重新给以的阐述和工程计算的方法。

1.1 电路的组成及其基本物理量

1.1.1 电路的组成

电路就是电流通过的路径。它一般由电源、控制与保护环节、负载和连接导线4部分组成。图1.1.1是一个简单的电路模型。所谓电路模型就是把实际的电路元件,在一定条件下近似看成理想的电路元件,如干电池用电动势E和内电阻r_0串联组合表示,灯泡、电炉等负载主要耗能,用电阻元件R_L表示。以后分析和计算电路时,直接对象不是实际电路,而是实际电路的理想化模型。

电源是产生电能的源泉,它的作用是把非电形式的能量转换成电能。例如,电池把化学能转换成电能;发电机把风能、热能、水能或核能转换成电能。

完好的闭合电路中有了电源(即电压或电动势),就会使电荷作有规则的运动而形成电流。所以又说电源是推动电荷流动的"动力"。

负载即用电设备,它是将电能转换成其他形式能量的装置。例如,电炉是把电能转换成热能,电动机是把电能转换为机械能。

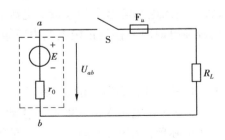

图1.1.1 电路的组成

用来控制电路接通或断开的装置,称为控制电器。最简单的控制电器是刀开关,用S表示。所谓保护电器就是当电路出现故障(如短路、过流、过压、欠压等)时,能及时将电路切断,保护线路或设备不至于损坏,或者使故障限制在一定范围的装置。最简单的保护电器就是图 1.1.1 中的熔断器 F_u。在交流电路中,控制和保护环节,往往用同时具有控制和保护功能的自动开关完成,其工作原理见 7.5 节。

上述 3 个部分要构成闭合回路,需要用导线连接,所以导线起着连通电路、传输电能的作用。常用的导线为铜线和铝线。

1.1.2 电路的基本物理量

(1)电流强度(简称电流)

衡量电流强弱的物理量称电流强度。它在数值上等于单位时间内通过导体横截面的电荷量。

如果流过导体横截面电荷量 Q 的大小和方向都不随时间 t 而变化,则称直流电流,简称直流,用 I 表示,即

$$I = \frac{Q}{t} \tag{1.1.1}$$

如果电流的大小和方向随时间作周期性的变化,称其为交流电流,用 i 表示。设在极短的时间 dt 内通过导体横截面的微小电荷量为 dq,则

$$i = \frac{dq}{dt} \tag{1.1.2}$$

电流在国际单位制中的基本单位是安培,简称安(A)。比安培大的单位有千安(kA),比安培小的单位常用的有毫安(mA)、微安(μA)。

$$1 \text{ kA} = 10^3 \text{ A}, 1 \text{ A} = 10^3 \text{ mA}, 1 \text{ mA} = 10^3 \text{ μA}$$

电流的方向习惯上规定为正电荷运动的方向,但在有些情况下,电流的实际方向往往难以事先判定,这时可任意假定一个电流的方向,称为参考方向。按照参考方向分析计算的电流,为正值时表明实际方向与参考方向一致,为负值时表明电流的实际方向与参考方向相反。

(2)电源的电动势

由物理学知道,在电源内存在着一种非静电力,又称电源力。电源力能使电源内部导体中的正负电荷分离,并把正电荷推向正极,负电荷推向负极。为了衡量电源力分离电荷能力的大小,我们引入电动势这个物理量。电源的电动势在数值上就等于电源力把单位正电荷从电源的负极经电源内部移到正极电源力所做的功。电动势用 E 表示,即

$$E = \frac{W}{Q} \tag{1.1.3}$$

式中 W——电源力所做的功,焦耳(J);

  Q——在电源内部被电源力移动的电荷量,库仑(C)。

在国际单位制中,电动势的单位是伏特,简称伏(V)。较大或较小的单位是千伏(kV),毫伏(mV)。

$$1 \text{ kV} = 10^3 \text{ V}, \quad 1 \text{ V} = 10^{-3} \text{ mV}$$

规定电动势的方向,在电源内部由电源的负极"-"指向正极"+"。在分析计算过程中,电动势的方向和电流一样,也可假设一个参考方向。

（3）电压

由上可知，在电源力的作用下，电源正负极板上都聚集了相当数量的正负电荷，因此正负极之间就具有一定的电场。如电源两端用导线连通负载，如图1.1.1。在电场力的作用下，正电荷就会从电源正极 a 通过导线经负载而移到负极 b，于是便形成了电流。如负载是灯泡便发光，这就说明电场力做了功。为了衡量电场力做功的能力，我们引入电压这个物理量。其定义如下：电路中任意两点 a,b 之间的电压 U_{ab}，在数值上等于电场力将单位正电荷从 a 点推到 b 点（在图1.1.1中是从 a 点经 R_L 到 b 点）所做的功，即

$$U_{ab} = \frac{W_{ab}}{Q} \tag{1.1.4}$$

式中　W_{ab}——电场力把电荷量 Q 从 a 点推到 b 点所做的功，单位是焦耳（J）；

　　　Q——电荷量，单位是库仑（C）。

电压的单位与电动势相同。

（4）电位

在图1.1.1中，正电荷在电场力的推动下从 a 点经过负载移到 b 点时，就把电能转换成了其他形式的能量，所以说正电荷在 a 点具有的能量比在 b 点大，把单位正电荷在电路中某点所具有的能量称为该点的电位。电位在数值上等于电场力将单位正电荷从该点沿任意路径推到参考点（假设的零电位点）所做的功，用 U 加单字母脚标表示。例如 a 点电位用 U_a 表示，b 点电位用 U_b 表示，显然 $U_a > U_b$。由此可见，电场力对正电荷做功的方向就是电位降落的方向，因此规定电压的方向由高电位指向低电位。如图1.1.1由 a 点指向 b 点。可见 a,b 两点之间的电压可表示为：

$$U_{ab} = U_a - U_b \tag{1.1.5}$$

（5）电功率

一秒钟内负载消耗（电源输出）的电能叫做负载（电源）的电功率。电功率是衡量用电设备或电源做功本领的物理量。用电设备铭牌上的电功率越大，说明它自电源取用的电能转换为非电能的本领越大。

在直流电路中，负载消耗的电功率 P 等于负载两端的电压 U 与通过负载电流 I 的乘积，即

$$P = UI \tag{1.1.6}$$

式中，电压的单位为伏特（V），电流的单位为安培（A）；功率的单位为瓦特（W）。功率较大或较小时，可用千瓦（kW）或毫瓦（mW）作单位，即

$$1\ \text{kW} = 10^3\ \text{W}, \quad 1\ \text{W} = 10^3\ \text{mW}$$

1.2　电路的基本定律

电路的基本定律常用的有欧姆定律和克希荷夫定律。它们是分析计算电路的重要工具，因此必须掌握和熟练地应用。

1.2.1 克希荷夫定律

能利用欧姆定律和电阻串并联公式就能求解的电路称为简单电路,否则就是复杂电路。求解复杂电路,要应用克希荷夫定律。克希荷夫定律共有两个:第一定律应用于结点,又称结点电流定律(KCL);第二定律应用于回路,又称回路电压定律(KVL)。

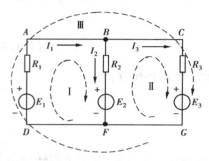

图 1.2.1 直流复杂电路

这里首先介绍本节涉及的名词或术语:

支路:电路中一段无分岔的电路称为支路。如图 1.2.1 中的 AD,BF,CG 3 条都是支路。

结点:3 条或 3 条以上支路的连接点称为结点。如图 1.2.1 中的 B 点与 F 点都是结点。

回路:电路中任一闭合路径称为回路。如图1.2.1 中虚线环形箭头所示都是回路。

(1)克希荷夫电流定律(KCL)

克希荷夫电流定律指出,在任一瞬时,对于电路中任意一个结点,流入结点的电流之和必等于从该结点流出的电流之和,即

$$\sum I_{\text{入}} = \sum I_{\text{出}} \tag{1.2.1}$$

对于任一电路,各支路电流的方向是可以任意假设的。现设图 1.2.1 中各支路电流的参考方向如图中所示,对于 B 结点得:

$$I_1 = I_2 + I_3$$

若设流入结点的电流为正,流出结点的电流为负,由 B 结点可得:

$$I_1 - I_2 - I_3 = 0$$

故上式可改写为:

$$\sum I = 0 \tag{1.2.2}$$

上式说明,在电路中任一结点上电流的代数和恒等于零。因此,克希荷夫电流定律体现了电流的连续性。

克希荷夫电流定律不仅适用于结点,而且也适用于某些闭合区域,称为广义结点。如图 1.2.2中晶体三极管可视为一个广义结点。由 $\sum I = 0$ 得:

$$I_{\text{b}} + I_{\text{c}} - I_{\text{e}} = 0$$

例如已知基极电流 $I_{\text{b}} = 0.02$ mA,集电极电流 $I_{\text{c}} = 2$ mA,则发射极电流:

$$I_{\text{e}} = I_{\text{c}} + I_{\text{b}} = 2.02 \text{ mA}$$

图 1.2.3 中虚线所包含的闭合面可视为一个广义结点。由 $\sum I = 0$ 得:

$$I_A + I_B + I_C = 0$$

(2)克希荷夫电压定律(KVL)

克希荷夫电压定律指出:在任一瞬时,沿任一回路绕行一周,回路上各电动势的代数和必等于各段电压降的代数和,即

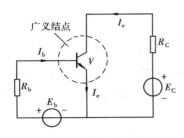

图 1.2.2　三极管视为广义结点

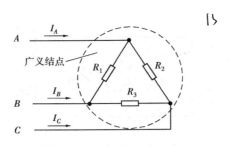

图 1.2.3　闭合面视为广义结点

$$\sum E = \sum U \tag{1.2.3}$$

可见,克希荷夫电压定律体现了能量守恒。如果电路中的电压降都是电阻压降,则上式可写成:

$$\sum E = \sum IR \tag{1.2.4}$$

式(1.2.4)中各项的正负号应按下述原则来确定:

1)电动势正负号的确定

必须把回路中所有的电动势写在等号的一边,而把所有的电阻上的压降写在等号的另一边。任选一回路绕行方向,如图 1.2.1 中虚线环形箭头所示。当电动势的方向(负到正)与回路绕行方向一致时,电动势取正号,反之取负号。

2)电阻上压降正负号的确定

先假定各支路电流的方向,若电流的方向与回路绕行方向一致时,电阻上的压降取正号,反之取负号。

根据上述原则,在图 1.2.1 中沿回路 Ⅰ 得:

$$E_1 - E_2 = I_1 R_1 + I_2 R_2$$

沿回路 Ⅱ 得:

$$E_2 - E_3 = I_3 R_3 - I_2 R_2$$

1.2.2　克希荷夫定律的应用

(1)利用两定律求解复杂电路中的电流

在求解时,首先要分析电路中共有几个未知电流,然后根据克希荷夫两定律列出相应个独立方程。由于利用 KCL 列出的方程比较简单,所以,应根据 KCL 列出尽可能多的独立方程,若电路有 n 个结点,b 条支路,可由 KCL 列出 $(n-1)$ 个独立方程。不足的方程再用 KVL 列出。在应用 KVL 列方程式时,每次所取的回路若能包含一条新的支路(即其他方程式中没有利用过的支路)或选网孔(回路内部不含其他支路)作回路,则所列方程式必然是独立的。利用 KVL 可列独立方程式 $[b-(n-1)]$ 个。

综上所述,以支路电流为未知量,先列出与未知量数目相等的方程式,而后联立求解,这种求解电路的方法称为支路电流法。由于任何复杂电路都可用支路电流法来求解,所以本教材仅介绍此一种方法。下面举例说明支路电流法的具体应用。

例 1.2.1　图 1.2.4 所示电路中,已知 $E_1 = 12$ V,$E_2 = 8$ V,$E_3 = 6$ V,$R_1 = R_2 = 4$ Ω,$R_3 = 2$ Ω,$R_4 = 9$ Ω,试求各支路电流。

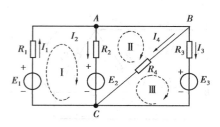

图 1.2.4 例 1.2.1 的电路

解：

1）列结点电流方程

由题图可知，A,B 之间是一条电阻为 0 的导线，可视为一个结点，这样电路共有 2 个结点，可到一个独立方程。列方程前，还需将各支路中的电流参考方向标定出来，如图中箭头所示。

由结点 A：$\quad I_1 = I_2 + I_3 + I_4$

2）列回路电压方程

均取顺时针方向为回路绕行方向。

由回路 Ⅰ 得：$\qquad E_1 - E_2 = I_1 R_1 + I_2 R_2$

由回路 Ⅱ 得：$\qquad E_2 = -I_2 R_2 + I_4 R_4$

由回路 Ⅲ 得：$\qquad -E_3 = I_3 R_3 - I_4 R_4$

3）联立以上 4 个方程，代入已知数据求解得：

$$I_1 = 1.2\ A,\ I_2 = -0.2\ A,\ I_3 = 0.6\ A,\ I_4 = 0.8\ A$$

上述电路的基本定律，虽然是在直流电路中得出，但是均可推广到交流电路中去。

（2）电路中电位的计算

在进行电路分析时，经常要研究电路中各点的电位高低。例如在晶体管电路中，常需要计算晶体管各极的电位，由电位的高低，确定晶体管的工作状态。要计算某点的电位，简单地说，就是从该点出发，沿着任选的一条路径"走"到零电位点（也称参考点），该点的电位就等于"走"这条路径所经过的全部电位降（即电压）的代数和。具体方法和步骤是：

①若电路中没有已知的接地点，则可任意选取一个零电位点，用符号"⊥"表示。

②标出电阻上电压的极性：若已知其电流的方向，则将电流入端标为正极，电流出端标为负极。

③求某点电位时，就选定一条从该点到参考点的路径（尽可能选最简单的路径）。一路上经过的不论是电源还是电阻，只要是从元件的正极到负极，就取该电位降为正值，反之取负值。然后将所经过的全部电位降（即电压）相加（求代数和），就得该点的电位。

例 1.2.2　在图 1.2.5，已知 $E_1 = 18\ V$，$E_2 = 12\ V$，$R_1 = R_2 = 2\ \Omega$，$R_3 = 9\ \Omega$，试求 A,B,C 点的电位。

解：1）求各支路的电流。电流的参考方向及回路绕行方向见图 1.2.5，利用支路电流法，列独立方程为

由结点 B：$\qquad I_1 + I_2 = I_3$

由回路 Ⅰ 得：$\qquad E_1 - E_2 = I_1 R_1 - I_2 R_2$

由回路 Ⅱ 得：$\qquad E_2 = I_2 R_2 + I_3 R_3$

联立以上 3 个方程，代入已知数据求解得

$$I_1 = 2.25\ A \quad I_2 = -0.75\ A \quad I_3 = 1.5\ A$$

2）设 D 点为参考点，即 $U_D = 0$，求 A 点、B 点、C 点的电位。根据 E 或 I 的参考方向标出各元件的极性如图 1.2.5 所示。各点的电位计算如下：

①A 点的电位：

$$U_A = E_1 = 18\ V$$

或 $$U_A = I_1R_1 + I_3R_3 = 2.25 \times 2 \text{ V} + 1.5 \times 9 \text{ V} = 18 \text{ V}$$

②B 点的电位：

$$U_B = I_3R_3 = 1.5 \times 9 \text{ V} = 13.5 \text{ V}$$

或 $$U_B = E_1 - I_1R_1 = 18 \text{ V} - 2.25 \times 2 \text{ V} = 13.5 \text{ V}$$

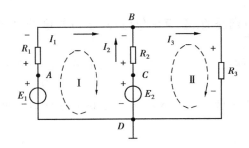

图 1.2.5 例 1.2.2 电路

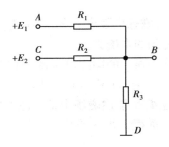

图 1.2.6 图 1.2.5 的简化电路
（以 D 点为参考点）

③C 点的电位：

$$U_C = E_2 = 12 \text{ V}$$

或 $$U_C = I_2R_2 + I_3R_3 = -0.75 \times 2 \text{ V} + 1.5 \times 9 \text{ V} = 12 \text{ V}$$

可见,电路中某一点的电位与所选计算路径无关。

3)设 B 点为参考点,即 $U_B = 0$,求 A 点、C 点、D 点的电位。

①A 点的电位:$U_A = I_1R_1 = 2.25 \times 2 \text{ V} = 4.5 \text{ V}$

②C 点的电位:$U_C = I_2R_2 = -0.75 \times 2 \text{ V} = -1.5 \text{ V}$

③D 点的电位:$U_D = -I_3R_3 = -1.5 \times 9 \text{ V} = -13.5 \text{ V}$

从上面结果可知:

①电路中某点的电位等于该点与参考点之间的电压。

②参考点选得不同,各点的电位不同,但是,任意两点之间的电压不会改变。

图 1.2.5 也可简化为以 D 点为参考点的图 1.2.6,即各电源不画符号,仅标电位值。

1.3　电　磁

在变压器、电动机和各种带线圈的电气设备中,不仅有电路的问题,同时还有磁路的问题。因此有必要重温一下电磁的基本概念,以便能运用它去分析电磁现象。

1.3.1　磁路的基本物理量

(1)磁感应强度和磁通

磁感应强度 $\overset{\rightharpoonup}{B}$ 是描述磁场中某点磁场强弱与方向的物理量。

我们知道,把一根长度为 l(在磁场中的长度),通入电流为 I 的直导体,垂直于磁力线的方

向放入磁场中,其受到的作用力为:

$$F = BIl$$

因而磁感应强度 B 为:

$$B = \frac{F}{Il} \tag{1.3.1}$$

上式表明,磁感应强度 B 的大小,等于与磁力线方向垂直、载有单位电流、单位长度的直导体在该点受到的电磁力。

磁感应强度的国际单位制单位为特斯拉,简称特(T),工程中常用较小的电磁制单位高斯,简称高(Gs),$1 \text{ Gs} = 10^{-4} \text{ T}$。

磁通 Φ 是描述磁场中某一范围内磁场强弱的物理量。其大小等于磁感应强度 B 与垂直于 B 某一横截面积 S 的乘积,即

$$\Phi = B \cdot S \tag{1.3.2}$$

磁通的国际单位制单位是伏·秒,通常称为韦伯(Wb),工程中有时用电磁制单位麦克斯韦,简称麦(Mx),$1 \text{ Mx} = 10^{-8} \text{ Wb}$。

(2)磁导率和磁场强度

磁导率是用来表示物质导磁性能的物理量。由实验测得真空中的磁导率 μ_0 为一常数,即

$$\mu_0 = 4\pi \times 10^{-7} \text{ H/m}(\text{亨}／\text{米}) \tag{1.3.3}$$

而其他材料的磁导率 μ 和真空中的磁导率 μ_0 的比值,称为该物质的相对磁导率 μ_r,即

$$\mu_r = \frac{\mu}{\mu_0} \quad \text{或} \quad \mu = \mu_0\mu_r \tag{1.3.4}$$

铁、钴、镍及其合金等铁磁材料的 μ_r 值很高,是 μ_0 的几百至几千倍。这就是变压器、电机和多种带线圈的电器都有铁芯的缘故。在这种带有铁芯的线圈中通入很小的励磁电流就能产生很强的磁场,这是因为铁磁材料在磁场的作用下被磁化,被磁化的铁磁物质具有助磁作用;另一方面因为铁磁材料的磁导率很大,磁通容易通过,它具有使磁通集中通过的性能。

当磁场中充满了不同的铁磁材料时,由于铁磁材料在磁场的作用下会受到不同的磁化,这就使磁感应强度 B 的计算变得比较复杂。为了计算方便,引入一个辅助量,称磁场强度 H。它与磁感应强度 B 的关系为:

$$B = \mu H \quad \text{或} \quad H = \frac{B}{\mu} \tag{1.3.5}$$

磁场强度也是一个矢量,它的方向与 B 的方向相同。单位是:A/m、A/cm。

$$1 \text{ A/m} = 10^{-2} \text{ A/cm}$$

磁场强度与磁导率无关,只与线圈的形状、匝数及通过电流的大小有关。

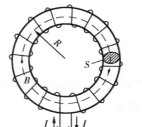

图 1.3.1 环形线圈电流的磁场

如图 1.3.1 所示环形线圈,其几何形状一定,若线圈绕的很密,则磁通基本全部集中通过线圈内部。实验和理论都可证明,在螺线管内任一点的磁场强度 H 与匝数 N、电流 I 成正比,若 N、I 一定,则 H 与螺线管(中心)长度 l 成反比,即

$$H = \frac{IN}{l} \tag{1.3.6}$$

1.3.2 磁路及磁路欧姆定律

磁路就是磁通通过的路径。它主要由铁磁材料构成。

由式(1.3.2)和式(1.3.6),得:

$$\Phi = BS = \mu HS = \mu \frac{IN}{l} \cdot S = \frac{IN}{l/\mu S} \tag{1.3.7}$$

与电路中的欧姆定律 $I = \frac{E}{R}$ 相比较,也可以把式(1.3.7)写成:

$$\Phi = \frac{IN}{R_m} \tag{1.3.8}$$

式(1.3.8)是无分支磁路的欧姆定律。式中磁通 Φ 好比电路中的电流 I;IN 称为磁动势,是产生磁通的源泉,它好比电路中的电动势;与电阻 R 相对应的 $R_m = l/\mu S$ 称为磁阻,它反映了磁路对磁通的阻力,磁阻的单位是 $1/H$(即 A/Wb)。式(1.3.8)表明,电流在磁路中产生磁通 Φ 的大小与磁动势 IN 成正比,与磁路中的磁阻 R_m 成反比。

例1.3.1 在图1.3.1所示的环形线圈内放置 $\mu_r = 1\,000$ 的铁芯,铁芯的中心长为 100 cm,横截面为 10 cm^2,环形线圈为 1 000 匝,试求:(1)铁芯的磁阻;(2)当铁芯中的磁通为 12.56×10^{-4} Wb 时,线圈中的电流是多少? (3)当铁芯中开有长度 $l_0 = 0.1$ cm 的空气隙,如果仍维持 12.56×10^{-4} Wb 的磁通不变,问线圈中的电流应是多大?

解:

1)$R_m = \frac{l}{\mu s} = \frac{l}{\mu_0 \mu_r s} = \frac{100 \times 10^{-2}}{4\pi \times 10^{-7} \times 1\,000 \times 10 \times 10^{-4}}$ A/Wb $= 7.96 \times 10^5$ A/Wb

2)由式(1.3.8),得:

$$I = \frac{\Phi R_m}{N} = \frac{12.56 \times 10^{-4} \times 7.96 \times 10^5}{1\,000} \text{ A} = 1 \text{ A}$$

3)当铁芯中有空气隙时,则气隙段磁阻 R_{m0} 与铁芯段磁阻 R_m 是串联关系,铁芯段磁阻 R_m 约为1)解,空气隙段磁阻为:

$$R_{m0} = \frac{l_0}{\mu_0 s} = \frac{0.1 \times 10^{-2}}{4\pi \times 10^{-7} \times 10 \times 10^{-4}} \text{ A/Wb} = 7.96 \times 10^5 \text{ A/Wb}$$

线圈中的电流由式(1.3.8),得:

$$I = \frac{\Phi(R_m + R_{m0})}{N} = \frac{12.56 \times 10^{-4} \times 2 \times 7.96 \times 10^5}{1\,000} \text{ A} = 2 \text{ A}$$

由计算结果可见,磁路中有很小的空气隙,就会成倍增加磁阻,若仍要求有足够的磁通,就必须增加励磁电流或者线圈匝数。而在旋转电机(发电机、电动机)中,转子铁芯与定子铁芯之间总要有空气隙。但是,为了减小磁路的磁阻,制造时应尽可能缩小这段空气隙。

1.3.3 电磁感应

(1)电磁感应现象

由实验知道,当导体对磁场作相对运动而切割磁力线时,导体中便产生感应电动势,如图1.3.2所示;此外,当穿链线圈的磁通发生变化,线圈导线上也会产生感应电动势,见图1.3.3。这两种不同条件下产生感应电动势的现象,统称为电磁感应。

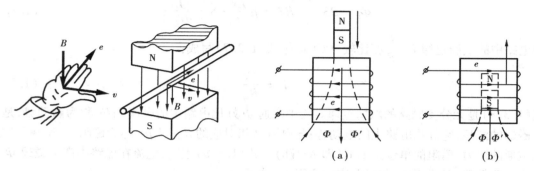

图 1.3.2 直导体中的感应电动势   图 1.3.3 线圈中的感应电动势
(a)磁铁插入   (b)磁铁拔出

(2)感应电动势的大小

直导线切割均匀磁场的磁力线时产生感应电动势的大小与磁场的磁感应强度 B、与直导线垂直切割磁力线的速度 v 以及导线在磁场中的有效长度 l 成正比,即

$$e = Blv \qquad (1.3.9)$$

如果 v 的方向与 B 的方向间成 α 角而并不垂直,则此时 v 应取垂直于 B 的一个分量 $v' = v \sin \alpha$,因此式(1.3.9)变成:

$$e = Blv \sin \alpha$$

螺线管中磁通变化所产生感应电动势的大小,由法拉第电磁感应定律知,与线圈的匝数 N 及磁通的变化率 $\dfrac{\mathrm{d}\Phi}{\mathrm{d}t}$ 成正比,即

$$e = \left| N \frac{\mathrm{d}\Phi}{\mathrm{d}t} \right| \qquad (1.3.10)$$

(3)感应电动势的方向

直导线切割磁力线产生感应电动势的方向由右手定则判定,如图1.3.2所示。

螺线管中产生的感应电动势的方向由楞次定律来确定:感应电动势的方向总是使它在闭合回路中所产生的电流的附加磁通力图阻止原磁通发生改变。

下面由图1.3.3来说明楞次定律的应用。当磁铁插入时,如图1.3.3(a)所示,原磁通增加,感应电动势所产生电流的附加磁通 Φ' 阻碍原磁通的增加,因此 Φ' 与 Φ 方向相反,这时大拇指指向 Φ' 的方向,则弯曲 4 指的指向为感应电动势 e 的方向。反之,当磁铁拔出时,如图1.3.3(b)所示,原磁通将减小,感应电动势所产生电流的附加磁通 Φ' 力图阻止原磁通 Φ 的减小,此时 Φ' 与 Φ 方向相同,这时把大拇指指向 Φ' 的方向,则弯曲 4 指的指向即为 e 的方向。

为使电磁感应公式既能表明感应电动势的大小，又能正确反映由楞次定律所确定的感应电动势的方向，故在式前置一负号，即

$$e = -N\frac{\mathrm{d}\Phi}{\mathrm{d}t} \tag{1.3.11}$$

上式就是法拉第电磁感应定律。

1.3.4　自感与自感电动势

由电磁感应定律可知，线圈中磁通的变化会产生感应电动势。同理，若线圈中通入变化的电流，就会引起磁通的变化而产生感应电动势，这种由于线圈自身电流变化而引起的电磁感应现象称为自感现象，它所产生的感应电动势称为自感电动势，用 e_L 表示。自感电动势的大小等于线圈的电感 L 与电流变化率 $\frac{\mathrm{d}i}{\mathrm{d}t}$ 的乘积，即

$$e_L = -L\frac{\mathrm{d}i}{\mathrm{d}t} \tag{1.3.12}$$

式中，负号表示电动势的方向符合楞次定律。由楞次定律可知，当线圈电流 i 增加 $\left(\frac{\mathrm{d}i}{\mathrm{d}t}>0\right)$ 时，则 e_L 与 i 的方向相反 $(e_L<0)$，自感电动势阻碍电流的增加；当线圈电流 i 减小 $\left(\frac{\mathrm{d}i}{\mathrm{d}t}<0\right)$ 时，则 e_L 与 i 的方向相同 $(e_L>0)$，e_L 阻碍电流 i 的减小。也就是说，自感电动势产生的附加电流总是企图阻碍原有电流的变化。换言之，自感电动势具有镇定电流的作用。如日光灯镇流器就是利用这一原理来镇定电流的。

由式 (1.3.7) 可知，线图中的磁通 $\Phi = \mu iNS/l$，若等式两边同乘以线圈的匝数 N，则得 $N\Phi = \mu iN^2S/l$。$N\Phi$ 表示线圈的磁通和它交链的匝数的乘积，称为线圈的磁通链，用 Ψ 表示。对于空心线圈而言，其磁通链和通过它的励磁电流之比总是一个常数，即

$$L = \frac{\Psi}{i} = \frac{\mu S}{l}N^2 = \frac{N^2}{R_m} \tag{1.3.13}$$

式中，L 称为线圈的自感系数或电感，它仅与线圈的几何形状及磁导率有关，所以电感 L 是表征线圈本身结构的物理量。

电感的单位是亨利 $(\Omega \cdot s)$，简称亨 (H)，较小的单位是毫亨 (mH)，$1\ mH = 10^{-3}\ H$。

1.3.5　涡　流

涡流也是一种电磁感应现象。图 1.3.4(a) 是一整块铁芯，可以把它看做由很多条导线组成。当变化的磁通穿过铁芯时，其中必然要产生感应电动势，从而引起自成回路像水旋涡形的电流，故称为涡流。

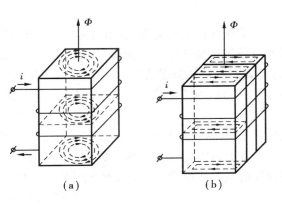

图 1.3.4　铁芯中的涡流

涡流会使电气设备的铁芯发热而消耗电功率,称为涡流损失。它与磁滞损失合称铁损。

为了减小铁芯中的涡流损耗,电机、变压器等电气设备的铁芯都采用 0.35 ~ 1.5 mm 厚的硅钢片叠成,如图 1.3.4(b)所示,且每片表面上均涂有绝缘漆。这样既加长了涡流的路径,同时又因硅钢具有较大的电阻率和较小的剩磁,使涡流损失和磁滞损失都比较小。

1.4 正弦交流电的产生及其基本概念

常用的交流电压、电流和电动势都是随时间按正弦规律变化,统称为正弦交流电,简称交流电或正弦量。

1.4.1 单相正弦电动势的产生

从 1.3 节已知,直导线切割磁力线,便在导体中产生感应电动势,发电机就是根据这一原理制成的。图1.4.1是最简单的单相交流发电机的结构图。在固定不动的磁极 N 与 S 之间放置一个绕着线圈的圆柱形铁芯,铁芯和线圈合称为电枢,它由原动机(如蒸汽机或内燃机等)驱动旋转。线圈的两端分别接到两个铜制的滑环上,滑环固定在转轴上,且与转轴绝缘。两个静止的电刷分别与两个滑环摩擦接触,把产生的交变电动势与外电路负载 R 接通。

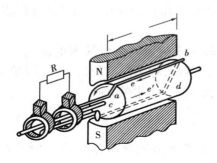

图 1.4.1　单相交流发电机的结构

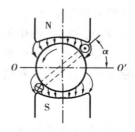

图 1.4.2　电枢表面磁场分布

为了获得正弦电动势,由图 1.4.2 中可知,磁极制成特定形状,使电枢表面各处的磁感应强度度 B 沿圆周按正弦规律分布。即磁极中心线处,空气隙最小,磁阻最小,磁感应强度最大为 B_m,而其两侧空气隙逐渐增大,使磁感应按正弦规律逐渐减小,到达中性面 OO'(即磁极 N 与 S 的分界面)处,磁感应减小为零。因此,电枢表面上任一点的磁感应强度为:

$$B = B_m \sin \alpha \tag{1.4.1}$$

式中,α 是电枢表面上任意一点通过电枢轴心所构成的平面与中性面之间的夹角。

当发电机的电枢由原动机驱动匀速运转时,电枢绕组的两个边 ab 和 cd 将切割按正弦规律分布的磁力线而产生正弦交变电动势。如绕组为 N 匝,则产生电动势的大小为:

$$e = N \cdot 2B_m lv \sin \alpha = E_m \sin \alpha \tag{1.4.2}$$

式中,$E_m = 2NB_m lv$ 称为感应电动势的最大值或幅值。在 B_m 和 v 为一定的情况下,E_m 是个常数。因上述发电机具有两个磁极,所以电枢从中性面 OO' 开始旋转一周,则电动势按正弦规律变化一次。它的波形如图1.4.3所示。当电枢从任意角 φ 开始,以 ω 的角速度旋转,则经历 t 时刻后,电动势变化的电角度应为 $(\omega t + \varphi)$,所以式(1.4.2)可写成:

$$e = E_m \sin(\omega t + \varphi) \tag{1.4.3}$$

可见正弦电动势是时间 t 的函数,式(1.4.3)称其为三角函数表达式。

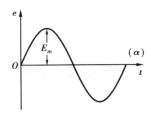

图1.4.3　正弦电动势的波形

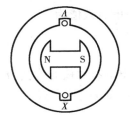

图1.4.4　转磁式发电机结构

为了讨论方便,上述中认为发电机的磁极是静止的,绕组是旋转的,而实际上容量较大的发电机都是采用转磁式结构,即绕组不动,磁极旋转,如图1.4.4所示,这两种结构形式虽不相同,但基本工作原理却是一样的。

1.4.2　正弦交流电的三要素

由公式1.4.3,即

$$e = E_m \sin(\omega t + \varphi)$$

可以作出正弦交变电动势 e 的波形如图1.4.5所示。可见,正弦电动势 e 的特征可由最大值 E_m、角频率 ω 和初相角 φ 这3个参数唯一确定。所以,称这3个参数为正弦量的特征量,亦称为正弦量的三要素。下面分别简述之。

(1)幅值和有效值

正弦交流电任一时刻的数值称为瞬时值,电压、电动势和电流分别用英文小写字母 u、e 和 i 表示。瞬时值中最大的值称为幅值(或最大值),电压、电动势和电流分别用 U_m,E_m 和 I_m 表示。

由于正弦量随时间瞬息变化,所以不便用它来计量交流电的大小,因而工程中常用有效值表示正弦量的大小。

何谓交流电的有效值呢?在物理学里已经知道,若把一交变电流 i 和一直流电流 I 分别通过两个等值的电阻 R,如果在相同的时间内它们产生的热量相等,则此直流电流值就叫做该交流电流的有效值。换句话说,交流电流的有效值实际上就是在热效应方面同它相当的直流电流值。

直流电流 I 通过电阻 R,在时间 T 内产生的热量 $Q_\text{直}$,由焦耳楞次定律得:

$$Q_\text{直} = 0.24 I^2 RT \tag{1.4.4}$$

而交变电流 i 的大小虽时刻在改变,但在极短的时间 $\mathrm{d}t$ 内,它的变动是极小的,可以认为是近似不变。因此,在 $\mathrm{d}t$ 时间内产生的热量 $\mathrm{d}Q_\text{交}$,由焦耳楞次定律可求得:

$$\mathrm{d}Q_\text{交} = 0.24 i^2 R \mathrm{d}t$$

在一个周期 T 内产生的热量为：

$$Q_{交} = \int_0^T dQ_{交} = \int_0^T 0.24 i^2 R dt \qquad (1.4.5)$$

由定义知 $Q_{直} = Q_{交}$，即

$$0.24 I^2 RT = 0.24 R \int_0^T i^2 dt$$

故交流电流的有效值为：

$$I = \sqrt{\frac{1}{T} \int_0^T i^2 dt} \qquad (1.4.6)$$

因此，交流电的有效值亦称其为"方均根"值。式(1.4.6)适用于任何波形的周期性电量。

设 $i = I_m \sin \omega t$，代入式(1.4.6)得：

$$I = \sqrt{\frac{I_m^2}{T} \int_0^T \sin^2 \omega t dt}$$

因为

$$\int_0^T \sin^2 \omega t dt = \int_0^T \frac{1 - \cos 2\omega t}{2} dt = \frac{T}{2}$$

所以

$$I = \sqrt{\frac{I_m^2}{T} \cdot \frac{T}{2}} = \frac{I_m}{\sqrt{2}} \approx 0.707 I_m \qquad (1.4.7)$$

同理，正弦电压、正弦电动势的有效值为：

$$U = \frac{U_m}{\sqrt{2}} = 0.707 U_m \qquad (1.4.8)$$

$$E = \frac{E_m}{\sqrt{2}} = 0.707 E_m \qquad (1.4.9)$$

由此可见，正弦交流电的有效值等于其幅值的 $1/\sqrt{2}$ 倍或 0.707 倍。

一般情况下，如无特殊声明，所言正弦量的大小，均指的是有效值。如电气设备铭牌上标注的额定电压、额定电流是有效值，交流电压表、电流表的读数也是有效值。

例1.4.1　某交流电路，用电压表测得电源电压为 380 V，问它的幅值是多少？若电路中电流按 $i = 14.1 \sin \omega t$ A 的规律变化，问用安培表测得的读数为多少？

解：

1)因电压表的读数为有效值，则式(1.4.8)，得：

$$U_m = \sqrt{2} U = \sqrt{2} \times 380 \text{ V} = 537 \text{ V}$$

2)安培表的读数为：

$$I = \frac{I_m}{\sqrt{2}} = \frac{14.1}{\sqrt{2}} \text{ A} = 10 \text{ A}$$

（2）周期与频率

周期和频率都是表征交流电变化快慢的。正弦量变化一个循环所需的时间称为周期，用 T 表示。它的单位是秒(s)，周期越短，表明交流电变化越快。

交流电一秒钟内变化的次数（或周期数）称为交流电的频率，用 f 表示。频率的单位是赫兹(Hz)。我国发电厂发出的交流电的频率均为 50 Hz，这一频率为我国工业用电的标准频率，简称工频。由定义可知，频率与周期互为倒数，即

$$f = \frac{1}{T} \quad 或 \quad T = \frac{1}{f} \qquad (1.4.10)$$

交流电变化的快慢除了用周期和频率表示外,还可以用角频率 ω 表示,它在数值上等于正弦交流电每秒钟所经历的电角度(弧度数)。因为正弦交流电每一周期 T 内经历了 2π 弧度的电角度(见图1.4.5),所以角频率为:

$$\omega = 2\pi f = \frac{2\pi}{T} \qquad (1.4.11)$$

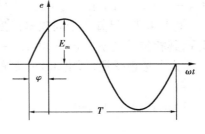

图1.4.5　正弦电动势的波形

（3）相位、初相位和相位差

式(1.4.3)中的 $(\omega t + \varphi)$ 反映了正弦量变化的进程,被称为相位角,简称相位。

φ 是当 $t = 0$ 时的相位角,即

$$\varphi = (\omega t + \varphi)\Big|_{t=0}$$

故称 φ 为初相角或初相位,简称初相,它的单位是弧度(rad)或度。初相位的绝对值一般规定用小于或等于 $180°(\pi)$ 的角表示,即 $|\varphi| \leqslant 180°(\pi)$。

相位差就是两个同频率正弦量的相位之差,用 ψ 表示。

例如:有两个同频率的正弦电流

$$i_1 = I_{1m}\sin(\omega t + \varphi_1)$$
$$i_2 = I_{2m}\sin(\omega t + \varphi_2)$$

由定义得两电流的相位差为:

$$\psi = (\omega t + \varphi_1) - (\omega t + \varphi_2) = \varphi_1 - \varphi_2 \qquad (1.4.12)$$

上式表明,两个同频率正弦量的相位差就等于它们的初相之差。

1）当 $\psi = 0$ 时,即 $\varphi_1 = \varphi_2$,如图1.4.6(a)所示,i_1 与 i_2 同时达到零值(或最大值),称它们同相。纯电阻电路中的 u 与 i 就是同相的。

2）当 $\psi > 0$ 时,即 $\varphi_1 > \varphi_2$,如图1.4.6(b)所示,i_1 先于 i_2 达到零值点(或正最大值),就说 i_1 超前 i_2 一个 ψ 角,或者说 i_2 滞后 i_1 一个 ψ 角。

3）当两个正弦量的相位差 $\psi = \pm\pi$ 时,如图1.4.6(a)所示,i_1 若达到正的最大值,i_3 与此同时达到负的最大值,就说这两个正弦量反相。

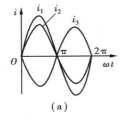 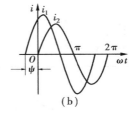

图1.4.6　正弦量的相位关系

(a)i_1 与 i_2 同相 i_1 与 i_3 反相　(b)i_1 超前 i_2 一个 ψ 角

必须注意,超前、滞后是相对的,例如在1.4.6(b)中,i_1 超前 i_2 一个 ψ 角,也可以说 i_1 滞

后 i_2 一个 $(2\pi - \psi)$ 角。为了避免混乱,规定 $|\psi| \le \pi$。

例 1.4.2 已知 3 个同频率正弦电压,角频率为 314,其中 $U_{m1} = 311$ V,$U_{m2} = 180$ V,$U_{m3} = 45$ V,其相位差是 $\varphi_1 - \varphi_2 = 30°$,$\varphi_2 - \varphi_3 = 45°$,试求:(1)3 个正弦电压的频率为多少?(2)若以 u_2 为参考正弦量,写出 3 个电压的瞬时值方程式。

解:

1)由式(1.4.11)得:

$$f = \frac{\omega}{2\pi} = \frac{314}{2\pi} \text{ Hz} = 50 \text{ Hz}$$

2)因为 u_2 是参考正弦量,即 $u_2 = 180 \sin 314t$ V,则根据它们间相位差得:

u_1 超前 u_2 30°,则 $\qquad u_1 = 311 \sin(314t + 30°)$ V

u_3 滞后 u_2 45°,则 $\qquad u_3 = 45 \sin(314t - 45°)$ V

例 1.4.3 由图 1.4.7 所给正弦电压 u_1 和 u_2 的波形,试写出它们的三角函数表达式。已知:$U_{m1} = 220$ V,$U_{m2} = 200$ V;$\Delta t_1 = 2$ ms,$\Delta t_2 = 4$ ms,$T_1 = 20$ ms,$T_2 = 25$ ms。

解:要写出 u_1 和 u_2 的三角函数表达式,只需确定它们的三要素。对于 u_1,已知幅值 $U_{m1} = 220$ V,角频率为:

$$\omega_1 = \frac{2\pi}{T_1} = \frac{2\pi}{20 \times 10^{-3}} \text{ rad/s} = 100\pi \text{ rad/s}$$

由图 1.4.7(a)可知,当 $t = 0$ 时,u_1 的值为正值,所以 u_1 的初相也应为正值,即

$$\varphi_1 = \omega_1 \Delta t_1 = 100\pi \times 2 \times 10^{-3} \text{ rad} = \frac{\pi}{5} \text{ rad}$$

根据上述三要素,则 u_1 的三角函数表达式为:

$$u_1 = 220 \sin\left(100\pi t + \frac{\pi}{5}\right) \text{ V}$$

对于 u_2,已知 $U_{m2} = 200$ V,角频率为:

$$\omega_2 = \frac{2\pi}{T_2} = \frac{2\pi}{25 \times 10^{-3}} \text{ rad/s} = 80\pi \text{ rad/s}$$

由图 1.4.7(b)可知,当 $t = 0$ 时,u_2 的值为负值,所以 u_2 的初相也应为负值,即

$$\varphi_2 = -\omega_2 \Delta t_2 = -80\pi \times 4 \times 10^{-3} = -57.6°$$

根据上述三要素,则 u_2 的三角函数表达式为:

$$u_2 = 200 \sin(80\pi t - 57.6°) \text{ V}$$

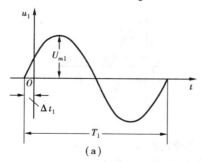
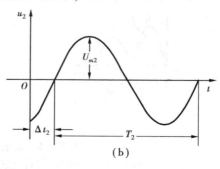

(a) $\qquad\qquad\qquad$ (b)

图 1.4.7 例 1.4.3 的波形

1.5　正弦量的相量表示法

正弦量可以用三角函数式表示，也可以用波形图表示。但是，如果利用其三角函数式进行正弦量的加减，可以想象是非常麻烦的，借助波形图逐点将波形相加减，不但繁琐，而且计算误差大。因此必须寻找一种简捷而实用的运算方法。

上节曾经指出，正弦量由幅值、频率和初相 3 个特征量唯一地确定。但是，同频率的正弦量相加减、乘除、求导、积分的结果仍然是同频率的正弦量，再说线性电路在某一频率的正弦电压激励下，电路中的电流和各部分电压也都是同一频率的正弦量。由此，就可以暂不考虑频率，认为正弦量是由幅值（或有效值）与初相两个特征量来决定。

由两个实数决定的物理量可以用向量或复数表示，如力、速度等，因此正弦量也可以用向量或复数表示。

下面简要地回顾一下复数的基本知识。

1.5.1　复数的表示形式和四则运算

（1）复数的表示形式

由数学知识知道，复数的代数式（也叫直角坐标型）为：

$$A = a_1 + ja_2 \tag{1.5.1}$$

式中，a_1 是实部；a_2 是虚部；$j = \sqrt{-1}$ 是虚数单位。

复数可以用复平面上的点 A 表示，如图 1.5.1（a）所示，该点的横坐标为 a_1，纵坐标为 a_2。复数还可以在复平面上用向量 $\overrightarrow{OA}$ 表示，如图 1.5.1（b）所示，向量 $\overrightarrow{OA}$ 的长度 a 称为复数 A 的模，向量 $\overrightarrow{OA}$ 与实轴正方向的夹角 φ，称为复数 A 的辐角。这样复数 A 可以用以下形式表示：

$$A = a_1 + ja_2 = a(\cos \varphi + j \sin \varphi) \tag{1.5.2}$$

上式称为复数的三角函数表示式。

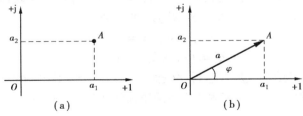

图 1.5.1　有向线段的复数表示
（a）复数与复平面上的点　（b）复数与向量

根据尤拉公式：

$$e^{j\varphi} = \cos \varphi + j \sin \varphi$$

故复数 A 又可写成指数形式：

$$A = a\mathrm{e}^{j\varphi}$$

复数的指数表示式,在电工技术中常简写成:

$$A = a\underline{/\varphi} \tag{1.5.3}$$

由图 1.5.1 可知,复数的代数表示式与指数表示式之间可以相互转换。由代数形式、化成指数形式时,有:

$$\left.\begin{aligned} a &= \sqrt{a_1^2 + a_2^2} \\ \varphi &= \arctan\frac{a_2}{a_1} \end{aligned}\right\} \tag{1.5.4}$$

反过来,由指数形式化成代数形式按:

$$\left.\begin{aligned} a_1 &= a\cos\varphi \\ a_2 &= a\sin\varphi \end{aligned}\right\} \tag{1.5.5}$$

综上所述,复数的几种表示形式为:

$$A = a_1 + ja_2 = a(\cos\varphi + j\sin\varphi) = a\underline{/\varphi}$$

例 1.5.1　将复数 $A = 3 + j4$ 变换成指数表示式。

解:已知 $a_1 = 3$,$a_2 = 4$ 由式(1.5.4)得:

复数的模为

$$a = \sqrt{a_1^2 + a_2^2} = \sqrt{3^2 + 4^2} = 5$$

辐角为

$$\varphi = \arctan\frac{a_2}{a_1} = \arctan\frac{4}{3} = 53.1°$$

所以

$$A = 5\underline{/53.1°}$$

例 1.5.2　将复数 $15\underline{/45°}$ 变换成代数形式。

解:已知 $a = 15$,$\varphi = 45°$,由式(1.5.5)得:

$$a_1 = a\cos\varphi = 15\cos 45° = 10.6$$
$$a_2 = a\sin\varphi = 15\sin 45° = 10.6$$

所以

$$A = 10.6 + j10.6$$

(2)复数的四则运算

复数的加减运算,采用复数的代数形式进行比较简便,若几个复数相加(减),只要把复数的实部和实部相加(减),虚部和虚部相加(减)即可。例如:

$$A = a_1 + ja_2,\quad B = b_1 + jb_2$$
$$A \pm B = (a_1 \pm b_1) + j(a_2 \pm b_2) \tag{1.5.6}$$

复数的乘除运算,采用指数形式进行比较简便,若两个复数的指数形式相乘,只要把两复数的模直接相乘作为积的模,两辐角相加作为积的辐角即可。例如:

$$A = a\underline{/\varphi_1},\quad B = b\underline{/\varphi_2}$$
$$A \cdot B = ab\underline{/\varphi_1 + \varphi_2} \tag{1.5.7}$$

两复数相除时,其模相除,辐角相减,即

$$\frac{A}{B} = \frac{a}{b}\underline{/\varphi_1 - \varphi_2} \tag{1.5.8}$$

例 1.5.3　已知两复数为 $A = 6 + j8$,$B = 4 + j3$,求它们的和、差、积、商。

解:1)利用代数形式求它们的和与差,即

$$A + B = (6 + 4) + j(8 + 3) = 10 + j11$$

$$A - B = (6 - 4) + j(8 - 3) = 2 + j5$$

2)利用指数形式求它们的积与商。先将 A、B 化为指数形式:

$$A = \sqrt{6^2 + 8^2} \ \underline{/\arctan\frac{8}{6}} = 10 \ \underline{/53.1°}$$

$$B = \sqrt{4^2 + 3^2} \ \underline{/\arctan\frac{3}{4}} = 5 \ \underline{/36.9°}$$

$$A \cdot B = (10 \times 5) \ \underline{/53.1° + 36.9°} = 50 \ \underline{/90°}$$

$$\frac{A}{B} = \frac{10}{5} \ \underline{/53.1° - 36.9°} = 2 \ \underline{/16.2°}$$

1.5.2　相量的概念与正弦量的相量表示法

利用复平面上的旋转向量可以完整地体现正弦量的 3 个特征量。例如有一个正弦量:

$$i = I_m\sin(\omega t + \varphi)$$

今在复平面上作它的旋转向量。令向量的长度等于正弦电流的幅值 I_m;$t = 0$ 时,向量与横轴正向之间的夹角等于正弦电流的初相角;向量以 ω 的速度按逆时针方向旋转,便得到图 1.5.2 所示的旋转向量。从图中不难看出,旋转相量任意瞬时在虚轴上的投影正是此时正弦量的瞬时值。可见,用旋转向量可以完整地表达一个正弦量。

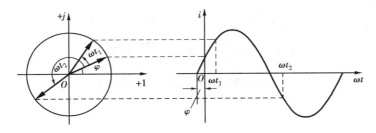

图 1.5.2　旋转相量与正弦量的关系

前面已经提及,主要关心正弦量的幅值(或有效值)与初相两个特征量。因此向量可不必旋转,而只需在复平面上画出表示 $t = 0$ 时正弦量的幅值(或有效值)和初相的向量,如图 1.5.3(a)所示。为使图面清晰,复平面的实轴与虚轴亦可省去,如图 1.5.3(b)所示。为了表示与空间向量(如力、速度等)有别,把正弦量在复平面的向量图叫相量图,随时间按正弦规律变化的正弦量向量叫相量,用相量表示正弦量的幅值(或有效值)和初相的方法叫正弦量的相量表示法。并且对正弦电压、电流的幅值相量用 $\dot U_m$,$\dot I_m$ 表示,有效值相量用 $\dot U$,$\dot I$ 表示。例如:

$$u = U_m\sin(\omega t + \varphi_u)$$

其幅值相量的复数表示式为:

$$\dot U_m = U_m \ \underline{/\varphi_u} = U_m(\cos\varphi_u + j\sin\varphi_u) \tag{1.5.9}$$

有效值相量的复数表示式为:

$$\dot U = U \ \underline{/\varphi_u} = U(\cos\varphi_u + j\sin\varphi_u) \tag{1.5.10}$$

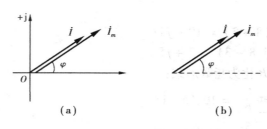

（a）　　　　　　　　　　（b）

图 1.5.3　正弦量的相量图

综上所述,正弦量的相量表示法有两种形式:相量图和相量式(复数式)。

例 1.5.4　已知 $u_1 = 80\sqrt{2}\ \sin\omega t$ V,$u_2 = 60\sqrt{2}\ \sin(\omega t + 90°)$ V,试求 $u = u_1 + u_2 = ?$

解:

方法一:用相量加式法(即复数法)求解。

将两正弦量用有效值相量表示:

$$\dot{U}_1 = 80\ \text{V},\dot{U}_2 = 60\ \underline{/90°}\ \text{V} = j60\ \text{V}$$

用复数计算以上正弦电压之和,即

$$\dot{U} = \dot{U}_1 + \dot{U}_2 = 80\ \text{V} + j60\ \text{V} = 100\ \underline{/36.9°}\ \text{V}$$

据此,写出正弦电压 u 的瞬时值表达式:

$$u = 100\sqrt{2}\ \sin(\omega t + 36.9°)\ \text{V}$$

方法二:用相量图求解。

首先按比例作出 u_1 的相量 $\dot{U}_1$ 和 u_2 的相量 $\dot{U}_2$,因为 u_1 的相量正好在水平位置,所以称其为参考相量(如无水平相量,把实轴画在水平位置作参考相量)。再按平行四边形法则求总的电压相量 $\dot{U}$。即将 $\dot{U}_2$ 平移到 $\dot{U}_1$ 的终点,然后由 $\dot{U}_2$ 的终点作始点的连线即为 $\dot{U}$,见图 1.5.4。

由相量图的几何关系得:

$$U = \sqrt{U_1^2 + U_2^2} = \sqrt{80^2 + 60^2}\ \text{V} = 100\ \text{V}$$

$$\varphi = \arctan\frac{U_2}{U_1} = \arctan\frac{60}{80} = 36.9°$$

故

$$u = 100\sqrt{2}\ \sin(\omega t + 36.9°)\ \text{V}$$

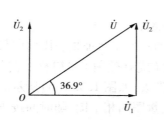

图 1.5.4　例 1.5.4 的相量图

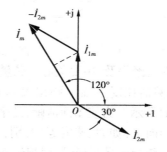

图 1.5.5　例 1.5.5 的相量图

例 1.5.5　已知 $i_1 = 20\ \sin(\omega t + 90°)$ A,$i_2 = 20\ \sin(\omega t - 30°)$ A,求 $i = i_1 - i_2 = ?$

解:

方法一:用相量式法求解。

因为

$$\dot{I}_{1m} = 20\ \underline{/90°}\ \text{A} = j20\ \text{A}$$

$$\dot{I}_{2m} = 20\ \underline{/-30°}\ \text{A} = 17.32\ \text{A} - j10\ \text{A}$$

所以
$$\dot{I}_m = \dot{I}_{1m} - \dot{I}_{2m} = (0 - 17.32)\ A + j[20 - (-10)]\ A$$
$$= -17.32\ A + j30\ A = 34.64\ \underline{/120°}\ A$$

故
$$i = 34.64\ \sin(\omega t + 120°)\ A$$

方法二:用相量图求解。

因为 $i_1 - i_2 = i_1 + (-i_2)$，所以先按比例分别作出代表 i_1，i_2 的相量 $\dot{I}_{1m}$，$\dot{I}_{2m}$，然后在 $\dot{I}_{1m}$ 的末端作出 $-\dot{I}_{2m}$（它与 $\dot{I}_{2m}$ 长度相等,方向相反）,则其合成相量 $\dot{I}_m$ 即代表所求电流 i。如图1.5.5 所示。

由相量图不难看出:
$$\frac{1}{2}I_m = I_{1m}\cos 30°$$

则
$$I_m = 2I_{1m}\cos 30° = 2 \times 20 \times \frac{\sqrt{3}}{2}\ A = 34.64\ A$$
$$\varphi = \varphi_1 - \varphi_2 = 90° - (-30°) = 120°$$

所以
$$i = 34.64\ \sin(\omega t + 120°)\ A$$

1.6　单一元件的正弦交流电路

本节将讨论电阻、电感、电容 3 个单一元件在交流电路中电压、电流的大小和相位关系,以及能量的转换等问题。了解这些元件在交流电路中的特性是分析复杂交流电路的基础。

1.6.1　纯电阻电路

白炽灯、碘钨灯、电炉等负载,它们的电感与电阻相比是极小的,可忽略不计。因此这类负载所组成的交流电路,实际上就认为是纯电阻电路,如图 1.6.1(a) 所示。图中箭头所指电压、电流的方向为参考方向。

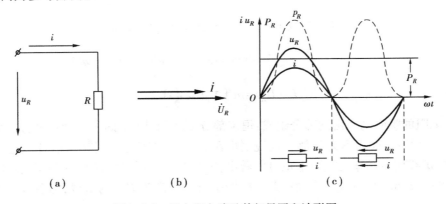

图 1.6.1　纯电阻电路及其相量图和波形图

（1）电压与电流的关系

设加在电阻 R 两端的电压为：

$$u_R = U_{Rm}\sin \omega t \tag{1.6.1}$$

根据欧姆定律，通过电阻的电流瞬时值为：

$$i = \frac{u_R}{R} = \frac{U_{Rm}}{R}\sin \omega t \tag{1.6.2}$$

比较以上 2 式可知，电路具有如下特性：

1）电压与电流是相同频率的正弦量。

2）电压与电流大小关系为：

幅值为

$$I_m = \frac{U_{Rm}}{R}$$

有效值为

$$I = \frac{U_R}{R} \tag{1.6.3}$$

3）电压与电流相位关系为：$\varphi_u = \varphi_i$

4）电压与电流的相量关系为：

幅值为

$$\dot{I}_m = \frac{\dot{U}_{Rm}}{R}$$

有效值为

$$\dot{I} = \frac{\dot{U}_R}{R} \tag{1.6.4}$$

它们的相量图和波形图见图 1.6.1（b）和（c）。

（2）电阻上的功率

1）瞬时功率

在电阻上任意瞬间所消耗的功率称为瞬时功率，它等于此时电压瞬时值和电流瞬时值的乘积，即

$$p_R = u_R i = U_{Rm}\sin \omega t \cdot I_m\sin \omega t = U_{Rm}I_m\sin^2 \omega t$$

$$= \frac{U_{Rm}I_m}{2}(1 - \cos 2\omega t) = U_R I(1 - \cos 2\omega t)$$

$$= U_R I + U_R I\sin\left(2\omega t - \frac{\pi}{2}\right) \tag{1.6.5}$$

上式表明，电阻的瞬时功率由两部分组成：恒定部分 $U_R I$ 和时间 t 的正弦函数部分。由于正弦值不大于 1，所以 p_R 永远不为负值。这说明电阻在任一时刻总是消耗电能的。这一点从图 1.6.1（c）中虚线所示功率的波形上也可以看出，因为其任一瞬时的波形总是正值。瞬时功率的波形可由式（1.6.5）这样画：先画一条与横轴平行且距离为 IU_R 的直线，然后以这条直线为新的横坐标轴，画出正弦波形——它的振幅为 $U_R I$，角频率为 2ω，初相为 $-\frac{\pi}{2}$。

2）平均功率（也称有功功率）

瞬时功率的实用价值不大，在工程计算和测量中常用平均功率。顾名思义，平均功率即在一个周期内瞬时功率的平均值，用 P_R 表示。

$$P_R = \frac{1}{T}\int_0^T p_R \mathrm{d}t = \frac{1}{T}\int_0^T U_R I(1-\cos 2\omega t)\mathrm{d}t = U_R I \tag{1.6.6}$$

由于 $U_R = IR$，所以电阻上的平均功率还可以表示为：

$$P_R = I^2 R = \frac{U_R}{R} \tag{1.6.7}$$

由此得出结论：纯电阻电路消耗的有功功率等于其电压和电流有效值的乘积。它和直流电路的功率计算公式在形式上完全一样。有功功率的单位为瓦（W）或千瓦（kW）。

1.6.2　纯电感电路

在交流电路中的电感线圈，如果其上的电阻可以忽略，则可把它看做一个纯电感电路。如日光灯镇流器、变压器线圈等，在忽略其电阻时，就是一个纯电感。电路如图1.6.2（a）所示。

（1）电压与电流的关系

设通过线圈中的电流为：

$$i = I_m \sin \omega t \tag{1.6.8}$$

由电磁感应定律可得：

$$u_L = -e_L = L\frac{\mathrm{d}i}{\mathrm{d}t} = L\frac{\mathrm{d}(I_m \sin \omega t)}{\mathrm{d}t}$$

$$= \omega L I_m \cos \omega t = \omega L I_m \sin\left(\omega t + \frac{\pi}{2}\right) \tag{1.6.9}$$

比较以上2式可知，电路具有如下特性：

1）电压与电流是相同频率的正弦量。

2）电压与电流大小关系为：

幅值为：

$$U_{Lm} = \omega L I_m = X_L I_m$$

有效值为：

$$U_L = \omega L I = X_L I \tag{1.6.10}$$

式中，$X_L = \omega L = 2\pi f L$ 称为电感抗，简称感抗，单位为欧姆。在电感 L 一定时，感抗与频率成正比，即当 $f = 0$（直流）时，$X_L = 0$，电感元件相当于短路；当 $f \to \infty$，$X_L \to \infty$，近乎开路，这就是说电感具有高频扼流作用。

3）电压与电流相位关系为：电压超前电流90°。

4）电压与电流的相量关系为：

幅值为：

$$\dot{U}_{Lm} = \mathrm{j}\omega L \dot{I}_m = \mathrm{j}X_L \dot{I}_m$$

有效值为：

$$\dot{U}_L = \mathrm{j}\omega L \dot{I} = \mathrm{j}X_L \dot{I} \tag{1.6.11}$$

或
$$\dot{I} = \frac{\dot{U}_L}{\mathrm{j}\omega L} = \frac{\dot{U}_L}{\mathrm{j}X_L} \tag{1.6.12}$$

上式给出了电感电压与电流的数量关系及相位关系。电压和电流的相量图和波形图如图 1.6.2(b)、(c)所示。

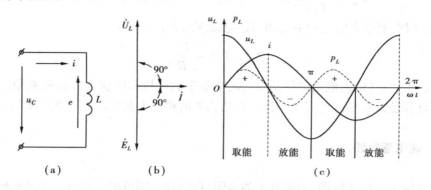

图 1.6.2　纯电感电路及其相量图和波形图

(2)电感线圈的功率

根据瞬时功率的定义得:
$$p_L = iu_L = I_m \sin \omega t \cdot U_{Lm} \cos \omega t = U_L I \sin 2\omega t \tag{1.6.13}$$

上式表明,电感的瞬时功率 p_L 是一个按正弦变化的周期函数,它的频率是电压和电流频率的两倍。波形如图 1.6.2(c)虚线所示。由波形可知,在第 1 和第 3 个 1/4 周期内,由于 u_L 和 i 都是正值(或都是负值),所以 p_L 为正值,这表明此时线圈向电源吸取能量,并将此能量转变为磁能储存在线圈中;第 2 和第 4 个 1/4 周期内,u_L 和 i 方向相反,p_L 为负值,表明此时线圈将储存的磁能又转变为电能送回电源。可见,电感元件在正弦交流电路中,时而取能,时而放能,且取与放的能量相等,故它在一个周期内的平均功率等于零,即

$$P_L = \frac{1}{T}\int_0^T p_L \mathrm{d}t = \frac{1}{T}\int_0^T U_L I \sin 2\omega t \mathrm{d}t = 0 \tag{1.6.14}$$

这表明,电感元件不消耗电源的能量,是一个储能元件。

电感量不同的线圈,虽然它们的平均功率皆为零,但是它们与电源之间互相交换能量的数值不同。为了衡量不同线圈与电源进行能量交换的规模,把上述瞬时功率的最大值叫做无功功率,用 Q_L 表示,由式(1.6.13)得:

$$Q_L = U_L I = I^2 X_L = \frac{U_L^2}{X_L} \tag{1.6.15}$$

无功功率的单位是乏(Var)或千乏(kVar)。

1.6.3　纯电容电路

(1)电压与电流的关系

电路如图 1.6.3(a)所示。当电容 C 接入电压:
$$u_C = U_{Cm} \sin \omega t \tag{1.6.16}$$

就导致电容器反复不断地充电、放电,因而电路中就不断地有电流通过。电流的大小为:

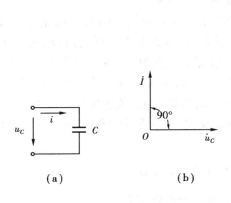

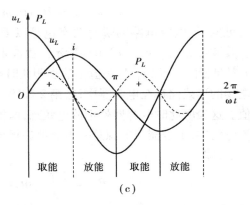

（a）　　　　　　　（b）　　　　　　　　　（c）

图 1.6.3　纯电容电路及其相量图和波形图

$$i = C \frac{\mathrm{d}u_C}{\mathrm{d}t} = C \frac{\mathrm{d}(U_{Cm}\sin \omega t)}{\mathrm{d}t} = \omega C U_{Cm}\cos \omega t$$

$$= \omega C U_{Cm}\sin \left(\omega t + \frac{\pi}{2} \right) \tag{1.6.17}$$

比较以上 2 式可知，电路具有如下特性：

1）电压与电流是相同频率的正弦量。

2）电压与电流大小关系为：

幅值为

$$I_m = \omega C U_{Cm}$$

有效值为

$$I = \omega L U_C = \frac{U_C}{1/\omega C} = \frac{U_C}{X_C} \tag{1.6.18}$$

式中，$X_C = 1/(\omega C) = 1/(2\pi f C)$ 为电容抗，简称容抗，单位仍为欧姆。当 C 一定时，X_C 与电源的频率 f 成反比。当 $f = 0$（直流）时，$X_C \to \infty$，电容器相当于开路，即电容具有隔直流作用；当频率 f 增高，容抗随之减小，当 $f \to \infty$ 时，则 $X_C \to 0$，此时电容器相当于短路，即 X_C 对高频电流无阻碍作用。这就是常说的电容器具有通交流隔直流的特性。

3）电压与电流相位关系为：电压滞后电流 90°，电压和电流的波形如图 1.6.3（c）所示。

4）电压与电流的相量关系为：

幅值为

$$\dot{I}_m = \mathrm{j}\omega C \dot{U}_{Cm}$$

有效值为

$$\dot{I} = \mathrm{j}\omega C \dot{U}_C = \frac{\dot{U}_C}{\mathrm{j}(1/\omega C)} = \frac{\dot{U}_C}{\mathrm{j}X_C} \tag{1.6.19}$$

上式给出了电感电压与电流的数量关系及相位关系。电压和电流的相量图如图 1.6.3（b）所示。

（2）电容上的功率

由瞬时功率的定义得：

$$p_C = u_C i = U_{cm}\sin \omega t \cdot I_m\cos \omega t = U_C I \sin 2\omega t \qquad (1.6.20)$$

可见,纯电容电路的瞬时功率也是以 $U_C I$ 为幅值,以 2ω 为角频率随时间按正弦规律变化。其波形如图 1.6.3(c)虚线所示。由波形可知,在第 1 和第 3 个 1/4 周期内,电压 u_C 和电流 i 方向相同,所以 p_C 为正值。这表明此时电源对电容器进行充电,电容从电源吸取能量,并以电场的形式储存在电容器中;在第 2 和第 4 个 1/4 周期内,电压 u 和电流 i 方向相反,p_C 为负值。这表明此时电容器处于放电状态,即把储存的能量释放出来,送还电源。可见,在正弦交流电路中,电容器与电源总是不断地进行等量的能量交换,故它在一个周期内的平均功率仍然为零,即

$$P_C = \frac{1}{T}\int_0^T p_C \mathrm{d}t = \frac{1}{T}\int_0^T U_C I \sin 2\omega t \mathrm{d}t = 0 \qquad (1.6.21)$$

可见,纯电容与纯电感一样,不消耗电源的能量。它也是一个储能元件。

为了描述电容器与电源之间能量交换的规模,也相应地引入了无功功率的概念,其定义为:

$$Q_C = U_C I = I^2 X_C = \frac{U_C^2}{X_C} \qquad (1.6.22)$$

无功功率 Q_C 的单位与电感 Q_L 的相同。

例 1.6.1 在图 1.6.4(a)中,已知 $u = 220\sqrt{2}\sin 314t$ V,$R = 50\ \Omega$,$L = 159.24$ mH,$C = 64\ \mu$F,试求:1)各支路的电流 i_R,i_L 和 i_C,并作相量图;2)各元件上的功率 P,Q_L 和 Q_C。

解:

1)求各支路电流。由已知条件,感抗和容抗复数形式分别为:

$$jX_L = j\omega L = j314 \times 159.24 \times 10^{-3}\ \Omega = 50\ \underline{/90°}\ \Omega$$

$$-jX_C = -j\frac{1}{\omega C} = -j\frac{1}{314 \times 64 \times 10^{-6}}\ \Omega = 50\ \underline{/-90°}\ \Omega$$

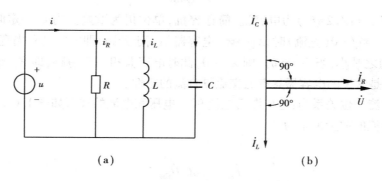

(a)   (b)

图 1.6.4 例 1.6.1 的电路图和相量图

由已知条件,$\dot{U} = 220\ \underline{/0°}$ V,根据各元件伏安关系的相量形式可求得:

$$\dot{I}_R = \frac{\dot{U}}{R} = \frac{220\ \underline{/0°}}{50}\ \text{A} = 4.4\ \text{A}$$

$$\dot{I}_L = \frac{\dot{U}}{jX_L} = \frac{220\ \underline{/0°}}{50\ \underline{/90°}}\ \text{A} = 4.4\ \underline{/-90°}\ \text{A}$$

$$\dot{I}_C = \frac{\dot{U}}{-jX_C} = \frac{220\ \underline{/0°}}{50\ \underline{/-90°}}\ A = 4.4\ \underline{/90°}\ A$$

因此,各电流的瞬时值表达式为:

$$i_R = 4.4\sqrt{2}\sin 314t\ A$$

$$i_L = 4.4\sqrt{2}\sin(314t - 90°)\ A$$

$$i_C = 4.4\sqrt{2}\sin(314t + 90°)\ A$$

电压和电流的相量图如图 1.6.4(b)所示。

2)按题意求各元件上的功率

$$P = UI_R = 220 \times 4.4\ W = 968\ W$$

$$Q_L = I_L^2 X_L = 4.4^2 \times 50\ Var = 968\ Var$$

$$Q_C = U^2/X_C = 220^2/50\ Var = 968\ Var$$

1.7　RLC 的串联交流电路

图 1.7.1(a)是电阻 R、电感 L 和电容 C 三种元件串联起来的电路,是一种具有普遍意义的电路,因为掌握了这种电路的分析计算方法,对于求解 RL 的串联电路或 RC 的串联电路也就迎刃而解了。

本节将以上节分析方法为基础,采用相量法分析 RLC 串联电路中电压与电流的关系以及功率计算问题。

1.7.1　电压与电流的关系

首先作各元件电压的相量图。因为串联电路电流相等,所以通常以电流为参考相量,即设 $\dot{I} = I\ \underline{/0°}$,把它画在水平的位置上。电阻上的电压 $\dot{U}_R$ 与 $\dot{I}$ 电流同相;$\dot{U}_L$ 超前 $\dot{I}$ $\pi/2$,画在与虚轴正方向相同的方向上;$\dot{U}_C$ 滞后 $\dot{I}$ $\pi/2$,画在与 $\dot{U}_L$

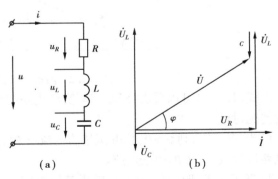

图 1.7.1　RLC 串联电路和相量图

相反的方向上。在 $X_L > X_C$ 时,利用多边形规则,求得 $\dot{U}_R$,$\dot{U}_L$ 和 $\dot{U}_C$ 的合成相量 $\dot{U}$,如图 1.7.1(b)所示相量图。可见,$\dot{U}_R$,$(\dot{U}_L - \dot{U}_C)$ 和 $\dot{U}$ 的有效值构成一个直角三角形,称为电压三角形,如图 1.7.2 所示。

由图 1.7.1 得:

$$\dot{U} = \dot{U}_R + \dot{U}_L + \dot{U}_C \tag{1.7.1}$$

又由纯电阻、纯电感和纯电容伏安关系的相量式,得:

$$\dot{U}_R = R\,\dot{I}, \quad \dot{U}_L = j\omega L\,\dot{I}, \quad \dot{U}_C = -j\frac{1}{\omega C}\dot{I}$$

将以上各式代入式(1.7.1),得:

$$\dot{U} = R\,\dot{I} + j\omega L\,\dot{I} - j\frac{1}{\omega C}\dot{I} = \left[R + j\left(\omega L - \frac{1}{\omega C}\right)\right]\dot{I}$$

$$= \left[R + j(X_L - X_C)\right]\dot{I} = \left[R + jX\right]\dot{I}$$

$$= Z\,\dot{I} \tag{1.7.2}$$

式(1.7.2)$\dot{U} = Z\,\dot{I}$ 称为欧姆定律的相量形式。式中:

$$Z = R + j\left(\omega L - \frac{1}{\omega C}\right) = R + j(X_L - X_C) = R + jX$$

$$= \sqrt{R^2 + X^2}\ \bigg/\ \arctan\frac{X}{R}\ = |Z|\ \angle\varphi \tag{1.7.3}$$

式中,Z 称为复阻抗,它的实部是电阻 R,虚部 $X = X_L - X_C$ 称为电抗,$|Z| = \sqrt{R^2 + X^2}$ 称为复阻抗的模或阻抗,$\varphi = \arctan\frac{X}{R}$ 称为辐角或阻抗角。由相量图可知,将电压三角形各边同除以电流有效值 I 便得到阻抗三角形。可见电压三角形与阻抗三角形是相似形,复阻抗的辐角正是电压与电流的相位差,如图 1.7.2 所示。因为电阻、电抗、阻抗都不是正弦量,所以阻抗三角形不应画成相量。

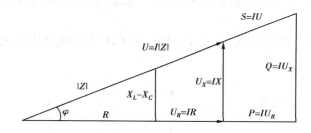

图 1.7.2　阻抗、电压和功率三角形

由式(1.7.2)可以看出,RLC 串联交流电路的性质与 X_L 和 X_C 的大小有关,下面分 3 种不同的情况讨论。

1)当 $X_L > X_C$,则 $\varphi > 0$,总电压超前电流 φ 角,这表明电感起主要作用,称电路呈电感性。该电路可等效为 RL 的串联电路。

2)当 $X_L < X_C$ 时,则 $\varphi < 0$,总电压滞后电流 φ 角,这表明电容起主要作用,称电路呈电容性。该电路可等效为 RC 的串联电路。

3)当 $X_L = X_C$ 时,则 $\varphi = 0$,总电压与电流同相位,电路呈电阻性,这种现象称为串联谐振。谐振电路的特性将在 1.8 节讨论。

1.7.2　电路的功率

将电压三角形各边同乘以电流有效值 I,便得到 IU_R,IU_X 和 UI,分别用 P,Q 和 S 表示的功率三角形,如图 1.7.2 所示。可见,它与电压三角形也是相似形。因 P,Q 和 S 都不是正弦量,所以也不应画成相量。

（1）平均功率（有功功率）

由图 1.7.2 可得电路的有功功率：

$$P = U_R I = UI \cos \varphi \tag{1.7.4}$$

上式称为平均功率的一般公式,式中 $\cos \varphi$ 叫做电路的功率因数,它的大小由负载的性质决定。φ 是功率因数角、阻抗角,也是总电压与电流的相位差,故电路的功率因数可由下式求得：

$$\cos \varphi = \frac{R}{|Z|} = \frac{U_R}{U} = \frac{P}{S} \tag{1.7.5}$$

（2）无功功率

由图 1.7.2 得无功功率：

$$Q = Q_L - Q_C = U_L I - U_C I = U_X I = UI \sin \varphi \tag{1.7.6}$$

可见,RLC 串联交流电路的无功功率是由电感和电容上的无功功率来决定的,反映了二者能量交换的速率。

（3）视在功率

把总电压与电流的乘积称为 RLC 串联交流电路的视在功率或表观功率,用 S 表示。由功率三角形可知,视在功率与有功功率、无功功率的关系为：

$$S = UI = \sqrt{P^2 + Q^2} \tag{1.7.7}$$

视在功率的单位为伏安（VA）,或千伏安（kVA）。

例 1.7.1　图 1.7.3（a）是电感线圈镇流器型日光灯电路示意图（它的工作原理见 7.2 节）,当灯管点燃后,等效电路如图 1.7.3（b）所示。图中 $R_1 = 300\ \Omega$ 是灯管电阻,$R_2 = 35\ \Omega$ 是镇流器线圈的电阻,$L = 1.5\ H$ 是它的电感,如接入 $u = 220\sqrt{2}\ \sin(314t + 30°)$ V 电源上,试求：1）电路中的电流;2）各元件上的电压并作相量图;3）电路中的功率。

解：

1）求电路中的电流。由已知条件,$\dot{U} = 220\ \underline{/30°}$ V;电路的复阻抗为：

$$Z = R_1 + R_2 + j\omega L = 300\ \Omega + 35\ \Omega + j314 \times 1.5\ \Omega$$

$$= 335\ \Omega + j471\ \Omega = 578\ \underline{/54.6°}\ \Omega$$

由欧姆定理的相量形式,得：

$$\dot{I} = \frac{\dot{U}}{Z} = \frac{220\ \underline{/30°}}{578\ \underline{/54.6°}}\ A = 0.38\ \underline{/-24.6°}\ A$$

2）求灯管和镇流器上的电压

$$\dot{U}_{R1} = R_1 \dot{I} = 300 \times 0.38\ \underline{/-24.6°}\ V = 114\ \underline{/-24.6°}\ V$$

$$\dot{U}_{R2} = R_2 \dot{I} = 35 \times 0.38\ \underline{/-24.6°}\ V = 13.3\ \underline{/-24.6°}\ V$$

$$\dot{U}_L = j\omega \dot{I} = j314 \times 1.5 \times 0.38\ \underline{/-24.6°}\ V = 179\ \underline{/65.4°}\ V$$

$$\dot{U}_2 = (R_2 + j\omega L) \dot{I} = (35 + j471) \times 0.38\ \underline{/-24.6°}\ V$$

$$= 472.3\ \underline{/85.8°} \times 0.38\ \underline{/-24.6°}\ V = 179.5\ \underline{/61.2°}\ V$$

以电流为参考相量的各电压与电流的相量图见图 1.7.3（c）。

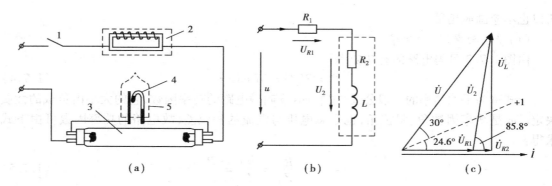

图 1.7.3 日光灯电路

(a)电路示意图 (b)等效电路 (c)相量图

1—开关;2—镇流器;3—灯管;4—双金属片;5—启动器

3)计算电路的功率。因总电压与电流的夹角为:

$$\varphi = \varphi_u - \varphi_i = 30° - (-24.6°) = 54.6°$$

所以

$$\cos \varphi = \cos 54.6° = 0.58, \quad \sin \varphi = \sin 54.6° = 0.82$$

$$P = UI \cos \varphi = 220 \times 0.38 \times 0.58 \text{ W} = 48.4 \text{ W}$$

$$Q = UI \sin \varphi = 220 \times 0.38 \times 0.82 \text{ Var} = 68.6 \text{ Var}$$

$$S = \sqrt{P^2 + Q^2} = \sqrt{48.4^2 + 68.6^2} \text{ VA} = 84 \text{ VA}$$

例 1.7.2 在图 1.7.3 日光灯电路上再并联一只 220 V,100 W 的白炽灯,而已知日光灯电路的功率为 40 W(忽略镇流器功耗),$\cos \varphi_1 = 0.5$,电源电压 $u = 220\sqrt{2} \sin \omega t$ V,试求日光灯电路中的电流 $\dot{I}_1$、白炽灯电流 $\dot{I}_2$、总电流 $\dot{I}$ 和整个电路的功率因数,并画相量图。

解:

由公式 $P = UI \cos \varphi$ 可得日光灯电流有效值 I_1 和白炽灯电流有效值 I_2 为:

$$I_1 = \frac{P_1}{U \cos \varphi_1} = \frac{40}{220 \times 0.5} \text{ A} = 0.364 \text{ A}$$

$$I_2 = \frac{P_2}{U} = \frac{100}{220} \text{ A} = 0.455 \text{ A}$$

因为 $\cos \varphi_1 = 0.5$,所以 $\varphi_1 = 60°$,即 $\dot{I}_1$ 滞后 $\dot{U} 60°$。$\dot{I}_2$ 与 $\dot{U}$ 同相位。故:

$$\dot{I}_1 = 0.364 \underline{/-60°} \text{ A} = 0.182 \text{ A} - j0.315 \text{ A}$$

$$\dot{I}_2 = 0.455 \underline{/0°} \text{ A}$$

$$\dot{I} = 0.182 \text{ A} - j0.315 \text{ A} + 0.455 \text{ A} = 0.71 \underline{/-26.3°} \text{ A}$$

以电压为参考相量,各电流与电压的相量图如图 1.7.4 所示。

$$\cos \varphi = \cos(-26.3°) = 0.896 \quad 或 \quad \cos \varphi = \frac{P_1 + P_2}{UI} = \frac{40 + 100}{220 \times 0.71} = 0.896$$

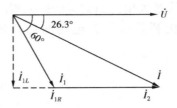

图 1.7.4　例 1.7.2 的相量图

*1.8　串联谐振与并联谐振

在含有 R,L,C 的电路中,由于感抗和容抗均是频率的函数,故调节电源的频率或电路参数,可使电压与电流同相位,而使电路产生谐振。常见的谐振电路有串联谐振和并联谐振。在电子技术中为了需要常常希望电路发生谐振,但在电力系统中则往往设法避免发生谐振,这是为什么呢? 从以下谐振电路的分析中可以找到答案。

1.8.1　串联谐振

(1)谐振的条件和谐振频率

在上述 RLC 的串联电路中,当 $X_L = X_C$ 时,$Z = R$,即电路呈电阻性,电流与总电压同相位,这时称电路发生了谐振,因发生在串联电路中,所以叫串联谐振。由此可得电路产生谐振的条件为:

$$X_L = X_C \quad \text{或} \quad 2\pi f L = \frac{1}{2\pi f C} \tag{1.8.1}$$

由上式可得串联谐振的频率:

$$f_0 = \frac{1}{2\pi\sqrt{LC}} \tag{1.8.2}$$

由式(1.8.2)可知,谐振频率 f_0 仅由电路本身的参数 L 和 C 来确定,因此 f_0 又称为电路的固有频率。改变 f_0,L 和 C 3 个量中的任一个都可满足谐振条件,而使电路发生谐振。

(2)谐振的主要特点

1)串联谐振时,电路的阻抗 $|Z_0| = R$ 为最小;在一定的电压下,电路中电流的有效值为最大。

因为串联谐振时,$X_L = X_C$,由式(1.7.3)可得电路的阻抗:

$$|Z_0| = \sqrt{R^2 + (X_L - X_C)^2} = R$$

可见,谐振时阻抗 $|Z_0| = R$ 为最小。如果偏离谐振频率 f_0,阻抗都会明显增大,如图 1.8.1 所示。

由欧姆定律,谐振时电路中的电流为:

$$I_0 = \frac{U}{|Z_0|} = \frac{U}{R} \tag{1.8.3}$$

因为谐振时阻抗为最小,所以 I_0 为最大值。如偏离谐振频率时,电流将明显减小。这种能把谐振频率附近的信号选择出来的特性就称为电路的选择性。电流 I 随 f 变化的曲线如图1.8.2所示。

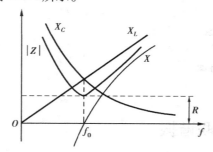

图1.8.1　阻抗的频率响应曲线

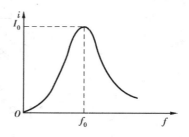

图1.8.2　电流的频率响应曲线

2)串联谐振时,电感、电容上的电压可以比总电压大许多倍。

因为谐振时 $I_0 = U/R$,所以电感和电容上的电压分别为:

$$U_{L0} = \omega_0 L I_0 = \frac{\omega_0 L}{R} U$$

$$U_{C0} = \frac{1}{\omega_0 C} I_0 = \frac{1}{\omega_0 C R} U$$

上式中 $\omega_0 L/R$ 为 U_{L0} 与 U 的比值;$1/\omega_0 CR$ 为 U_{C0} 与 U 的比值。这个比值称为谐振回路的品质因数,用 Q 表示,即

$$Q = \frac{\omega_0 L}{R} = \frac{1}{\omega_0 CR} \tag{1.8.4}$$

因此
$$U_{L0} = U_{C0} = QU$$

上式表明,串联谐振时,电感(或电容)上的电压是电源电压的 Q 倍。当 $R \ll X_{L0}$ 或 X_{C0} 时,则 Q 值很高,电感(或电容)上的电压比电源电压高很多倍。由于串联谐振会在电感(或电容)上引起高电压,所以串联谐振又称为电压谐振。

另外指出,由于串联谐振时,电感与电容所需要的能量完全互相补偿,所以电源仅供给电阻所消耗的能量。

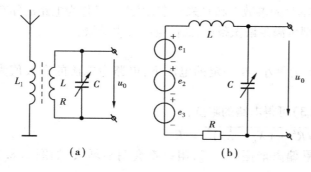

图1.8.3　晶体管收音机的输入电路及其等效电路
(a)输入调谐电路　(b)等效电路

(3)串联谐振的应用举例

图1.8.3(a)是晶体管收音机的输入调谐电路。图1.8.3(b)是它的等效电路。它是利用串联谐振来选择电台信号的。许多电台的信号通过天线线圈 L_1 接收,依靠互感使 RLC 回路感应出与各种频率的电磁波相对应的电动势 e_1, e_2, e_3 等,如图1.8.3(b)所示。当调节可变电容 C 为某一数值,电路就有一个固定的谐振频率 f_0,此时,某一电台的频率恰好等于 f_0 时,

此电台的信号便在电容器上获得最高的电压。而其他频率的电台信号由于不满足谐振条件，故在电容上获得的电压都很低。这样就在许多电台信号中选择出了欲收听的电台。

例1.8.1 有一台单波段(中波:535～1 605 kHz)晶体管收音机,输入调谐电路如图1.8.3所示,已知 $R = 10\ \Omega$, $L = 0.328\ \text{mH}$,现可调电容器损坏,问应购买多大的电容器? 并求电路在 1 000 kHz 谐振时的品质因数。

解:由于可调电容可从零调到某最大值,因此只需按最低频率 535 kHz 选择电容的最大值即可。由公式 $f_0 = \dfrac{1}{2\pi\sqrt{LC}}$ 可得:

$$C = \frac{1}{(2\pi f_0)^2 L} = \frac{1}{(2\pi \times 535 \times 10^3)^2 \times 0.328 \times 10^{-3}}\ \text{F} = 270\ \text{pF}$$

$$Q = \frac{2\pi f_0 L}{R} = \frac{2\pi \times 1\ 000 \times 10^3 \times 0.328 \times 10^{-3}}{10} = 206$$

1.8.2 并联谐振

图1.8.4(a)是既有电阻 R 又有电感 L 的线圈与电容器 C 并联的电路,当电路中的电压与总电流达到同相位时电路所处的状态称为并联谐振。谐振时的相量图见图1.8.4(b)。

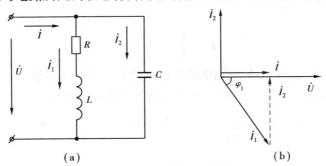

$$(a) \qquad\qquad\qquad (b)$$

图1.8.4 并联谐振电路及其相量图

(1)谐振条件和谐振频率

由图1.8.4(a),设电源电压为 $\dot{U}$,由欧姆定律的相量形式,可求得各支路电流:

$$\dot{I}_1 = \frac{\dot{U}}{R + j\omega L}, \qquad \dot{I}_C = j\omega C\dot{U} \qquad\qquad (1.8.5)$$

由 KCL 的相量形式,线路总电流:

$$\dot{I} = \dot{I}_1 + \dot{I}_2 = \frac{\dot{U}}{R + j\omega L} + j\omega C\dot{U}$$

$$= \left[\frac{R}{R^2 + \omega^2 L^2} + j\left(\omega C - \frac{\omega L}{R^2 + \omega^2 L^2}\right)\right]\dot{U} \qquad (1.8.6)$$

根据定义,由上式可得并联谐振的条件为:

$$\omega C = \frac{\omega L}{R^2 + \omega^2 L^2} \qquad\qquad (1.8.7)$$

由式(1.8.7)可求出并联谐振时的角频率和频率为:

$$\omega_0 = \sqrt{\frac{1}{LC} - \frac{R^2}{L^2}}, \quad f_0 = \frac{1}{2\pi}\sqrt{\frac{1}{LC} - \frac{R^2}{L^2}} \tag{1.8.8}$$

实际上,线圈的等效电阻 R 一般都很小,即 $R \ll \omega_0 L$,于是 $\varphi_1 = \frac{\pi}{2}$,在这种情况下,由图 1.8.4(a)可知,并联谐振条件为:$X_L \approx X_C$,则并联谐振频率与串联谐振时相近,即

$$f_0 \approx \frac{1}{2\pi\sqrt{LC}} \tag{1.8.9}$$

(2)并联谐振的主要特点

1)谐振回路的总电流 I 为最小值,回路总阻抗 Z_0 为最大值

由于并联谐振时电压与总电流同相位,所以由式(1.8.6)可得谐振时的总阻抗:

$$Z_0 = \frac{R^2 + \omega_0^2 L^2}{R}$$

将式(1.8.8)代入上式,并整理得:

$$Z_0 = \frac{L}{RC} = \frac{\omega_0 L}{\omega_0 RC} = \frac{1}{\omega_0 C}Q = \omega_0 L Q \tag{1.8.10}$$

上式中 $Q = \frac{\omega_0 L}{R} = \frac{1}{\omega_0 RC}$。可见,当线圈的电阻 $R \ll \omega_0 L$ 或 $1/\omega_0 C$ 时,$Q \gg 1$,电路的总阻抗 Z_0 很大,而总电流 I 很小。

$$I = \frac{U}{Z_0} = \frac{CR}{L}U \tag{1.8.11}$$

2)并联谐振时,线圈支路、电容支路中的电流可比总电流大许多倍。

由式(1.8.5)和式(1.8.11)可得谐振时各支路的电流有效值为:

$$\left. \begin{aligned} I_1 &= \frac{U}{\sqrt{R^2 + (\omega_0 L)^2}} \approx \frac{1}{\omega_0 L}U = \frac{1}{\omega_0 L} \cdot \frac{L}{CR}I = QI \\ I_C &= \omega_0 CU = \omega_0 C \cdot \frac{L}{CR}I = QI \end{aligned} \right\} \tag{1.8.12}$$

上式说明,并联电路发生谐振时,并联支路的电流近似相等,都约是总电流的 Q 倍。也正是因为这一点,并联谐振又称为电流谐振。

并联谐振在无线电工程上和工业电子技术中应用都很广泛。

1.9 功率因数的提高

1.9.1 为什么要提高电路的功率因数

(1)可使电源的能量得到充分的利用

交流电源(发电机或电力变压器)的额定容量通常用视在功率 $S_N = U_N I_N$ 表示,其供电能

力是由额定电压 U_N 与额定电流 I_N 决定的,但是其输出并提供给负载的有功功率则与负载的功率因数有关。如图 1.9.1(a)的电路,当发电机的电压和电流达到额定值时,如果电路的功率因数为 0.5(未接补偿电容器时);则发电机输出的有功功率为:

$$P = 0.5 S_N$$

即输出的有功功率仅占发电机容量的 50%,而另外 50% 的能量被负载的无功电流所占用,却不能再供给其他负载用,所以说电源的能量未能得到充分的利用。如果在感性负载两端并接一个适当的电容器,则电路的功率因数将提高,总电流将减小,如图 1.9.1(b)相量图所示。因此在不超过发电机额定电流的原则下,可再接一些负载,这就使发电机能量的利用程度大大提高了。

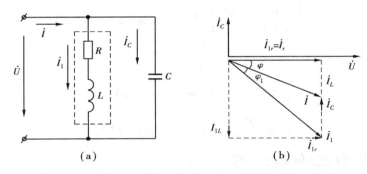

图 1.9.1　提高功率因数的电路图和相量图

(2)可使输电线路上的电压损失和功率损耗减小

在电源电压 U 和负载功率 P 一定的条件下,由 $I = \dfrac{P}{U \cos \varphi}$ 可知,提高功率因数可使输电线路的电流减小,从而也减少了线路上的电压损失($IR_{线}$)和功率损耗($I^2 R_{线}$),提高供电的质量;同时,可使输电导线截面减小,节省有色金属。

1.9.2　怎样提高功率因数

1)对于一个用电单位或供电系统,需要采取一些技术措施。例如,避免异步电动机在空载或轻载下工作,因为异步电动机空载运行时,功率因数仅有 0.2 ~ 0.3;在企业变配电所内集中安装静电电容器提高功率因数或用同步电动机过励磁运行(为容性负载)来补偿企业的功率因数。

2)对于日光灯等感性负载,可在负载两端并联适当容量的电容器,如图 1.9.1(a)所示。

必须指出,提高功率因数并不影响负载的正常工作,即不影响负载本身的电压、电流、功率和功率因数,而是改变线路总电压和总电流之间的相位差,从而改善供电线路的功率因数。

1.9.3　感性负载并联电容的计算

前已述,并联电容 C 前后电路所消耗的有功功率不变,即

$$P = UI_1 \cos \varphi_1 = UI \cos \varphi$$

所以
$$I_1 = \frac{P}{U\cos\varphi_1}$$
$$I = \frac{P}{U\cos\varphi}$$
(1.9.1)

由相量图 1.9.1(b)可以看出,I_1 可分成两个分量,即无功分量 $I_{1L} = I_1\sin\varphi_1$,有功分量 $I_{1r} = I_1\cos\varphi_1$。同理,总电流 I 也可分为无功分量 $I_L = I\sin\varphi$,有功分量 $I_r = I\cos\varphi$。由图可见,$I_{1r} = I_r$,而

$$I_C = I_{1L} - I_L = I_1\sin\varphi_1 - I\sin\varphi$$

把式(1.9.1)代入上式,得:

$$I_C = \frac{P\sin\varphi_1}{U\cos\varphi_1} - \frac{P\sin\varphi}{U\sin\varphi} = \frac{P}{U}(\tan\varphi_1 - \tan\varphi)$$

又由于
$$I_C = \frac{U}{X_c} = \omega CU$$

所以
$$\omega CU = \frac{P}{U}(\tan\varphi_1 - \tan\varphi)$$

$$C = \frac{P}{\omega U^2}(\tan\varphi_1 - \tan\varphi) \quad (F)$$
(1.9.2)

式中　φ_1——并联电容之前负载的功率因数角;

φ——并联电容之后整个电路的功率因数角;

P——负载取用的功率,单位为 W。

例 1.9.1　有一盏 220 V,20 W 的日光灯,接入工频 220 V 的电源上,镇流器上的功耗约为 8 W,$\cos\varphi_1 = 0.5$,试求把功率因数从 0.5 提高到 0.9 时所需并联补偿电容值及并联电容前、后电路中的电流值。

解:

1)当 $\cos\varphi = 0.5$ 时,$\tan\varphi_1 = 1.732$;当 $\cos\varphi = 0.9$ 时,$\tan\varphi = 0.484$。由公式(1.9.2)可得:

$$C = \frac{P}{\omega U^2}(\tan\varphi_1 - \tan\varphi) = \frac{20+8}{2\pi \times 50 \times 220^2}(1.732 - 0.484)\,F = 2.3\,\mu F$$

2)并联电容 C 前、后电路中的电流为:

$$I_1 = \frac{P}{U\cos\varphi_1} = \frac{20+8}{220 \times 0.5}\,A = 0.25\,A$$

$$I = \frac{P}{U\cos\varphi} = \frac{20+8}{220 \times 0.9}\,A = 0.14\,A$$

由计算结果可知,感性负载并联适当电容 C 后,使线路电流明显减小了。

本章小结

①对于电动势、电压、电流、电功率和电位要有清楚的概念,并熟悉它的单位,还要弄清电

动势、电压和电流的规定方向。在实际电路中往往难以事先判断它们的方向,这样可假设一个参考方向对电路求解,当解为正值时,说明参考方向与实际方向相同,为负值时,则参考方向与实际相反。计算电位时还要选择一个参考点。如不选定参考方向或参考点,讨论电动势、电流、电压及电位的正负是无意义的。

②克希荷夫第一定律(KCL),是对节点(包括广义节点)而言,对于任一节点有 $\sum I_\text{入} = \sum I_\text{出}$,其实质是电流连续性。列方程时电流的方向可以任意假定。克希荷夫第二定律(KVL),是对回路而言,沿电路中任何回路循环一周有 $\sum E = \sum IR$,其实质是能量守恒。在列电压方程时,应根据假定的回路绕行方向与电阻上电流的方向、电动势方向来决定电动势和电阻压降的正负。支路电流法是求解复杂电路的重要方法,要熟练应用。

③电"动"(电荷运动)生磁,磁"动"(磁场的运动或变化)生电,两者同时存在而不可分割。磁场对载流导体或铁磁物质有力的作用。当穿链线圈的磁通发生变化会在线圈上产生感应电动势,其表达式为 $e = -N\dfrac{\mathrm{d}\varPhi}{\mathrm{d}t}$。线圈自身电流的变化在线圈内部也会产生电动势,称为自感电动势,其大小 $e_L = -N\dfrac{\mathrm{d}i}{\mathrm{d}t}$。为了给后续课程打下一定基础,还要弄清磁感应强度、磁通、磁导率、磁阻、电感和涡流等基本概念及其单位。

④随时间按正弦规律变化的电动势、电压和电流统称为交流电或正弦量。正弦量的瞬时值可用三角函数式表示,如正弦电压:

$$u = U_m \sin(\omega t + \varphi) = \sqrt{2}\, U \sin(\omega t + \varphi)$$

式中 U_m 为最大值(即幅值),U 为有效值,两者之间有 $U = U_m/\sqrt{2}$;ω 为角频率,φ 为初相位。幅值、角频率和初相描述了正弦交流电的基本特点,故称为特征量或三要素。

⑤在频率一定的条件下,正弦量仅由幅值(或有效值)与初相两个特征量来决定,因此正弦量可用复数(即相量)形式表示,如:

$$i = I_m \sin(\omega t + \varphi) = \sqrt{2}\, I \sin(\varphi t + \varphi)$$

用相量(复数)表示为:

$$\dot{I}_m = I_m \angle \varphi \quad 或 \quad \dot{I} = I \angle \varphi$$

因为复数可用复平面上的向量表示,所以正弦量也可以用复平面上的向量来图示,为了与空间向量有别,称为相量图。相量式法是求解正弦电路的基本方法,应熟练应用。

⑥单一元件的交流电路

纯电阻:$\dot{U} = \dot{I}R$,u 与 i 同相位,$P_R = UI = I^2 R = U^2/R$,$Q = 0$;

纯电感:$\dot{U} = j\omega L \dot{I}$,$u$ 超前 i 90°,$P_L = 0$,$Q = UI = I^2 X_L = U^2/X_L$;

纯电容:$\dot{U} = -j\dfrac{1}{\omega C}\dot{I}$,$u$ 滞后 i 90°,$P = 0$,$Q = UI = I^2 X_C = U^2/X_L$。

电阻是耗能元件,电感和电容是储能元件。

⑦RLC 串联交流电路,电压与电流的关系用相量表示为:

$$\dot{U} = Z\dot{I} = [R + j(X_L - X_C)]\dot{I}$$

式中 Z 称为复阻抗,其模 $|Z| = \sqrt{R^2 + (X_L - X_C)^2}$,辐角为 $\varphi = \arctan \dfrac{X_L - X_C}{R}$。可见当 $X_L > X_C$ 时,电路呈电感性,电压超前电流一个 φ 角;当 $X_L < X_C$ 时,电路呈电容性,电压滞后电流一个 φ 角。功率因数和各种功率可按下式计算:

$$\cos \varphi = \frac{P}{S} = \frac{U_R}{U} = \frac{R}{|Z|}$$

$$P = UI \cos \varphi \ \text{W}$$

$$Q = UI \sin \varphi = Q_L - Q_C \ \text{Var}$$

$$S = UI = \sqrt{P^2 + Q^2} \ \text{VA}$$

⑧RLC 串联电路的谐振条件是:$X_L = X_C$,谐振频率为 $f_0 = \dfrac{1}{2\pi\sqrt{LC}}$。串联谐振时阻抗最小,即 $Z_0 = R$;电流最大,即 $I_0 = \dfrac{U}{R}$;当 $R \ll \omega_0 L$ 或 $\dfrac{1}{\omega_0 C}$ 时,电感或电容上获得的电压比总电压高许多倍。即 $U_{L0} = U_{C0} = \dfrac{\omega_0 L}{R}U = \dfrac{1}{\omega_0 R_C}U = QU$。

并联谐振时,如忽略线圈电阻,谐振频率为 $f_0 \approx \dfrac{1}{2\pi\sqrt{LC}}$;并联谐振电路具有高阻性,谐振总电流最小,但线圈或电容支路的电流可比总电流大许多倍。

⑨提高功率因数的意义是充分发挥电源的潜力,减小线路上的压降和功率损失。感性负载两端并联适当容量的电容器可提高功率因数,并联电容的大小可按下式求得:

$$C = \frac{P}{\omega U^2}(\tan \varphi_1 - \tan \varphi)$$

基本知识自检题

一、填空或选择填空题

1. 电路一般由_____、_____、_____和_____4 部分组成。最简单的控制设备是_____,保护设备是_____。

2. 电动势是_____做功,电压是_____做功。电动势的方向规定_____,电压的方向规定_____,电流的方向规定_____。

3. KCL 是对_____而言,它的实质是_____,KVL 是对_____而言,它的实质是_____。(a. 回路电压;b. 节点电流;c. 能量守恒;d. 电流连续性)

4. 利用 KVL 列方程时,电动势 E 和电阻上的压降 IR 各放在等号的一边,E 的正负由_____、_____而定,IR 的正负由_____、_____而定。

5. 利用支路电流法求解电路时,对于 4 个结点可列_____个独立的结点电流方程;6 支路可列_____个独立的回路电压方程。

6. 电路中某点电位的高低是对_____点而言的。相位差指_____;若 u_A 超前 u_B,则 $\varphi_A - \varphi_B$ 为_____值,u_A 滞后 u_B,$\varphi_A - \varphi_B$ 为_____值(a. 正;b. 负;c. 零)。

7. 涡流会使变压器、电动机的铁芯_____而消耗_____。减小涡流的方法通常是将电气设备的铁芯_____。

8. 已知 $u = 220\sqrt{2}\,\sin(314t - 60°)\,\text{V}$,则它的三要素分别为_____、_____、_____。相量 $\dot{U}_m = $_____V,$\dot{U} = $_____V。

9. 10 A 的直流和最大值 12 A 的正弦交变电流通过相同的电阻,在相等的时间内,它们产生的热量_____大_____小。

10. 电器铭牌上标注的电压、电流值指的是_____值,交流电压表,电流表测量的是_____值(a. 最大值;b. 有效值;c. 瞬时值)。一交流电压表的读数为 12 V,此正弦交流电压的最大值为_____伏。

11. RLC 串联电路,当 $X_L > X_C$ 时,电路呈现_____性质,电压_____电流一个 φ 角;当 $X_L < X_C$ 时,电路呈现_____性质,电压_____电流一个 φ 角;当 $X_L = X_C$ 时,电压与电流同相位,电路产生_____,此时 $|Z_0| = $_____,电流_____(最大或最小)。

12. 在图中,已知 $R = 8\ \Omega$,$X_L = 6\ \Omega$,$i = 10\sqrt{2}\,\sin(314t + 30°)\,\text{A}$,则 $Z = $_____$\Omega$,$\dot{U}_R = $_____V,$\dot{U}_L = $_____V,$\dot{U} = $_____V。

13. 在图中,已知 $R = 4\ \Omega$,$X_C = 3\ \Omega$,$i = 10\sqrt{2}\,\sin(314t - 30°)\,\text{A}$,则 $Z = $_____$\Omega$,$\dot{U}_R = $_____V,$\dot{U}_C = $_____V,$\dot{U} = $_____V。

填空题 12 的图   填空题 13 的图

14. 在图 1.7.1(a) RLC 串联电路中,已知 $R = 80\ \Omega$,$X_L = 100\ \Omega$,$X_C = 40\ \Omega$,接入 $u = 220\sqrt{2}\,\sin 314t\,\text{V}$ 的电源,试问电路的复阻抗 $Z = $_____$\Omega$,$\dot{I} = $_____A,$P = $_____W,$Q = $_____Var,$S = $_____VA。

15. 在图 1.7.1(a) RLC 串联电路中,已知 $R = 5\ \Omega$,$L = 159.3\ \text{mH}$,如加入 $u = 220\sqrt{2}\,\sin 314t\,\text{V}$ 的电压电路发生串联谐振,则 $X_C = $_____$\Omega$,$f_0 = $_____Hz,$Z = $_____$\Omega$,$I = $_____A,品质因数 $Q = $_____。

二、判断题

1. 在求解电路时,电流的方向是可以任意假定的。
2. 电功率是衡量电气设备做功本领的物理量。
3. 电路中的电位是沿任一路径到参考点之间的电压。
4. 变压器的线圈和铁芯是互相绝缘的,所以铁芯中的涡流是不消耗电能的。

5. 因为正弦交变电流和电压是相量,所以电功率也是相量。

6. 有人说电动生磁,磁动生电,二者共存而不可分割。

7. 支路电流法只适应直流电路而不适应交流电路。

8. 若 $u_1 = 311 \sin(314t + 45°)$, $u_2 = 311 \sin(628t + 45°)$,则 u_1 与 u_2 同相位。

9. 一个 220 V,100 W 白炽灯泡,接到额定值为 22 V,500 VA 的电源上,灯泡将会烧坏。

10. 电路发生串联谐振时,电感或电容上的电压将比电源电压还高。

11. 电路发生并联谐振时,电感或电容中的电流将比总电流还大。

12. 设题图中灯泡功率相同,电源电压有效值相等,灯泡最亮的是_____图,灯泡暗的是_____图。

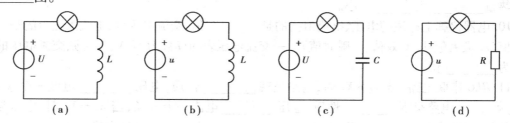

判断题 12 的图

13. 因为交流用电设备电路的有功功率 $P = UI \cos \varphi$,所以提高用电设备电路的功率因数,用电设备自身的有功功率也会得到提高。

思考题与练习题

1.1 电动势与电压有何异同?

1.2 一只 2 W,8 Ω(忽略感抗)的扬声器,在额定功率下工作时,其扬声器音圈的端电压是多少? 音圈中通过的电流是多少?

1.3 何为磁感应强度、磁场强度、磁通、磁导率、自感电动势和电感? 它们的单位各是什么?

1.4 题 1.4 图是发电机的截面图,若磁极作逆时针方向旋转,试判定转动开始时各线圈所产生感应电动势的方向(方向指向纸里用⊗表示,指向纸外用⊙表示)。

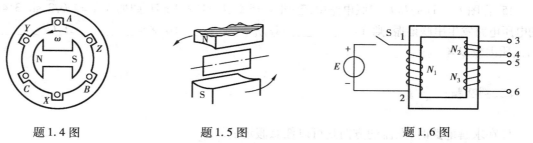

题 1.4 图　　　　　题 1.5 图　　　　　题 1.6 图

1.5 题 1.5 图所示,当磁极以逆时针方向旋转时,闭合线圈能否转动,若能转动应朝哪一方向旋转? 为什么?

1.6 题 1.6 图变压器,在 N_1 绕组上接一直流电源和开关,在开关闭合的瞬时,试判定各绕组产生感应电动势的方向? 指出哪个线圈产生的是自感电动势?

1.7 何为涡流损耗? 如何减小电器铁芯中的涡流损耗?

1.8 各直流电路如题 1.8 图,试求各电路中的电阻值。

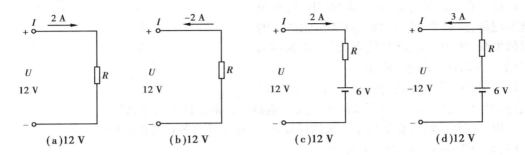

(a)12 V (b)12 V (c)12 V (d)12 V

题 1.8 电路

1.9 用克希荷夫回路电压定律列出题 1.8(c),(d)图的方程,并求其电阻值。

1.10 用克希荷夫两定律列出题 1.10(a),(b) 图求解各支路电流所需的独立方程。

1.11 在题 1.11 图中,已知 $R_1 = 2$ Ω,$R_2 = 2$ Ω,$R_3 = 5$ Ω,$E_1 = 6$ V,$E_2 = 12$ V,求各支路电流。

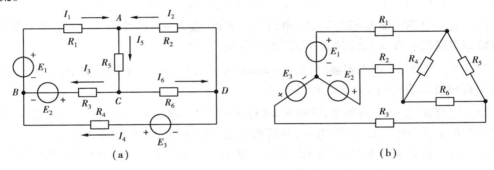

(a) (b)

题 1.10 图

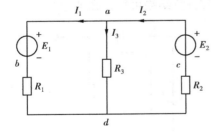

题 1.11 图

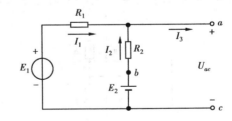

题 1.12 图

1.12 在题 1.12 图中,已知 $R_1 = 10$ kΩ, $R_2 = 20$ kΩ,$E_1 = 6$ V,$E_2 = 6$ V,$U_{ac} = -0.5$ V。
(1)试求各支路电流。(2)计算理想电压源的功率,并说明是取用的还是发出的功率。

1.13 在题 1.11 图中,设 d 点为参考点,试求 a 点、b 点和 c 点的电位。

1.14 在题 1.12 图中,设 a 点为参考点,试求 b 点和 c 点的电位。

1.15 在题 1.15 图中,在开关 S 断开和闭合两种情况下,试求 A 点的电位。

1.16 已知 $u_1 = 537 \sin(314t + 45°)$ V,$u_2 = 311 \sin(314t - 30°)$ V,试求 u_1 与 u_2 的有效

值,频率、周期和相位差;当 $t=0$ 时,它们的瞬时值是多少? 画出它们的波形图,并指出它们超前、滞后的关系。

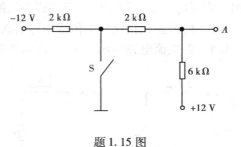

题 1.15 图

1.17 有一正弦电流,频率为 50 Hz,用交流电流表测量,读数为 10 A,当 $t=0$ 时,此电流的瞬时值为 0.707 A。试求其最大值 I_m,角频率 ω 和初相 φ,并写出瞬时值表达式。

1.18 有一个电容器,其铭牌上标注额定电压值为 250 V,问能否接在工频 220 V 的交流电路中正常工作? 为什么?

1.19 用相量法计算下列正弦量的和或差,并分别画出各式的相量图。

(1) $u=60\sin\omega t$ V $+80\cos\omega t$ V

(2) $i=10\sin\omega t$ A $+15\cos\omega t$ A $+25\sin(\omega t-90°)$ A

(3) $u=30\sin(314t-30°)$ V $-40\sin(314t+60°)$ V

1.20 下列相量代表的是频率为 50 Hz 的正弦量,试写出它们的三角函数表达式。

(1) $\dot{U}=220\underline{/60°}$ V,   (2) $\dot{U}_m=-j380$ V,

(3) $\dot{I}=4$ A $-j3$ A,   (4) $\dot{I}_m=14.14\underline{/-53.1°}$ A。

1.21 有一电感线圈 $L=25.5$ mH,电阻忽略不计,接入 $u=10\sqrt{2}\sin314t$ V 的电源上,试求通过线圈电流的有效值 I、瞬时值 i 和无功功率 Q_L。

1.22 有一 2.5 μF 的电容器,接入 $u=220\sqrt{2}\sin(314t+60°)$ V 的电源上,试求通过电容器电流的有效值 I,瞬时值 i 和无功功率 Q_C。

1.23 电路如题 1.23 图所示,已知 $R=4\ \Omega$,$L=9.56$ mH,$u=10\sqrt{2}\sin(314t+30°)$ V,(1) 求电路中的电流及电阻、电感上的电压,并画相量图;(2) 求电路中的功率 P、Q、S。

1.24 有一负载 $R=16\ \Omega$,通过 10 μF 的电容 C 与信号源耦合,见题 1.24 图,如果信号源输出电压为 4 V,$f=1$ kHz,问电阻 R 和电容 C 上的电压各为多少? 并作电压与电流的相量图;当 $f=100$ kHz 时,电阻和电容上的电压又为何值? 比较计算结果可得什么结论?

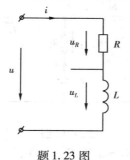

题 1.23 图

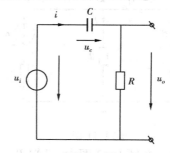

题 1.24 图

1.25 有一个 110 V 10 W 的白炽灯泡,现要接在 220 V 的电源上,问要串联多大的电阻才能使其正常工作?

1.26 在题 1.26 图中,已知电流表 A_1 的读数为 6 A,A_2 的读数为 8 A 不变。试求(1) 当 $Z_1=R$,$Z_2=jx_L$ 时,电流表 A_0 的读数为多少? (2) 当 $Z_1=R$ 时,Z_2 为何种参数才使电流表 A_0 的读数最大? 读数为多少?

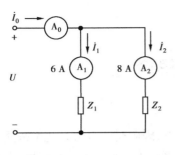

题1.26 图

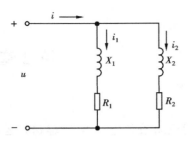

题1.27 图

1.27 在题1.27图中,已知 $u = 380\sqrt{2}\sin 314t$ V,$R_1 = 4\ \Omega$,$X_1 = 3\ \Omega$,$R_2 = 6\ \Omega$,$X_2 = 8\ \Omega$,试求 i_1,i_2 和 i。

1.28 在题1.28图中,已知 $u = 220\sqrt{2}\sin 314t$ V,$R_1 = 10\ \Omega$,$X_1 = 10\ \Omega$,$R_2 = 40\ \Omega$,试求 i_1,i_2 和 i。

1.29 某车间采用混合照明,如题1.29图所示,安装有100 W日光灯10盏,每盏功率因数为0.5,镇流器功耗为10 W;100 W白炽灯10盏。并联接于220 V电源上,试求总电流和总功率因数,并作总电压与总电流的相量图。

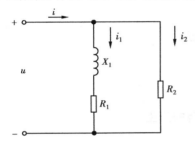

题1.28 图

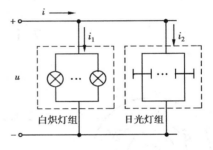

题1.29 图

1.30 何为串联和并联谐振? 它们谐振的条件、谐振频率及谐振的主要特点是什么?

1.31 何为功率因数? 提高功率因数的重要意义是什么? 怎样提高功率因数?

1.32 有一额定值为220 V,40 W的日光灯,$\cos\varphi = 0.5$,镇流器功耗为8 W,接于220 V、50 Hz的电源上。为了提高功率因数在其两端并联4.75 μF的电容器,求并联电容器前、后电路的总电流及并联电容后的功率因数。

1.33 在题1.33图中,已知 $u = 220\sqrt{2}\sin 314t$ V,$R_1 = 30\ \Omega$,$X_1 = 40\ \Omega$,试求(1)i_1,$\cos\varphi$ 和 P。(2)欲使功率因数提高到0.9,问应并联多大容量的电容器?(3)并联上问中的电容器后,电路的总电流 i 为多少?(4)并联电容器后,负载的有功功率会变化吗?

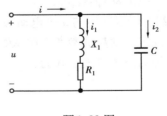

题1.33 图

1.34 有一15 kW的感性负载,$\cos\varphi = 0.6$,接于220 V、50 Hz的电源上,今欲使功率因数提高到0.9,问应并联多大容量的电容器?

第 2 章　三相交流电路

由于三相交流电在生产、输送和运用等方面的突出优点,因此交流电力系统都采用三相三线制输电、三相四线制(定义见后)配电。因为建筑施工现场既有三相负荷(如塔吊、混凝土泵机等),又有单相负荷(如照明、电焊机等),因此一般都采用三相四线制供电。3 条相线具有频率相同、幅值相等、相位互差 120° 的正弦交流电压,称为三相对称电压。前述单相交流电路,就是三相交流电路中的一相,因此三相交流电路可视为 3 个特殊单相电路的结合。在三相电路中,不管电路对称或不对称,只要有中线时,三相交流电路就可化简为单相电路的计算。故前述单相交流电路的分析计算方法,完全适用于三相交流电路。

本章首先讨论三相正弦对称电动势的产生及发电机绕组的连接方法。而后着重讨论三相负载在星形和三角形接法时电压、电流及功率的计算方法。

2.1　三相交流电源

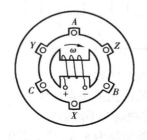

图 2.1.1　三相发电机结构图

2.1.1　三相对称电动势的产生

三相交流发电机的结构如图 2.1.1 所示。定子包括机座、铁芯和 3 个完全相同的定子绕组:AX,BY,CZ,每一绕组称为一相。3 个绕组的首端 A,B,C(或末端 X,Y,Z)在空间互差 120°。转子一般由直流电磁铁构成,极面做成适当形状,以使定子与转子的空气隙的磁感应强度按正弦规律分布。

当转子由原动机拖动按顺时针方向,以 ω 速度旋转时,3 个定子绕组被磁力线切割而产生对称正弦电动势:e_A,e_B,e_C。由于 3 个绕组的结构完全一样、被切割的速度一致、彼此在空间互差 120°,所以产生的 3 个电动势是幅值相等、频率相同、相位互差 120° 的三相对称电动势。

规定电动势的参考方向从每相绕组的末端指向首端,如以 A 相电动势为参考量,则三相电动势的瞬时值表达式为:

$$\left.\begin{array}{l} e_A = E_m \sin \omega t \\ e_B = E_m \sin(\omega t - 120°) \\ e_C = E_m \sin(\omega t + 120°) \end{array}\right\} \tag{2.1.1}$$

3 个电动势有效值相量表达式为:

$$\left.\begin{array}{l} \dot{E}_A = E \underline{/0°} = E \\[2mm] \dot{E}_B = E \underline{/-120°} = E\left(-\dfrac{1}{2} - \mathrm{j}\dfrac{\sqrt{3}}{2}\right) \\[2mm] \dot{E}_C = E \underline{/120°} = E\left(-\dfrac{1}{2} + \mathrm{j}\dfrac{\sqrt{3}}{2}\right) \end{array}\right\} \qquad (2.1.2)$$

它们的波形图和相量图如图 2.1.2 和图 2.1.3 所示。

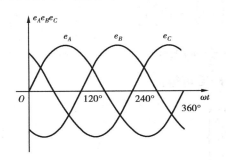

图 2.1.2　三相电动势波形图　　　　　图 2.1.3　三相电动势相量图

　　三相交流电按其到达正的(或负的)最大值的先后顺序称为相序。在图 2.1.1 中,如果转子以顺时针方向旋转,首先是 A 相电动势 e_A 达到正幅值,继而是 B 相,再后是 C 相,这种从 $A \to B \to C$ 的相序称为顺序;如果转子转向不变,把 B 相绕组与 C 相绕组对调,则相序变成从 $A \to C \to B$,称为逆序,即任意对调电源的 2 条相线,可改变其相序。相序在工业生产中很重要,常在三相母线上用色标黄、绿、红表示 A,B,C 三相。新国标用 L_1,L_2,L_3 标示 A,B,C 三相,本章为便于讨论仍采用旧文符。

2.1.2　三相发电机绕组的连接方法

　　三相发电机的每一相绕组都可以看作是一个独立的单相电源分别向负载供电。但是,这种供电方式需用 6 根输电线,既不经济也体现不出三相交流电的优点。因此,发电机的三相定子绕组都是在内部采用星形(Y 形)或三角形(△形)两种连接方式向外输电。

　　(1)星形(Y 形)连接

　　如图 2.1.4 所示,将发电机绕组的末端 X,Y,Z 连接在一起,这个连接点 N 称为中性点,自该点引出的导线叫中线,中线如与大地相连,称为零线或地线。从三相绕组的首端 A,B,C 分别引出 3 根导线统称为相线(俗称火线)。这种具有中线的三相供电方式称为三相四线制。如果无中线引出只有 3 根相线的供电方式称为三相三线制。

　　三相四线制供电的特点是可以提供负载两种电压。一种叫做相电压,即相(火)线与零线之间的电压,其瞬时值用 u_A,u_B,u_C 表示,参考方向规定由相线指向零线;另一种叫做线电压,即相线与相线之间的电压,其瞬时值用 u_{AB},u_{BC},u_{CA} 表示,其参考方向由双下标的先后次序表示。如 u_{AB} 表示 A 指向 B,如图 2.1.4 所示。由于发电机绕组产生的 3 个相电动势是对称的,因此,3 个相电压也是对称的,即

$$u_A = \sqrt{2}\,U_A\sin \omega t = \sqrt{2}\,U_P\sin \omega t$$

$$u_B = \sqrt{2}\,U_B\sin(\omega t - 120°) = \sqrt{2}\,U_P\sin(\omega t - 120°)$$

$$u_C = \sqrt{2}\,U_C\sin(\omega t + 120°) = \sqrt{2}\,U_P\sin(\omega t + 120°)$$

式中 U_P——每相电压的有效值。

如用相量表示为：

$$\left.\begin{aligned}\dot{U}_A &= U_P\underline{/0°} = U_P \\ \dot{U}_B &= U_P\underline{/-120°} = U_P\left(-\frac{1}{2} - j\frac{\sqrt{3}}{2}\right) \\ \dot{U}_C &= U_P\underline{/120°} = U_P\left(-\frac{1}{2} + j\frac{\sqrt{3}}{2}\right)\end{aligned}\right\} \tag{2.1.3}$$

线电压与相电压之间的关系，在图 2.1.4 中，由 KVL 可得：

$$\left.\begin{aligned}\dot{U}_{AB} &= \dot{U}_A - \dot{U}_B \\ \dot{U}_{BC} &= \dot{U}_B - \dot{U}_C \\ \dot{U}_{CA} &= \dot{U}_C - \dot{U}_A\end{aligned}\right\} \tag{2.1.4}$$

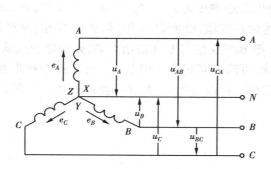

图 2.1.4 三相发电机绕组的星形连接

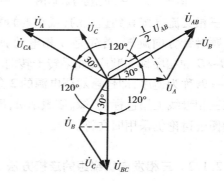

图 2.1.5 星形连接时线电压
与相电压的相量图

将式(2.1.3)代入上式，得：

$$\dot{U}_{AB} = U_P - U_P\left(-\frac{1}{2} - j\frac{\sqrt{3}}{2}\right) = U_P\left(\frac{3}{2} + j\frac{\sqrt{3}}{2}\right)$$

$$= \sqrt{3}\,U_P\left(\frac{\sqrt{3}}{2} + j\frac{1}{2}\right)$$

$$= \sqrt{3}\,U_P\underline{/30°}$$

即

同理

$$\left.\begin{aligned}\dot{U}_{AB} &= \sqrt{3}\,\dot{U}_A\underline{/30°} \\ \dot{U}_{BC} &= \sqrt{3}\,\dot{U}_B\underline{/30°} \\ \dot{U}_{CA} &= \sqrt{3}\,\dot{U}_C\underline{/30°}\end{aligned}\right\} \tag{2.1.5}$$

上述关系，也可以通过相量图的几何关系得出。作相量图时，根据对称性先作出相电压 $\dot{U}_A, \dot{U}_B, \dot{U}_C$，再按相量相减的几何作图法，作出各线电压 $\dot{U}_{AB}, \dot{U}_{BC}, \dot{U}_{CA}$。其相量图如图 2.1.5 所示。由相量图可以看出：

1）相电压对称线电压也对称。

2）线电压的有效值是相电压有效值的$\sqrt{3}$倍，即

$$U_l = \sqrt{3}\,U_P \tag{2.1.6}$$

3）相位上线电压超前对应相电压$30°$。即U_{AB}超前U_A $30°$，U_{BC}超前U_B $30°$，U_{CA}超前U_C $30°$。

（2）三角形（△形）连接

所谓三角形连接就是把每一相绕组的末端（或首端）与它相邻的另一相绕组的首端（或末端），依次相连的方式，如图2.1.6（a）所示。X与B连接，Y与C连接，Z与A连接，从3个连接点A，B，C上分别引出3根导线，图2.1.6（b）是另一种画法。显然，这种连接方式，相线与相线之间的线电压就是发电机一相绕组上的电压，即线电压等于相电压，表示为：

$$U_l = U_P \tag{2.1.7}$$

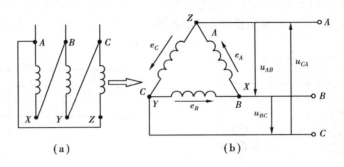

（a）　　　　　　　　　　　（b）

图2.1.6　三相发电机绕组的三角形连接

从图2.1.6还可以看出，三相发电机绕组作三角形连接时，在没有负载时绕组本身就构成一个闭合回路。如果各相绕组产生的电动势对称，由图2.1.2和式（2.1.2）可得：

$$e_A + e_B + e_C = 0$$

$$\dot{E}_A + \dot{E}_B + \dot{E}_C = 0$$

回路中不会产生环流。但是，如果各相绕组产生的电动势不对称，或者把某相绕组首尾端接错，将会在闭合回路中产生很大的环流，使发电机绕组烧毁。因此，实际中发电机绕组和变压器绕组很少采用三角形接法。

2.2　三相负载的星形连接

三相负载指采用三相交流电源的负载。例如，电动机、三相电热炉等。但是，对于众多的单相用电设备的组合，往往要求尽量均衡地分配在3个相线上，这样对于电源来讲，这些单相设备的组合也称为三相负载。

三相负载必须采用一定的连接方式接入三相电源，才能体现三相电源供电的优越性。三相负载有两种连接方法，即星形连接和三角形连接。确定三相负载接成星形还是三角形，应视负载的额定电压与电源的电压而定，当负载的额定相电压等于电源线电压时，采用三角形连接。当负载的额定相电压等于电源线电压的$1/\sqrt{3}$时，采用星形连接；若各相负载不对称或可

能产生不对称(如设计为三相平衡的照明及单相设备组负载),应采用三相四线制供电。可见,无论采用星形还是三角形接法都必须保证负载所承受的是其额定电压。

在三相负载中,如每一相负载的阻抗相等、阻抗角相同,即

$$|Z_a| = |Z_b| = |Z_c| \quad \text{和} \quad \varphi_a = \varphi_b = \varphi_c$$

称为三相对称负载。否则,就称为三相不对称负载。

下面分析三相负载星形连接中的不对称和对称两种情况下,电路中的电压、电流和功率的计算方法。

2.2.1　三相不对称负载的星形连接

图2.2.1示出了由3组白炽灯组成的三相不对称负载的星形连接电路。为了便于分析,将每相负载分别用 Z_a，Z_b，Z_c 复阻抗表示,并表示成图2.2.2的一般线路图。

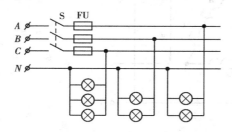

图2.2.1　三相不对称负载星形连的实际电路

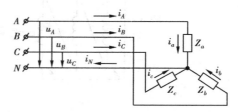

图2.2.2　三相不对称负载的星形连接

由图2.2.2可知,在各相电压的作用下,便有电流分别通过各相线、负载和中线回到电源。通过各相负载的电流称为相电流,用相量 $\dot{I}_a$，$\dot{I}_b$，$\dot{I}_c$ 表示,通过相线的电流称为线电流,用相量 $\dot{I}_A$，$\dot{I}_B$，$\dot{I}_C$ 表示,通过中线的电流用相量 $\dot{I}_N$ 表示。显然,在星形连接中,线电流等于相电流,即

$$\dot{I}_A = \dot{I}_a, \quad \dot{I}_B = \dot{I}_b, \quad \dot{I}_C = \dot{I}_c$$

其有效值一般表示式为:
$$I_l = I_P \tag{2.2.1}$$

式中　I_l——线电流的有效值;

　　　I_P——与线电流相对应的相电流有效值。

对于三相四线制供电,三相负载作星形连接有中线时,如果忽略线路上的压降,各相负载两端的电压 $\dot{U}_a$，$\dot{U}_b$，$\dot{U}_c$ 分别等于电源的相电压 $\dot{U}_A$，$\dot{U}_B$，$\dot{U}_C$。由于有中线,各相负载与电源独自构成回路,互不相扰。因此,各相电流,电功率的计算,可按单相电路逐相进行,即

$$\left. \begin{aligned} \dot{I}_a &= \dot{I}_A = \frac{\dot{U}_A}{Z_a} \\[2mm] \dot{I}_b &= \dot{I}_B = \frac{\dot{U}_B}{Z_b} \\[2mm] \dot{I}_c &= \dot{I}_C = \frac{\dot{U}_C}{Z_c} \end{aligned} \right\} \tag{2.2.2}$$

中线电流可由 KCL 的相量形式计算：

$$\dot{I}_N = \dot{I}_a + \dot{I}_b + \dot{I}_c \tag{2.2.3}$$

一般情况下，中线电流总是小于线电流，而且各相负载越接近对称，中线电流就越小。各相负载的有功功率分别为：

$$\left.\begin{array}{l} P_a = U_a I_a \cos \varphi_a \\ P_b = U_b I_b \cos \varphi_b \\ P_c = U_c I_c \cos \varphi_c \end{array}\right\} \tag{2.2.4}$$

式中，φ_a、φ_b、φ_c 为各相负载的电压与对应电流的相位差。功率因数可由下列公式求得：

$$\cos \varphi_a = \frac{R_a}{|Z_a|}, \quad \cos \varphi_b = \frac{R_b}{|Z_b|}, \quad \cos \varphi_c = \frac{R_c}{|Z_c|} \tag{2.2.5}$$

而三相总有功功率为：

$$P = P_a + P_b + P_c \tag{2.2.6}$$

式(2.2.6)表明，不对称三相负载作星形连接时，各相功率应分别计算，三相总有功功率等于各相有功功率之和。

各相无功功率和视在功率与单相电路的计算完全相同，这里不一一列举。必须注意的是总的视在功率一般 $S \neq S_a + S_b + S_c$，应为 $S = \sqrt{P^2 + Q^2}$。

例 2.2.1 已知 $Z_a = 8\ \Omega + j6\ \Omega$，$Z_b = 10\ \Omega$，$Z_c = 3\ \Omega - j4\ \Omega$ 的三相负载，采用星形连接接于 220/380 V 三相四线制电网中，如图 2.2.3 所示。求各相电流，线电流、中线电流及三相负载消耗的功率（设 $\dot{U}_A = 220\ \underline{/0°}$ V）。

解：$Z_a = 8\ \Omega + j6\ \Omega = 10\ \underline{/36.9°}\ \Omega$

$Z_b = 10\ \underline{/0°}\ \Omega$

$Z_c = 3\ \Omega - j4\ \Omega = 5\ \underline{/-53.1°}\ \Omega$

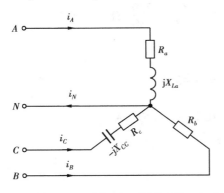

图 2.2.3 例 2.2.1 题的电路

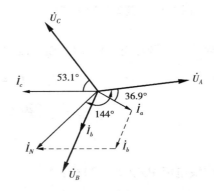

图 2.2.4 例 2.2.1 的相量图

因为设 $\dot{U}_A = 220\ \underline{/0°}$ V，所以 $\dot{U}_B = 220\ \underline{/-120°}$ V，$\dot{U}_C = 220\ \underline{/120°}$ V，由式(2.2.2)得：

$$\dot{I}_a = \dot{I}_A = \frac{\dot{U}_A}{Z_a} = \frac{220\ \underline{/0°}}{10\ \underline{/36.9°}}\ A = 22\ \underline{/-36.9°}\ A$$

$$\dot{I}_b = \dot{I}_B = \frac{\dot{U}_B}{Z_b} = \frac{220\ \underline{/-120°}}{10\ \underline{/0°}}\ A = 22\ \underline{/-120°}\ A$$

$$\dot{I}_c = \dot{I}_C = \frac{\dot{U}_C}{Z_c} = \frac{220\ \underline{/120°}}{5\ \underline{/-53.1°}}\ \text{A} = 44\ \underline{/173.1°}\ \text{A}$$

由 KCL 得中线电流:

$$\dot{I}_N = \dot{I}_a + \dot{I}_b + \dot{I}_c$$
$$= 22\ \underline{/-36.9°}\ \text{A} + 22\ \underline{/-120°}\ \text{A} + 44\ \underline{/173.1°}\ \text{A}$$
$$= 17.59\ \text{A} - \text{j}13.21\ \text{A} - 11\ \text{A} - \text{j}19.05\ \text{A} - 43.68\ \text{A} + \text{j}5.29\ \text{A}$$
$$= -37.09\ \text{A} - \text{j}26.97\ \text{A} = 45.86\ \underline{/-144°}\ \text{A}$$

中线电流也可由相量图利用几何关系得到。相量图如图 2.2.4 所示。

由式(2.2.4)得各相有功功率为:

$$P_a = U_a I_a \cos\varphi_a = 220 \times 22 \times \cos 36.9°\ \text{W} = 3\ 872\ \text{W}$$
$$P_b = U_b I_b \cos\varphi_b = 220 \times 22 \times 1\ \text{W} = 4\ 840\ \text{W}$$
$$P_c = U_c I_c \cos\varphi_c = 220 \times 44 \times \cos 53.1°\ \text{W} = 5\ 812\ \text{W}$$
$$P = P_a + P_b + P_c = 3\ 872\ \text{W} + 4\ 840\ \text{W} + 5\ 812\ \text{W} = 14\ 524\ \text{W} = 14.524\ \text{kW}$$

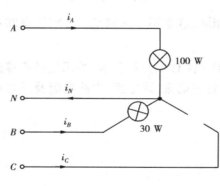

图 2.2.5　例 2.2.2 的电路

例 2.2.2　在三相四线制 220/380 V 的照明线路中,A 相接一个 220 V、100 W 的白炽灯泡,B 相接一个 30 W 的白炽灯泡,C 相断路,如图 2.2.5 所示。求 1)有中线时各相电流;2)若中线断开,将会发生什么现象?

解:

1)有中线时。先计算灯泡的电阻值为:

$$R_a = \frac{U^2}{P} = \frac{220^2}{100}\ \Omega = 484\ \Omega$$

$$R_b = \frac{U^2}{P} = \frac{220^2}{30}\ \Omega = 1\ 613\ \Omega$$

设 $\dot{U}_A = 220\ \underline{/0°}$ V,则各相电流为:

$$\dot{I}_A = \dot{I}_a = \frac{220\ \underline{/0}}{484}\ \text{A} = 0.45\ \text{A}$$

$$\dot{I}_B = \dot{I}_b = \frac{220\ \underline{/-120°}}{1\ 613}\ \text{A} = 0.14\ \underline{/-120°}\ \text{A}$$

$$\dot{I}_C = 0$$

中线电流由式(2.2.3)得:

$$\dot{I}_N = \dot{I}_a + \dot{I}_b + \dot{I}_c = 0.45\ \text{A} + 0.14\ \underline{/-120°}\ \text{A} + 0\ \text{A}$$
$$= 0.45\ \text{A} - 0.07\ \text{A} - \text{j}0.12\ \text{A} = 0.38\ \text{A} - \text{j}0.12\ \text{A}$$
$$= 0.4\ \underline{/-17.5°}\ \text{A}$$

2)无中线时。由图 2.2.5 可以看出,两灯泡相当于串联接于线电压 U_{AB} 之间,此时两灯泡上的电压分别为:

$$U_a = 380 \times \frac{484}{484 + 1\ 613}\ \text{V} = 88\ \text{V}$$

$$U_b = 380 \times \frac{1\,613}{484 + 1\,613} \text{ V} = 292 \text{ V}$$

上例说明,不对称的三相负载接成星形,如果有中线,不论负载有无变动,每相负载均承受对称的电源相电压;如果无中线,将会出现有的相电压偏高,有的偏低,致使负载不能正常工作,严重时会损坏设备。为了保证不对称负载的正常工作,供电规程中规定,在电源干线的中线上,不允许安装开关与熔断器。

2.2.2　三相对称负载的星形连接

建筑工地常用的搅拌机、吊车、水泵等设备的三相交流电动机都是三相对称负载。对于这类负载,由于各相的阻抗完全相等,电源的相电压也是对称的,所以各相电流或线电流也是对称的,即各相电流(或线电流)的大小相等、频率相同、相位互差120°。因此,电路中相电流、线电流及功率的计算,只需计算一相(通常选择 A 相),其余两相则根据线电流或相电流的对称性关系直接推出。例如:

则
$$\left.\begin{array}{l} \dot{I}_a = \dot{I}_A = \dfrac{\dot{U}_a}{Z_a} \\[2mm] \dot{I}_b = \dot{I}_B = \dot{I}_a \underline{/-120°} \\[2mm] \dot{I}_c = \dot{I}_C = \dot{I}_a \underline{/120°} \end{array}\right\} \qquad (2.2.7)$$

图 2.2.6 示出了三相对称感性负载相电压与相电流的相量图。由此图和式(2.2.7)可得中线电流为:

$$\dot{I}_N = \dot{I}_a + \dot{I}_b + \dot{I}_c = \dot{I}_a + \dot{I}_a \underline{/-120°} + \dot{I}_a \underline{/120°} = 0 \qquad (2.2.8)$$

因此,三相负载对称时,中线可以省去。这就是三相交流电动机为什么只用 3 条相线供电的原由。省去中线后,电路如图 2.2.7 所示。

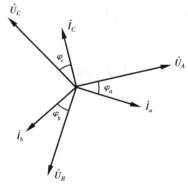
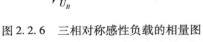
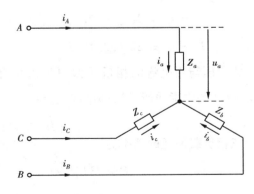

图 2.2.6　三相对称感性负载的相量图　　　　图 2.2.7　三相对称负载的星形连接

由于三相负载对称,所以每相负载消耗的功率均相等,因此,三相对称负载消耗的总功率为其一相的 3 倍,即

$$P = 3P_a = 3U_a I_a \cos \varphi_a \qquad (2.2.9)$$

如果已知线电压、线电流,则总有功功率 P、总无功功率 Q 和总视在功率 S 可由下式计算:

$$P = 3\frac{U_l}{\sqrt{3}} \cdot I_l \cos \varphi_P \left.\vphantom{\frac{U_l}{\sqrt{3}}}\right\}$$
$$= \sqrt{3}\, U_l I_l \cos \varphi_P$$

同理

$$Q = \sqrt{3}\, U_l I_l \sin \varphi_P \left.\vphantom{\begin{array}{c}Q\\S\end{array}}\right\}$$
$$S = \sqrt{3}\, U_l I_l \qquad\qquad (2.2.10)$$

各相功率因数为：

$$\cos \varphi_a = \cos \varphi_b = \cos \varphi_c = \cos \varphi_P = \frac{R_a}{|Z_a|}$$

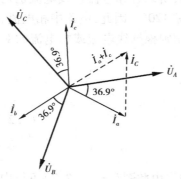

图 2.2.8 例 2.2.3 的相量图

例 2.2.3 有一星形连接的三相对称负载,每相复阻抗 $Z = 8\ \Omega + \text{j}6\ \Omega$,接于线电压为 380 V 的三相电源上,设 $\dot{U}_{AB} = 380\ \underline{/0°}$ V,试求各相电流、线电流、中线电流及负载消耗的总功率,并画相量图。

解:已知 $\dot{U}_{AB} = 380\ \underline{/0°}$ V,由三相电源 Y 形连接时线电压与相电压的大小及其相位关系,得:

$$\dot{U}_A = \frac{380}{\sqrt{3}}\ \underline{/-30°}\ \text{V} = 220\ \underline{/-30°}\ \text{V}$$

$$\dot{U}_B = 220\ \underline{/-150°}\ \text{V}$$

$$\dot{U}_C = 220\ \underline{/90°}\ \text{V}$$

因为各相阻抗: $Z_a = Z_b = Z_c = 8\ \Omega + \text{j}6\ \Omega = 10\ \underline{/36.9°}\ \Omega$,则各相电流及线电流为:

$$\dot{I}_a = \dot{I}_A = \frac{\dot{U}_A}{Z_a} = \frac{220\ \underline{/-30°}}{10\ \underline{/36.9°}}\ \text{A} = 22\ \underline{/-66.9°}\ \text{A}$$

$$\dot{I}_b = \dot{I}_B = 22\ \underline{/-66.9° -120°}\ \text{A} = 22\ \underline{/-186.9°}\ \text{A} = 22\ \underline{/173.1°}\ \text{A}$$

$$\dot{I}_c = \dot{I}_C = 22\ \underline{/53.1°}\ \text{A}$$

相电压与相电流的相量图如图 2.2.8 所示(以 $\dot{U}_A$ 为参考相量)。由相量图可得, $\dot{I}_a +$ $\dot{I}_c = -\dot{I}_b$(图中虚线所示),即中线电流:

$$\dot{I}_N = \dot{I}_a + \dot{I}_b + \dot{I}_c = 0$$

三相负载消耗的功率为:

$$P = \sqrt{3}\, U_l I_l \cos \varphi_P = \sqrt{3} \times 380 \times 22 \times \frac{8}{10}\ \text{W} =$$

$$11\ 584\ \text{W} = 11.584\ \text{kW}$$

2.3 三相负载的三角形连接

把各相负载依次接在电源的相线与相线之间,便构成三相负载的三角形连接。如图2.3.1

和图 2.3.2 所示。本节主要讨论三相对称负载三角形连接时线电流与相电流的关系及功率计算。

2.3.1　三相对称负载的三角形连接

在图 2.3.2 中,流过每相负载的电流,即相电流,用相量 $\dot{I}_{ab}$, $\dot{I}_{bc}$, $\dot{I}_{ca}$ 表示;流过相(火)线的电流,即线电流,用相量 $\dot{I}_A$, $\dot{I}_B$, $\dot{I}_C$ 表示。参考方向如图 2.3.2 所示。

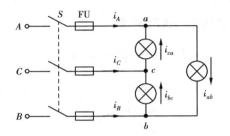
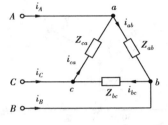

图 2.3.1　三相负载△形连接的实例　　　图 2.3.2　三相负载△形连接的一般画法

由图 2.3.2 明显看出,每相负载承受的电压就是电源的线电压,由于电源的线电压总是对称的,所以,无论负载对称与否,三相负载的相电压总是对称的。这样,在三相负载对称时,相电流也是对称的,即

$$
\left.
\begin{aligned}
\dot{I}_{ab} &= \frac{\dot{U}_{AB}}{Z_{ab}} \\[2mm]
\dot{I}_{bc} &= \frac{\dot{U}_{BC}}{Z_{bc}} = \frac{\dot{U}_{AB}\,\angle -120°}{Z_{ab}} = \dot{I}_{ab}\,\angle -120° \\[2mm]
\dot{I}_{ca} &= \frac{\dot{U}_{CA}}{Z_{ca}} = \frac{\dot{U}_{AB}\,\angle 120°}{Z_{ab}} = \dot{I}_{ab}\,\angle 120°
\end{aligned}
\right\}
\tag{2.3.1}
$$

下面分析三相对称负载时线电流与相电流之间的关系。在图 2.3.2 中,由 KCL 得:

$$
\left.
\begin{aligned}
\dot{I}_A &= \dot{I}_{ab} - \dot{I}_{ca} \\
\dot{I}_B &= \dot{I}_{bc} - \dot{I}_{ab} \\
\dot{I}_C &= \dot{I}_{ca} - \dot{I}_{bc}
\end{aligned}
\right\}
\tag{2.3.2}
$$

为了便于分析,设 $\dot{I}_{ab} = I_P\,\angle 0°$, $\dot{I}_{bc} = I_P\,\angle -120°$, $\dot{I}_{ca} = I_P\,\angle 120°$, 则各线电流为:

$$
\dot{I}_A = \dot{I}_{ab} - \dot{I}_{ca} = I_P\,\angle 0° - I_P\,\angle 120° = I_P - I_P\left(-\frac{1}{2} + j\frac{\sqrt{3}}{2}\right)
$$

$$
= \sqrt{3}\,I_P\left(\frac{\sqrt{3}}{2} - j\frac{1}{2}\right) = \sqrt{3}\,I_P\,\angle -30°
$$

$$
= \sqrt{3}\,\dot{I}_{ab}\,\angle -30°
$$

同理
$$
\dot{I}_B = \sqrt{3}\,\dot{I}_{bc}\,\angle -30°
\tag{2.3.3}
$$

$$
\dot{I}_C = \sqrt{3}\,\dot{I}_{ca}\,\angle -30°
$$

上式表明,三相对称负载作△形连接时,相电流是对称的,线电流也是对称的。线电流的有效值是相电流有效值的$\sqrt{3}$倍,即

$$\dot{I}_l = \sqrt{3}\,I_P \tag{2.3.4}$$

且在相位上,线电流滞后对应相电流30°。

上述关系也可用相量图的几何关系得出。设各相电流与对应的相电压之间的夹角为φ,故得如图2.3.3所示的相量图。

三相对称负载作△形连接,其自电源取用的总功率为一相的3倍,即

$$P = 3P_P = 3U_P I_P \cos \varphi_P \tag{2.3.5}$$

如已知线电压、线电流,则:

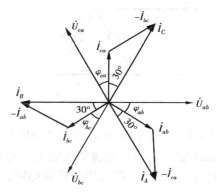

$$\left.\begin{aligned} P &= 3U_l \frac{I_l}{\sqrt{3}} \cos \varphi_P \\ &= \sqrt{3}\,U_l I_l \cos \varphi_P \\ \text{同理}\quad Q &= \sqrt{3}\,U_l I_l \sin \varphi_P \\ S &= \sqrt{3}\,U_l I_l \end{aligned}\right\} \tag{2.3.6}$$

各相功率因数为:

$$\cos \varphi_{ab} = \cos \varphi_{bc} = \cos \varphi_{ca} = \frac{R_{ab}}{|Z_{ab}|} \tag{2.3.7}$$

图2.3.3　三相对称负载三角形连接线电流与相电流的相量图

比较式(2.2.10)与式(2.3.6)可知,只要三相负载对称,不论作星形连接或三角形连接,三相总功率的计算公式完全相同。

例2.3.1　有一台三相异步电动机,已知定子每相绕组的额定电压为380 V,等效复阻抗$Z = (32.9 + j19)\Omega$,电源的线电压为380 V,问电动机的定子绕组应作如何连接?求电动机额定运行时的相电流、线电流和总的功率,并画相量图。

解:要使电动机正常工作,必须保证其每相绕组的电压为380 V,因此,只有采用三角形连接,才能满足其额定电压,其线路图见图2.3.4。

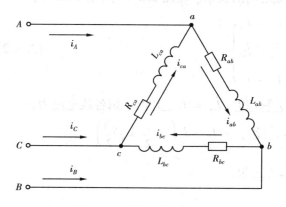

图2.3.4　例2.3.1的电路

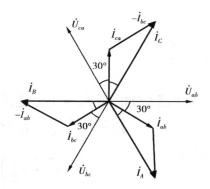

图2.3.5　例2.3.1的相量图

设A相绕组上的电压$\dot{U}_{ab} = 380\underline{/0°}$ V,则$\dot{U}_{bc} = 380\underline{/-120°}$ V,$\dot{U}_{ca} = 380\underline{/120°}$ V。

因为,已知$Z = (32.9 + j19)\Omega = 38\underline{/30°}\ \Omega$,则每相绕组中的电流为:

$$\dot{I}_{ab} = \frac{\dot{U}_{ab}}{Z_{ab}} = \frac{380\ \underline{/0^\circ}}{38\ \underline{/30^\circ}}\ \text{A} = 10\ \underline{/-30^\circ}\ \text{A}$$

$$\dot{I}_{bc} = \dot{I}_{ab}\ \underline{/-120^\circ}\ \text{A} = 10\ \underline{/-30^\circ -120^\circ}\ \text{A} = 10\ \underline{/-150^\circ}\ \text{A}$$

$$\dot{I}_{ca} = \dot{I}_{ab}\ \underline{/120^\circ}\ \text{A} = 10\ \underline{/-30^\circ +120^\circ}\ \text{A} = 10\ \underline{/90^\circ}\ \text{A}$$

或

$$\dot{I}_{bc} = \frac{\dot{U}_{bc}}{Z_{bc}} = \frac{380\ \underline{/-120^\circ}}{38\ \underline{/30^\circ}}\ \text{A} = 10\ \underline{/-150^\circ}\ \text{A}$$

$$\dot{I}_{ca} = \frac{\dot{U}_{ca}}{Z_{ca}} = \frac{380\ \underline{/120^\circ}}{38\ \underline{/30^\circ}}\ \text{A} = 10\ \underline{/90^\circ}\ \text{A}$$

各端线中的电流由式(2.3.3)得：

$$\dot{I}_A = \sqrt{3}\ \dot{I}_{ab}\ \underline{/-30^\circ} = 17.3\ \underline{/-60^\circ}\ \text{A}$$

$$\dot{I}_B = \dot{I}_A\ \underline{/-120^\circ} = 17.3\ \underline{/-180^\circ}\ \text{A}$$

$$\dot{I}_C = \dot{I}_A\ \underline{/120^\circ} = 17.3\ \underline{/60^\circ}\ \text{A}$$

相量图如图 2.3.5 所示。

电动机消耗的功率 P、无功功率 Q、视在功率 S，由公式(2.3.6)得：

$$P = \sqrt{3}\ U_l I_l \cos\varphi_P = \sqrt{3} \times 380 \times 17.3 \times \cos 30^\circ\ \text{W}$$
$$= 9\ 860\ \text{W} = 9.86\ \text{kW}$$

$$Q = \sqrt{3}\ U_l I_l \sin\varphi_P = \sqrt{3} \times 380 \times 17.3 \times \frac{19}{38}\ \text{Var}$$
$$= 5\ 693\ \text{Var} = 5.693\ \text{kVar}$$

$$S = \sqrt{3}\ U_l I_l = \sqrt{3} \times 380 \times 17.3\ \text{VA} = 11\ 386\ \text{VA}$$
$$= 11.386\ \text{kVA}$$

2.3.2　三相不对称负载的三角形连接

由于三相负载作三角形连接时，不论负载对称与否，各相负载均承受对称的电源线电压，所以三相不对称负载的三角形(△)连接，各相负载的电流可按单相电路分别计算，即

$$\left.\begin{aligned} \dot{I}_{ab} &= \frac{\dot{U}_{ab}}{Z_{ab}} \\[2mm] \dot{I}_{bc} &= \frac{\dot{U}_{bc}}{Z_{bc}} \\[2mm] \dot{I}_{ca} &= \frac{\dot{U}_{ca}}{Z_{ca}} \end{aligned}\right\} \tag{2.3.8}$$

各线电流应按公式(2.3.2)分别进行计算。各相有功功率 P_P 和无功功率 Q_P 应按：

$$P_P = U_P I_P \cos\varphi_P, \quad Q_P = U_P I_P \sin\varphi_P$$

逐相计算；三相总有功功率 P 和三相总无功功率 Q 分别为各相之和，即

$$P = P_{ab} + P_{bc} + P_{ca}, \quad Q = Q_{ab} + Q_{bc} + Q_{ca}$$

三相总视在功率为:

$$S = \sqrt{P^2 + Q^2}$$

本章小结

①三相发电机绕组有星形和三角形两种连接方式。星形连接时,可采用三相四线制供电,其特点是:可提供负载两种电压,即线电压与相电压,且线电压的有效值是相电压有效值的$\sqrt{3}$倍,即

$$U_l = \sqrt{3} U_P$$

在相位上,线电压超前对应相电压30°。绕组采用三角形连接时仅能提供负载一种电压,即:

$$U_l = U_P$$

②三相负载也有星形和三角形两种连接方式,究竟采用哪一种连接方法,应根据负载的额定电压与电源电压的大小而定。当负载的额定相电压等于电源线电压时,应采用三角形连接,当负载的额定相电压等于电源线电压的$1/\sqrt{3}$倍时,应采用星形连接。换句话说,不论采用哪一种连接方法,都必须保证负载所承受的是其额定电压。

③三相对称负载接成星形,此时,线电压、相电压是对称的,因此相电流、线电流也是对称的。如设$\dot{U}_a = U_a \underline{/0°}$,则各线电流和相电流为:

$$\dot{I}_A = \dot{I}_a = \frac{\dot{U}_a}{Z_a}, \quad \dot{I}_B = \dot{I}_b = \dot{I}_a \underline{/-120°}, \quad \dot{I}_C = \dot{I}_c = \dot{I}_a \underline{/120°}$$

三相不对称负载接成星形,必须有中线,此时,各相电流、功率的计算可按单相电路进行。

三相负载作星形连接,无论负载对称与否,相电流的有效值总等于对应线电流的有效值,即

$$I_l = I_P$$

④三相对称负载接成三角形时,有:

$$U_l = U_P, I_L = \sqrt{3} I_P$$

在相位上,线电流滞后对应相电流30°。

如果设相电流$\dot{I}_{ab}$为参考相量,则各相电流:

$$\dot{I}_{ab} = I_P \underline{/0°}, \dot{I}_{bc} = I_P \underline{/-120°}, \dot{I}_{ca} = I_P \underline{/120°}$$

各线电流与相电流的关系为:

$$\dot{I}_A = \sqrt{3} \dot{I}_{ab} \underline{/-30°}, \dot{I}_B = \sqrt{3} \dot{I}_{bc} \underline{/-30°}, \dot{I}_C = \sqrt{3} \dot{I}_{ca} \underline{/-30°}$$

三相不对称负载接成三角形时,$I_l \neq \sqrt{3} I_P$,而各相电流及功率应按单相电路分别进行计算,线电流按公式(2.3.2)分别进行计算。

⑤三相功率的计算。只要三相负载对称,不论接成星形还是三角形,其有功功率、无功功率及视在功率均按下列公式进行计算:

$$P = 3U_P I_P \cos \varphi_P = \sqrt{3} U_l I_l \cos \varphi_P$$

$$Q = 3U_P I_P \sin \varphi_P = \sqrt{3} U_l I_l \cos \varphi_P$$

$$S = \sqrt{P^2 + Q^2} = \sqrt{3} U_l I_l$$

基本知识自检题

一、填空题

1. 三相发电机或三相变压器绕组接成星形,如线电压 $\dot{U}_{AB} = 380 \angle 0°$ V,则 $\dot{U}_{BC} =$ _____ V,$\dot{U}_{CA} =$ _____ V;相电压 $\dot{U}_A =$ _____ V,$\dot{U}_B =$ _____ V,$\dot{U}_C =$ _____ V。如果接成三角形,每相绕组的电动势 $E = 220$ V,则 $U_l =$ _____ V,$U_P =$ _____ V。

2. 三相负载作星形连接,如填空2.3题图所示。已知电源线电压 $\dot{U}_{AB} = 220 \angle 30°$ V,另外两电源线电压 $\dot{U}_{BC} =$ _____ V,$\dot{U}_{CA} =$ _____ V;每相负载上的电压 $\dot{U}_a =$ _____ V,$\dot{U}_b =$ _____ V,$\dot{U}_c =$ _____ V。

3. 有一三相对称负载接成星形,电路如填空2.3题图所示。已知每相 $R = 3$ Ω,$X_L = 4$ Ω,复阻抗 $Z =$ _____ Ω。若电源相电压 $\dot{U}_A = 220 \angle 0°$ V,则各相电流 $\dot{I}_a =$ _____ A,$\dot{I}_b =$ _____ A,$\dot{I}_c =$ _____ A,$\cos \varphi_P =$ _____,三相总功率 $P =$ _____ W,中线电流 $\dot{I}_N =$ _____ A。

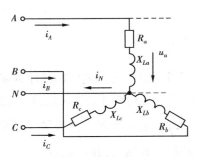

填空2.3题图

4. 三相四线制供电的中线上不许安装 _____ 和 _____。

5. 三相对称负载作三角形连接,如填空题5图所示,已知电源线电压 $\dot{U}_{AB} = 220 \angle 0°$ V,则负载上的电压 $\dot{U}_{ab} =$ _____ V,$\dot{U}_{bc} =$ _____ V,$\dot{U}_{ca} =$ _____ V;若 $Z_{ab} = Z_{bc} = Z_{ca} = 10$ Ω,则

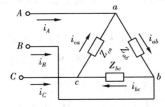

填空题5图

$\dot{I}_{ab} =$ _____ A,$\dot{I}_{bc} =$ _____ A,$\dot{I}_{ca} =$ _____ A,$\dot{I}_A =$ _____ A,$\dot{I}_B =$ _____ A,$\dot{I}_c =$ _____ A;若 Z_{bc} 断开,则 $\dot{I}_{ab} =$ _____ A,$\dot{I}_{ca} =$ _____ A,$\dot{I}_A =$ _____ A,$\dot{I}_B =$ _____ A,$\dot{I}_C =$ _____ A。

6. 若将3组额定电压为220 V的白炽灯接入电源为220/380 V的三相四线制供电系统中,使其正常工作应采取的连接

方式是_____（a. Y 形接不加中线；b. Y 形接有中线；c. △形接）。

二、判断题　对用"√"或错用"×"表示在括号内

1. 在三相四线制供电系统中，负载越接近对称，中线电流越小。（　　）

2. 在照明配电系统中，由于把各单相用电设备均衡地分配在三相上，故中线可以省去。（　　）

3. 凡是三相负载，只要接成三角形，线电流必等于相电流的$\sqrt{3}$倍。（　　）

4. 三相不对称负载，作星形或三角形连时，其三相总的视在功率均等于各相视在功率之和，即 $S = S_a + S_b + S_c$。（　　）

5. 三相对称负载接成星形时，相电流对称，线电流也对称，接成三角形时则不然。（　　）

6. 三相负载究竟是采用星形还是三角形连接，原则是：负载接入电源后，保证其额定电压。（　　）

7. 在相同的三相线电压作用下，保证负载正常工作的前提下，把一个三相对称负载，接成△形时与接成 Y 形时相比：（1）消耗的总功率之比为3。（　　）
（2）相电流与相电流之比为1。（　　）
（3）线电流与线电流之比为3。（　　）

思考题与练习题

2.1　已知三相电源的相序为顺序，若 A 相的电压为 $u_A = U_m \sin(\omega t + 30°)$ V，试写出 B 相和 C 相电压的瞬时值和相量值表达式，并画出相量图。

2.2　有一个星形连接的三相交流电源，若 $\dot{U}_{AB} = 380 \underline{/30°}$ V，试写出 $\dot{U}_{BC}$，$\dot{U}_{CA}$ 和 $\dot{U}_A$，$\dot{U}_B$，$\dot{U}_C$ 的相量表达式，并画相量图。

2.3　有一三相变压器，其副绕组作三角形连接，每相绕组电动势的有效值为 220 V，如一相绕组的首末端接错，试用相量图或相量式分析计算，副绕组闭合回路内的电动势为多少？ 将会产生什么后果？

2.4　为什么建筑施工工地一般都采用三相四线制供电？

2.5　在题 2.5 图电路中，电源线电压为 380 V，$R = X_L = X_C = 10$ Ω，求各相电流、线电流、中线电流、负载消耗的功率，并画相量图。

2.6　某建筑工地，采用三相四线制 220/380 V 的电源供电，已知 A 相接有 220 V，500 W 碘钨灯 2 盏，B 相接有 220 V，250 W 自镇流高压汞灯 6 盏，C 相接有 220 V，100 W 白炽灯 10 盏，各相均为电阻性负载，试求各相电流、中线电流和三相总功率（设 $\dot{U}_A = 220 \underline{/0°}$ V）。

2.7　如题 2.7 图所示星形连接的三相对称负载，已知 $R = 6$ Ω，$L = 25.5$ mH，接于 $u_{AB} = 380\sqrt{2} \sin 314t$ V 的三相电源上，试求各相电流、线电流和三相功率，并画相量图。

2.8　某建筑工地有一台混凝土搅拌机，使用的交流电动机功率为 10 kW，电动机的功率

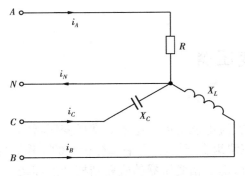

题2.5 图

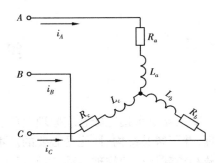

题2.7 图

因数为 0.8,接于线电压 $U_L = 380$ V 的电源上,电动机向电源取用的线电流是多少(忽略电动机的效率影响)?

2.9 将 7 题中的三相对称负载改接成三角形,电路如题 2.9 图所示,并将其分别接到线电压为 220 V 与380 V两种电源上,试求两种情况下的相电流、线电流及负载取用的功率。

2.10 某交流电动机的功率为 5.5 kW,功率因数为 0.85,当接于线电压 $U_L = 380$ V 的电源上,绕组作三角形连接时,试求电动机向电源取用的线电流是多少? 电动机绕组中的电流是多少?(忽略电动机的效率影响)

2.11 如题 2.11 图所示电路,已知 $Z_{ab} = R_a = 6$ Ω, $Z_{bc} = jX_{Lb} = j10$ Ω, $Z_{ca} = 4$ Ω $+ j3$ Ω,接于 $U_l = 380$ V 的三相电源上,试求各相电流、线电流及负载消耗的功率。

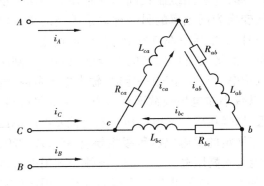

题2.9 图

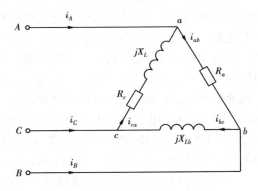

题2.11 图

第3章　变压器

变压器是根据电磁感应原理变压、变流并传递交流电能的静止电器。掌握变压器的工作原理,并了解其结构、性能是必要的。本章从单相双绕组变压器着手,着重分析它的工作原理、空载和负载运行的物理过程,以及运行特性。接着讨论三相变压器的磁路结构特点和绕组连接方式。最后简要介绍特殊用途的变压器工作特点和使用方法。

3.1　变压器的用途及结构

3.1.1　变压器的用途及分类

变压器通过磁路的耦合作用实现交流电能的传递,并利用绕制在同一铁芯柱上的两个绕组的匝数不同,把一种数量等级的交流电压和电流变换为同频率的另一种数量等级的交流电压和电流。因此,变压器在工农业生产、科学实验和日常生活中都有着十分广泛的用途。

在电力系统中,变压器是一个极其重要的设备。要把发电厂生产的电能远距离输送到用电区域,应采用高压输电。这是因为输送一定的电功率,当功率因数一定时,输电电压愈高,线路电流愈小,这样既可减少线路的电能损耗,还可以减小输电导线截面而节省有色金属材料。因此,应根据输送电功率的大小及输电距离的远近,选择相应的输电电压。发电机发出的电压一般为 10.5,13.8,15.75 kV,而目前我国国家标准规定的输电电压等级主要有 35,110,220,330,500 kV,因而必须使用升压变压器,才能将电能送入高压电网。当把电能输送到用电区域后,又必须用降压变压器把电压降低到配电电压(如 6,10 kV),再进行电能的分配。用电设备多为 380 V 或 220 V,还必须用配电变压器将电压进一步降低到负载所需电压。从发电、输电到用电的整个过程要经过多次变压,这对于电力系统的经济和安全运行,具有十分重要的意义。

变压器的种类很多,根据用途可分为:电力系统中使用的电力变压器、实验室调节电压用的自耦变压器(也称调压器)、用于高压、大电流测量的仪用互感器、用于电子设备进行信号传递和阻抗变换的输出变压器、电焊变压器等。尽管变压器种类繁多,用途各异,但其基本结构和工作原理却大同小异。

3.1.2　变压器的结构

变压器的主体由铁芯和绕组两部分组成。此外,变压器运行要发热,应有冷却装置(如油箱),为把各绕组从油箱内引出,在箱顶装有绝缘套管以及其他附件。油浸式电力变压器外形如图 3.1.1 所示。

（1）铁芯

铁芯是变压器的磁路部分。为了产生较强的磁场,并减小磁滞和涡流损耗,铁芯通常采用 0.35～0.5 mm 硅钢片叠压而成。片与片之间涂以绝缘漆。铁芯分为铁芯柱和铁轭两部分,铁芯柱上套绕组,而铁轭则将铁芯柱连接成闭合磁路。

按铁芯和绕组的相对位置不同,铁芯结构可分为心式和壳式两种。心式变压器的绕组套在铁芯柱上,形成绕组包围铁芯,三相电力变压器多用此结构形式。壳式变压器的绕组均套在中间铁芯柱上,形成铁芯包围绕组,一般用于小容量单相变压器。如图 3.1.2 所示。

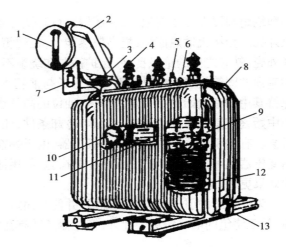

图 3.1.1 三相油浸式电力变压器
1—油位计;2—防爆管;3—瓦斯继电器;
4—高压套管;5—低压套管;6—分接开关;
7—吸湿器;8—散热器;9—铁芯;
10—温度计;11—铭牌;12—绕组;
13—放油阀

（2）绕组

绕组是变压器的电路部分,是用绝缘铜线或铝线在铁芯柱上绕制而成的线圈。与电源连接,从电源吸取能量的绕组称为原绕组(或原边、一次绕组);与负载连接,对负载供电的绕组称为副绕组(或副边、二次绕组)。与高压电网连接的绕组又称高压绕组,接低压电网或负载的绕组称为低压绕组。

按原、副绕组的相对位置不同,绕组形式又可分为同心式和交迭式两种。原副绕组同心地套装在铁芯柱上,称为同心式绕组,为便于绝缘,一般将低压绕组套在里面,而高压绕组套在外面;如果原副绕组均做成盘式,沿铁芯柱互相交错放置,称为交迭式绕组,铁芯柱上下端部的两盘绕组一般为低压绕组。同心式绕组结构简单,绕制方便,国

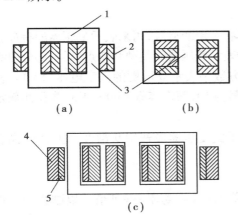

图 3.1.2 变压器铁芯结构
（a）单相心式 （b）单相壳式 （c）三相心式
1—铁轭;2—绕组;3—铁芯柱;
4—高压绕组;5—低压绕组

产电力变压器均采用这种形式;交迭式绕组机械强度好,引线方便,适用于大容量的低压大电流变压器,国产大型电炉变压器的绕组通常采用这种形式。

（3）冷却装置及其他附件

变压器运行时所产生的损耗转变为热量使绕组和铁芯发热,为了不使变压器因温度过高而烧坏或损伤绝缘材料,变压器应装有冷却装置。一般小容量变压器的热量尚可由绕组和铁芯直接散发到周围空气中,这种冷却方式称为空气自冷式。较大容量的变压器则需采用专门的冷却装置,如图 3.1.1 为油浸自冷式,其冷却装置由油箱、油枕、散热器和变压器油组成。铁

芯和绕组都浸在变压器油中,变压器运行时铁芯和绕组产生的热量通过油的自然对流循环传至外壳。为增大散热面积,提高散热能力,在油箱外壁还装有散热管。变压器油还起到使绕组和外壳、铁芯之间的绝缘良好,保护铁芯和绕组不受外力和潮气的侵害。油枕为一水平放置于油箱顶的圆筒,也称储油柜,下部用管子与油箱内部相通,容积一般为总油量的 10% ~ 30%,保持其中的油面始终在一定范围内,油位的高低由油位计显示,即使油热胀冷缩,也能保证油箱中始终充满变压器油,确保绝缘和冷却条件,还可减小油和空气的接触面积,减小油质污染机会。有的变压器在油枕上装有吸湿器,由干燥剂(硅胶)吸收空气中的水分。对于更大容量的变压器还可采用其他更有效的冷却措施,如用油泵强迫油循环或加装风扇吹风冷却,使其冷却效果更好。

为使绕组的引出线与油箱绝缘,并使其固定、必须穿过绝缘导管,其套管结构尺寸取决于高、低压绕组的电压等级。此外,变压器还装有瓦斯继电器、防爆管、分接开关、放油阀等附件。

3.1.3 变压器的铭牌和额定值

变压器外壳上都有一块金属牌,牌上标刻有变压器的型号和各种额定技术数据,故称铭牌。它相当于一个简单的说明书,使用者只有正确理解铭牌数据的意义,才能正确使用这台变压器。

(1)型号

根据国家有关规定,厂家生产的每一台变压器都有一定的型号,用来表示变压器的特征和性能。一般由两部分组成:前一部分用汉语拼音字母表示变压器的类型和特点;后一部分由数字组成,斜线左方数字表示额定容量(kVA),斜线右方数字表示高压侧的额定电压(kV)。例如,S_{10}-1000/10 为三相油浸式铜绕组变压器,设计序号为 10,额定容量 1 000 kVA,高压侧额定电压为 10 kV。

目前油浸式电力变压器应当选用 10 型及以上(干式变压器应选用 9 型及以上)、非晶合金等节能环保、低损耗和低噪声的变压器。

(2)额定容量 S_N

额定容量是指变压器在额定工作条件下的输出能力(视在功率)保证值。以副边额定电压、额定电流的乘积表示,单位为 kVA(千伏安)。

单相变压器　　$S_N = \dfrac{U_{2N}I_{2N}}{1\ 000}$　kVA

三相变压器　　$S_N = \dfrac{\sqrt{3}\,U_{2N}I_{2N}}{1\ 000}$　kVA

(3)额定电压 U_{1N}, U_{2N}

根据变压器绝缘强度等条件,在额定运行情况下规定的原边允许外施电源电压,称为原边额定电压 U_{1N}。变压器在空载时,分接开关接在额定分接头上,原边加额定电压时,副边的开路电压称为副边的额定电压 U_{2N}。三相变压器的额定电压均指线电压。单位为 V(伏)或 kV(千伏)。

(4)额定电流 I_{1N}, I_{2N}

它是变压器绕组允许长时间连续通过的工作电流,单位为 A(安)。根据变压器的允许发热程度和冷却条件来决定。三相变压器的额定电流均指线电流。

（5）温升

指变压器在额定运行状态下，允许超过周围标准环境温度的数值。我国规定标准环境温度为 40 ℃。温升的大小与变压器的损耗和散热条件有关。根据绕组的绝缘材料耐热等级确定的最高允许温度减去标准环境温度就是变压器的允许温升。

（6）额定频率 f_N

变压器允许的外施电源频率。我国的电力变压器频率都是工频 50 Hz。

3.2　变压器的工作原理

变压器是通过电磁感应和主磁通的媒介作用，把电能从一个电路传递到另一个电路的。这两个电路具有相同的频率，不同的电压和电流。以单相变压器为例说明变压器的工作原理，最简单的单相变压器是在一个闭合铁芯上绕有两个匝数不等又彼此绝缘的线圈而成。下面分两种情况来讨论变压器的工作原理。

3.2.1　空载运行

空载运行的变压器原理示意如图 3.2.1 所示。

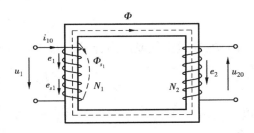

图 3.2.1　变压器空载运行工作原理图

将变压器的原边绕组接至额定电压、额定频率的交流电源，而副边绕组开路（即不接负载，$i_2 = 0$）的运行情况称为变压器的空载运行状态。

当变压器原边绕组加上额定电压 u_1 后，原绕组有电流 $i_1 = i_0$，称之为空载电流。它将产生一个交流磁动势 $i_0 N_1$，并产生交变磁场。由于铁芯的磁导率远大于空气（或油）的磁导率，绝大部分磁通经过铁芯闭合，并和原、副绕组交链，称为主磁通，用 Φ 表示，其参考方向与 i_0 符合右手螺旋关系。除此之外，还有极少量的磁通不经铁芯闭合，而是经过空气或油闭合，且仅与原绕组交链，称为原绕组的漏磁通，用 Φ_{s1} 表示。由于主磁通和漏磁通不仅在数量上相差甚大，而且在性质上也有本质的区别，所以在讨论变压器工作时应予分别处理。

根据电磁感应定律，主磁通在原、副绕组中产生的感应电动势参考方向与主磁通 Φ 也符合右手螺旋关系，且与主磁通的关系式为：

$$e_1 = -N_1 \frac{\mathrm{d}\Phi}{\mathrm{d}t}$$

$$e_2 = -N_2 \frac{\mathrm{d}\Phi}{\mathrm{d}t}$$

式中，N_1，N_2 为变压器原、副绕组的匝数。

当变压器原绕组接入正弦电压 u_1 时，Φ 也按正弦规律变化。设 $\Phi = \Phi_m \sin \omega t$，则

$$e_1 = -N_1 \frac{\mathrm{d}}{\mathrm{d}t}(\Phi_m \sin \omega t)$$

$$= -N_1 \omega \Phi_m \cos \omega t$$
$$= 2\pi f N_1 \Phi_m \sin(\omega t - 90°)$$
$$= E_{1m} \sin(\omega t - 90°) \tag{3.2.1}$$

同理

$$e_2 = -N_2 \frac{\mathrm{d}}{\mathrm{d}t}(\Phi_m \sin \omega t) = 2\pi f N_2 \Phi_m \sin(\omega t - 90°)$$
$$= E_{2m} \sin(\omega t - 90°) \tag{3.2.2}$$

式(3.2.1)、式(3.2.2)说明:在相位上,e_1,e_2 均滞后主磁通 Φ 90°;而在数值上 e_1,e_2 的有效值分别为:

$$E_1 = \frac{1}{\sqrt{2}} E_{1m} = \frac{2\pi}{\sqrt{2}} f N_1 \Phi_m = 4.44 f N_1 \Phi_m \tag{3.2.3}$$

同理

$$E_2 = 4.44 f N_2 \Phi_m \tag{3.2.4}$$

式中,f 为交流电源频率,单位为 Hz;Φ_m 为主磁通的最大值,单位为韦伯(Wb)。

漏磁通 Φ_{s1} 仅与原绕组交链,其产生的感应电动势 e_{s1},按电磁感应定律:

$$e_{s1} = -N_1 \frac{\mathrm{d}\Phi_{s1}}{\mathrm{d}t}$$

因 Φ_{s1} 通过空气或油闭合,故 Φ_{s1} 与 i_0 成正比,其作用可用漏电感 L_{s1} 表示:

$$L_{s1} = \frac{N_1 \Phi_{s1}}{i_0} = 常数$$

所以

$$e_{s1} = -N_1 \frac{\mathrm{d}\Phi_{s1}}{\mathrm{d}t} = -L_{s1} \frac{\mathrm{d}i_0}{\mathrm{d}t}$$

此外,原绕组有 i_0 流过时,在其原绕组电阻 R_1 上产生电压降 u_{R1},

$$u_{R1} = i_0 R_1$$

于是,按规定的参考极性和方向,由 KVL 得变压器空载运行的电压平衡方程式:

对于原边回路 $u_1 + e_{s1} + e_1 = i_0 R_1$

即

$$u_1 = i_0 R_1 - e_{s1} - e_1 = i_0 R_1 + L_{s1} \frac{\mathrm{d}i_0}{\mathrm{d}t} - e_1 \tag{3.2.5}$$

若空载电流 i_0 为正弦量(不考虑磁路饱和非线性影响),则式(3.2.5)用相量形式表示为:

$$\dot{U}_1 = \dot{I}_0 R_1 + j\dot{I}_0 X_{s1} - \dot{E}_1 = \dot{I}_0 Z_1 - \dot{E}_1 \tag{3.2.6}$$

式中,$X_{s1} = 2\pi f L_{s1}$,称为原绕组漏磁感抗,单位为 Ω(欧);$Z_1 = R_1 + jX_{s1}$ 为原绕组的漏阻抗,单位为 Ω(欧)。

由于空载时,I_0 很小,且原绕组的漏阻抗 $|Z_1|$ 也很小,因此漏阻抗压降 $I_0|Z_1|$ 在数值上与感应电动势 E_1 相比要小得多,故可认为:

$$\dot{U}_1 \approx -\dot{E}_1$$

其有效值

$$U_1 \approx E_1 = 4.44 f N_1 \Phi_m \tag{3.2.7}$$

式(3.2.7)说明:当 f,N_1 一定时,主磁通 Φ_m 与电源电压 U_1 成正比,当 U_1 不变时,Φ_m 也基本不变。

对于副边回路,因 $i_2 = 0$,所以副绕组的端电压用 u_{20} 表示,且等于副绕组的感应电动势 e_2,即:

$$u_{20} = e_2$$

用相量形式表示为：
$$\dot{U}_{20} = \dot{E}_2$$

有效值为：
$$U_{20} = E_2 = 4.44 f N_2 \Phi_m \tag{3.2.8}$$

式中，U_{20} 称为副绕组的空载电压（即开路电压）。

$$\frac{U_1}{U_{20}} \approx \frac{E_1}{E_2} = \frac{N_1}{N_2} = K \tag{3.2.9}$$

式中，K 称为变压器的变比。它说明变压器空载时的原、副绕组端电压之比近似等于原、副绕组的匝数比。当 $N_1 > N_2$ 时，$K > 1$，有 $U_2 < U_1$，用作降压变压器；而当 $N_1 < N_2$，$K < 1$ 时，有 $U_2 > U_1$，用作升压变压器。因此，如果合理地设计原、副绕组的匝数，就可达到变压之目的。

例 3.2.1　一台额定电压为 220/24 的单相变压器，已知原绕组的匝数为 1 100 匝，试求变压器的变比 K，铁芯中的主磁通 Φ_m 以及副绕组的匝数 N_2。

解：由题知 $U_1 = U_{1N} = 220$ V，$U_{2N} = U_{20} = 24$ V，由式（3.2.9）可求得变比：
$$K = \frac{U_1}{U_{20}} = \frac{U_{1N}}{U_{2N}} = \frac{220}{24} \approx 9.2$$

由（3.2.7）式可求得铁芯中的主磁通：
$$\Phi_m = \frac{U_1}{4.44 f N_1} = \frac{220}{4.44 \times 50 \times 1\,100} \text{ Wb} = 0.9 \times 10^{-3} \text{ Wb}$$

且
$$N_2 = \frac{N_1}{K} = 120 \text{ 匝}$$

3.2.2　有载运行

将原边绕组接至额定频率的正弦电压，副边绕组接上负载的变压器运行情况称为有载运行状态，如图 3.2.2 所示。因副绕组接上负载构成电流通路，在副绕组感应电动势 e_2 作用下向副边电路提供电流 i_2，于是负载获得电功率。与此同时，原绕组电流也将从空载电流相应地增大到 i_1，从电源吸取更多的电功率，并通过主磁通的耦合作用，把原绕组从电源获得的电功率传递给副绕组，再提供给负载。那么，原、副绕组之间没有电的直接联系，又是如何通过主磁通的媒介作用把电功率从原绕组传到副绕组的呢？这种物理现象可由磁动势平衡关系予以解释。

变压器有载运行时，副绕组电流 i_2 产生磁动势 $i_2 N_2$，该磁动势也会在铁芯中产生磁通。根据楞次定律，$i_2 N_2$ 产生的磁通总是阻碍原来磁通的变化，起着削弱主磁通的作用。但是外加电源电压 U_1 及频率 f 保持不变，原绕组的匝数固定，并且原绕组的漏阻抗压降不仅在空载时很小，即使在额定负载时虽然有

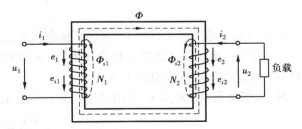

图 3.2.2　变压器有载运行工作原理图

所增加，但与电源电压 U_1 相比仍然很小，故仍可认为 $U_1 \approx E_1$。这就意味着铁芯中的主磁通 Φ_m 无论变压器空载还是有载运行都基本不变，因而空载和有载时磁路上的磁动势也应基本不变。副绕组电流 i_2 的出现，就必然导致原绕组电流从 i_0 增加到 i_1，其磁动势 $i_1 N_1$ 中增加的

部分恰好与 i_2N_2 抵消,维持磁路磁动势和铁芯中的主磁通不变。由图 3.2.1 及图 3.2.2 可知:

空载磁动势　$\dot{F}_0 = \dot{I}_0 N_1$

有载磁动势　$\dot{F} = \dot{I}_1 N_1 + \dot{I}_2 N_2$

因而,磁动势平衡方程式　$\dot{F} = \dot{F}_0$

即

$$\dot{I}_1 N_1 + \dot{I}_2 N_2 = \dot{I}_0 N_1$$

或

$$\dot{I}_1 N_1 = \dot{I}_0 N_1 + (-\dot{I}_2 N_2) \tag{3.2.10}$$

式(3.2.10)表明,变压器接上负载后,原绕组磁动势在 $\dot{I}_0 N_1$ 的基础上增加了 $-\dot{I}_2 N_2$ 这样一个分量,它与副绕组磁动势大小相等,相位相反,正好抵消了 $\dot{I}_2 N_2$ 的作用,保持了磁动势和主磁通不变。

由于变压器在额定负载或接近满载时 $I_0 N_1$ 与 $I_1 N_1$,$I_2 N_2$ 相比,可忽略不计,于是有:

$$\dot{I}_1 N_1 \approx -\dot{I}_2 N_2 \tag{3.2.11}$$

因此,变压器有载运行时,原、副绕组的电流数量关系为:

$$\frac{I_1}{I_2} \approx \frac{N_2}{N_1} = \frac{1}{K} \tag{3.2.12}$$

式(3.2.12)表明,变压器原、副绕组的电流之比近似与其匝数成反比。这说明变压器也同时具有变换电流的作用。

另外,由图 3.2.2 可得变压器有载运行时原、副边电压平衡方程式,相量式为:

$$\dot{U}_1 = \dot{I}_1 Z_1 - \dot{E}_1 \tag{3.2.13}$$

及

$$\dot{U}_2 = \dot{E}_2 - \dot{I}_2 Z_2 \tag{3.2.14}$$

其中　$Z_2 = R_2 + jX_{s2}$——副绕组的漏阻抗;

$X_{s2} = 2\pi f L_{s2}$——副绕组的漏磁感抗。

由于原、副绕组漏阻抗压降比之原、副边端电压都很小,故可忽略不计,于是,在数值上有:

$$U_1 \approx E_1 \qquad U_{20} = E_2 \approx U_2$$

由此可知

$$U_1 I_1 \approx U_2 I_2$$

即

$$S_1 \approx S_2$$

这说明变压器有载运行时原、副边的视在功率近似相等。

例 3.2.2　某建筑工地的行灯变压器,$S_N = 250$ VA,380/24 V,若在副边接上 24 V,60 W 的白炽灯 4 盏,求原、副边电流 I_1,I_2。

解:白炽灯为电阻性负载,功率因数 $\cos\varphi_2 = 1$,故:

$$I_2 = \frac{P_2}{U_2 \cos\varphi_2} = \frac{60 \times 4}{24 \times 1} \text{ A} = 10 \text{ A}$$

变压器变比:

$$K = \frac{U_1}{U_2} = \frac{380}{24} = 16$$

所以,原边电流:

$$I_1 = \frac{1}{K}I_2 = \frac{1}{16} \times 10 \text{ A} = 0.63 \text{ A}$$

3.3　变压器的运行特性

变压器的运行性能主要以外特性和效率特性来表示。

3.3.1　变压器的外特性

由于变压器副绕组漏阻抗的存在,当变压器有载运行时,副绕组电流 i_2 必然产生漏阻抗压降。由于铁芯主磁通 Φ_m 基本不随负载变化,副绕组感应电动势 $\dot{E}_2$ 也就不变。由式(3.2. 14)可知,负载电流 $\dot{i}_2$ 的变化,必然导致端电压 $\dot{U}_2$ 的改变。为了表示副边输出端电压 U_2 随负载电流 I_2 的变化规律,用外特性来描述。当原边电源电压一定,负载的功率因数为常数时,$U_2 = f(I_2)$ 曲线就称为变压器的外特性,如图 3.3.1 所示。由图可见,变压器不仅随负载的增大(I_2 增大),端电压 U_2 偏离空载电压 U_{20} 的程度越大,而且还与负载的性质有关。电阻性和电感性负载的外特性都是下降的,且在相同负载电流时,感性负载的端电压较电阻性负载的端电压下降得多。容性负载的端电压却随负载的增大而升高。

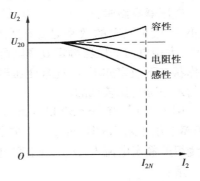

图 3.3.1　变压器的外特性

副边端电压 U_2 随负载电流 I_2 的变化情况还可用电压调整率 $\Delta U\%$ 表示。它是指变压器从空载到额定负载运行时,副边电压的变化值 ΔU 与空载运行时的副边电压 U_{20} 之比,通常用百分数表示,即

$$\Delta U\% = \frac{U_{20} - U_2}{U_{20}} \times 100\%$$

$$= \frac{\Delta U}{U_{20}} \times 100\% \qquad (3.3.1)$$

$\Delta U\%$ 的大小反映了供电变压器的稳定程度,是衡量供电质量的标志之一。对于负载而言,总希望电压愈稳定愈好,即电压调整率愈小愈好。电力变压器的电压调整率为 2% ~3%,一般不得超过 5%。

3.3.2　变压器的损耗和效率

(1)变压器的损耗

变压器在运行过程中总会产生损耗并转换成热,主要有铜耗 P_{Cu} 和铁耗 P_{Fe}。铜耗 P_{Cu} 是电流流过原、副绕组时在绕组电阻上产生的电功率损耗,使绕组发热。随着负载变化引起原、副绕组中流过的电流不同,产生的铜耗 P_{Cu} 亦不同,$P_{Cu} = I_1^2 R_1 + I_2^2 R_2$,因此称为可变损耗。铁耗 P_{Fe} 主要取决于电源频率和铁芯中的磁通量,由于变压器运行时的电源频率不变以及铁芯磁通量基本不变,故铁耗也基本不随负载变化,称为不变损耗。

（2）变压器的效率

变压器的效率是指变压器输出的有功功率 P_2 与输入的有功功率 P_1 之比,通常用百分数表示:

$$\eta = \frac{P_2}{P_1} \times 100\%$$

变压器有载运行时,副边输出功率为:

$$P_2 = U_2 I_2 \cos \varphi_2$$

根据能量守恒原理,原边输入的功率为:

$$P_1 = P_2 + P_{Fe} + P_{Cu} = U_2 I_2 \cos \varphi_2 + P_{Fe} + P_{Cu}$$

故效率又可表示为:

$$\eta = \frac{P_2}{P_2 + P_{Fe} + P_{Cu}} \times 100\% = \frac{U_2 I_2 \cos \varphi_2}{U_2 I_2 \cos \varphi_2 + P_{Fe} + P_{Cu}} \times 100\%$$

变压器空载时,$I_2 = 0$,$P_2 = 0$,所以 $\eta = 0$。有载时,η 随 I_2 及 $\cos \varphi_2$ 变化,由于变压器损耗很小,一般来说它的效率是比较高的。一般中小型电力变压器额定负载时 η 可达 90% ~ 95%,大型电力变压器额定效率则可达 98% ~99%。而且由于铜耗 P_{Cu} 与负载有关,在不同的工作状态下效率亦不同,通常变压器在满载的 60% ~ 80%,效率最高。但是任何变压器轻载时的效率都是比较低的。

例 3.3.1　有一台 50 kVA,6.6/0.23 kV 的单相变压器,$I_0 = 5\% I_{1N}$,$P_{Cu} = 1\ 450$ W,$P_{Fe} = 500$ W,用此变压器向 $\cos \varphi_2 = 1$ 的照明负载供电,额定负载时副边电压 $U_2 = 224$ V,求:1)原、副绕组的额定电流 I_{1N},I_{2N};2)空载电流 I_0;3)电压调整率 $\Delta U\%$;4)额定负载时的效率 η。

解:

1)在额定负载时有 $S_N = U_{2N} I_{2N}$。由此可得副边额定电流 I_{2N} 为:

$$I_{2N} = \frac{S_N}{U_{2N}} = \frac{50 \times 10^3}{230} \text{A} = 217.4 \text{A}$$

原边额定电流 I_{1N} 为:

$$I_{1N} = \frac{1}{K} I_{2N} = \frac{U_{2N}}{U_{1N}} I_{2N} = \frac{230}{6\ 600} \times 217.4 \text{A} = 7.58 \text{A}$$

2)依题意,空载电流 I_0 为:

$$I_0 = 5\% I_{1N} = 0.05 \times 7.58 \text{A} = 0.38 \text{A}$$

3)由式(3.3.1)可得电压调整率为:

$$\Delta U\% = \frac{U_{20} - U_2}{U_{20}} \times 100\% = \frac{230 - 224}{230} \times 100\% = 2.6\%$$

4)额定负载时变压器效率为:

$$\eta = \frac{U_2 I_2 \cos \varphi_2}{U_2 I_2 \cos \varphi_2 + P_{Fe} + P_{Cu}} \times 100\%$$

$$= \frac{224 \times 217.4 \times 1}{224 \times 217.4 \times 1 + 500 + 1\ 450} \times 100\% = 96\%$$

3.4 三相变压器

目前,交流电能的产生、传输和分配几乎都采用三相制,若要变换三相电压,应采用三相变压器。在三相对称电路运行的三相变压器,各相的电压、电流大小相等,只是相位互差120°,故只取一相分析时和单相变压器的情况完全一样,所以分析单相变压器的各种方法均适用于对称运行的三相变压器。但是,三相变压器也有它独自的特点,这就是它的磁路系统和三相绕组的连接方式。

3.4.1 三相变压器的磁路系统

对于三相电路的变压问题,既可以用3个相同的单相变压器组成,也可以将三相绕组套装在一个整体铁芯结构的3个铁芯柱上。

(1)三相变压器组

由3个相同的单相变压器组成,如图3.4.1所示,三相的磁路相互独立。如果外施三相电压对称,那么三相磁路的磁通、磁势以及建立磁势的三相空载电流也是对称的。

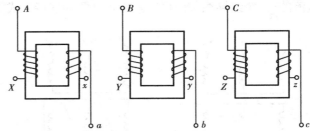

图3.4.1 三相变压器组

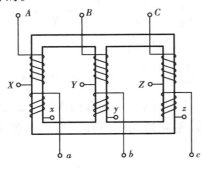

图3.4.2 三相心式变压器

(2)三相心式变压器

将3个铁芯柱和共用磁轭排列在同一平面上形成一个整体,并在每根铁芯柱上绕有属于同一相的高、低压绕组,这就形成三相心式变压器,如图3.4.2所示。可以看出,这种变压器的三相磁路是不对称的,因此,空载电流也必然不对称。但是,由于空载电流只占额定电流的百分之几(中小型约5%,大型3%以下),所以,空载电流的不对称对变压器运行的影响很小,可以不予考虑。在工程上,取三相空载电流的平均值作为空载电流值,即

$$I_0 = \frac{1}{3}(I_{0A} + I_{0B} + I_{0C})$$

这两种变压器各有自己的特点:三相心式变压器用铁量少,效率高,价格便宜,占地面积小,维护方便,因而得到广泛使用,目前我国大量生产的三相变压器几乎都是心式结构。但是,对于大容量的巨型变压器,若采用三相变压器组,则可以分开运输,并且可以降低备用容量

（只占全组容量的$\frac{1}{3}$）。

3.4.2 三相变压器绕组的连接方式

三相变压器有 3 对原、副绕组，原则上原、副绕组可分别接成星形或三角形，即有 4 种可能的连接方式：Y,y、Y,d、D,y、D,d（对应的旧符号表示法为 Y/Y、Y/△、△/Y、△/△），逗号前为原绕组的连接方式，逗号后为副绕组的连接方式。常用的连接方式有 Y,yₙ 和 Y,d 两种。在电力工程中用得最多的是 Y,yₙ 接法，即原边绕组接成星形，副边绕组也接成星形，并引出一根中性线构成三相四线制供电方式，这种接法可以同时提供两种不同的电压，如 380 V,220 V，即可供 380 V 的三相动力设备用电，又可供 220 V 的单相照明用电。对于某些大型专用设备需要用专门的变压器供电，这时往往采用 Y,d 接法，即原边绕组接成星形，副边绕组接成三角形，这样，原边相电压只有线电压的$\frac{1}{\sqrt{3}}$，因此每相绕组的绝缘要求可以降低，而副边相电流只有线电流的$\frac{1}{\sqrt{3}}$，绕组导线截面可以减小。这两种连接方式如图 3.4.3 所示。

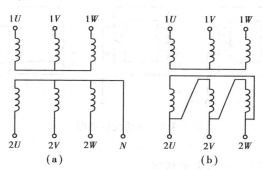

图 3.4.3 三相变压器的 Y,yₙ 和 Y,d 连接方式
（a）Y,yₙ 连接 （b）Y,d 连接

必须指出，三相变压器的变比是指原、副边相电压之比（即原、副边每相绕组的匝数比），而铭牌标注的额定电压是指原、副边的线电压，它不仅与原、副绕组匝数有关，而且还与绕组的连接方式有关。

Y,yₙ 连接时：

$$\frac{U_{1l}}{U_{2l}} = \frac{\sqrt{3}\,U_{1p}}{\sqrt{3}\,U_{2p}} = \frac{U_{1p}}{U_{2p}} = \frac{N_1}{N_2} = K$$

Y,d 连接时：

$$\frac{U_{1l}}{U_{2l}} = \frac{\sqrt{3}\,U_{1p}}{U_{2p}} = \sqrt{3}\,\frac{N_1}{N_2} = \sqrt{3}\,K$$

例 3.4.1 有一台 Y,yₙ 连接的三相变压器，原边线电压为 10 kV，变压器的变比 K = 25，问副边相电压和线电压各是多少？若变压器作 Y,d 连接，则副边相电压和线电压又各为多少？

解：对于 Y,yₙ 连接，原边相电压 $U_{1p} = \frac{U_{1l}}{\sqrt{3}} = \frac{10\,000}{\sqrt{3}}$ V = 5 780 V，副边相电压和线电压分别为：

$$U_{2p} = \frac{U_{1p}}{K} = \frac{5\,780}{25} \text{ V} = 231 \text{ V}$$

$$U_{2l} = \sqrt{3}\,U_{2p} = \sqrt{3} \times 231 \text{ V} = 400 \text{ V}$$

若为 Y,d 连接，原、副边相电压不变，仍为 5 780 V 和 231 V，但这时的副边线电压为：

$$U_{2l} = U_{2p} = 231 \text{ V}$$

3.5 特殊变压器

3.5.1 自耦变压器

以上讨论的变压器都具有两套绕组,即原边绕组和副边绕组,二者之间没有电的直接联系,而只是靠磁的耦合作用传递电能的。自耦变压器只有一套绕组,它既是原绕组,又兼作副绕组,副绕组只是原绕组的一部分。这样,原、副边之间不仅有磁的耦合作用,也有电的直接联系,这就导致了在电磁关系上与普通双绕组变压器相比有其显著的特点。单相自耦变压器原理图如图3.5.1所示。

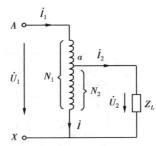

图 3.5.1 单相自耦变压器原理图

自耦变压器的工作原理与双绕组变压器基本相同,设原绕组匝数为 N_1,副绕组匝数为 N_2。当原边接入电源电压 u_1 时,绕组中就有电流 i_1 流过,并在铁芯中产生磁通,同时与原、副绕组交链,产生感应电动势。所以,原、副边电压、电流在数值上同样有以下关系:

$$\frac{U_1}{U_2} = \frac{N_1}{N_2} = K \qquad \frac{I_1}{I_2} = \frac{N_2}{N_1} = \frac{1}{K}$$

另外,设公共绕组部分的电流为 i,则可通过分析得出自耦变压器的输出视在功率:

$$S_2 = U_2 I_2 = U_2 I + U_2 I_1$$

其中,$U_2 I = U_{Aa} I_1$ 可看作是由 Aa 段和 ax 段构成的双线圈变压器靠电磁感应作用向负载传递的功率,称为电磁功率;而 $U_2 I_1$ 可看做是原边电流 i_1 直接流到副边向负载提供的功率,称为传导功率,这部分功率是自耦变压器所特有的。

可以看出,在输出容量相同的情况下,自耦变压器的电磁功率要比双绕组变压器小,因此用铁、用铜量均比双绕组变压器少,可做到体积小、重量轻、成本低、效率高。为突出它的优点,变比通常较小,一般 $K < 2.5$。

但是,由于自耦变压器原、副边绕组有电的直接联系,当过电压波侵入时,副边也会引起高电压;或者当公共绕组断线时,原边的电压会直接加到副边,失去变压作用并造成危险。在使用时,原、副边也不能接错,否则会造成电源短路。

自耦变压器可做成单相,也可做成三相。三相自耦变压器常用于三相异步电动机的降压启动。如果将中间抽头做成能沿整个线圈滑动的活动触头,则副边电压就可在一定范围内连续调节,这种变压器又称为调压器。单、三相调压器常用于实验室中。

3.5.2 仪用互感器

仪用互感器是用于电工测量和自动保护装置中的另一种特殊变压器。在测量交流电路的高电压、大电流时,不能用普通的低量程电压表和电流表直接进行测量,而且这对操作人员也不安全。因此人们就利用变压器的变压变流原理,将高电压、大电流变为低电压、小电流后再进行测量。这种供仪表配套使用的变压器,统称为仪用互感器。

（1）电压互感器

电压互感器如图3.5.2(a)所示,它相当于一台小容量的降压变压器,使用时匝数较多的原边绕组与被测线路并联,即施加被测电压 U_1,而匝数较少的副边绕组接入电压表或功率表的电压线圈。由于电压表的阻抗较大,互感器工作时相当于运行在空载状态。互感器原、副边电压之比称为变压比,并用额定电压的比值形式标注在铭牌上。为了方便,副边的额定电压一般设计为100 V。电压互感器的变压比为:

$$K_u = \frac{U_1}{U_2} = \frac{N_1}{N_2}$$

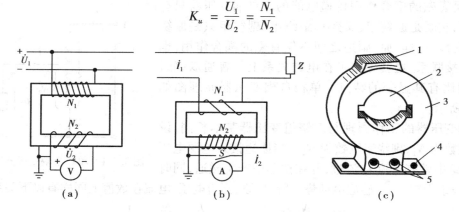

图3.5.2 电压、电流互感器原理接线图和外形图

(a)电压互感器 (b)电流互感器原理图 (c)LMJ₁-0.5 型电流互感器外形图

1—铭牌;2——次母线穿过口;3—铁芯,外绕二次绕组,环氧树脂浇注;4—安装板;5—二次接线端

当电压表读数为 U_2 时,被测电压 $U_1 = K_u U_2$。当电压互感器和电压表配套使用时,也可在表盘上按变压比关系直接刻度,标出实际的被测电压值,便于直接读数。

从变压器原理可知:原、副边匝数比严格地等于原、副边感应电动势之比。因此,造成原、副边电压测量误差的主要原因是空载电流在原、副绕组中引起的漏阻抗压降。通常用高导磁率的优质硅钢片做铁芯,并使磁路不饱和来减小空载励磁电流,从而减小误差。

使用电压互感器时,必须注意以下几点:

①副边并接的电压线圈不能太多,否则超过额定容量;

②副边绕组不能短路,否则会产生很大的短路电流烧坏互感器;

③铁芯和副绕组的一端应牢固接地,可防止线圈绝缘损坏时,二次侧出现高压,危及操作人员安全。

（2）电流互感器

电流互感器的原理示意图如图3.5.2(b)所示。它相当于一台小容量的升压变压器,原边绕组与被测电路串联,匝数很少;副边绕组与电流表或功率表的电流线圈连接,匝数较多。根据变压器的变流原理,被测电路的大电流通过互感器的原边时,副边绕组将通过较小的电流,再用测量仪表进行测量。图3.5.2(c)是 LMJ₁-0.5 型电流互感器的外形图。它用于500 V以下的配电装置中,穿过它的母线就是一次绕组(1 匝)。

由于电流表的阻抗都较小,所以电流互感器工作时相当于变压器的短路运行状态,但这并不是一种故障状态,因为它和普通变压器不同之处在于原边几乎没有外施电压,且原边电流就是被测电流,并不受副边状态的影响。

原边电流与副边电流之比称为电流互感器的变流比 K_I,也用额定电流的比值标在互感器的铭牌上,为了方便,副边额定电流一般设计为 5 A。电流互感器的变流比为:

$$K_I = \frac{N_2}{N_1} = \frac{I_1}{I_2}$$

当电流表读数为 I_2 时,被测电流 $I_1 = K_I I_2$。为方便计量,同样可按变流比关系直接在表盘上标刻被测电流值(当互感器和电流表配套时)。

电流互感器的测量误差主要是原边励磁电流的影响。用高导磁材料做铁芯,加之原边电压很小的缘故,可使励磁电流很小很小。这样就可使按变流比关系的电流测量误差大大降低。

使用电流互感器时,也必须注意:

①副边电路决不允许开路,否则 $I_2 = 0$,没有磁动势 $N_2 I_2$ 的去磁作用,使原边电流 I_1 全部用于励磁,使铁芯中的磁通猛增,铁耗增大,铁芯发热到不允许的程度,而且更严重的是会使副绕组感应出很高的电动势,会击穿绝缘材料,损坏设备,危及人身安全。因此可与电流表并联一个开关,拆卸仪表时,可先合开关短接副边绕组后再拆仪表,更换仪表后再打开开关。

②铁芯和副绕组一端必须牢固接地,以防止绕组绝缘击穿时,高压线路的高电压通过原绕组传到副绕组,危及人身安全。

3.5.3　电焊变压器

交流电弧焊机也称为交流电焊机,在建筑工地上有着广泛的应用,它的主要组成部分是一台特殊的变压器,即电焊变压器。为了保证焊接质量,电焊变压器应满足如下要求:

空载时具有足够的点弧电压,为 60 ~ 80 V,足以使电弧点燃。负载时要有迅速下降的外特性,在额定焊接电流时,焊接电压 30 ~ 40 V,短路(焊条与工件接触)时,短路电流 I_{sc} 不应过大。电焊变压器的外特性如图 3.5.3 所示,具有陡降的特性。

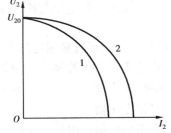

图 3.5.3　电焊变压器的外特性

为了使电焊变压器具有陡降的外特性,在电焊变压器内应具有较大的电抗,所以把变压器的副绕组与铁芯电抗器串联,如图 3.5.4 所示。

铁芯电抗器就是一个具有铁芯的线圈,此铁芯由动、静两部分构成,二者之间的空气隙是可以调节的。空载时,由于焊接电流 $I_2 = 0$,在电抗器上没有压降,点弧电压就等于变压器副绕组的端电压。引燃后,由于电抗器具有较大的电抗值,焊接电流必在其上产生电压降,因此焊接时的电压要比空载电压低。当焊条接触焊件短路时,由于电抗器的限流作用,短路电流也不会太大。

为了适应不同的焊件和不同规格的焊条,焊接电流的大小要求可以调节,可以通过手轮转动螺杆,移动电抗器铁芯,改变二者间的气隙,以改变电抗值的大小,达到调节焊接电流的目的,适用于不同焊活的需要。

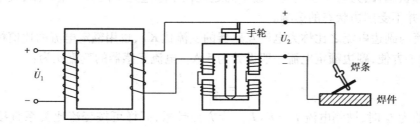

图 3.5.4　电焊变压器原理图

本章小结

①变压器是由硅钢片迭装成的闭合铁芯和绕在其上的原、副绕组构成的静止电器,是根据电磁感应原理实现交流电能传递的。使用时原边由电网输入电能,副边向用电设备输出电能。所以变压器对电网而言它是负载,而对用电设备来说它又是电源。

②变压器按其原、副绕组的匝数比进行交流电压、电流变换、即:

$$\frac{U_1}{U_2} \approx \frac{N_1}{N_2} = K$$

$$\frac{I_1}{I_2} \approx \frac{N_2}{N_1} = \frac{1}{K}$$

③变压器电源电压与铁芯主磁通的关系为:

$$U_1 \approx E_1 = 4.44 f N_1 \Phi_m$$

变压器运行时,超过额定电压会使磁通增加,铁耗增大,超过额定电流会使铜耗增大,都将导致变压器过热。变压器额定容量为:

单相变压器　　　　　$S_N = U_{2N} I_{2N}$

三相变压器　　　　　$S_N = \sqrt{3} U_{2N} I_{2N}$

三相变压器的额定电压均指线电压,额定电流均指线电流。

④变压器的运行特性主要有外特性和效率。外特性反映了变压器有载运行时,U_2 与 I_2 的变化关系,即

$$U_2 = f(I_2)$$

也可以用电压调整率表示,即

$$\Delta U\% = \frac{U_{20} - U_2}{U_{20}} \times 100\%$$

电压调整率的大小,表明了变压器有载运行时副边输出电压的稳定性。

变压器的效率是输出有功功率与输入有功功率的比值,即

$$\eta = \frac{P_2}{P_1} \times 100\% = \frac{P_2}{P_2 + P_{Fe} + P_{Cu}} \times 100\%$$

效率的高低直接反映出变压器运行的经济性。

⑤三相变压器的工作原理与单相变压器基本相同。它的原、副绕组可以接成星形和三角形,常用接法有 Y,y_n 和 D,y_{n11} 两种,在工矿企业和建筑供电中多采用 Y,y_n 接法,而在民用建筑中多采用 D,y_{n11}。

⑥特殊用途的变压器有自耦变压器、仪用互感器和电焊变压器等。应注意这些变压器的结构特点、工作原理和使用注意事项。

基本知识自检题

一、填空

1. 一台原、副边绕组的匝数比为2:1 的理想变压器额定运行,原、副边电压之比为＿＿＿＿＿＿＿＿＿＿,原、副边绕组的电流之比为＿＿＿＿＿＿＿＿,原绕组输入功率与副绕组输出功率之比为＿＿＿＿＿＿＿＿。

填空题3 的图

2. 某三相变压器每相绕组的变压比为 K,当变压器作 Y,y_n 连接时,原副边的线电压之比为＿＿＿＿＿＿＿＿;当变压器作 Y,d 连接时,原、副边的线电压之比为＿＿＿＿＿＿＿＿。

3. 自耦变压器副边滑动端位置如填空题3 的图所示,若 $U_1 = 220$ V,则 $U_2 = $＿＿＿＿＿＿;若副边接上电阻值为110 Ω 的负载,则原边电流 $I_1 = $＿＿＿＿＿＿＿＿。

二、选择题

1. 变压器原边绕组电流的大小是由下列哪一个因素决定的(　　　)。
(a)变压器容量　　　　　　(b)副边负载
(c)原边电压　　　　　　　(d)副边电压

2. 有一台单相变压器的容量为300 VA,电压变比是220/36 V,能接入此变压器副边电路中正常工作的用电器是(　　　)。
(a)24 V,60 W　　　　　　(b)24 V,40 W
(c)36 V,60 W　　　　　　(d)36 V,500 W

3. 某工地有380 V 的动力设备,也有220 V 的照明灯具,所选变压器的接线方式应为(　　　)。
(a)Y,y_n　　　　(b)Y,d　　　　(c)Y,y　　　　(d)D,y

思考题与练习题

3.1 变压器能否用来变换直流电压？为什么？如果把一台 220/36 V 的变压器接至 220 V 的直流电源，会产生什么后果？

3.2 按变压器的变比关系 $\dfrac{U_1}{U_2} = \dfrac{N_1}{N_2}$，在制作 220/110 V 单相变压器时，能否取原绕组为 2 匝，副绕组为 1 匝？为什么？会有何后果？

3.3 一台单相照明变压器，$S_N = 10$ kVA，$U_{1N}/U_{2N} = 380/220$ V，今欲在副边接入 220 V，60 W 的白炽灯，如果使变压器额定运行，可接这种规格的白炽灯多少盏？

3.4 有一台三相变压器，$S_N = 100$ kVA，原边额定电压 10 kV，且 $N_1 = 2\,100$ 匝，$N_2 = 84$ 匝，试求：

1）采用 Y,y_n 连接，副边的线电压、线电流以及相电压、相电流；

2）采用 D,y_{n11} 连接，副边的线电压、线电流以及相电压、相电流；

3）改变连接方式后，S_N 是否改变？

3.5 一台三相变压器作 Y,d 连接，各相电压的变压比 $K = 25$，若原边施加 10 kV 线电压，问副边线电压是多少？如果副边线电流为 173 A，问原边线电流是多少？

3.6 有一台单相自耦变压器，$S_N = 10$ kVA，已知原边电压为 220 V，原边绕组为 500 匝，欲使副边电压为 100 V，则副边抽头匝数应为多少？当处于额定运行状态时，I_{1N}，I_{2N} 各为多少？

3.7 电流互感器 $N_1 = 2$ 匝，$N_2 = 40$ 匝，$I_1 = 100$ A，则副边电流表的读数为多少？

第4章　交流异步电动机

电动机是根据电磁感应原理,把电能转换成机械能的旋转电气设备。按使用电源的种类分,可分为交流电动机和直流电动机两大类,交流电动机又分为异步电动机和同步电动机两种。

异步电动机具有结构简单、价格便宜、运行可靠、维修方便等优点,因而大部分的生产机械(各种机床、起重机、搅拌机、水泵、通风机等)均用三相异步电动机来拖动;但是它的功率因数较低,调速性能稍差,在一些对调速性能要求较高的机械上常使用直流电动机。

本章将讨论三相异步电动机的构造、工作原理、机械特性以及使用方法等,并简单介绍单相异步电动机。

4.1　三相异步电动机的构造

异步电动机由固定部分(称为定子)和转动部分(称为转子)两大基本部分组成。转子放在定子里面,定子与转子之间隔着空气隙。转子的轴支承在两边的端盖的轴承之中,图4.1.1所示为三相异步电动机的外形和内部结构。

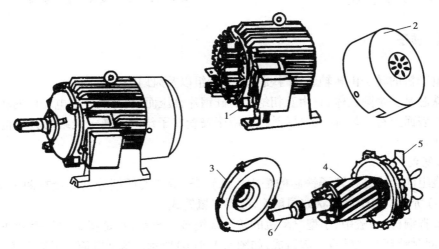

图4.1.1　三相鼠笼式电动机的外形及结构
1—定子;2—风罩;3—端盖;4—转子;5—风扇;6—轴

4.1.1　定子

异步电动机的定子主要由机座、定子铁芯和定子绕组等组成。

（1）机座

它是电机的外壳和固定部分，通常用铸铁或铸钢制成。

（2）定子铁芯

是磁路的组成部分，为了减少铁芯中的涡流损耗，通常用 0.5 mm 厚涂有绝缘漆的硅钢片叠成筒形，固定在机座内，定子铁芯的内圆周上均匀分布着与电动机转轴平行的线槽，用于安装定子绕组，如图 4.1.2 所示。

（3）定子绕组

定子绕组是用有绝缘层的导线（漆包线或纱包线）绕制而成，按一定规律嵌入铁芯内表面的线槽内，并将其联接成 3 组，使之对称分布于铁芯中。三相异步电动机的定子绕组中每一相都有两个出线端，将首端用 A、B、C 表示，末端用 X、Y、Z 表示。这些端子都从电动机机座上的接线盒中引出，它们在接线盒内端子板上的标记分别为 $U1$、$V1$、$W1$ 和 $U2$、$V2$、$W2$。为了在实际接线时联接方便，将各相绕组的末端进行了错位引出，如图 4.1.3 所示，通过联接板可以很方便地将定子绕组接成星形（Y 形）或三角形（△形）接法。

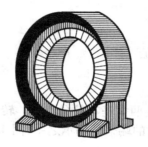 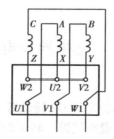 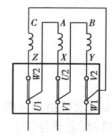

图 4.1.2　定子铁芯　　　　　　图 4.1.3　定子接线盒端子接线

4.1.2　转子

异步电动机的转子由转轴、转子铁芯、转子绕组以及风扇等组成。

转子铁芯是一个圆柱体，它由互相绝缘的硅钢片叠压而成，并固定在电动机的转轴上。转子铁芯的外表面上有均匀分布的平行线槽，用于安置转子绕组。转子绕组按其结构可分为鼠笼式和绕线式。

（1）鼠笼式

这种绕组的结构是在转子铁芯的槽内压入铜条，铜条的两端分别焊接在两个铜环上，如图 4.1.4（a）所示。由于其形状如同鼠笼，故得名鼠笼式。

为了节省铜材，一般中、小型电动机的转子绕组多为铸铝，它是将熔化的铝浇注在转子铁芯的槽内，同时端环及风叶也一起铸成，如图 4.1.4（b）所示。这样既简化了制造工艺，又节省了材料，使电动机的成本降低。

（2）绕线式

这种绕组的结构是在转子铁芯的槽内嵌放对称的 3 个绕组，其末端接在一起成星形接法，首端分别接在转轴上 3 个彼此绝缘的滑环上，每个滑环上用弹簧压着电刷，通过电刷使转动的转子绕组与外部静止的用于启动或调速的变阻器接通组成回路，如图 4.1.5 所示。绕线式异步电动机的结构较复杂,价格也较高,多用于起重机械中。

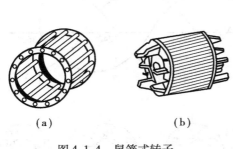
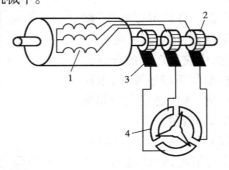

图 4.1.4 鼠笼式转子   图 4.1.5 绕线式转子示意图
(a)嵌铜条 (b)铸铝   1—绕组;2—滑环;3—电刷;4—变阻器

4.2 异步电动机的工作原理

三相异步电动机是依靠旋转磁场与转子导体相互作用工作的。

4.2.1 旋转磁场的产生

(1)一对磁极的旋转磁场

为了分析方便,将三相异步电动机定子绕组的结构简化成每相绕组由一个线圈组成。三相绕组 AX、BY、CZ 在定子空间内彼此相隔 $120°$,若采用星形接法,即将末端 X、Y、Z 接于一点,首端 A、B、C 接三相电源,如图 4.2.1 所示。

设三相电流分别为 $i_A = I_m \sin \omega t$,$i_B = I_m \sin(\omega t - 120°)$,$i_C = I_m \sin(\omega t + 120°)$,其波形如图 4.2.2(a)所示。我们选定:上述电流的参考方向为自首端流入,从末端流出。即当电流为正时,自首端流进去,从末端流出来;当电流为负时,则从末端流进去,从首端流出来。凡电流流入的一端标以"⊗"表示,电流流出的一端标以"⊙"表示。

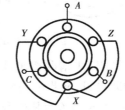

图 4.2.1 定子绕组接线($P=1$)

三相定子绕组通入三相交流电后,将分别产生各自的交变磁场,这样,在定子空间内形成一个合成磁场。为了方便起见,分别选取 $\omega t = 0°$,$\omega t = 120°$,$\omega t = 240°$,$\omega t = 360°$ 等瞬时来分析三相电流产生的合成磁场。

当 $\omega t = 0°$ 时,$i_A = 0$,AX 绕组没有电流;i_B 为负,电流从 BY 绕组的末端 Y 流入,由首端 B 流出;i_C 为正,电流从 CZ 绕组的首端 C 流入,由末端 Z 流出。根据右手螺旋定则,可以画出其合成磁场,磁力线自上而下,即上方相当于 N 极,下方相当于 S 极,见图 4.2.2(b)中 $\omega t = 0°$。

当 $\omega t = 120°$ 时,$i_B = 0$,BY 绕组无电流;此时 i_A 为正,电流从 AX 绕组的首端 A 流入,由末端 X 流出;i_C 为负,电流从 CZ 绕组的末端 Z 流入,从首端 C 流出,其合成磁场见图 4.2.2(b)中 $\omega t = 120°$,与 $\omega t = 0$ 相比较,其合成磁场顺时针转过了 $120°$。

同理可画出 $\omega t = 240°$,$\omega t = 360°$ 时的合成磁场,由图 4.2.2(b)可见,它们又依次较前转

过120°。

由以上分析可以看出,随着定子绕组中三相电流的不断变化,由它所产生的合成磁场就在空间不停地旋转,电流变化一周,合成磁场在空间旋转360°,即转过一周。

(2)两对磁极的旋转磁场

上述情况,合成磁场是两个极,即极对数 $P=1$。如果定子绕组的每一相是由串联的两个线圈组成,A 相绕组由 AX 与 $A'X'$ 组成,B 相绕组由 BY 与 $B'Y'$ 组成,C 相绕组由

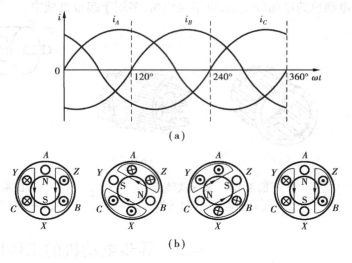

(a)

(b)

图 4.2.2　三相电流及其产生的旋转磁场($P=1$)

CZ 与 $C'Z'$ 组成。在绕组的布置上,使每相绕组的首端与首端,或末端与末端之间在空间上相隔60°,也使同一相绕组的两个线圈首(末)端在空间上相隔180°,如图4.2.3所示,设定子三相绕组为星形接法。

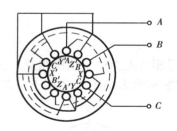

图 4.2.3　定子绕组接线($P=2$)

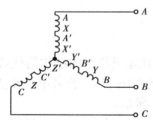

当定子绕组通入三相电流之后,就产生四极的旋转磁场,即 $P=2$,如图 4.2.4 所示。分析方法与前相同,可以得出如下结论:当电源相序不变时,其合成磁场的旋转方向也不变;当正弦电流变化了 360°电角度(即一个周期),磁场在空间旋转了 180°,与磁极对数 $P=1$ 情况相比,转速慢了一半。

由此可见,异步电动机的磁极数及旋转磁场的转速与定子绕组的分布情况和接法有关。

(3)旋转磁场的转速和转向

旋转磁场的转速,可以从图 4.2.2 和图 4.2.4 的比较看出,正弦交流电流变化一周,两极的旋转磁场在空间转过 360°,而四极的旋转磁场只转过 180°,依此类推,当旋转磁场具有 P 对磁极时,正弦交流电每变化一周,其旋转磁场在空间转过 $\frac{1}{P}$ 转。因此,旋转磁场转速 n_1 与定子绕组的电流频率 f_1 及磁极对数 P 之间有如下关系:

$$n_1 = \frac{60f_1}{P} \tag{4.2.1}$$

旋转磁场的转速 n_1 又称为同步转速。在我国,因工频 $f_1 = 50$ Hz,当 $P=1$ 时,$n_1 = 3\ 000$ r/min;$P=2$ 时,$n_1 = 1\ 500$ r/min;$P=3$ 时,$n_1 = 1\ 000$ r/min 等。

旋转磁场的旋转方向是有规律的,它与三相电源接入定子绕组的相序有关。从图 4.2.2 所示的合成磁场是按顺时针方向旋转的,其方向是与三相电源接入定子绕组的相序 $A \rightarrow B \rightarrow C$

是一致的。如果要使旋转磁场按逆时针方向旋转（反转），只需改变通入三相绕组中电流的相序，即对调任意两根电源进线就可实现反转。

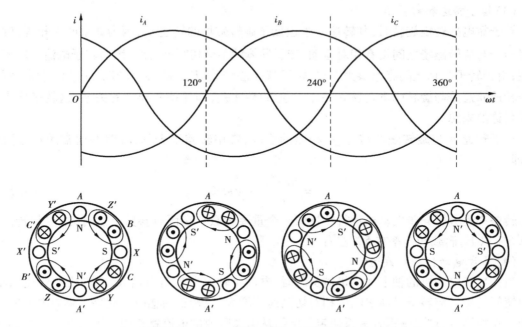

图 4.2.4 三相电流及四极旋转磁场

4.2.2 异步电动机的转动原理

（1）转子电动势的产生

当定子绕组通入三相交流电流后，在定子内的空间就产生了旋转磁场。设旋转磁场以转速 n_1 旋转，静止的转子绕组与旋转磁场之间就有了相对运动，转子绕组因切割磁力线而产生感应电动势。

设某瞬时定子空间所产生的旋转磁场以转速 n_1 顺时针旋转，如图 4.2.5 所示，根据右手定则，可将旋转的磁场视为不动，而转子绕组以逆时针方向运动切割磁力线，可确定出转子上半部绕组的感应电动势方向是穿出纸面的（用"⊙"表示），下半部绕组的感应电动势方向是进入纸面的（用"⊗"表示）。

（2）电磁转矩和转子旋转方向

转子绕组产生感应电动势后，由于转子电路是闭合的（绕线式转子通过外部电刷实现），在此电动势作用下

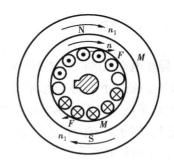

图 4.2.5 异步电动机转动原理

将有电流产生，如不考虑转子感抗对电流滞后的影响，则转子绕组中的电流与感应电动势同相位。载有感应电流的转子绕组将受到电磁力的作用。电磁力的方向可用左手定则确定。这些电磁力对电动机的转轴形成一个转矩，称为电磁转矩，用 T 表示。

电磁转矩的作用方向与旋转磁场的方向一致，即与 F 的方向一致。见图 4.2.5，因此电动

机的转子就顺着旋转磁场的旋转方向转动起来。如果旋转磁场方向改变,则电动机转子的转动方向也随之改变。

（3）转子转速和转差率

转子靠电磁转矩旋转时,其转速 n 永远低于旋转磁场的转速 n_1,因为如果两者相等,就意味着转子与旋转磁场之间没有相对运动,转子导体就不会切割磁力线,因而转子电流和转矩不存在,由于转子与轴之间有摩擦力存在,转子就无法继续以 n_1 的转速转动,必须慢下来,所以转子转速 n 总是与旋转磁场转速 n_1 保持一定的转速差,即保持着异步的关系,这就是异步电动机名称的来源。

转子转速 n 与旋转磁场转速 n_1 相差的程度,常用转差率表示,转差率通常用百分数表示,即

$$s = \frac{n_1 - n}{n_1} \times 100\% \tag{4.2.2}$$

转差率是分析异步电动机运行特性的一个重要参数。在固有参数下运行时,空载转差率在 0.5% 以下,满载转差率在 5% 左右。

（4）异步电动机带负载运行

当在异步电动机的轴上加上机械负载时,电动机轴上所受阻力增大,电动机的转速减小,从而使旋转磁场与转子导体之间的相对切割速度增大,使转子的感应电动势及感应电流增大。与变压器相同,通过电磁耦合关系使定子绕组从电源吸取的电流就相应地增大,即电动机的输入功率变大。反之,当电动机的负载突然减小时,电动机轴上的阻力减小,转子转速增大,使相对切割速度减小,于是转子电流与定子绕组从电源吸取的电流都减小,电动机输入的电功率也相应地变小。这种关系是符合能量守恒原理的。

4.3 异步电动机的电磁转矩与机械特性

4.3.1 电磁转矩

异步电动机的电磁转矩是指电动机的转子受到电磁力的作用而产生的转矩,它由旋转磁场的每极磁通 Φ 与转子电流 I_2 相互作用而产生的,由于转子绕组中不但有电阻而且有电感存在,使转子电流滞后于感应电动势一个相位角 φ_2。因为电磁转矩是衡量电动机做功能力的,所以只有转子电流的有功分量 $I_2\cos\varphi_2$ 与旋转磁场的磁通 Φ 相互作用才产生电磁转矩。异步电动机的电磁转矩为:

$$T = K_m \Phi I_2 \cos\varphi_2 \tag{4.3.1}$$

式中,K_m 是一个常数,它与电动机定子绕组有关。

该式是一种物理表达式,由于 Φ 和 $I_2\cos\varphi_2$ 的定量较难实现,因此仅用于定性分析。

为了进一步对电磁转矩进行分析,通过理论分析可以推导出电磁转矩与某些可变参数有关的参数表达式(推导过程可参看电机学,此处从略),即:

$$T = KU_1^2 \frac{sR_2}{R_2^2 + (sX_{20})^2} \tag{4.3.2}$$

式中　K——与 K_m 不同的一个常数；

　　　U_1——定子绕组电压；

　　　R_2——转子回路每相电阻；

　　　X_{20}——转子不动时每相电感抗；

　　　s——电动机的转差率。

这个公式比式4.3.1更具体地表示出电动机的转矩与电源电压 U_1、转差率 s 及转子回路电阻 R_2 和感抗 X_{20} 之间的关系。

由式4.3.2可知，电磁转矩 T 与定子绕组每相电压 U_1 的平方成正比，因此，即使电源电压有较小的波动，对异步电动机的电磁转矩的影响也很大。

4.3.2　异步电动机的机械特性

电动机的机械特性是指电动机的转速和转矩之间的关系。

由式(4.3.2)可知，在电源电压 U_1 与转子电阻 R_2 一定时，电磁转矩 T 仅随转差率 s 变化，代入参数可画出 T 随 s 的变化曲线，即 $T = f(s)$ 曲线，如图4.3.1(a)所示，称为电动机的转矩特性，可间接地表示电磁转矩 T 与转速 n 的关系。如将 $s = \frac{n_1 - n}{n_1}$ 代入式(4.3.2)，可得电磁转矩与转速的关系 $T = f(n)$ 曲线，为了分析方便，将图4.3.1(a)的 $T = f(s)$ 曲线的 s 坐标改成转速 n，并按顺时针方向转过 $90°$，便可得到异步电动机的转速与电磁转矩 T 的关系曲线，即 $n = f(T)$ 曲线，如图4.3.1(b)所示。

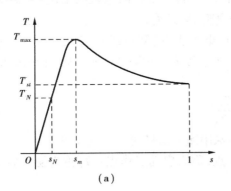
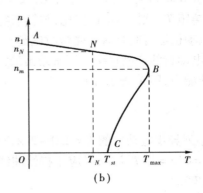

图4.3.1　$T = f(s)$ 和 $n = f(T)$ 曲线

由图4.3.1(b)可以看到机械特性曲线有4个特殊点，由这些特殊点可以基本确定机械特性曲线的形状和电动机的性能。它们是：

①$n = n_1 (s = 0)$，$T = 0$，对应特性曲线上的 A 点，由于电动机 n 事实上不可能等于旋转磁场的转速 n_1，所以该点称为理想空载点。

②$n = n_N (s = s_N)$，$T = T_N$，对应特性曲线上的 N 点，此时电动机轴上输出的转矩为额定转矩 T_N，其转速为额定转速 n_N，该点称为额定工作点。

在电动机等速旋转时，如果忽略损耗转矩，电磁转矩应与负载转矩相平衡，即：

$$T = T_2 = \frac{P_2}{\frac{2n\pi}{60}} = 9.55\frac{P_2}{n}(\mathrm{N \cdot m})$$

式中　T_2——负载转矩,牛顿米($\mathrm{N \cdot m}$);

　　　P_2——电动机轴上输出的机械功率,瓦(W);

　　　n——电动机的转速,转/分($\mathrm{r/min}$)。

若将功率单位换成千瓦(kW),则有:

$$T = 9\,550\frac{P_2}{n}\quad \mathrm{N \cdot m}$$

在额定工作点,则:

$$T_N = 9\,550\frac{P_{2N}}{n_N} \tag{4.3.3}$$

式中,额定输出功率 P_{2N} 与额定转速 n_N 一般由电动机铭牌给出。

③$n = n_m(s = s_m)$,$T = T_{\max}$,对应特性曲线上的 B 点,称为临界工作点。此时异步电动机的电磁转矩具有最大值,该转矩 $T_{\max}$ 称为最大转矩。它可按数学中求最大值的方法由式(4.3.2)求出,即令 $\frac{\mathrm{d}T}{\mathrm{d}s} = 0$,求得产生最大转矩的转差率:

$$s_m = \frac{R_2}{X_{20}} \tag{4.3.4}$$

此式中 s_m 称为临界转差率,将上式代入式(4.3.2)得:

$$T_{\max} = K\frac{U_1^2}{X_{20}} \tag{4.3.5}$$

由式(4.3.4)与式(4.3.5)可见,临界转差率 s_m 与转子绕组的电阻成正比,R_2 越大,s_m 越大;最大转矩 $T_{\max}$ 则与 U_1^2 成正比,与转子绕组的电阻 R_2 无关。

在电动机运行时具有承受短时间超过额定转矩的能力(即过载)。为了反映电动机的过载能力,电动机的产品目录上通常给出最大转矩 $T_{\max}$ 与额定转矩 T_N 的比值,并称之为过载系数或过载能力,用 λ 表示,即

$$\lambda = \frac{T_{\max}}{T_N} \tag{4.3.6}$$

一般 Y 系列异步电动机的 $\lambda = 2.0 \sim 2.2$,某些特殊用途电动机的 λ 可达 3 以上。

④$n = 0(s = 1)$ $T = T_{st}$,对应于特性曲线上 C 点,称为启动工作点。T_{st} 称为初始启动转矩,简称启动转矩。

将启动时 $s = 1$ 代入式(4.3.2),得到:

$$T_{st} = K\frac{R_2 U^2}{R_2^2 + X_{20}^2} \tag{4.3.7}$$

因此,启动转矩与电源电压的平方成正比;因启动时 $R_2 < X_{20}$,当转子电阻适当增大时,启动转矩也会增大。

异步电动机的启动转矩与额定转矩的比值称为启动能力,用 K_{st} 表示,即

$$K_{st} = \frac{T_{st}}{T_N}$$

它是衡量电动机启动性能的一个重要指标,可以从产品目录上查到,Y 系列异步电动机的启动能力一般为 1.4~2.2,小容量的启动转矩大。

综上所述,电源电压 U_1 与转子电阻 R_2 对异步电动机的机械特性影响较大,图 4.3.2、图 4.3.3 分别给出了不同电源电压和不同转子电阻下的机械特性。

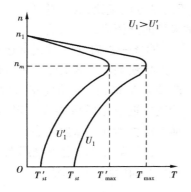

图 4.3.2　定子不同电压的特性

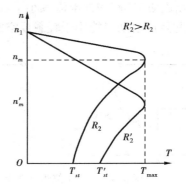

图 4.3.3　转子串不同电阻特性曲线

4.4　异步电动机的启动、调速、反转和制动

4.4.1　异步电动机的启动

(1)启动电流 I_{st}

电动机从接通电源开始,转速逐渐升高,一直达到稳定转速为止,这一过程称为启动。

当三相异步电动机接通电源后,电动机开始启动的初始瞬时,$n=0$,$s=1$,旋转磁场以最大的相对转速 n_1 切割转子绕组,转子绕组的感应电动势及感应电流都很大。与变压器副绕组电流增加引起原绕组电流增加类似的分析方法,这时定子绕组电流相应也最大。其值为额定电流的 4~7 倍,称为启动电流 I_{st}。

异步电动机的启动电流虽然很大,但启动时间很短,一般约为几秒到十几秒,启动电流又随着转速的上升而很快下降,故异步电动机启动时不会因启动电流大而引起过热受到损害(过于频繁启动会由于热积累而发热)。但是,启动电流大会使供电线路的电压显著下降,因此影响到接在同一线路上的其他用电设备的正常工作。例如使同一线路的照明灯泡变暗,使同一线路正在运行的异步电动机转矩减小,使其转速发生变化等。

(2)鼠笼式电动机的启动

1)直接启动

直接给电动机加上额定电压使之启动的方法称为直接启动,或称全压启动。这种方法简单经济,不需专门设备,但启动电流大,因此在供电变压器容量允许,而电动机的额定功率不大时,都可采用直接启动。一般 7.5 kW 以下的电动机都可直接启动。较大的电动机要视供电线路的情况而定,一般供电线路压降不许超过 10% 的额定电压。

2）降压启动

若异步电动机的容量较大,或启动频繁,为了减小它的启动电流,一般采用降压启动法。这种方法是在电动机启动时降低定子绕组上的电压,当电动机启动完毕后,再加上全压(额定电压)投入运行。由于降低了定子绕组上的电压,其每极磁通 Φ 减小,转子电动势和电流都减小,也就使供电线路中的电流减小了。但启动转矩与电压的平方成正比,故启动转矩也显著减小。因此降压启动只能用于轻载或空载启动的场合。常采用的降压启动方法有:

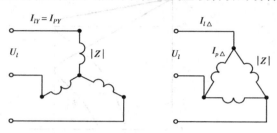

图 4.4.1 定子绕组 Y 形和 △ 形两种接法启动电流比较

①Y—△启动 对正常运行采用 △ 形接法的异步电动机,在启动时先改接成 Y 形,待启动完毕,即电动机转速接近稳定后再接成 △ 形,这种启动方法称为 Y—△ 换接启动。

由于启动时,定子绕组改接成 Y 形,使加在定子每相绕组上的电压只有 △ 形接法的 $\dfrac{1}{\sqrt{3}}$。图 4.4.1 表示定子绕组的两种接法。设三相电源的线电压为 U_1,启动时每相定子绕组的等效阻抗为 $|Z|$,Y 形接法的相电流和线电流用 I_{PY} 和 I_{lY} 表示,△ 形接法的相电流与线电流用 $I_{P\triangle}$ 与 $I_{l\triangle}$ 表示。

Y 形接法启动时

$$I_{lY} = I_{PY} = \frac{U_l/\sqrt{3}}{|Z|} \qquad (4.4.1)$$

△ 形接法启动时

$$I_{P\triangle} = \frac{U_l}{|Z|}$$

$$I_{l\triangle} = \sqrt{3} I_{P\triangle} = \sqrt{3}\frac{U_l}{|Z|} \qquad (4.4.2)$$

比较式(4.4.1)和式(4.4.2)可以看出:

$$\frac{I_{lY}}{I_{l\triangle}} = \frac{1}{3} \qquad (4.4.3)$$

即 Y 形接法的线电流只有 △ 形接法的 $\dfrac{1}{3}$,这就使启动电流大大降低了。但由于启动转矩与定子绕组电压的平方成正比,所以启动转矩也减小到直接启动的 $\dfrac{1}{3}$。

Y—△ 换接启动可采用手动式 Y—△ 启动器来实现,其电路图如图 4.4.2 所示。启动时,先将 S2 扳在 Y 启动位置,然后合上电源开关 S1,于是电动机在 Y 形接法下启动,待转速上升到接近稳定值时,再将 S2 从 Y 启动位置扳向 △ 运转位置,电动机在 △ 形接法下进入正常运行。

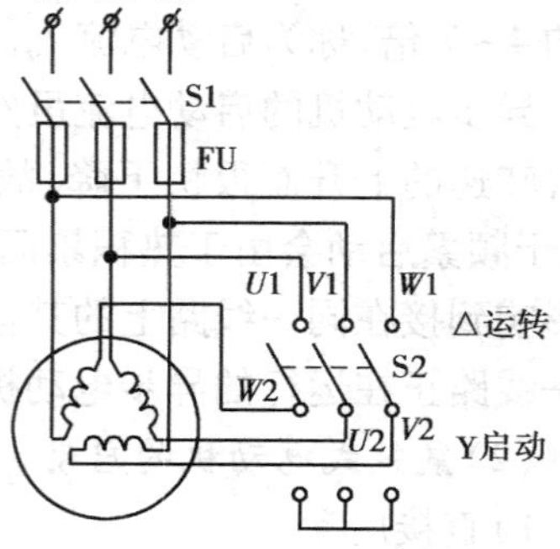

Y—△ 启动的优点是设备简单,维护方便,启动过程没有电能损耗,所以我国制造的电动机容量在 4 kW 以上的均为 △ 接法,以供 Y—△ 启动之用,启动控制设备还生产有定型产品,如 QX 系列 Y—△ 启动器等。

图 4.4.2 Y—△启动控制电路

②用自耦变压器降压启动　利用自耦变压器启动的电路如图4.4.3所示。启动时先将S2置于"启动"位置,此时异步电动机的定子绕组接到自耦变压器的副绕组上,故加在电动机定子绕组上的电压小于电网电压,从而减小了启动电流,等到电动机转速接近稳定值时,再将S2扳向"运转"位置,这时异步电动机便脱离自耦变压器,直接与电网相接而正常运行。

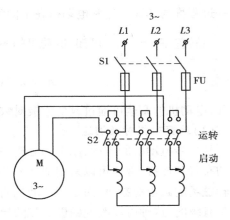

图4.4.3　用自耦变压器降压启动控制电路

自耦变压器的绕组一般备有两组抽头,为额定电压的65%及80%,以得到不同的输出电压,供不同的情况下选用。这种启动方法需要一台专用的三相自耦变压器,体积大,造价高,检修也比较麻烦,因此只有在电机容量比较大时,才采用这种方法。利用自耦变压器降压后的供电线路电流是直接启动时的$K^2 I_{st}$,$K = \dfrac{U_2}{U_1}$。例如启动时,利用自耦变压器副边的80%抽头时,$K = 0.8$,即定子绕组上加的电压只有原来额定电压的80%,电动机的启动电流也要减小为直接启动时的0.8倍。由于电动机是接在自耦变压器的副边,而自耦变压器的原边从电源取用的电流,又是副边电流的0.8倍。即供电线路上的电流是直接启动电流的0.64倍,其启动转矩也是直接启动时的0.64倍。即$K^2 T_{st}$。

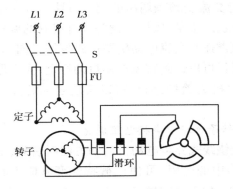

图4.4.4　绕线式转子回路串电阻启动接线

(3)绕线式异步电动机的启动

绕线式异步电动机可以通过滑环与电刷在转子电路接入附加电阻(即启动电阻)来启动,电路如图4.4.4所示。

启动时,首先将启动电阻调节到最大电阻值,合上电源开关S,电动机开始转动,因转子电路串入电阻,转子电流得以减小,从而达到减小供电线路中电流的目的。随着电动机转速的升高,使变阻器电阻值逐步减小,当转速达到稳定值,将电阻器短接,电动机投入正常运行。

前已述及,绕线式异步电动机在转子电路串入适当电阻,可以提高启动转矩。因此,这种启动方法不仅可以限制启动电流,又使启动转矩增大,这是降压启动所不具备的优点。

绕线式异步电动机还可以在转子电路串接频敏变阻器启动。频敏变阻器是随转子电动势频率变化而改变其铁耗大小的电抗器。转子启动时,转子电动势频率高,其铁耗大,启动结束时,转子电动势频率低,其铁耗小,其铁耗能随转速的变化而敏感地变化,相当于电阻在变化。

4.4.2　异步电动机的调速

人为地在同一负载下使电动机转速从某一数值改变为另一数值,以满足生产过程的需要,这一过程称为调速。这和电动机在不同负载下的转速变化是完全不同的两个概念。

由转差率 $s = \dfrac{n_1 - n}{n_1}$ 可知,电动机的转速:

$$n = n_1(1 - s) = (1 - s)\frac{60f_1}{P} \tag{4.4.4}$$

因此,电动机的调速可通过改变磁极对数 P、转差率 s 以及电源的频率 f_1 来实现。

(1)改变磁极对数调速

从异步电动机的结构、原理的分析中知道,三相异步电动机的磁极对数 P 决定于定子绕组的布置和连接,因而可以采用适当的办法来改变三相定子绕组的内部连接关系,就可以改变旋转磁场的磁极对数,从而改变电动机的转速。由于磁极对数只能成对变化,所以这种调速方法是有级的,这种可以改变磁极对数的异步电动机称为多速电动机。可分为单绕组双速、双绕组双速(有两套相互独立的定子绕组)及双绕组三速等。采用改变磁极对数的方法调速,只限于特制的多速电动机,一般电动机是不能实现的,而且只能在鼠笼式电动机中应用。

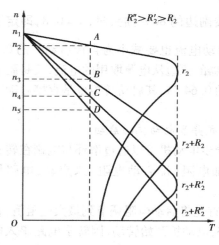

图 4.4.5　绕线式转子串电阻
调速的机械特性曲线

(2)改变电源频率调速

我国发电厂供给的都是频率固定不变的 50 Hz 交流电。若要采用改变电源频率的调速方法,就需要配备一套频率可变的电源。这种调速方法可以得到平滑而且范围较大的调速。近年来,因为利用晶闸管实现交流变频技术取得了进展,用晶闸管变频装置进行交流变频兼调压的调速方法得到了推广,在起重机械、水泵、风机等设备都有成套的调速装置。变频调速是交流电动机调速的发展方向,其调速性能已经可以达到直流电动机的性能,大有取代直流电动机之趋势,而且可以实现自动的无级调速。

(3)在转子电路中串接电阻调速

在讨论绕线式异步电动机启动方法时讲到,加大转子电路中的电阻,可使机械特性变软向下移动,从图 4.4.5 可以看出,在负载转矩 T_L 不变的情况下,如果改变转子电路中的电阻,就可改变电动机的转差率,即改变电动机的转速,串接的电阻越大,转速越低。

这种调速方法的调速范围较小。其原因是:要得到低转速,就要串接大电阻,机械特性很陡,负载转矩 T_L 稍有变化,引起的转速变化也很大,使运行速度难以稳定;另外串接大电阻电能损耗也大。但这种调速方法简便易行、调速电阻可以与启动电阻合用,目前仍广泛用于起重机械等设备中。

4.4.3　异步电动机的反转

在生产上常需要使电动机能正反转,前已述及,异步电动机转子的旋转方向是同旋转磁场的旋转方向一致的,因此,只要把接到电动机上的 3 根电源线中的任意两根对调一下,电动机便可反向旋转。图4.4.6为用双投开关实现正反转电路。

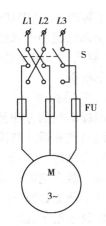

4.4.4 异步电动机的制动

当电动机切断电源后,由于电动机的转动部分和被拖动的机械设备都有惯性,所以它还会继续转动一段时间,方能停止下来,而某些生产过程,为了提高工作效率和安全生产,往往要求电动机能迅速停止转动,这就要设法强行制动,制动的方法分为机械制动和电气制动两种。

（1）机械制动

机械制动中最常用的是电磁抱闸。它是利用弹簧的压力使闸瓦紧紧压在电动机转轴的闸轮上,如图4.4.7所示。

图4.4.6 三相电动机
正、反转控制

当电动机正常运转时,电磁抱闸的电磁线圈通有电源,电磁铁的吸力克服弹簧拉力,吸动电磁铁的可动铁芯,使闸瓦松开,电动机可以自由转动。当电动机断电,电磁线圈也同时断电,电磁铁失去磁性,使可动铁芯释放。闸瓦在弹簧的作用下,立即紧抱闸轮,使电动机在极短的时间内停止转动。电磁抱闸的电磁线圈分为单相和三相两种。电磁抱闸制动方式广泛应用于起重机械设备中。

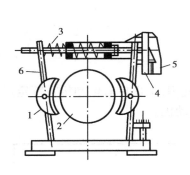

图4.4.7 电磁抱闸结构示意图
1—闸瓦;2—闸轮;3—弹簧;
4—铁芯线圈;5—衔铁;6—杠杆

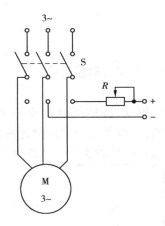

图4.4.8 能耗制动接线

（2）电气制动

电气制动是指电动机需快速停止时,使转子获得一个和转子旋转方向相反的制动力矩,从而使电动机能迅速减速和停止。常用的电气制动停止的方法有两种:反接制动和能耗制动。

1）电源反接制动

电源反接制动的方法是:电动机运转需停止时,断开原来的电源再改接成反相序电源,如图4.4.6所示,利用双投开关实现改接相序。当电动机反接后,旋转磁场便反向旋转,转子绕组感应电动势及电流的方向也随之改变,此时转子所产生的转矩,其方向与转子的原旋转方向相反,故为一制动转矩,在此制动转矩作用下,电动机的转速很快地下降到零,当电动机的转速接近于零时,应立即切断电源,以免电动机又反向启动。这种制动方法的优点是容易实现,缺点是制动过程冲击强烈,易损坏传动零件,如制动时不限制制动电流,其电流可达10倍的额定电流,频繁地反接制动会使电动机过热而损坏。电动机停止时,如不及时切断电源,将会反转,停止不准确。

2)能耗制动

能耗制动的方法是:把运转的电动机脱离三相电源后,立即将定子绕组接通直流电源(可用半波整流或桥式整流),如图4.4.8所示。由于直流电在定子绕组和铁芯上产生的是一个静止恒定磁场,此时转子由于机械惯性继续旋转,因而转子导线切割静止磁场产生感应电动势和电流。载有电流的导体在恒定磁场的作用下又产生电磁转矩,该转矩与转子旋转方向相反故为制动转矩,使转子迅速停止。这种制动方法就是把电动机轴上的旋转动能转变为电能,消耗在回路电阻上,故称为能耗制动。

能耗制动的优点是制动较强且平稳准确,无冲击。缺点是需整流设备和限流电阻,低速时制动转矩小。

在实际应用中,还可以利用电气制动方法稳定地下放重物,此处略。

4.5　异步电动机的铭牌和技术数据

4.5.1　异步电动机的铭牌

在异步电动机的外壳上都有一个耐久不易腐蚀的铭牌,上面标有电动机在额定运行时的主要技术数据,以便使用者按照这些数据正确地使用电动机。

异步电动机铭牌实例和数据含意如下:

三相异步电动机					
型号	Y160M-4	功率	11 千瓦	频率	50 赫
电压	380 伏	电流	22.6 安	接法	△
转速	1 460 转/分	温升	75 ℃	绝缘等级	B
防护等级	IP44	重量	120 千克	工作方式	S_1
××电机厂　　　　年　　月					

(1)型号

异步电动机的型号按国家标准规定,由汉语拼音大写字母和阿拉伯数字组成。按书写次序包括名称代号、规格代号以及特殊环境代号,无特殊环境代号者则表示该电动机只适用于普通环境。

电动机型号中的规格代号主要用中心高(转轴中心至安装平台表面的高度)、机座长度代号、磁极数等表示。

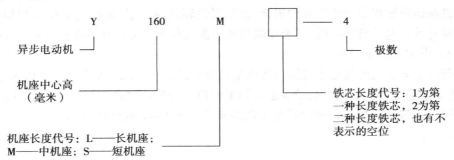

Y 系列三相异步电动机是全国统一设计的新系列电动机,从 1984 年起取代 JO 系列电动机。Y 系列电动机与 JO 系列电动机比较具有许多优点,概括起来有:

①效率高,全系列加权平均效率为 88.26%,较 JO_2 系列提高 0.41%。

②启动性能好。堵转转矩比 JO_2 系列平均提高 30%。

③功率和机座号等级分别采用 IEC 有关标准,且功率等级与安装尺寸的关系也与国际上通用的标准相同,因此,Y 系列电动机与国际上同类产品有较好的互换性。

④Y 系列与同功率等级的 JO_2 系列电动机相比,体积平均缩小 15%,重量平均减轻 12%。

Y 系列有许多派生系列的电动机,如 YR 系列绕线式转子电动机,YZ 和 YZR 系列起重冶金用电动机,YB 系列隔爆型电动机、YLB 系列立式深井泵电动机等等,可取代 JZ_2、JZR_2 等系列电动机。JO 系列电动机已停止生产。

(2)功率

它表示电动机在额定情况下运行时,其轴上输出的机械功率,即额定功率,或称容量,单位用千瓦(kW)表示。

(3)电压和接法

电动机的额定电压是指电动机正常运行时定子绕组应加的线电压。上述铭牌实例上所标的"380 伏、△接法",即表示该电动机定子绕组接成△形,应加的电源线电压为 380 V。目前我国生产的异步电动机如不特殊订货,额定电压均为 380 V,3 kW 以下电动机为 Y 形联接,其余均为△形联接。

(4)电流

电动机的额定电流是指在额定频率、额定电压和额定输出功率时,定子绕组的线电流。

(5)转速

电动机的额定转速是指在额定电压、额定频率和额定负载下每分钟的转速。

(6)工作方式

异步电动机的工作方式主要分为连续(代号为 S_1)、短时(代号为 S_2)、断续(代号为 S_3)3 种。

连续:按铭牌上给出的额定功率可以长期连续运行。拖动通风机、水泵等生产机械的电动机就属于此工作方式。

短时:运行时间很短,停歇时间很长,每次只允许在规定以内的时间按额定功率运行。拖动短时工作的水闸闸门启闭机属于这种工作方式。

断续:电动机的运行与停歇交替进行。起重机械、电梯、机床等均属这种工作方式。

（7）温升

电动机在运行过程中会产生各种损耗，这些损耗转化成热量，致使电动机绕组温度升高，铭牌中的温升是指电动机运行时，其温度高出环境温度的允许值。环境温度规定为 +40 ℃。

（8）绝缘等级和防护等级

绝缘等级是电动机内部定子绕组所用的绝缘材料的耐热等级。Y 系列电动机采用 B 级绝缘，容许的工作温度为 130 ℃。防护等级是指电动机外壳防护型式的分级。IP 是"国际防护"的英文缩写，上述铭牌中的第一位"4"是指防止直径大于 1 mm 的固体异物进入，第二位"4"指防止水滴溅入。

4.5.2 异步电动机的技术数据

除上述铭牌所标的额定数据以外，还有一些说明电动机性能的技术数据，列在产品目录或手册中，简要说明如下：

（1）效率与功率因数

效率指电动机在额定运行时电动机轴上输出的机械功率（即额定功率 P_N）与此时定子输入功率 P_1 之比，用百分数表示，即

$$\eta_N = \frac{P_N}{P_1} \times 100\% \qquad (4.5.1)$$

其中

$$P_1 = \sqrt{3}\, U_N I_N \cos\varphi_N \qquad (4.5.2)$$

式（4.5.2）中 U_N 和 I_N 是电动机的额定电压与额定电流，$\cos\varphi_N$ 是额定运行时定子电路的功率因数，即定子相电压与相电流之间相位差的余弦。产品目录或手册上给出的功率因数就是指 $\cos\varphi_N$。

（2）堵转电流/额定电流

堵转电流是指电动机在额定频率、额定电压下，将转子卡住使之不动的情况下的定子电流，它与电动机在启动的初始瞬时（$n=0$，$s=1$）的启动电流相同，也称为启动电流，用 I_{st} 表示。在产品目录或手册上一般采用堵转电流 I_{st} 对额定电流 I_N 的倍数表示。

（3）堵转转矩/额定转矩

堵转转矩是指电动机在额定频率、额定电压下，将转子卡住使之不动所需要的转矩，也称为启动转矩，用 T_{st} 表示。一般也采用堵转转矩 T_{st} 对额定转矩 T_N 的倍数表示。

（4）最大转矩/额定转矩

最大转矩是电动机启动过程中产生的最大转矩。最大转矩对额定转矩的倍数就是过载能力，即

$$\lambda = \frac{T_{max}}{T_N}$$

例 4.5.1　一台 Y180L-4 型三相电动机，额定数据如下：

功率/kW	转速/(r·min⁻¹)	电压/V	效率/%	功率因数	I_{st}/I_N	T_{st}/T_N	T_{max}/T_N
22	1 470	380	91.5	0.86	7.0	2.0	2.2

试求:1)额定转差率s_N;2)额定电流I_N;3)堵转电流I_{st};4)额定转矩T_N;5)堵转转矩T_{st}、最大转矩T_{max}。

解:

1)因我国的工频$f_N = 50$ Hz,$P = 2$,故$n_1 = \dfrac{60 \times 50}{2}$ r/min = 1 500 r/min,额定转差率:

$$s_N = \frac{n_1 - n_N}{n_1} = \frac{1\ 500 - 1\ 470}{1\ 500} = 0.02$$

2)由式(4.5.1)和式(4.5.2)得:

$$I_N = \frac{P_N \times 10^3}{\sqrt{3}\,U_N \cos\varphi\ \eta_N} = \frac{22 \times 10^3}{\sqrt{3} \times 380 \times 0.915 \times 0.86}\ \text{A} = 42.5\ \text{A}$$

3)堵转电流

$$I_{st} = 7.0 I_N = 7 \times 42.5\ \text{A} = 297.5\ \text{A}$$

4)额定转矩

$$T_N = 9\ 550\,\frac{P_N}{n_N} = 9\ 550 \times \frac{22}{1\ 470}\ \text{N·m} = 142.93\ \text{N·m}$$

5)堵转转矩和最大转矩分别为:

$$T_{st} = 2.0 T_N = 2 \times 142.93\ \text{N·m} = 285.86\ \text{N·m}$$
$$T_{max} = 2.2 T_N = 2.2 \times 142.93\ \text{N·m} = 314.446\ \text{N·m}$$

例4.5.2　用上题电动机带一负载,供电变压器要求启动电流$\leqslant 150$ A,负载启动转矩要求达到$0.6 T_N$,试求:1)用Y—△启动法能否满足要求;2)若用自耦变压器降压启动,抽头有65%、80%两种,需接哪个抽头?

解:

1)已知用Y—△启动法启动时$I_{lY} = \dfrac{1}{3} I_{st}$、$T_{Yst} = \dfrac{1}{3} T_{st}$,代入数据:

$$I_{lY} = \frac{1}{3} I_{st} = \frac{1}{3} \times 297.5\ \text{A} = 99.17\ \text{A}$$

$$T_{Yst} = \frac{1}{3} T_{st} = \frac{1}{3} \times 285.86\ \text{N·m} = 95.287\ \text{N·m}$$

而负载所需启动转矩为:

$$T_{Lst} = 0.6 T_N = 0.6 \times 142.93\ \text{N·m} = 85.758\ \text{N·m}$$

由此可知,$I_{lY} < 150$ A、$T_{Yst} > T_{Lst}$,启动电流和启动转矩均满足要求,可以采用Y—△启动法启动。

2)用自耦变压器启动时,已知$K = \dfrac{U_2}{U_1}$、$I_{Tst} = K^2 I_{st}$、$T_{Tst} = k^2 T_{st}$,若用65%抽头时:

$$I_{Tst} = K^2 I_{st} = 0.65^2 \times 297.5\ \text{A} = 125.69\ \text{A}$$
$$T_{Tst} = K^2 T_{st} = 0.65^2 \times 285.86\ \text{A} = 120.776\ \text{N·m}$$

由此可知,$I_{Tst} < 150$ A、$T_{Tst} > T_{Lst}$,启动电流和启动转矩均满足要求,可以接65%抽头启动。

若用80%抽头时:

$$I_{Tst} = K^2 I_{st} = 0.80^2 \times 297.5\ \text{A} = 190.4\ \text{A}$$
$$T_{Tst} = K^2 T_{st} = 0.80^2 \times 285.86\ \text{N·m} = 182.95\ \text{N·m}$$

由此可知，$I_{Tst} > 150$ A、$T_{Tst} > T_{Lst}$，因启动电流大于供电变压器提出的小于 150 A 的要求，所以不能接 80% 抽头。

通过上述分析可知，当两种启动方法都满足要求时，应首选 Y—△ 启动法。

4.6 异步电动机的选择

异步电动机的选择，主要是确定其种类、转速和额定功率。应根据实用、经济、安全等原则来加以选择。

4.6.1 类型的选择

异步电动机有鼠笼式和绕线式两种。前者具有结构简单，维护方便，价格低廉等优点，其主要缺点是启动性能较差，调速困难，因此适用于空载或轻载启动，无调速要求的场合，例如运输机、搅拌机和功率不大的水泵，风机等；后者启动性能较好，并可在不太大的范围内调速，但其结构复杂，维护不便，故适用于要求启动转矩大和能在一定范围内调速的设备，如起重机、卷扬机等多用绕线式异步电动机拖动。

异步电动机具有不同的结构形式和防护等级，应根据电动机的工作环境来选用。

4.6.2 转速的选择

电动机的转速应视生产机械的要求而定。但是，通常异步电动机的同步转速不低于 500 r/min，因此要求转速低的生产机械还需配减速装置。

异步电动机在功率相同的条件下，其同步转速越低，它的电磁转矩越大，体积就越大，重量越重，价格也越贵，所以一般情况下选用高转速异步电动机，如 $P = 1$，$P = 2$ 等。

4.6.3 额定功率（容量）的选择

电动机的功率是由生产机械的需要而定的。合理选择电动机的功率有很大的经济意义，如果认为把电动机的功率选大可以保险一些，这种想法是不对的，因为这不仅使投资费用增大，而且异步电动机在低于额定负载情况下运行，其功率因数和效率都较低，使运行费用增加。当然，如果电动机功率选小了，则电动机在运行时电流较长时间超过额定值，结果由于过热致使电动机寿命降低甚至损坏。因此，根据生产机械的需要，科学地选择电动机的功率才是正确的途径。

电动机的功率选择应按照电动机的工作方式采用不同的方法。下面简单介绍如下：

（1）连续工作方式

对于连续工作方式的电动机，只要选择电动机的功率略大于生产机械所需功率即可。电动机功率应满足：

$$P_N \geqslant \frac{P_L}{\eta_1 \eta_2} \tag{4.6.1}$$

式中 P_L——生产机械的负载功率;

η_1, η_2——传动机构和生产机械本身的效率。

例 4.6.1 今有一离心水泵,其流量 $Q = 0.1 \text{ m}^3/\text{s}$,扬程 $H = 10 \text{ m}$,电动机与水泵直接联接,即 $\eta_1 = 1$,水泵效率 $\eta_2 = 0.6$,水泵转速为 1 470 r/min。若用一台鼠笼式电动机拖动,作长时间连续运行,试选择电动机。

解:泵类机械负载功率计算公式从设计手册上查出为:

$$P_L = \frac{Q\gamma H}{102} = \frac{0.1 \times 1\ 000 \times 10}{102} \text{ kW} = 9.80 \text{ kW}$$

其中,γ 是水的比重,为 1 000 kg/m³。

所选电动机的功率:

$$P_N \geqslant \frac{P_L}{\eta_1 \eta_2} = \frac{9.80}{1 \times 0.6} \text{ kW} = 16.3 \text{ kW}$$

可选 Y180M-4 型的普通鼠笼式电动机,其额定功率为 18.5 kW、转速为 1 470 r/min。

(2)断续工作方式

这类电动机工作时间 t 和停止时间 t_o 是交替的,我们称工作时间 t 和一个周期($t + t_o$)之比值称为负载持续率,通常用百分数表示,即

$$\varepsilon = \frac{t}{t + t_o} \times 100\% \tag{4.6.2}$$

电机厂设计和制造的断续工作方式的电动机,其标准负载持续率为 15%、25%、40% 和 60% 4 种,铭牌上的功率一般指标准负载持续率(25%)下的额定功率,在产品目录上还给出了上述其他 3 种负载持续率下的额定功率。

如果生产机械的实际负载持续率与上述标准负载持续率相接近,可以查阅电机产品目录,使所选电动机在某一负载持续率下的额定功率略大于生产机械所需功率。

如果生产机械负载持续率与标准持续率不同,应先将实际负载持续率 ε_w 下的实际负载功率 P_w 换算成最接近的标准负载持续率 ε_N 下的功率 P_s,其换算公式为:

$$P_s = P_w \sqrt{\frac{\varepsilon_w}{\varepsilon_N}} \tag{4.6.3}$$

(3)短时工作方式

电机厂专门设计和制造了适用于短时工作的电动机,其标准持续时间分为 10,30,60 和 90 min 4 个等级。其铭牌上的功率是和一定的标准持续时间对应的。当电动机实际工作时间和上述标准时间比较接近时,可按生产机械的实际功率选用额定功率与之相接近的电动机。

实际上,生产机械的实际工作时间 t_w 不一定等于标准持续时间 t_s,此时应按下式将实际工作时间 t_w 下的实际功率 P_w 换算成标准持续时间 t_s 下的功率 P_s:

$$P_s = P_w \sqrt{\frac{t_w}{t_s}} \tag{4.6.4}$$

式中,t_s 应最接近实际工作时间,然后再根据 t_s 和 P_s 选用电动机。

也可选用连续工作方式的电动机,由于在短时运行时,电动机发热一般不成问题,因此容许过载。通常可按电动机过载能力来选择。所选电动机的功率为:

$$P_N \geqslant \frac{P_L}{\lambda \eta_1 \eta_2} \tag{4.6.5}$$

式中 λ——过载能力。

最后还需说明,在选择电动机时,还应从节能方面考虑,优先选用高效率和高功率因数的电动机。

4.7 交流单相异步电动机

单相异步电动机具有结构简单,成本低廉,噪声小等优点。由于只需要单相电源供电,使用方便,因此被广泛应用于工业和人民生活的各个方面。尤以家用电器、电动工具等使用较多。与同容量的三相异步电动机相比较,单相异步电动机的体积较大,运行性能较差,因此一般只做成小容量的,我国现有产品一般在几百瓦以下。

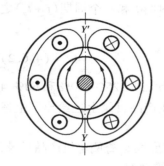

图 4.7.1　简单的单相电动机

4.7.1　单相异步电动机的工作原理

单相异步电动机的定子绕组是单相的,转子通常是鼠笼式的,图 4.7.1 表示一个最简单的单相异步电动机,在单相交变电流通过定子绕组时,电动机内就有一交变磁通产生,但这个磁通的方向总是垂直向上或是垂直向下,其轴线始终在 YY' 位置,亦即磁通在空间是不旋转的,YY' 位置上的磁感应强度的大小随单相绕组中通过的电流而改变,可表示为:

$$B = B_m \sin \omega t$$

它随时间的变化规律如图 4.7.2(a)所示。

综上所述,单相定子绕组所产生的磁场只是一个脉动的磁场而不是一个旋转磁场。但一个脉动的磁场可以分解为两个以角速度 ω 向着相反方向旋转的旋转磁场,且每个旋转磁场磁感应强度的最大值等于脉动磁场磁感应强度最大值的一半,即

$$B_{1m} = B_{2m} = \frac{1}{2} B_m$$

这是因为这两个旋转磁场的磁感应强度在任何瞬时的合成磁感应强度,总是等于脉动磁场磁感应强度的瞬时值。

图 4.7.2(b)表示 t_0、t_1、t_2…各个时刻两个旋转磁场在 YY' 位置上的磁感应强度,它和脉动磁场在 YY' 位置上所建立的磁感应强度完全相同。例如,当 $t = t_0$ 时,两个旋转磁场磁感应强度的矢量 B_{1m} 和 B_{2m} 方向相反,故其合成磁感应强度 $B = 0$;当 $t = t_1$ 时,两个旋转磁场磁感应强度的矢量都和水平轴线相隔 $\alpha = \omega t_1$ 角,故这两个旋转磁场在 YY' 位置上的合成磁感应强度为:

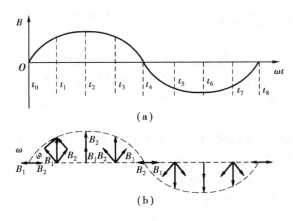

图 4.7.2 脉动磁场波形和分解为

两个旋转方向的旋转磁场

$$B = B_{1m}\sin \alpha + B_{2m}\sin \alpha$$

$$= B_{1m}\sin \omega t_1 + B_{2m}\sin \omega t_1$$

$$= \left(\frac{B_m}{2} + \frac{B_m}{2}\right)\sin \omega t_1$$

$$= B_m\sin \omega t_1$$

此值就是 $t = t_1$ 时脉动磁场在 YY' 位置所建立的磁感应强度。当 $t = t_2, t_3$ 等,同样可以证明上述关系。

这样一来,就可认为在单相异步电动机的空气隙中,存在着两个大小相等、方向相反的旋转磁场。当转子静止时,这两个方向相反的旋转磁场对转子作用所产生的电磁转矩,同样也是大小相等方向相反,因此转子不能自行启动。如果用某种方法使转子朝某一方向转动一下,于是和转子同方向旋转的旋转磁场(设正向旋转)对转子作用所产生的电磁转矩 T_1 将大于反向旋转磁场所产生的转矩 T_2。这是因为此时转子和正向旋转磁场之间的转差率小于1,而转子和反向旋转磁场之间的转差率则大于1,所以反向旋转磁场在转子绕组内所产生的感应电流的频率远大于正向旋转磁场对转子作用的感应电流的频率。于是反向旋转磁场在转子绕组上所感应的 $I_2\cos \varphi_2$ 比正向旋转磁场在定子绕组上所感应的 $I_2\cos \varphi_2$ 要小得多。因此正向旋转磁场所产生的转矩 T_1 比反向旋转磁场的转矩 T_2 要来得大。当作用于电动机轴上的机械反抗转矩小于电动机的合成电磁转矩时,转子便能沿着正向不停地加速旋转,直到 n 接近于 n_1 为止。

4.7.2 单相电动机的启动

为了使单相电动机能自行启动,在定子上除装有单相的主绕组(又称工作绕组)外,另装一辅助绕组(又称启动绕组),它与主绕组在空间相差90°电角度,主绕组和辅助绕组均接到同一单相电源上,在辅助绕组中串入适当的电阻或电容,使辅助绕组中的电流相位不同于主绕组,以获得空间上相差90°电角度,而时间上又相差一定的电角度的两个脉动磁势。这样就会在电动机内形成一种两相旋转磁势,从而产生启动转矩。辅助绕组接入电容的叫电容分相式,接入电阻的叫电阻分相式,电阻分相也可将辅助绕组选用较细的导线,匝数较少的线圈,使其电阻增大,电感减小。

为了节省铜线,电动机的启动绕组通常按短时运行来设计,导线截面比较细,因此在启动完毕即予切除,一般是在启动绕组线路中串联离心开关,在刚开始启动时因转速较低,离心开关是闭合的。启动完毕,即电动机的转速较高时,离心开关自动地把启动绕组从电源上断开,靠工作绕组单相运行。

如果把电容分相电动机的辅助绕组设计成能长期接在电源上工作。启动后仍保留部分或全部电容器在辅助绕组线路上,这种电动机称为电容电动机,形成一台两相电动机,因此在运行时,定子绕组在空气隙中仍能产生对称的两相旋转磁场。这种电动机运行性能上有较大的改善,它的功率因数、效率、过载能力都比分相式单相电动机高,运行也较平稳。接线如图4.7.3所示。

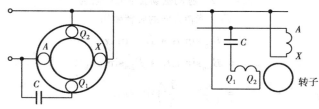

图4.7.3 电容式电动机接线图

如果要改变单相电动机的旋转方向,只要将辅助绕组或主绕组的任意一套绕组两个出线端对调即可,只改变两根电源进线端是不能实现反转的。

三相异步电动机在启动之前,如果定子的一相电路断开,相当于单相电动机,则电动机将不能启动。但在运转过程中如果某一相的熔丝烧断,则电动机仍能继续旋转,由于电动机轴上的负载未变,因此电动机取用的电功率亦接近不变,这样,其他两相电路中的电流将剧增,以致引起电动机过热而损坏。因此,三相异步电动机应注意缺相保护。

本章小结

①三相异步电动机的构造主要由两大部分组成,即定子与转子。按照转子绕组的结构,异步电动机又分为鼠笼式和绕线式两种类型。鼠笼式转子绕组自成闭合回路。绕线式转子绕组可通过滑环和电刷与外部电阻相串联或组成闭合回路。

②三相异步电动机的定子绕组通入对称三相电流就会产生旋转磁场,旋转磁场的转速称同步转速,即 $n_1 = \dfrac{60f_1}{P}$。旋转磁场的转向与通入三相定子绕组的电流相序有关。旋转磁场使转子绕组产生感应电动势和感应电流,载有电流的转子绕组与旋转磁场相互作用产生电磁转矩,并以小于同步转速的速度旋转,其旋转方向与旋转磁场的转向相同。

③转差率是描述异步电动机运行情况的一个重要参数,它反映了旋转磁场和转子之间相对运动的大小,转差率 $s = \dfrac{n_1 - n}{n_1}$,其额定转差率一般在 0.05 左右。

④异步电动机的电磁转矩 T 有两种表达式,即物理表达式 $T = K_m \Phi I_2 \cos \varphi_2$ 和参数表达式 $T = K U_1^2 \dfrac{sR_2}{R_2^2 + (sX_{20})^2}$。物理表达式反映了电与磁共同作用产生电磁转矩,仅用于定性分析。参数表达式反映了电磁转矩与电源电压和转子电路参数之间的关系,可用于定量计算。由于电磁转矩与电源电压的平方成正比,因此电源电压的变化对转矩影响较大。在绕线式电动机的转子回路串入适当的附加电阻,则可以提高启动转矩和改变临界转差率 s_m。

⑤异步电动机的转速 n 与转矩 T 的关系曲线,即 $n = f(T)$ 曲线称为机械特性,在机械特性曲线上我们关注 3 个转矩:最大转矩 T_{max}、启动转矩 T_{st} 和额定转矩 T_N。

⑥异步电动机在额定电压下启动,其启动电流 I_{st} 可达 4~7 倍的额定电流,若直接启动在供电线路要产生较大的压降,将影响供电线路中其他用电设备的正常工作。若电动机功率较大,启动较频繁,就要采取适当措施限制启动电流。鼠笼式电动机常用 Y—△ 启动或定子串自耦变压器降压启动,其启动电流虽然减小了,但启动转矩也随之下降,只适用轻载和空载启动。绕线式电动机可采用转子回路串入电阻或频敏变阻器的启动法,既减小了启动电流又可增大启动转矩。

⑦三相异步电动机的调速方法有变极调速,变转差率 s 和变电源频率 f_1 调速 3 种方法。其中变极调速只适用于特制的鼠笼式电动机,变转差率则适用于绕线式电动机,变频调速需要变频装置,是今后的发展方向。

⑧异步电动机可用制动方法使其快速停止,分为机械制动和电气制动。机械制动常用电磁抱闸;电气制动常用电源反接制动和能耗制动。

⑨异步电动机的铭牌和技术数据表明了该电动机的性能。选择电动机的原则应是安全、实用和经济的,其中主要包括类型、转速、功率的选择。功率的选择是与电动机的工作方式有关。

⑩单相电动机的电源是单相的,单相交流电产生的脉动磁场可以看成两个大小相等方向相反而转速相等的旋转磁场的合成,它们对静止转子产生的合成电磁转矩为零,故不能启动。为了获得启动转矩,定子绕组中增加一套启动绕组,并通过电容或电阻形成二相交流电流,从而在定子空间内产生旋转磁场。单相电动机改变旋转方向可对调工作绕组(或启动绕组)的两出线端。

基本知识自检题

填空题

1. 三相异步电动机的转差率是 _____ 的比值,当 $s = 1$ 时,电动机处于 _____ 状态,在电动机额定运行时,转差率一般为 _____。

2. 三相异步电动机由 _____ 和 _____ 两大基本部分组成; _____ 绕组按其结构可分为 _____ 和 _____。

3. 三相异步电动机的电磁转矩参数表达式为 _____,其 T 的大小与 _____ 成正比。

4. 三相异步电动机的机械特曲线上对应有 4 个点，它们是 A 点：$n =$ _____、$s =$ _____、$T =$ _____ 称为 _____ 点；N 点：$n =$ _____、$s =$ _____、$T =$ _____ 称为 _____ 点；B 点：$n =$ _____、$s =$ _____、$T =$ _____，称为 _____ 点；C 点：$n =$ _____、$s =$ _____、$T =$ _____ 称为 _____ 点。

5. 三相异步电动机采用 Y—△ 启动时，其启动线电流是直接启动的 _____，而启动转矩是直接启动的 _____。

6. 三相异步电动机的调速方法有 _____、_____ 和 _____。

7. 绕线式电动机的启动方法有 _____ 和 _____。

8. 用制动方法可以使电动机 _____，常用的电气制动方法有 _____ 和 _____。

9. 单相异步电动机的定子绕组通有单相交流电流时，定子空间产生的磁场是一个 _____ 磁场，其启动转矩为 _____。为了使单相电动机能够启动，在定子空间还要附加一个 _____ 绕组。它的空间位置与主绕组相差 _____。

10. 三相交流异步电动机改变旋转方向的方法是 _____；单相电容式电动机改变旋转方向的方法是 _____。

思考题与练习题

4.1　当异步电动机的定子绕组与电源接通后，若转子被阻，长时间不能转动，问对电动机有何危害？如遇到这种情况，首先应采取什么措施？

4.2　绕线式电动机如果转子开路，定子绕组接通电源后，问是否能够启动？是否有危险？

4.3　绕线式电动机采用转子串电阻启动时，是否所串电阻愈大，其启动转矩也愈大？

4.4　三相异步电动机带动额定负载工作时，若电源电压下降过多，往往会使电动机发热，甚至烧毁，试说明其原因。

4.5　一台在额定情况下运行的三相异步电动机，若电源电压突然降低 10%，而负载转矩不变，试分析下列各量是否变化：(1) 旋转磁场的转速 n_1；(2) 旋转磁场的磁通 Φ_m；(3) 转子电流 I_2 和定子电流 I_1；(4) 转子转速 n。

4.6　有人安装一台吊扇，安装完毕通电后，发现扇叶是旋转的但没有风，问是什么原因和怎样解决？

4.7　有人安装一台吊扇，安装完毕通电后，发现扇叶不旋转，用手去转动一下扇叶后，扇叶就逐渐加速旋转起来。断电后，扇叶停止，再通电，扇叶又不动，用手反方向转动一下扇叶，风扇就反方向旋转起来，问是什么原因及怎样解决？

4.8　三相异步电动机稳定运行时，当负载转矩增加时，异步电动机的电磁转矩为什么也会相应增大？当负载转矩大于异步电动机的最大转矩时，电动机将会发生什么情况？

4.9　一台 Y225M-6 电动机，$P_N = 30\ \text{kW}$，$U_N = 380\ \text{V}$、$n_N = 980\ \text{r/min}$，效率 $\eta_N = 90.2\%$、功率因数 $\cos \varphi_N = 0.85$，堵转电流/额定电流 $= 6.5$、堵转转矩/额定转矩 $= 1.7$、$\lambda = 2.2$，试求 (1) 额定电流 I_N；(2) 额定转差率 s_N；(3) 额定电磁转矩 T_N；(4) 堵转转矩 T_{st} 和最大转矩 T_{max}。

4.10 用上题电动机拖动一生产机械,其供电网络要求其启动电流不能大于 250 A;而生产机械要求其启动转矩不得小于 $0.5T_N$,试问用 Y—△降压启动是否能满足要求。

4.11 三相异步电动机的 3 根电源断了一根,为什么不能启动? 而在电动机运行过程中断了一根电源线,为什么能继续转动? 这两种情况下各对电动机有什么影响?

4.12 有人对一台三相单绕组双速电动机实现变极调速,合上电源后,发现电动机低速与高速的旋转方向不相同、检查电源线的相序并没有变(与原来接法相同),问是什么原因?(提示:$P=1$ 时,电动机定子空间电角度等于机械角,$P=2$ 时,电动机定子空间电角度等于 $P \times$ 机械角)。

第 5 章　低压电器及控制电路

为了提高劳动生产率,改善劳动条件,有利于实现生产过程的自动化,建筑工程中的生产机械常采用电动机拖动。为使电动机的运行符合生产机械的要求,实现正确、可靠的启动、正反转、制动、调速和各种电气故障保护等任务,需要用某几种电器与电动机组成一个电力拖动控制系统。目前,较简单的电力拖动控制系统还广泛应用继电器、接触器等有触点的电器作为控制系统的元件,其原因是各种有触点的电器结构比较简单、价格低廉、原理容易掌握、维修方便等。因此,本章仅讨论有触点的常用低压电器和控制电路的基本环节,并结合专业需要介绍几种典型设备的电气控制电路。

5.1　常用低压电器

低压电器系指工作在交流 1 000 V 或直流 1 200 V 以下的各种电器,主要用于低压配电系统、动力设备及电力拖动控制系统中。我国低压电器产品型号命名分为刀开关和转换开关、熔断器、自动开关、控制器、接触器、启动器、控制继电器、主令电器等 13 类。本节仅介绍几种最常用的电器。

5.1.1　刀开关

刀开关是一种结构较简单的手动控制电器,广泛应用于各种供配电线路,作为非频繁地接通和分断容量不太大的低压供电线路,以及作为电源隔离开关使用,还可以用于 5.5 kW 及以下的小容量电动机作不频繁的直接启动电源开关。

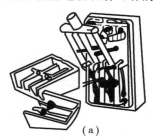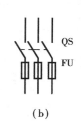

（a）　　　　　　　（b）

图 5.1.1　刀开关结构图
（a）结构图　（b）图形符号及文字符号

图 5.1.1 为其外形结构,它主要由操作手柄、刀刃、刀夹和绝缘底座等组成,内装有熔丝。按刀刃的个数可分为单极、两极和三极。两极的额定电压为 250 V,三极的额定电压为 500 V,常用的瓷底胶盖开关的额定电流一般有 10、15、30、60 A 四级,产品型号主要有 HK1、HK2,因为设有防护外壳胶盖,称胶盖闸刀开关。

刀开关安装时,要考虑到操作和检修的安全和方便,电源进线应接在刀夹端的接线柱上,用电设备应接在刀开关刀片下面熔丝另一端的接线柱上,当刀开关断开时,刀片和熔丝上不带电,以保证换装熔丝的安全。还要注意应垂直安装,进线端(刀夹)在上方。

5.1.2　铁壳开关

铁壳开关又称封闭式负荷开关。外形结构如图 5.1.2 所示。早期产品都带有一个铸铁外壳,目前,铸铁外壳已被结构轻巧,强度又高的薄钢板冲压外壳所取代。

铁壳开关主要由触头及灭弧系统、熔断器和操作机构 3 部分构成。其操作机构具有两个特点:一是采用储能合闸方式,即利用一根弹簧的储能作用,在切断操作的初始阶段动、静触头并不离开,只是与动触头相联的弹簧被拉伸到一定限度时,才借其弹力迅速拉开动触头,使开关的闭合和分断速度都与操作速度无关,这既有助于开关的分断能力,又使电弧持续时间大为缩短。二是设有联锁机构,它可以保证开关合闸不能打开箱盖,而箱盖未关闭时也不能使开关合闸。这样既保证了外壳防护作用的发挥,又保证了更换熔丝时操作安全。

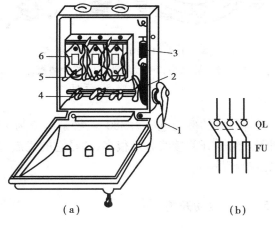

图 5.1.2　铁壳开关
(a)结构图　(b)符号
1—手柄;2—转轴;3—速断弹簧;
4—闸刀;5—夹座;6—熔断器

灭弧系统的作用:在大气中断开电路时,如果电源电压超过 12~20 V,被断开的电流超过 0.25~1 A,在触头间隙中产生一团温度极高、发出强光和能够导电近似圆柱形的气体称为电弧。当开关触头间产生电弧时,将烧损触头并危及绝缘,严重时甚至引起相间短路,影响电力系统的正常运行。因此,在电器制造时,根据通断容量采取适当措施来快速熄灭电弧或加装灭弧装置。

铁壳开关一般用于电气照明、电热器、建筑工地用电等供电线路的电源总开关,还可以用作 15 kW 以下电动机的非频繁全压启动的控制开关。

常用的铁壳开关型号有 HH3、HH4 等系列,额定电压有 380 V、500 V,额定电流有 15~400 A,可根据负荷电流大小选取。

5.1.3　组合开关

组合开关又名转换开关,实质上也是一种刀开关,只不过一般刀开关的操作手柄是在垂直于其安装面的平面内向上或向下运动。而组合开关的操作手柄则是在平行于其安装面的平面内每次顺时针或逆时针转动 90°。其外形和结构如图 5.1.3 所示,它是由若干个动、静触头(刀片)分层固定在转轴和胶木壳体触头座内,顶部装有凸轮,扭簧转轴等部件,构成操作机构。转动手柄时,每一动片即插入相应的静触片或脱离静触片,使线路接通或断开,由于采用扭簧储能机构,可使开关快速闭合及分断,提高了分断能力和灭弧性能。

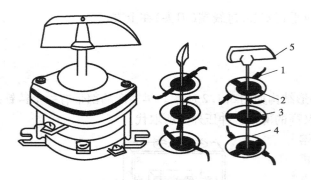

图 5.1.3　HZ10-25/3 型组合开关
1—静触头;2—动触头;3—绝缘垫板;
4—绝缘方轴;5—手柄

组合开关的触头座可以一个接一个地堆叠起来,使其结构向立体空间发展,从而可以缩小安装面积。此外其动触头结构有 90°和 180°两种;通过选择不同类型的动触头,按照不同方式配置动触头和静触头、然后叠装起来,可得到若干种不同的接线方案,使用起来非常方便,故广泛用于电器设备的电源引入开关,5.5 kW 以下小容量电动机的正反转,Y—△ 启动,多速电动机的调速等非频繁的操作场合。

组合开关的额定电压为 380 V,额定电流为 100 A 以下若干级,产品型号有 HZ5 和 HZ10 系列等。组合开关接线方案很多,这是它的优点,但是,这就要求我们根据需要正确地选择相应规格的产品。

5.1.4　自动开关

自动开关又称自动空气开关或自动空气断路器,能做成手动或电动合闸,兼具短路保护、过载保护、失压保护等多种功能,当电路发生严重的过载、短路及失压等故障时,能够自动切断故障电路,有效地保护供电线路和电气设备,而且动作过后一般不需要更换零部件等优点,故获得广泛应用。

自动空气开关用 D 表示,其型号含义为:

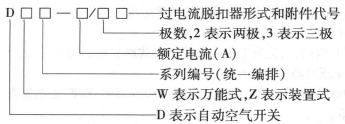

目前应用最多的是框架式和塑料外壳式两种。框架式(亦称万能式)自动开关为敞开式结构,主要用作配电网络的保护开关,其产品型号有 DW7、DW10、DW15 等系列,额定电流有 200 A 至 4 000 A 等级别。塑料外壳式(亦称装置式)具有安全保护用的塑料外壳,可用于配电网络、公共建筑和住宅的照明电路及非频繁操作的电动机控制开关。其产品型号有 DZ5、DZ10、DZ12、DZ15 等系列,其中 DZ15L-40、60 系列还加有漏电脱扣,可用作触电和漏电保护之用,亦同时作配电或电动机保护之用。DZ 系列自动开关的额定电流由数 A 至 600 A,其中照明电路保护用的自动开关,以单极开关为单元可拼装成双极或三极开关用于 380 V 电路。

自动开关主要由触头系统、操作机构和保护元件 3 部分组成。主触头由耐弧合金制成,采用灭弧栅片灭弧。操作机构类型较多,其通断可用操作手柄操作,也可用电磁机构操作,故障时自动脱扣。触头通断时瞬时动作与手柄操作速度无关。自动开关保护元件工作原理如图 5.1.4（c）所示。当过电流时衔铁 1 吸合；电压过低或消失时衔铁 2 释放；当电流小于过电流整定值但大于开关整定的过载保护电流时，时间稍长，加热电阻丝 7 加热双金属片，使线膨胀系数不同的双金属片 3 弯曲，三者都通过杠杆 4 使搭钩 5 脱开，由主触头 6 切断电源。过载保护实际上是一种热保护，称为热脱扣。选择和使用时应当注意，并不是所有的自动开关都具有上述脱扣装置，有的型号自动开关只有其中的一项或两项。

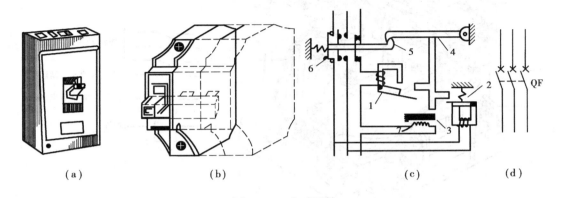

图 5.1.4　自动开关
（a）电力线路用　（b）照明线路用　（c）电力自动开关示意图　（d）图形符号及文字符号
1、2—衔铁；3—双金属片；4—杠杆；5—搭扣；6—主触头

5.1.5　接触器

接触器是用来频繁地远距离接通或断开主电路及大容量控制电路的控制电器。它不同于刀开关类手动切换电器，因为它具有手动切换电器所不能实现的远距离操作功能和失压保护功能；它也不同于自动开关，因为它虽然具有一定的过载能力，但却不能切断短路电流，只有和热继电器配合使用才可以实现过载保护功能。由于接触器可以频繁地远距离操作，所以被广泛地应用于控制电动机，也可用于控制电热设备、电焊机和配电网络等。

用于接通或断开交流电路的称为交流接触器。交流接触器主要由电磁机构、触头系统、灭弧装置等部分组成。其外形和结构如图 5.1.5 所示。

电磁机构是接触器的动力元件，由铁芯、衔铁、励磁线圈及释放弹簧等组成。为了减小磁滞和涡流损耗，铁芯和衔铁由硅钢片叠制铆装而成，并在铁芯的一个端面开槽安放一个铜制短路环，减小因励磁线圈中的交变电流过零时使电磁吸力过小而产生的衔铁振动和噪声。励磁线圈由漆包线绕制成，并联在电源上，称为电压线圈，线圈的导线细、匝数多、阻抗大、其能量损耗很小。触头系统是接触器的执行元件，当励磁线圈接通额定电压时，电磁机构的衔铁吸合，带动常开触头闭合和常闭触头断开，从而接通和分断被控制的电路。触头分主触头和辅助触头两类：主触头是通断主电路的，一般具有 3 对动合（常开）触头；辅助触头是用来接通和分断控制电路及信号电路的，一般具有两对动合（常开）触头和两对动断（常闭）触头。为使触头导电性能好、耐磨等，常用银或银基粉末冶金材料制成；为减轻触头磨损和保持触头压力，还设有缓冲弹簧和触头弹簧。为了有利于灭弧，触头多采用桥式双断口结构，20 A 以上的接触器，在主触头上还装有纵缝陶土灭弧罩或其他的灭弧装置。

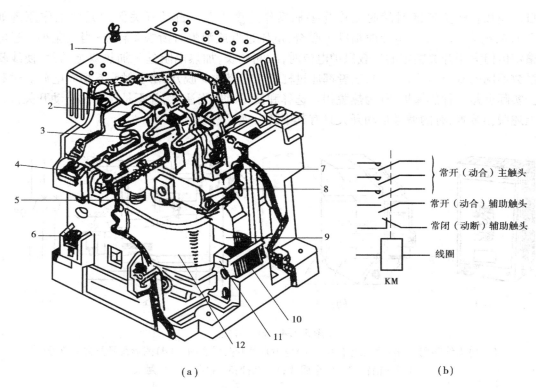

图 5.1.5 CJ12 交流接触器

（a）结构图　（b）符号

1—灭弧罩;2—弹簧片;3—主触头;4—接线端子;5—反作用弹簧;
6—线圈端子;7—辅助常闭（动断）触头;8—辅助常开（动合）触头;
9—衔铁;10—铁芯;11—短路环;12—线圈

常用的交流接触器型号有 CJ12 等系列,其铭牌数据主要有额定电压:是指主触头上的额定电压,交流接触器通常用的电压等级为 220、380、500 V。额定电流:是指主触头的额定电流,通常用的电流等级为 5、10、20、40、60、100、150、250、400、600 A。辅助触头的额定电流一般为 5 A。励磁线圈的额定电压:通常用的电压等级为交流 36、127、220、380 V。额定操作频率;是指每小时接通次数,交流接触器最高为 600 次/h。

交流接触器一般在励磁线圈额定电压的 85% ~105% 能够正常吸合,而释放电压一般低于50% 额定电压以下才能使衔铁释放。由于电磁机构的衔铁吸合前后,其励磁线圈阻抗相差 10 倍左右,所以励磁线圈通电后而衔铁未吸合前的电流是衔铁吸合后电流的 10 倍左右,而线圈的额定电流是按衔铁吸合后设计的,如果线圈所加实际电压稍低于吸合电压或者衔铁被卡住,时间稍长都会使线圈绝缘损坏。使用时一定要注意励磁线圈的额定电压和实际电压相对应。

5.1.6　继电器

继电器是一种根据电量或非电量（如电流、电压或温度、压力）的变化来接通或断开小电流电路的自动电器,其触头通常接在控制电路中,从而实现控制和保护的目的。

继电器的种类很多,这里主要介绍应用较广泛的几种继电器。

（1）电磁式电流、中间、电压继电器

电磁式继电器与接触器类似,是由铁芯、衔铁、线圈、释放弹簧和触头等部分组成,不同点是,继电器的触头通断的是小电流(多为5 A),没有主触头和辅助触头之分,触头均采用桥式双断口结构,不需另装灭弧装置。

1）电流继电器

电流继电器的励磁线圈串接在被测量电路(主电路)中,继电器按整定的电流值动作,来反映电路电流的变化。为使串入电流继电器线圈后不影响被测电路电压,所以电流继电器的线圈导线粗、匝数少,阻抗小。

根据被测量电路保护特点,电流继电器有过电流继电器和欠电流继电器两类,过电流继电器是在正常工作电流时不动作,当电流超过某一整定值时才动作,经常用于绕线式异步电动机防止不正确启动的控制电路,需要注意的是,电流继电器过电流动作后,是通过接触器来切断被保护的电气设备,而接触器的分断电流是有限的,一般不能承担分断短路而造成的过电流。

JL12系列过电流继电器内部装有硅油的阻尼系统,通过硅油的黏滞性而延迟电磁机构衔铁动作时间,可实现过载保护功能。

图5.1.6为JT4系列过电流继电器的结构及动作原理图,T表示通用型。

2）中间继电器

中间继电器与一个5 A的小型接触器相类似,所不同的是其触头数量较多(8～12对),其动合触头和动断触头可有不同的组合。JZ7型中间继电器是用得最多的一种继电器,适用于交流50 Hz、电压500 V、电流5 A的控制电路,共有8对触头,可按8常开;6常开2常闭以及4常开4常闭的方式组合。把一个输入信号变成多个输出信号,来扩大接通控制电路的数目,其励磁线圈额定电压有12～500 V共11种规格。其外形见图5.1.7所示。

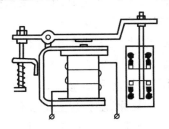

图5.1.6　JT4电流继电器

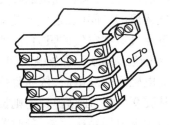

图5.1.7　JZ7中间继电器

3）电压继电器

电压继电器与中间继电器相类似,区别是其触头数量少,一般有4对或2对触头,主要用于控制电器较多的控制电路作为失压保护或者欠电压保护电器。

（2）时间继电器

在自动控制系统中,有时需要一个电器动作后,经过一定的延时,另一个电器再自动动作,完成此项任务常用时间继电器。时间继电器的种类很多,有直流电磁式、晶体管式、电动机式和空气阻尼式。其中空气阻尼式较常用。

空气阻尼式时间继电器是利用空气通过小孔节流的原理来获得延时动作的。它由电磁系统、延时机构和触头系统3部分组成。电磁机构为直动式双E型;触头系统分为瞬时动作触头和延时动作触头;延时机构是利用空气通过小孔时产生阻尼作用的气囊式阻尼器。

空气阻尼式时间继电器,可以做成线圈通电延时型,也可以做成线圈断电延时型。在结构上,只要改变电磁机构的安装方向,便可获得通电或断电两种不同的延时方式,即当衔铁位于铁芯和延时机构之间时为通电延时,而当铁芯位于衔铁和延时机构之间时则为断电延时。图5.1.8所示为JS7-A系列时间继电器的动作原理示意图,为通电延时型。

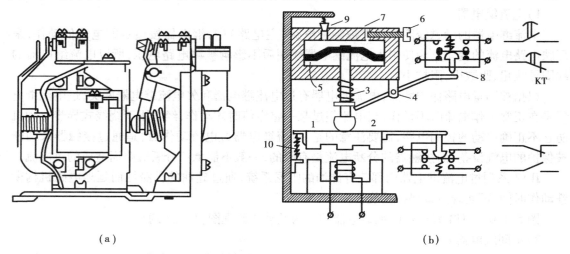

(a)   (b)

图5.1.8　JS7-A 时间继电器外形与原理示意图及图形符号
(a)外形　(b)原理示意图

工作原理如下:

励磁线圈接通额定电压时,将衔铁1吸下,活塞杆2失去动铁芯的支托,在压缩弹簧3的作用下,带动杠杆4的一端和气室的橡皮模5一起下移。在下移过程中,由于在橡皮模上层气室中造成空气稀薄的空间(受进气孔螺钉6的限制,空气只能缓慢从进气孔7流入气室),使橡皮模受到下层气室中空气的阻力,活塞只能缓慢下降,经过一定延时后,杠杆4才能碰到微动开关8,使动断触头断开,动合触头闭合。通过调节螺钉6可调节进气孔的大小,从而调节延时的长短。电磁线圈断电后,依靠复位弹簧10的作用,动铁芯和活塞杆2立即上升,气室上层内的空气从孔9排出,压缩弹簧3则被压缩,各动作部件复原,触头也立即复位。

空气式时间继电器结构简单,延时范围可在0.4~180 s调整,缺点是延时误差大,延时值易受周围环境温度,尘埃及安装方向的影响。

(3)热继电器

电动机在实际运行中经常遇到过载情况,即电动机绕组工作电流大于额定电流,若电机过载不多,时间较短,只要电机绕组不超过容许的温升,这种过载是允许的。但是当时间过长,绕组温升超过允许值时,将会加剧绕组绝缘的老化,缩短电机的使用寿命,严重时,甚至会使电动机绕组烧毁。因此,凡电动机长期运行时,都需要对其过载提供保护装置。

作为电动机过载保护装置应满足以下3项基本要求:①能保证电动机的正常启动;②能最大限度地利用电动机的过载能力;③能保证电动机不因超过极限温度而被烧毁。目前广泛应用热继电器作为电动机的过载保护。

热继电器是利用双金属片(两种热膨胀系数不同的金属片紧密地轧合在一起)遇热变弯,通过传动机构使触头动作的原理而制成。其外形、构造原理见图5.1.9所示。双金属片2上绕有发热元件 1,电动机电源经发热元件接入定子绕组,当电动机绕组电流超过额定电流时,发热元件温度上升,双金属片受热向右弯曲,弯曲到一定程度时,通过传动板 3 和传动杆 4 将触头活板 9 顶向右,使其常闭触头断开,常开触头闭合。若将热继电器的常闭触头串入电动机的控制回路中,则此时电动机控制回路中的接触器励磁线圈将断电,其常开主触头断开,将电动机电源切断。从而实现了对电动机的过载保护。

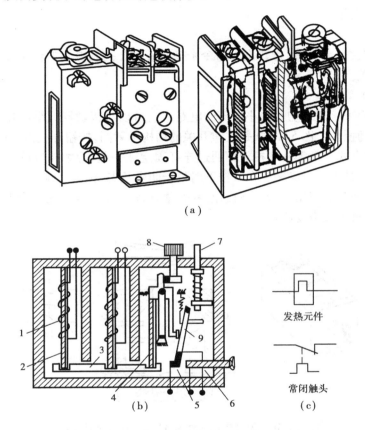

图 5.1.9　热继电器外形及原理示意图
1—热元件;2—双金属片;3—传动板;4—传动杆(温度补偿片);
5—动触头;6—复位调节螺钉;7—手动复位装置;
8—电流调节凸轮;9—触头活板

热继电器的触头有手动复位和自动复位两种复位方式。两种复位方式的选择,可以用调节复位螺钉来实现。

热继电器有二相结构、三相结构和带有断相保护装置三相结构 3 种类型。带有断相保护装置的产品型号主要是 JR16 系列,主要用于正常运行时为三角形接线的电动机。

热继电器本身电流等级并不多,如 JR16 系列有 20 A、60 A 和 150 A 3 个等级,但热元件的编号从 0.35 A 到 160 A 共 20 个编号,选用时首先应使热元件的电流与电动机的电流相适应。例如有一台 10 kW 电动机,其额定电流为 18 A,如按额定电流相等的原则,可选用 JR16-20 型 12 号热元件(其电流整定范围为 14 ~ 18 ~ 22 A),先整定在 18 A 上,若使用中发现经常提前动作,可改为整定在 22 A 挡;反之,若发现电动机温升较高,而热继电器却滞后动作,则可改为整定在 14 A 挡。但在实际使用中,还与电动机的型号、规格、特性及工作条件、环境等因素有关,要通过实践进行论证,选择的不合适要及时更换。

由于热继电器存在着热惯性,不能承担短路保护,所以安装了热继电器后,还要安装熔断器。

5.1.7 主令电器

主令电器是人力(或机械)操作发出命令来接通或断开控制电路的信号元件,常用的有控制按钮和行程开关。

(1)控制按钮

按钮是专门用来接通和切断较小电流的电路。它可以与接触器或继电器的线圈配合,实现对电动机的自动控制。图 5.1.10 是按钮开关的结构示意图,按钮开关内有两对静触头和一对动触头,称为复合式。动触头和按钮帽通过连杆固定在一起,静触头则固定在胶木外壳上,引出两个接线端。其中一对静触头在未按下时处于闭合状态,称常闭触头;另一对在未按下时是断开的,称常开触头。当用手指按下按钮帽时,常开触头闭合,常闭触头断开。手指放开后,在弹簧的作用下,触头又恢复原状。

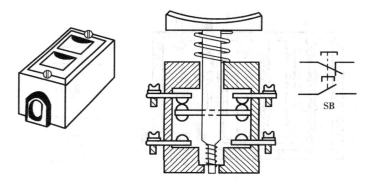

图 5.1.10 控制按钮的外形、结构示意和图形符号

LA-18 系列按钮采用积木式拼接装配基座,组合成双联、三联等,有的按钮做成钥匙式,即必须在按钮帽上插入钥匙才可以操作;有的将按钮帽做成旋钮式,用手操作旋钮;还有一种紧急操作式,其按钮帽较大,呈红色蘑菇形,作紧急切断控制电源用。

控制按钮一般适用于交流 500 V 以下,额定电流为 5 A,控制功率为 300 VA 的控制电路。

(2)行程开关

行程开关又称限位开关,它是根据生产机械的行程而动作的小电流开关电器,在位移性建筑机械上应用很普遍,如吊车行走到极限位置时必需自动停车;搅拌机、锅炉的上料、上煤时,料斗到达终端位置时也必需自动停止。这些都是靠行程开关来控制的。

图 5.1.11(b)为行程开关的结构示意图。从结构上看行程开关由操作头、触头系统和外壳组成。当安装在生产机械运动部件的挡块撞击滚轮 1 时,撞杆转向右边,带动凸轮 2 转动,压迫推杆 3,使微动开关 4 的常闭触头迅速断开,常开触头迅速闭合。一旦受力消失,各触头由于复位弹簧 5 的作用恢复到原来的状态。

可见,行程开关是将操作头传来的机械信号,通过本身的转换动作,变换为电信号,输入到有关的控制电路,使之接通或断开,实现对机械的(行程或位置)控制。

常见的 LX19 系列行程开关的操作头有直动式、单滚轮式和双滚轮式 3 种,如图5.1.11(a)所示。直动式和单滚轮式脱离外力时,微动开关能自动复位,双滚轮式必须从反方向撞回来才能使微动开关复位。

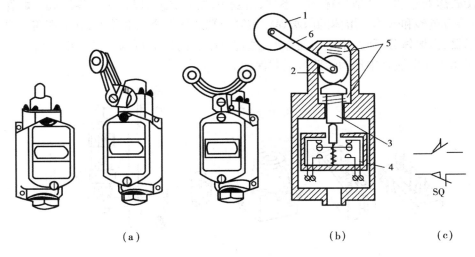

图 5.1.11　LX19 行程开关的外形和结构示意图
(a)外形　(b)结构示意　(c)表示符号
1—滚轮;2—凸轮;3—推杆;4—微动开关;5—复位弹簧;6—撞杆

5.1.8　熔断器

熔断器是一种结构最简单、使用最方便、价格又最低廉的保护电器,它主要由熔体和安装熔体的绝缘管或绝缘座所组成。在使用中,熔断器是同它所保护的电路串联的,当该电路中发生过载或短路故障时,如果通过熔体的电流达到或超过了某一定值,在熔体上产生焦耳热量便会使其温度升高到熔体金属的熔点,于是熔体自行熔断,并以此切断故障电流,完成保护任务。

作为电气设备的电流保护有两种主要方式:过载延时保护和短路瞬时保护。过载电流一般是指 10 倍额定电流以下的过电流,异步电动机过载最大电流就是直接启动电流(4～7 倍额定电流)。短路电流则是指特大的(超过 10 倍额定电流以上)过电流。初看起来,过载保护和短路保护似乎只不过是电流倍数不同而已,但实际上却有很大差异。从特性方面看,过载需要反时限保护特性;短路则需要瞬动保护特性。从参数方面看,过载要求熔化系数小,发热时间常数大;短路则要求较大的限流系数,较小的发热时间常数、较高的分断能力和较低的过电压。从工作原理看,过载动作的物理过程主要是热熔化过程,而短路主要是电弧的熄灭过程。

根据电流保护的两种方式,熔体材料基本上可以分为低熔点和高熔点的两类。低熔点材料有锑铅合金,锡铅合金、锌等,其熔化系数较小,适用于过载保护,由于低熔点的电阻率较大,在导体长度和电阻都一定的条件下,熔体的截面积要相应的增大,所以在断开电弧时,弧隙中金属蒸气的含量较大,这对于灭弧是不利的,并使熔断器的分断能力降低。高熔点材料有铜、银和铝,熔化系数很大,可得到较高的分断能力。熔断器的类型主要有瓷插式、螺旋式和管式3 种。图 5.1.12 为以上 3 种熔断器的外形图。

瓷插式熔断器的产品型号有 RC1 系列,由瓷盖、瓷座、触头和熔丝 4 部分组成。由于尺寸小、带电更换熔体方便、熔体价廉而广泛用于照明电路和中小容量电动机的短路保护。一般15 A 以下的熔体是低熔点材料制成,可单独作为 7.5 kW 以下电动机过载保护。

螺旋式熔断器的产品型号有 RL1 系列,由瓷帽、熔管、瓷套以及瓷座等组成。熔管是一个瓷管,内装石英砂和熔体。熔体的两端焊在熔管两端的导电金属端盖上,其上端盖中央有一个熔断指示器,当熔体分断时,指示器便弹出,透过瓷帽上的玻璃可以看见。熔断后必须更换熔管。一般用于配电线路中作为短路或过载保护。

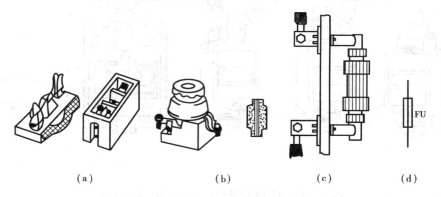

图 5.1.12　熔断器
(a)RC 型　(b)RL 型　(c)RM 型　(d)表示符号

管式熔断器按其灭弧方式分为有填料的 RT 系列和无填料 RM 系列两种,都由熔管、熔体和插座等部分组成。RM 系列的优点是可以很方便的更换熔体,熔体可用低熔点材料和高熔点材料制成片状,可以更进一步地兼顾到短路保护和过载保护的需要,灭弧性能好,被广泛应用于电力线路或配电设备中,作电缆、电线及电气设备的短路保护及过载保护。RT 系列的优点是封闭管内装有石英砂,灭弧能力高,缺点是熔体熔断后用户无法更换新熔体,熔管就得全部报废,这显然很不经济,因此只用于短路电流非常大的电力系统。

5.1.9　KB0 系列控制与保护开关电器

CPS(Control and Protective Switching Device)即"控制与保护开关电器"是低压电器中的新型产品,KB0 是填补国内空白的第一代 CPS 大类产品。

KB0 系列控制与保护开关电器是由我们国内公司自主研发的智能型多功能电器,其特征是在单一的结构形式的产品上实现集成化的、内部协调配合的控制与保护功能,相当于断路器(熔断器)、接触器、热继电器及其他辅助电器的组合。具有远距离自动控制和就地直接控制功能、面板指示及信号报警功能,还具有反时限、定时限和瞬时三段保护特性。KB0 含意为控制、保护、初始设计(填补国内空白)。根据需要选配不同的功能模块或附件,即可实现对一般(不频繁启动)的电动机负载、频繁启动的电动机负载、配电电路负载的控制与保护。

KB0 系列产品型号有基本型(KB0)、电动机可逆型控制器(KB0N)、双电源自动转换开关(KB0S)、电动机 Y—△减压启动器(KB0J)、动力终端箱(KB0X)等类型。

基本型产品的配置见图 5.1.13,其图形符号见图 5.1.14。

图 5.1.13　基本型产品配置
1—主体;2—过载脱扣器;3—辅助触头模块
4—分励脱扣器;5—远距离再扣器

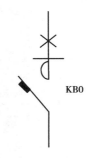

图 5.1.14　KB0 系列电器
图形符号及标注

①可逆型控制与保护开关电器 KB0N:以 KB0 基本型作为主开关,与机械联锁和电气联锁等附件组合,构成可逆型控制与保护开关电器,适用于电动机的可逆或双向控制与保护。

②双电源自动转换开关电器 KB0S:额定电流 100 A 及以下产品以 KB0 基本型作为主开关与电压继电器、机械联锁、电气联锁等附件组合,构成 CB 级或 PC 级的双电源自动转换开关电器 ATSE;额定电流 250 ~ 630 A 的 ATSE 为 PC 级。

③减压启动器 KB0J、KB0J2、KB0Z、KB0R:以 KB0 基本型为主开关,与适当接触器、时间继电器、机械联锁和电气联锁构成 Y—△减压启动器 KB0J、自耦减压启动器 KB0Z、电阻减压启动器 KB0R,实现电动机的减压启动和多种保护。

④双速控制器 KB0D:以 KB0 基本型作为主开关,与适当的接触器、电气联锁等附件组合,构成双速控制器,适用于双速电动机的控制与保护。

⑤三速控制器 KB0D3:以 KB0 基本型作为主开关,与适当的接触器、电气联锁等附件组合,构成三速控制器,适用于三速电动机的控制与保护。

⑥保护控制箱 XBK1:以 KB0 作为主开关,安装在标准的保护箱内组成动力终端箱,适用于户外以及远程单独负载的控制与保护。

⑦派生型式:消防型(F 型)、隔离型(G 型)、插入式板后接线(R 型)等。

5.1.10　软启动器

软启动器是一种集电动机软启动、软停车、轻载时节能和多种保护功能于一体的新颖电机控制装置,国外称为 Soft Starter 见图 5.1.15。软启动器装置有电子式、液态式和磁控式等类型。广泛应用的是电子式。电子式软启动器装置是采用三对反并联晶闸管作为调压器,将其串入电源和电动机定子之间,它由电子控制电路调节加到晶闸管上的触发脉冲角度,以此来控制加到电动机定子绕组上的电压,使电压能按某一规律逐渐上升到全电压,通过适当地设置控制参数,使电动机在启动过程中的启动转矩、启动电流与负载要求得到较好的匹配。

软启动器一般是在电动机启动时串入,启动结束时,用一个接触器将其短接,使其在电动机正常工作时并无电流经过,以降低晶闸管的热损耗,延长软启动器的使用寿命,提高其工作效率,又使电网避免了谐波污染。

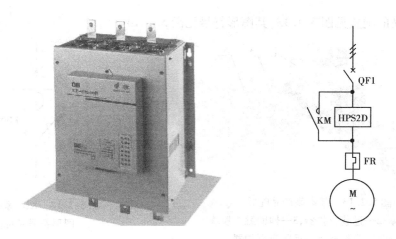

图 5.1.15 通用型软启动控制装置与电路图

软启动器启动时电压沿斜坡上升,升至全压的时间可设定在 0.5~60 s。软启动器亦有软停止功能,其可调节的斜坡时间在 0.5~240 s。

使用软启动器可解决水泵电机启动与停止时管道内的水压波动问题;可解决风机启动时传动皮带打滑及轴承应力过大的问题;可减少压缩机、离心机、搅动机等设备在启动时对齿轮箱及传动皮带应力问题,这些设备常用软启动器作为启动设备。

随着电力电子技术的快速发展以及传动控制对自动化要求的不断提高,采用晶闸管为主要器件、单片机(CPU)为控制核心的智能型软启动器,已在各行各业得到越来越多的应用,由于软启动器性能优良、体积小、质量轻,具有智能控制及多种保护功能,而且各项启动参数可根据不同负载进行调整,其负载适应性很强。因此,电子式软启动器逐步取代落后的 Y/△、自耦减压和磁控式等传统的减压启动设备将成为必然。

5.1.11　变频器

变频技术是应交流电机无级调速的需要而诞生的。20 世纪 60 年代以后,电力电子器件经历了 SCR(晶闸管)、GTO(门极可关断晶闸管)、BJT(双极型功率晶体管)、MOSFET(金属氧化物场效应管)、SIT(静电感应晶体管)、SITH(静电感应晶闸管)、MGT(MOS 控制晶体管)、MCT(MOS 控制晶闸管)、IGBT(绝缘栅双极型晶体管)、HVIGBT(耐高压绝缘栅双极型晶闸管)的发展过程,器件的更新促进了电力电子变换技术的不断发展。20 世纪 70 年代开始,脉宽调制变压变频(PWM-VVVF)调速研究引起了人们的高度重视。20 世纪 80 年代,作为变频技术核心的 PWM 模式优化问题吸引着人们的浓厚兴趣,并得出诸多优化模式,其中以鞍形波 PWM 模式效果最佳。20 世纪 80 年代后半期开始,美、日、德、英等发达国家的 VVVF 变频器已投入市场并获得了广泛应用。

变频器的分类方法有多种,按照主电路工作方式分类,可以分为电压型变频器和电流型变频器;按照开关方式分类,可以分为 PAM 控制变频器、PWM 控制变频器和高载频 PWM 控制变频器;按照工作原理分类,可以分为 V/f 控制变频器、转差频率控制变频器和矢量控制变频器等;按照用途分类,可以分为通用变频器、高性能专用变频器、高频变频器、单相变频器和三相变频器等。

变频器是把工频电源(50 Hz 或 60 Hz)变换成各种频率的交流电源,以实现电机的变速运行的设备,其中控制电路完成对主电路的控制,整流电路将交流电变换成直流电,直流中间电路对整流电路的输出进行平滑滤波,逆变电路将直流电再逆成交流电。对于如矢量控制变频器这种需要大量运算的变频器来说,有时还需要一个进行转矩计算的 CPU 以及一些相应的电路。

变频器已在电梯控制、恒压泵等设备中得到广泛的应用,今后将会代替软启动器,用于三相交流电动机的降压变频启动。

5.2　异步电动机电气控制的典型环节

由按钮、继电器、接触器等低压电器组成的控制系统具有线路简单、维修方便、便于掌握等优点,在各种生产机械和工作设备的电气控制系统中得到广泛的应用,由于生产机械和工作设备种类繁多,所要求的电气控制电路也是千变万化、多种多样的,本节着重阐明组成这些电气控制电路的基本环节、组成规律、阅读分析方法,为阅读实际设备的电气控制系统奠定基础。

5.2.1　电气控制系统中图的作用和绘图原则

我国从 1984 年(第二阶段)相继制定了 GB 4728《电气图用图形符号》、GB 6988《电气制图》、GB 7159《电气技术中的文字符号制定通则》等若干新标准来代替 60 年代(第一阶段)制定的 GB 312 等旧标准,已于 90 年代全面实施。在 1997 年(第三阶段)又相继修定了 GB/T 4728 等与国际电工委员会(IEC)相同的标准,T 的含义为推荐选用。在新标准中,电气图的种类按用途分可划分为 15 种,分析电气控制系统常用的是电路图和接线图。

(1)电路图

1)电路图的作用

电路图(circuit diagram)是用图形符号并按其工作顺序排列,详细表示电路、设备或成套装置的全部基本组成和连接关系,而不考虑其实际位置的一种简图。目的是便于详细理解控制系统的作用原理,分析和计算电路特征。

电路图的主要用途是:①便于详细理解电路、设备或成套装置及其组成部分的作用原理;②为测试和寻找故障提供信息;③作为绘制接线图的依据。

电路图在 60 年代制定的 GB 312 等旧标准中称为电气原理图,而且也与国语中电路图的用意相同,因此许多教科书和工程技术人员仍习惯称其为电气原理图。

由于电路图描述的连接关系仅仅是功能关系,而不是实际的连接导线,因此电路图不能代替接线图。但是,电路图反映了电器的连接关系,因此,也有人称"电路"为"线路",进而称之为"线路图"。

2)电路图的绘制原则

电气控制电路分为主电路和辅助电路两部分。图 5.2.1 为一台电动机的正、反转电气控制电路图。主电路是电气控制电路中强(几十至上百安)电流通过的线路,是被控制的对象(电动机绕组)的电路。由电源开关、接触器的主触头、热继电器的热元什、电动机绕组等组成:辅助电路包括控制电路、保护电路、信号(监视)电路、局部照明电路等。由接触器和继电器的线圈、接触器的辅助触头、继电器的触头、按钮和信号灯等电器元件组成,辅助电路是弱(1 A 以内)电流通过的部分,是为被控制的对象服务的。电气控制系统一般都有三个基本功能,即控制功能、保护功能和监视功能。比较简单的电气控制电路中一般没有信号电路和局部照明电路(或不表示),而控制电路和保护电路大多数融为一体,统称为控制电路。

绘制比较复杂的电气控制电路图,为了表明各元器件在图中的位置,常常采用图幅分区法、电路编号法或表格法等画法反映其具体位置。绘制比较简单的电气控制电路图主要以分析方便为原则,按功能布局法画出,一般应遵循以下原则:

①电路图中所用的电器元件、器件和设备都必须按国家标准 GB 4728《电气图用图形符号》和 GB 7159《电气技术中的文字符号制定通则》规定的图形符号和种类代号(字母文字符号)来表示。

在国标中的图形符号一般不受方向限制,特别是继电器和接触器的常闭、常开触头,可以任意转换角度,但习惯上为逆时针转换角度,对于电源开关的要求是上端接电源线,打开电源开关时,刀部分不带电的原则画出。

②电器元件、器件和设备的可动部分通常应表示在非激励或不工作的状态或位置。

即电器的线圈未通电,对应的常闭触头、常开触头没动作:开关、按钮和行程开关不受外力作用时的正常状态画出。

③电器元件及各部件不按实际位置画,而是以阅读和分析电路工作原理的需要为主画出。一般主电路画在辅助电路的左侧或上面,各分支电路按动作顺序从上到下或从左到右依次排列(可水平布置或垂直布置)。

例如图 5.2.1 主电路画在左侧,辅助电路(控制电路)画在右侧;控制电路是按动作顺序(先正转、后反转)从上到下地水平布置画出的,接触器 KM1 控制电动机正转,接触器 KM2 控制电动机反转。此种画法利于视觉习惯和阅读习惯。如果控制电路比较复杂,画出的控制电路篇幅也比较大,水平布置就不利于阅读了,因此,较复杂的控制电路一般从左到右依次排列(垂直布置),见混凝土搅拌机的控制电路。

④同一种类的电器元件用同一字母符号后加数字序号来区分。同一个电器的不同部件可用同一字母文字符号标注,其相似部分可以在种类代号之后用圆点(·)或横杠(—)隔开的数字来区分,也可用触头编号的方法来区分。

例如图 5.2.1,电路中有两个接触器,分别用 KM1、KM2 表示;而接触器 KM1 有线圈、主触头、辅助的常闭触头和辅助的常开触头等不同的元件或器件,因其作用不同,可共用 KM1 表示都是一个接触器的不同元件或器件。其中辅助的常闭触头可以标注为 KM1-1 或 KM1 · 1 及 $KM1_{1,2}$;而辅助的常开触头可以标注为 KM1-2 或 KM1 · 2 及 $KM1_{3,4}$,其意义是表示同一个电器的不同触头,在分析电路作用原理时,有利于说明每个触头的不同作用。

⑤为了安装和检修方便,电机和电器的接线端均应标记编号。主电路的接线端点一般用一个字母再附加数字进行区分。辅助电路的接线端点用数字标注。为了区别电源极性,一般以耗能元件(线圈)为界,一面用奇数;另一面用偶数。

例如图 5.2.1 中的主电路,电源用 $L1$、$L2$、$L3$ 标注,反映的是供电系统的三相电源:经过电源开关 QS 用 $U1$、$V1$、$W1$ 标注,反映的是三相电源的相序;经过熔断器 FU 用 $U2$、$V2$、$W2$ 标注,这些实际上就是导线的标记。

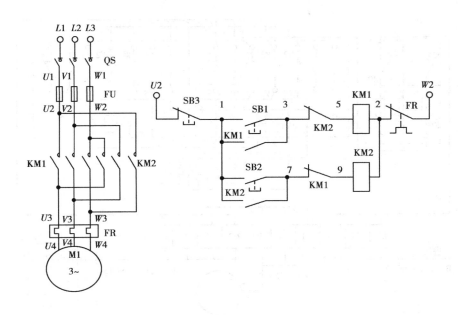

图 5.2.1　电动机正、反转电气控制电路图

如图 5.2.1 中的控制电路,接触器 KM1 和 KM2 的线圈(阻抗较大,能限制电流)为耗能元件,以其为界,左面用奇数 1,3,5,7,9 等;右面用偶数 2,4 等。实际线路也有不分电源极性而连续编排,使导线的标记是连号的。

⑥在电路图中,有连接关系的十字交叉导线要用黑圆点(·)表示,无连接关系的十字交叉导线不画黑圆点。

(2)接线图或接线表

1)接线图的用途

接线图和接线表(connection on diagram/table)是表示成套装置、设备或装置连接关系,用以进行接线和检查的一种简图或表格。

接线图和接线表主要用于对电气控制系统的安装接线、线路检查、线路维修和故障处理。在实际应用中,接线图通常需要与电路图和位置图一起使用。接线图和接线表可单独使用也可组合使用。

2)接线图的绘制原则

接线图能够表明电气控制电路中所有电机、电器的实际位置,标出各电机、电器之间的接线关系和接线去向,它为安装电气设备、在电气元件之间进行配线、检修电气故障提供必要的资料。电气安装接线图是根据电器位置(在控制柜或箱中)布置最合理,联接导线最经济等原则来安排的,一般应依据下列原则绘制:

①各电器不画实体,以图形符号代表,各电器元件的位置均应与实际安装位置一致。

②接线图中的各电器元件的字母文字符号及接线端子的编号应与电路图一致,并按电路图的位置进行导线连接。便于接线和检修。

③不在同一控制屏(柜)或控制台的电机或电器的导线连接应通过接线端子进行。

④画连接导线时,应标明导线的规格、型号、根数及穿线管的尺寸等,见图 5.2.2。

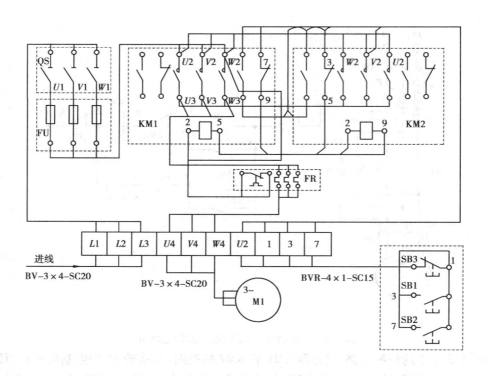

图 5.2.2　电动机正、反转电气控制电路接线图

5.2.2　三相鼠笼式异步电动机直接启动的控制

三相鼠笼式异步电动机直接启动时,其启动电流是额定电流的 4~6 倍,比较大的启动电流在供电线路上会产生较大的电压降,会影响同一供电线路其他电气设备正常运行。但是,在电源、供电线路和生产机械能满足要求的条件下,大多数的电动机都可以直接启动。

（1）单方向旋转电路

许多生产机械和工作设备对电动机只有单方向旋转的要求,例如水泵、风机等设备,只是在控制功能上有不同的要求。

1）单方向连续运行控制

图 5.2.3 为三相异步电动机单向运行控制电路图。由铁壳开关 QL、熔断器 FU,热继电器 FR 的发热元件与电动机构成主电路。由热继电器 FR 的常闭触头、停止按钮 SB1、启动按钮 SB2、接触器 KM 的励磁线圈及常开辅助触头构成控制电路。

电气控制电路的工作原理如下:电动机需要运行时,先合上开关 QL,引入三相电源;按下启动按钮 SB2,接触器 KM 线圈通电,其衔铁吸合而带动触头系统动作,连接主电路的 3 个常开主触头闭合,电动机 M 接通电源,开始启动及运行;同时,与启动按钮并联的常开辅助触头 KM 也闭合,短接了 SB2,当手松开时,SB2 常开触头自动复位,但接触器 KM 的线圈仍可通过自身的常开辅助触头为其继续通电,可以保持电动机的连续运行。这种利用电器自身的常开辅助触头而使其线圈保持通电的现象称为自锁或自保。这一对起自锁作用的辅助触头称之为自锁触头。

电动机需要停止时,按下停止按钮 SB1,其常闭触头打开,使接触器 KM 的线圈断电,主电路的 3 个主触头释放,电动机停止运动:同时 KM 的自锁触头也断开,当 SB1 触头复位闭合时,接触器 KM 线圈也不会再通电。SB1 触头复位为下次启动做准备。该电路常称之为"起保停"控制电路。

该控制电路的保护功能主要有:

①短路保护　通过熔断器 FU 的熔体实现。如果发生主电路或控制电路的电源相间短路时,其短路电流可达几十倍的额定电流。较大的电流会使电线绝缘损坏,需要快速切断电源,通过熔断器的熔体熔断而切断短路电流的通路。

②过载保护　通过热继电器 FR 和接触器 KM 共同作用来切断电动机的电源。当负载过载或电动机缺相运行时,都将使主电路的电流增大,短时间的过载是允许的,时间稍长,温度升高,会损坏电动机绕组的绝缘,降低其使用

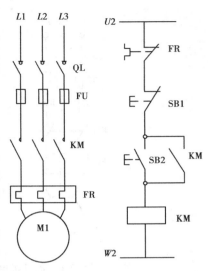

图 5.2.3　单方向旋转控制电路

寿命。该电路是通过热继电器热元件的热效应原理,经过一定的时间,其双金属片弯曲而推动热继电器的常闭触头断开,从而切断接触器 KM 的线圈电路,使 KM 主触头断开而切断电动机的电源,实现了对电动机的过载保护。

③失压保护　通过接触器 KM 的自锁触头和自复位的启动按钮共同来实现。失压保护的作用是:当电网电压消失(如停电)而又重新恢复时,要求电动机或电气设备不能自行启动,以确保操作人员和设备的安全。由于自锁触头 KM 的存在,当电网停电时,接触器触头释放、恢复供电时,不重新按启动按钮发出命令,电动机就不会自行启动。

电气控制电路应用了接触器后,可实现远距离(按钮线的电流小,可以接得远一些)、频繁的操作;启动和停止只操作按钮,电源开关 QL 仅用于隔离电源的作用,操作安全;发生过载时用接触器切断电源,不需更换元件;又增加了失压保护功能。这是用刀开关直接控制电动机启动与停止的电路无法相比的,因此得到广泛的应用。

2)既能连续运行又能点动的控制

某些生产机械常常要求既能连续运行,又能够实现调整的点动工作。所谓点动就是指:按下启动按钮电动机就运行,松开启动按钮电动机就停止的功能。实际上就是无自锁回路或自锁回路不起作用的功能就是点动。

图 5.2.4(*a*)是用小型转换开关或钮子开关 S 控制的既能连续运行又能点动的控制电路。合上开关 S,自锁触头 KM 起作用,是连续运行功能,打开 S,自锁触头 KM 回路不起作用,是点动运行功能。

图 5.2.4(*b*)是用增加一个复合按钮 SB3 控制的既能连续运行又能点动的控制电路。按下 SB2,自锁触头 KM 通过 SB3 的常闭触头起作用,是连续运行功能。如单独按下 SB3,其常开触头闭合,使接触器 KM 线圈通电;其常闭触头分断,使自锁触头 KM 回路不起作用,松开按钮 SB3,在其常开触头分断,而常闭触头还没闭合的瞬间,接触器 KM 线圈断电,其自锁触头 KM 分断,当 SB3 常闭触头闭合时,已不会形成自锁。值得注意的是,接触器 KM 动作要灵敏,才能实现上述点动功能。

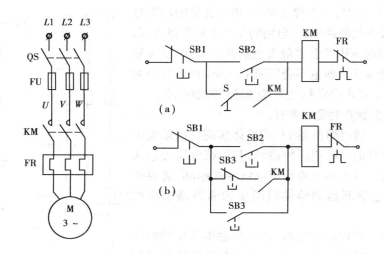

图 5.2.4　电动机单方向旋转既能连续运行又能点动的控制电路

3)两地(或多地)控制

有些设备为了操作方便,需要在两个地点(或多个地点)分别进行启动和停止的控制,方法是将两个(或多个)启动按钮的常开触头用导线并联,停止按钮的常闭触头串在同一控制电路中。图 5.2.5 所示为两地控制电路,操作 SB2 或 SB4 都可实现启动控制。操作 SB1 或 SB3 都可实现停止控制。

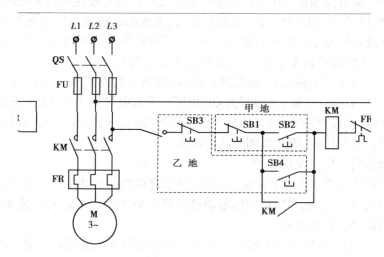

图 5.2.5　两地控制电路

(2)正反转控制电路

某些生产机械要求电动机能够正反两个方向旋转,由三相电动机的转动原理得知,只需将电动机的两相电源互换,就可实现正反转。为此,需要两个不同时工作的接触器,如果两个接触器同时工作,就会造成电源相与相之间短路。

图 5.2.6 为用接触器动断触头进行互锁的控制电路。控制原理如下,欲使电动机正转,按下 SB1,正转接触器 KM1 线圈通电动作并自锁;其动合主触头闭合,电动机接正相序电源正转;同时使接在反转接触器 KM2 线圈回路的常闭辅助触头打开,进行互锁。防止如因误操作

按下反转按钮 SB2,使线圈 KM2 也通电而造成主回路短路。欲使电动机反转,需先按停止按钮 SB1,使正转接触器 KM1 释放,再按反转按钮 SB2、反转接触器 KM2 通电并自锁;其主触头闭合,使电动机接反相序电源反转;其常闭辅助触头分断,切断 KM1 线圈控制回路。这种利用两个接触器的常闭触头相互制约对方线圈同时通电的方法称电气互锁。这种电路在电动机从一种旋转方向转换为另一方向的操作过程中,都须先按下停止按钮。其控制功能可认为是正—停—反或反—停—正。

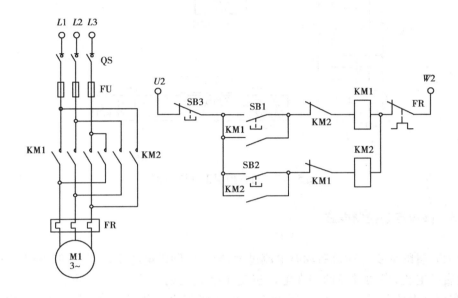

图 5.2.6　正、反转电路

（3）行程控制电路

某些位移性生产机械或部件(如起重机、电梯,铣床等)需要运行到终端实现限位控制或者自动往返的控制。图 5.2.7 就是利用行程开关实现终端限位控制的电路。行程开关的安装位置在位移性部件的终端、位移性部件上安装有撞块,也可反之。控制电路的功能是:当 KM1 线圈通电时,电动机正转,生产机械的运动部件向右位移,位移到终端,撞块和行程开关相碰,其常闭触头 SQ1 分断,KM1 线圈断路,电动机失电而停止(位移性运动部件一般都有制动装置)。要想使运动部件返回,操作反向启动按钮既可。但返回到终端碰撞 SQ2,实现正反两个方向都有终端限位。

如果将 SQ1 的常开触头并联在反向启动按钮两端,将 SQ2 的常开触头并联在正向启动按钮两端,就可实现自动往返的控制。如电动机正转,运动部件位移到正向限位终端,碰撞 SQ1,SQ1 的常闭触头切断 KM1 线圈电路;同时 SQ1 的常开触头闭合,短接了 SB2 按钮,只要 KM1 常闭恢复,KM2 线圈回路就接通,实现直接反向启动,相当于用复合按钮互锁加电气互锁的控制电路,不过,此电路是由生产机械自动控制正反转的。

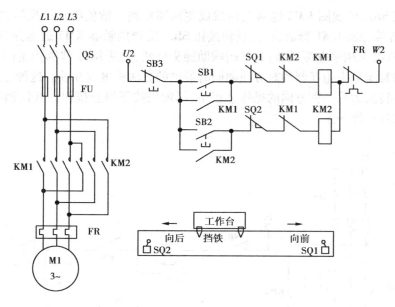

图 5.2.7　行程控制正、反转电路

5.2.3　降压启动控制电路

由于大容量的异步电动机启动时电流过大,影响电网供电电压,因此一般采用降压启动方式来限制启动电流,启动时降低加在电动机定子绕组上的电压,启动后再将电压恢复到额定值,使之在正常电压下运行。由于定子电流和电压成正比,所以降压启动可以减小启动电流,不致在电路中产生过大的电压降,减少对线路电压的影响,常用的有星形—三角形换接和自耦变压器等启动方法。

(1)星形三角形降压启动控制

凡是正常运转时定子绕组为三角形($\triangle$)接法的鼠笼式异步电动机,只要启动转矩满足要求,都可采用星形三角形的减压启动方法来达到限制启动电流的目的。

1)启动性能与控制要求

从电机学的原理可知,星形(Y)接法的电动机每相绕组电压是$\triangle$接法的电动机每相绕组电压的$1/\sqrt{3}$,而 Y 接法时供电线路的电流是$\triangle$接法直接启动时的 1/3,但其启动转矩也是$\triangle$接法直接启动时的 1/3,因此,只能用于电动机的轻负载或空载启动。这种启动方法最大的优点是启动控制设备投资少。

从图 5.2.8(a)可以看出 Y—$\triangle$启动控制需要 3 个接触器,一个用于接电源(KM),一个用于实现 Y 接法(KM_Y),另一个用于实现$\triangle$接法($KM_\triangle$)。KM_Y和$KM_\triangle$的主触头绝对不允许同时闭合,同时闭合将造成电源短路。因此,两个接触器之间必须有互锁。当转速升到一定高度时,线路的电流将减小,应该将 Y 接法转换成$\triangle$接法,控制方式可以用时间继电器来实现,图 5.2.8(b)就是实现 Y—$\triangle$启动控制电路中的一种。

2)控制电路工作原理分析

Y—$\triangle$启动控制电路的工作原理分析起来比较复杂,为了分析方便,我们用电器元件动作程序图的方法进行叙述。电器元件动作程序图就是用规定符号和箭头配以少量文字说明来表述电器的控制原理,是分析较复杂的电气控制电路最好的方法之一。在控制电路图中,各种电器主要有两类部件,一类是耗能元件,主要是电器的线圈,而线圈有两种状态,通电和断电,用箭头↑表示线圈通电,用箭头↓表示线圈断电。另一类是触头,触头也有两种状态,接通和断开,分析时,不强调它的原始状态如何,而主要强调现时,用箭头↑表示触头接通,用箭头↓表示触头断开。下面就用电器元件动作程序图的方法对 Y—△ 启动控制电路工作过程进行分析。

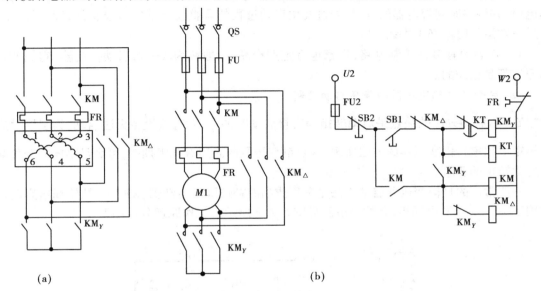

图 5.2.8　电动机 Y—△ 启动控制电路

要使电动机工作,首先合上总电源开关 QS,主电路和辅助电路有了电源,再按下启动按钮 SB1,各电路元件工作情况如下:

$$按下\ SB1\begin{cases} KM_Y\uparrow\begin{cases}常开主触头\uparrow\rightarrow电动机呈\ Y\ 形接法\\ 辅助常闭触头\downarrow\rightarrow互锁\\ 辅助常开触头\uparrow\rightarrow KM\uparrow\begin{cases}常开主触头\uparrow\rightarrow电动机\\接电源呈\ Y\ 形接法启动\\辅助常开触头\uparrow\rightarrow自锁\end{cases}\end{cases}\\ KT\uparrow其延时动断触头延时断开\rightarrow KM_Y\downarrow\rightarrow其触头全部复位\rightarrow\\ KM_\triangle\uparrow\begin{cases}常开主触头\uparrow\rightarrow电动机\triangle形接法,加速,运行\\辅助常闭触头\downarrow\rightarrow互锁\end{cases}\end{cases}$$

$KM_\triangle$ 辅助常闭触头的作用就是防止电动机工作后,如果再误按了启动按钮 SB1,可能使 KM_Y 和 $KM_\triangle$ 同时工作而造成主电路短路。

停止:按下 SB2,控制电路全部失电,各元件均恢复常态,电动机停止运行。

Y—△ 控制电路有多种接线形式,厂家也有定型产品,称为 Y—△ 自动启动器。

3)延时时间的调整

由于设备的电动机容量和负载的性质是不同的,Y—△ 转换所需要的时间也是不同的,Y—△ 启动的目的是限制启动电流,但是如果启动过程太长,不仅不利于提高劳动生产率;而且当电动机转速升高后,过低的启动电压将使电流成为较大的过载电流,电动机绕组温度会升高。因此,时间继电器的延时时间需要调整合适。

调整的原则是以启动过程的电流为依据,即电动机由 Y 转换成 △ 接法时,其加速电流不大于 Y 接法时的初始启动电流,又接近于初始启动电流时的时间为最佳(最短)延时时间。其他降压启动方法的延时时间调整原则都是相同的。

调整的方法是:在设备安装调试时,用钳型电流表监视初始启动电流和 Y-△ 转换时的加速电流,并调整时间继电器的延时,经过几次启动过程的调整就能确定该设备的延时时间了。以后正常运行时不必再去调整它。

Y—△ 启动有多种控制电路,厂家也有定型产品,一般称为 Y—△ 启动控制器,它们的控制原理都是相同的。

(2)定子串自耦变压器的降压启动控制

Y—△ 启动方法的缺点是启动转矩为直接启动时的 $\frac{1}{3}$,对有些设备无法启动,为了增大启动转矩可用串自耦变压器的方法实现,因自耦变压器的副边有几组抽头,可满足不同的轻负载对启动转矩的要求。

一般常用的自耦变压器启动方法是采用成品的补偿降压启动器,XJ01 型补偿降压启动器适用于 14～28 kW 电动机,其控制电路见图 5.2.9 所示。工作原理分析如下:

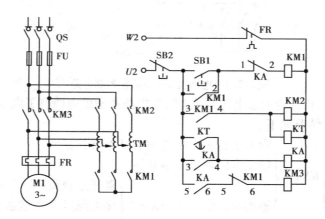

图 5.2.9　串自耦变压器启动电路

合上电源开关 QS,主、辅电路通电。

按下 SB1→KM1↑
- 主触头↑→将自耦变压器 TM 共零端接通。
- 辅助触头 KM1_{1,2}↑→自锁。
- 辅助触头 KM1_{5,6}↓→互锁。
- 辅助触头 KM1_{3,4}↑→
  - KM2↑→主触头↑→电动机串 TM 降压启动
  - KT↑→其延时动合触头经延时后↑→

KA↑
- KA_{1,2}↓→KM1↓→
  - KM2↓
  - KT↓
- KA_{3,4}↑→自锁。
- KA_{5,6}↑→KM3↑→主触头↑→电动机接全压→工作。

126

典型控制电路组成形式较多,只要掌握其分析方法,其他典型控制电路也很容易读懂。通过实践可掌握更多的典型环节,为分析具体的生产机械和设备电气控制电路图奠定基础。后面各节将根据各专业需要介绍几种建筑机械和建筑设备的电气控制电路供选择阅读。

5.3 建筑施工机械中的电气控制

建筑机械的种类很多,一般小型机械的电气控制较简单,下面以两种常用设备为例分析其控制电路的工作原理。

5.3.1 混凝土搅拌机的电气控制

混凝土搅拌机在建筑工地上是最常见的一种机械,其种类和结构形式很多,典型的混凝土搅拌机电气控制电路图如图5.3.1所示。

该机主要由搅拌机构、上料装置、给水环节组成。

对搅拌机构的滚筒要求能正转搅拌混凝土,反转使搅拌好的混凝土倒出,即要求拖动搅拌滚筒的电动机 M1 可以正、反转。其控制电路就是典型的用接触器触头互锁的正反转电路。

上料装置的爬斗要求能正转提升爬斗,爬斗上升到位后自动停止并翻转将骨料和水泥倾入搅拌机滚筒。反转使料斗下降放平并自动停止,以接受再一次的下料。为防止料斗负重上升时停电和可能要求其中途停止运行时保证安全,采用电磁制动器 YB 作机械制动装置。上料装置电动机 M2 属于间歇运行,所以未设过载保护装置,其控制电路与前面分析的正反限位控制电路是相同的。电磁抱闸线圈为单相380 V 和电动机定子绕组并联,M2 得电时抱闸打开,M2 断电时抱闸抱紧,实现机械制动。SQ1 限位开关作上升限位控制,SQ2 限位开关作下降限位控制。

给水环节由电磁阀 YV 和按钮 SB7 控制、按下 SB7,电磁阀 YV 线圈通电打开阀门向滚筒加水。松开 SB7,关闭阀门停止加水。

5.3.2 塔式起重机的电气控制

塔式起重机是一种塔身竖立、起重臂回转的起重机械,具有回转半径大、提升高度高、操作简单、安装拆卸方便等优点,广泛应用于建筑施工和安装工程中。

塔式起重机有多种型式,整台起重机可以沿铺设在地面上的轨道行走的称为行走式,本身不行走的称为自升式;用改变起重臂仰角的方式进行变幅的称为俯仰式,起重臂处于水平状态,利用小车在起重臂轨道上行走而变幅的称为小车式。

目前,自升小车式应用的比较普遍,下面仅以 QTZ50 固定型自升塔式起重机为例,介绍其运行工艺和电气控制原理。

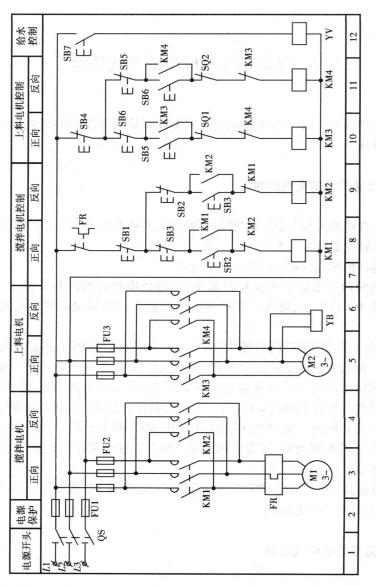

图 5.3.1 混凝土搅拌机电气控制电路

（1）塔式起重机的工作机构

QTZ50 塔式起重机的工作机构包括：提升机构、回转机构、小车牵引机构、液压顶升机构、安全保护装置和电气控制装置等，其电气控制电路见图 5.3.2。各机构的运动情况简介如下：

1）提升机构

提升机构对于不同的起吊质量有不同的速度要求，以充分满足施工要求。QTZ50 塔式起重机采用了 YZTDF250M-4/8/32,20/20/4.8 kW 的三速电动机，通过柱销联轴器带动变速箱再驱动卷筒，使卷筒获得 3 种速度。根据吊重可选择不同的滑轮倍率，当选用 2 绳时，速度可达到 80,40,10 m/min 等 3 种，若选用 4 绳时，速度可达到 40,20,5 m/min 3 种。提升机构带有制动器，提升机构不工作时，制动机构永远处于制动状态。

2）回转机构

回转机构 1 套，布置在大齿圈一旁，由 YD132S-4/8,3.3/2.2 kW 电动机驱动，经液力偶合器和立式行星减速器带动小齿轮，从而带动塔机上部的起重臂、平衡臂等左右回转。其速度为 0.8,0.4 r/min。在液力偶合器的输出轴处加一个盘式制动器，盘式制动器处于常开状态，主要用于塔机顶升时的制动定位，保证安全进行顶升作业。回转制动器也用于有风状态下工作时，起重臂不能准确定位之用。严禁用回转制动器停车，起重臂没有完全停止时，不允许打反转来帮助停止。

3）小车牵引机构

小车牵引机构是载重小车变幅的驱动装置，采用 YD132S-4/8,3.3/2.2 kW 电动机，经由圆柱蜗轮减速器带动卷筒，通过钢丝绳使载重小车以 38,19 m/min 的速度在起重臂轨道上来回变幅运动。牵引钢丝绳一端缠绕后固定在卷筒上，另一端则固定在载重小车上。变幅时通过钢丝绳的收、放，来保证载重小车正常工作。

4）液压顶升机构

液压顶升机构的工作主要靠安装在爬升架内侧面的 1 套液压油缸、活塞、泵、阀和油压系统来完成。当需要顶升时，由起重吊钩吊起标准节，送进引入架，把塔身标准节与下支座的 4 个 M45 的连接螺栓松开，开动电动机使液压缸工作，顶起上部机构，操纵爬爪支持上部质量，然后收回活塞，再次顶升，这样两次工作循环可加装一个标准节。

（2）QTZ50 塔式起重机的安全保护装置

1）零位保护

塔机开始工作时，把控制起升、回转、小车用的转换开关操作手柄先置于零位，按下启动按钮 SB1，主接触器 KM 吸合，塔机各机构才能开始工作，可以防止各机构误动作。

2）吊钩提升高度限位

在提升机构的卷筒另一端装有提升高度限位器（多功能限位开关），高度限位器可根据实际需要进行调整。提升机构运行时，卷筒转动的圈数也就是吊钩提升的高度，通过一个小变速箱传递给行程开关。当吊钩上升到预定的极限高度，行程开关动作，切断起升方向的运行。再次启动只能向下降钩。当提升机构由一个方向转换为另一个方向运行时，必须将操作手柄先扳回零位，待电机停止后，再逆向扳动手柄，禁止突然打反转。

3）小车幅度限位

小车牵引机构旁设有限位装置，内有多功能行程开关，小车运行到臂头或臂尾时，碰撞多功能行程开关,小车将停止运行。再开动时,小车只能往吊臂中央运行。

4)力矩保护

为了保证塔机的起重力矩不大于额定力矩,塔机设有力矩保护装置。当起重力矩超过额定值,并小于额定值的110%时,SQ_T使卷扬机的起升方向及变幅小车的向外方向运动停止,这时可将小车向内变幅方向运动,以减小起重力矩,然后再驱动提升方向。

5)超重保护

塔机起升机构的工作方式分为轻载高速,重载中、低速两挡,每一挡都规定了该挡的最大起重质量,在低速挡最大起重质量为5 t,高速挡的最大起重质量为2.5 t,为了使各挡的起重质量在规定值以下,塔机设有起重质量限制器。它是通过SQ_{G1}和SQ_{G2}分别控制卷扬机的起升来实现的。

当卷扬机工作在轻载高速挡时,如果起重质量超过高速挡的最大起重质量时,SQ_{G1}动作,该挡的上升电路被切断,此时可以将挡位开关换到重载低速挡工作。若起重质量超过低速挡的最大起重质量时,SQ_{G2}动作,卷扬机上升电路被切断,操作台上的超重指示灯亮,发出报警信号,待减轻负载后,才能再次启动。

(3)QTZ50型塔式起重机的控制电路分析

由于塔式起重机的电动机较多,而每台电动机的控制电器也较多,为了分析方便,用对应的标注方法进行标注,例如,起升机构电动机为M1,其控制接触器标注为KM11~KM17等。

1)总电源部分

①总电源开关

QTZ50塔机由380 V、三相四线制电源供电,其装机容量约为28 kW,电源总开关QF为DZ20-100型号的自动空气开关,对塔机电气系统进行短路和过载保护。

②顶升液压电动机的控制

本控制系统由液压油泵电动机M4、自动开关QF4、接触器KM4及启动按钮SB41和停止按钮SB42组成。顶升是利用标准节将塔身增高,数天才顶升一次,塔机进行顶升作业时,应先合上QF4和QF1(利用起升机构吊起标准节,送进引入架),操作SB41,电动机M4启动使液压缸工作,顶起上部结构进行加装标准节。顶升作业完毕后,应先操作停止按钮SB42,再关断QF4。

③总电源的零位保护

由电源接触器KM、总启动按钮SB1、总停止按钮SB2、总紧急停止按钮SB3及起升用转换开关SA1、回转用转换开关SA2和小车用转换开关SA3的零位触点组成。

在停产或停电时,由于操作人员的疏忽会忘记将各转换开关的手柄扳回零位,当再次工作或恢复供电时,就有可能造成电动机直接启动(绕线式电动机)或自行启动而可能引起的人身或设备事故。零位保护就是为了防止这类事故的发生而设置的一种安全保护。

如图5.3.2所示,当SA1,SA2和SA3的操作手柄均处于零位时,对应的SA1-1,SA2-1和SA3-1三对零位触点闭合,按下总启动按钮SB1,电源接触器KM吸合,分别接通主回路及控制回路的电源,并且自锁。这时,再分别操作SA1或SA2,SA3的手柄就可以对起升或回转及小车进行控制。与失(零)压保护的不同之处在于零位保护主要指用转换类(主令控制器、凸轮控制器等)开关控制的电路,开始工作时,必须先将转换开关的手柄扳回零位,按下总启动按钮SB1,电源才能接通。

130

④超力矩保护

当塔机力矩超限时,力矩行程开关 SQ_T 动作,切断力矩保护用继电器 KA1 的线圈回路,进而切断了塔机的起升向上和小车向外(前)方向的控制回路,即停止增大力矩的操作。此时,只能接通起升向下或小车向里(后)方向的控制回路。减少力矩至塔机允许的额定力矩时,SQ_T 复位,再按一次 SB1,KA1 得电,这时,可恢复塔机的起升向上和小车向外(前)方向的控制。

⑤超质量保护

超质量保护分为起升高速超重和起升低速超重,SG_{C1} 为高速超重保护开关,SG_{C2} 为低速超重保护开关,当高速超重时,SG_{C1} 动作,切断起升高速接法回路,塔机只能进行低速起升。当低速超重时,SG_{C2} 动作,切断低速超重保护用继电器 KA2 的线圈回路,进而切断了塔机的起升中速和低速的控制回路,只有卸载后才能起升。

2)起升电动机的控制

起升电动机 M1 为三速电动机,定子铁芯安装有两套独立绕组,其中一套绕组磁极数为 32 极,不能变极调速,为低速接法,由接触器 KM13 控制通和断;另一套绕组磁极数为 8 极,为中速接法,由接触器 KM14 控制通和断,定子绕组为三角形(△)接法;此套绕组可以改变极数实现调速,变极后的极数为 4 极高速接法,绕组为双星形(YY)接法,由接触器 KM16 先将绕组接成双星形,再由接触器 KM15 接电源。

转换开关 SA1 的操作手柄共有 7 挡(左、右各 3 挡和中间挡),共用了 6 对触点,中间挡为 SA1-1 触点闭合,用于零位保护,左、右各 3 挡为对称分布的,每挡分别有两对触点闭合,用于提升或下降及低、中、高三速。

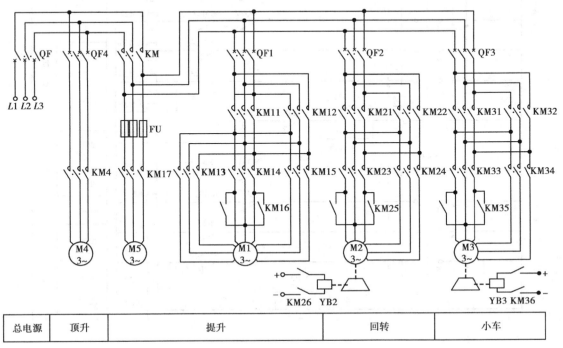

总电源	顶升	提升	回转	小车

(a)

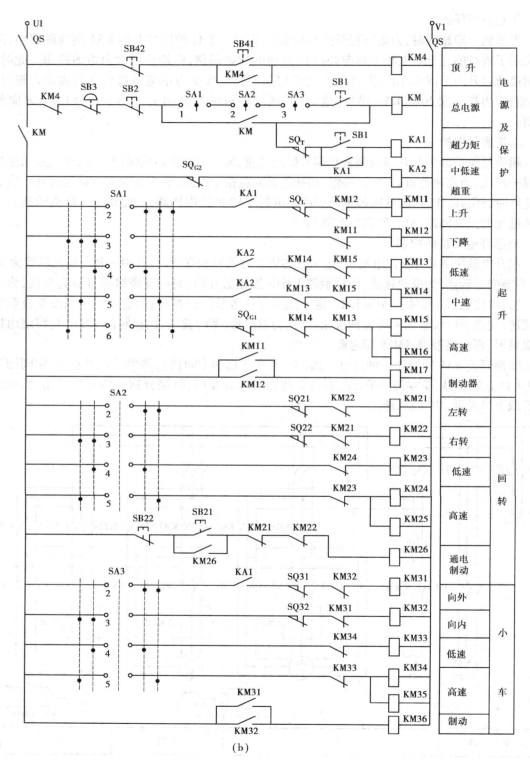

图 5.3.2

（a）QTZ50 塔机主电路图　（b）QTZ50 塔机控制电路图

提升接触器 KM11 回路设置有吊钩上升限位保护开关 SQ_L和超力矩保护（由 SQ_T动作、KA1 转换）KA1 触点，不超力矩时，KA1 为闭合的。低速和中速回路分别设置有超重保护（由 SQ_{G2}动作、KA2 转换）KA2 触点，不超重时，KA2 为闭合的。高速回路设置有超重保护 SQ_{G1}触点，各自完成对应的保护。

吊钩下降时，如重物较轻，负载为反抗（摩擦）性的负载。电动机将工作在强迫下降的电动状态。如重物较重，负载为位能性的负载，重物将拖着电动机反向加速，电动机将工作在回馈制动状态，电动机的转速将高于同步转速，注意，转换开关 SA1 的操作手柄不要放在高速挡。

起升机构的制动器为电动液压推杆制动器，M5 为其液压油泵电动机，M5 工作时，制动器打开。M5 停止时，制动器抱紧。M5 由 KM17 控制，KM17 线圈由 KM11 或 KM12 控制。

3）回转电动机的控制

起重臂回转电动机 M2 为单绕组变极调速双速电动机，低速接法为 8 极，由 KM23 控制通和断，定子绕组为△接法；变极后的极数为 4 极高速接法，绕组为 YY 接法，由接触器 KM25 先将绕组接成 YY，再由接触器 KM24 接电源，实现高速接法。

转换开关 SA2 的操作手柄共有 5 挡（左、右各 2 挡和中间挡），共用了 5 对触点，中间挡为 SA2-1 闭合触点，用于零位保护，左、右各 2 挡为对称分布的，每挡分别有两对触点闭合，用于起重臂的左旋或右旋及低速或高速。起重臂的旋转运动最大转角为 500°，因此，要设置转动角的正、反限位保护，分别由限位开关 SQ21 和 SQ22 实现。

回转机构的制动器要求为开式制动器，即制动器通电时抱紧，断电时打开，而且只要求在特殊情况下才可以制动，即：塔身顶升时，标准节需要准确定位；有较大的风时，被起重物需要准确定位。平时，不允许制动。本系统是应用电磁离合器盘式摩擦制动，即电磁离合器通电时挂上，断电时离开。通过 SB21，SB22 和 KM26 控制，该回路串入 KM21 和 KM22 常闭触点，可以实现起重臂需要回转时，制动器自动解除制动。平时，也不允许用制动方式使起重臂快速停止。有的系统，只用一个转换开关来替代 SB21 和 SB22 两个按钮的操作方案。

4）小车电动机的控制

小车电动机 M3 与回转电动机 M2 的调速及控制基本相同，行程开关 SQ31 和 SQ32 分别实现小车向外或向里终端的限位保护。KM31 回路串入 KA1 常开触点是实现超力矩时，不允许小车再向外运行（由 SQ_T动作、KA1 转换）的保护。不超力矩时，KA1 常开触点是闭合的。小车制动器为闭式的，应用的是直流电磁线圈，容易实现断电时制动器缓慢抱紧。也可以增加一个时间继电器，实现断电时制动器缓慢抱紧的效果。

本系统的各台电动机容量较小，故都是直接启动，电动机的启动转矩都能满足启动要求，起重容量大的塔机电动机容量也大，就需要限制启动电流了，对于提升机构，用鼠笼式电动机降压启动来限制启动电流，其启动转矩也会显著的减少，因此，多选择绕线式电动机转子串电阻启动和调速。

5.4 水泵的电气控制

由于城区供水管网在用水高峰时压力不足或发生爆管时造成较长时间停水，各局部供水系统都设有蓄水池或高位水箱蓄水,以备生产、生活和消防用水。为了使高位水箱和供水管网有一定的水位和压力,需要安装加压水泵,水泵的控制一般要求能自动控制,根据要求不同,可分为水位控制、消防按钮控制和自动喷水灭火系统水泵控制等,下面介绍几种常见控制电路。

5.4.1 水位控制

水位控制一般用于高位水箱给水和污水池排水。将水位信号转换为电信号的设备称为水(液)位控制器(传感器),常用的水位控制器有干簧管式、浮球(磁性、水银开关、微动开关)式、电极式和电接点压力表式等。

(1)干簧管水位控制器及控制电路

1)干簧管

图5.4.1(a)是干簧管原理结构。在密封玻璃管2内,两端各固定一片用弹性好、导磁率高的玻膜合金制成的舌簧片1和3。舌簧片自由端互相接触处镀以贵重金属金、铑、钯等,保证良好接通和断开能力。玻璃管中充以氮等惰性气体,以减少接点的污染与电腐蚀。图5.4.1(a)和(b)分别是常开和常闭干簧管。

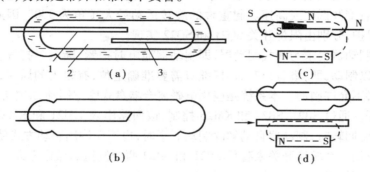

图 5.4.1 干簧管原理结构图
1—舌簧片;2—玻璃管;3—舌簧片

舌簧片常用永久磁铁和磁短路片两种方式驱动。图5.4.1(c)所示为永久磁铁驱动,当永久磁铁"N—S"运动到它附近时,舌簧片被磁化,中间的自由端形成异极性而互相吸引,触点接通,当永久磁铁离开时,舌簧片消磁,触点因弹性而断开。图5.4.1(d)是磁短路片驱动,当磁短路片(铁片)进入永久磁铁与干簧管之间的缝隙时,磁力线通过磁短路片成闭合回路,舌簧片消磁因弹性而断开,反之磁短路片离开后则因磁化而接通。

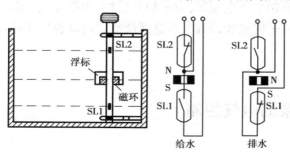

图 5.4.2 干簧管水位控制器安装示意图和接线图

2)干簧管水位控制器

干簧管水位控制器适用于工业与民用建筑中的水箱,水塔及水池等开口容器的水位自动控制或水位报警之用。图5.4.2为干簧管水位控制器的安装和接线图工作原理:在塑料管或尼龙管内固定有上、下水位干簧管 SL1 和 SL2,塑料管下端密封防水,连线在上端接出。塑料管外套一个能随水位移动的浮标(或浮球),浮标中固定一个永久磁环,当浮标移到上或下水位时,对应的干簧管接受到磁信号而动作,发出水位电开关信号。因为干簧管触点有常开和常闭两种形式,其组合方式有一常开和一常闭的水位控制器;两常开的水位控制器,如在塑料管中固定有 4 个干簧管,可有若干种组合方式,可用于水位控制及报警。

　　3)水泵的控制电路

　　水泵的控制有单台泵控制方案,两台泵互为备用不直接投入的控制方案;两台泵互为备用直接投入的控制方案;较大的泵又有降压启动控制方案等。图 5.4.3 为两台泵互为备用直接投入的控制方案电路。工作原理如下:

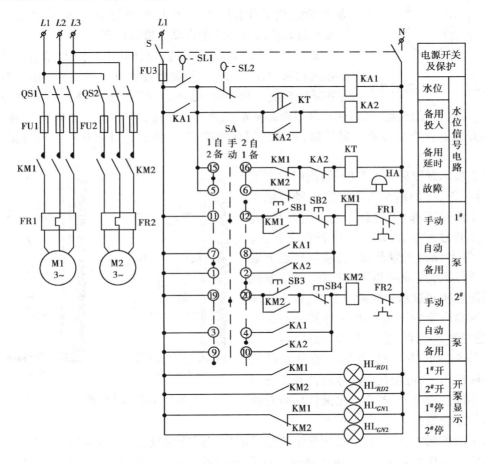

图 5.4.3　两台水泵互为备用直接投入控制电路图

　　正常工作时,电源开关 QS1、QS2、S 均合上,SA 为万能转换开关 LW5 系列有 3 挡 8 对触头,手柄在中间挡,11~12、19~20 两对触头闭合,为手动操作按钮,水泵不受水位控制器控制。SA 手柄扳向左 45°,15~16、7~8、9~10 3 对触头闭合,1#泵为常用机组,2#泵为备用机组,当水位在低水位(给水泵)时,浮标磁铁对应于 SL1 处,SL1 闭合,水位信号电路的中间继电器 KA1 线圈通电,其常开触头闭合,一对用于自锁,一对通过 SA$_{7-8}$ 使接触器 KM1 通电,1#泵投入运行加压送水,当浮标离开 SL1 时,SL1 断开,当水位达到高水位时,浮标磁铁使 SL2 动作,KA1 失电、KM1 失电、水泵停止运行。

如果 1# 泵在投入运行时发生过载或者接触器 KM1 接受信号不动作,时间继电器 KT 和警铃 HA 通过 SA₁₅₋₁₆ 长时间通电,警铃响,KT 延时 5~10 s 使中间继电器 KA2 通电,经 SA₉₋₁₀ 使接触器 KM2 通电,2# 泵自动投入运行,同时 KT 和 HA 失电。

SA 手柄扳向右 45°时,5-6、1-2、3-4 3 对触头闭合,2# 泵自动,1# 泵为备用。其工作原理可自行分析。

（2）浮球磁性液位控制器

UQK-611、612、613、614 型浮球磁性液位控制器是利用浮球内藏干簧开关动作发出信号的水位开关,因外部无任何可动机构,特别适用于含有固体,半固体浮游物的液体,如生活污水,工厂废水及其他液体槽液位自动报警和控制。

图 5.4.4 为浮球外形结构示意图,主要由工程塑料浮球,外接导线和密封在浮球内的开关装置组成。开关装置由干簧管、磁环和动锤构成。制造时,磁环的安装位置偏离干簧管中心,其厚

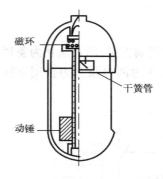

图 5.4.4 浮球外形示意图

度小于一根簧片的长度,所以磁环几乎全部从单根簧片上通过,两簧片间无吸力,干簧管触点处于断开状态。当动锤靠紧磁环时,可视为磁环厚度增加,两簧片被磁化相互吸引而使触点闭合。

其安装示意图见 5.4.5 所示,当液位在下限时,浮球正置（如图 5.4.4 方向）,动锤依靠自重位于浮球下部,干簧触点处于断开状态。在液位上升过程中,浮球由于动锤在下部,重心在下,基本保持正置状态,当液位接近上限时,由于浮球被支持点和导线拉住,便逐渐倾斜。当浮球刚超过水平测量位置时,位于浮球内的动锤靠自重向下滑动使浮球的重心在上部,迅速翻转而倒置,使干簧管触点吸合。当液位下降到接近下限时,浮球又重新翻转回去。实际应用中,可用几个浮球磁性开关分别设置在不同的液位上,各自给出液位信号对液位进行控制和监视。

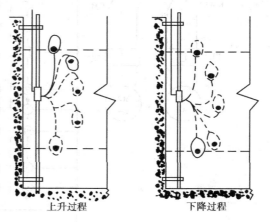

上升过程　　　下降过程

图 5.4.5 浮球式水位控制器安装示意图

水泵的控制方案与前相同,仅是水位信号取法不同使水位信号电路略有不同。图 5.4.6 为单球给水水位信号电路,其他控制电路部分套用图 5.4.3。当水位处于低水位时,浮球正置,动锤在下部,干簧管触点断开,但需要启动水泵,通过一个中间继电器 KA 将 SL 常开转换为闭合触点,发出水泵启动信号。当水位达到高水位时,浮球倒置,动锤下滑使干簧触点 SL 吸合,使 KA 通电,发出停泵信号,直到水位重新回到低水位时,浮球翻转,SL 打开又发出开泵信号。其他工作过程与图 5.4.3 分析相同,可自行分析。

（3）电极式水位控制器

电极式水位控制是利用水或者液体的导电性能,在水箱高水位或低水位时,使互相绝缘的电极导通或不导通,发出信号使晶体管及灵敏继电器动作,从而发出指令来控制水泵的开停。

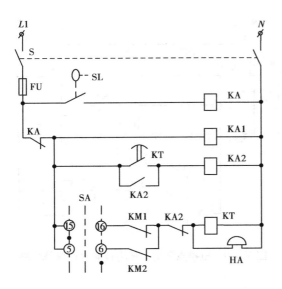

图 5.4.6　单浮球给水水位信号电路

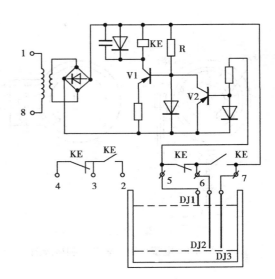

图 5.4.7　电极式水位控制器电路

图 5.4.7 为一种三电极(8 线柱)式水位控制器原理图。当水位低于 DJ2 和 DJ3 以下时，DJ2 和 DJ3 之间不导电，晶体三极管 V2 截止，V1 饱和导通，灵敏(小型)继电器 KE 吸合，其触头线柱 2 至 3 发出开泵指令。当水位上升使 DJ2 和 DJ3 导通时，因线柱 5 至 7 不通，V2 继续截止，V1 继续导通；当水位上升到使 DJ1、DJ2 和 DJ3 均导通时，线柱 5 至 7 通，V2 饱和导通，V1 截止，KE 释放，发出停泵指令。

信号电路可参照图 5.4.3 自行设计，注意晶体管电路本身需接电源。

(4)压力式水位控制器

水箱的水位也可以通过压力来检测，水位高压力也高，水位低压力也低。常用的是 YXC-150 型电接点压力表，既可以作为压力控制又可作为就地检测之用。它由弹簧管、传动放大机构、刻度盘指针和电接点装置等构成，示意图见图 5.4.8。当被测介质的压力进入弹簧管时，弹簧产生位移，经传动机构放大后，使指针绕固定轴发生转动，转动的角度与弹簧管中压力成正比，并在刻度上指示出来，同时带动电接点指针动作。在低水位时，指针与下限整定值接点接通，发出低水位信号；在高水位时，指针与上限整定值接点接通；在水位处于高低水位整定值之间时，指针与上下限接点均不通。

如将电接点压力表安装在供水管网中，可以通过反应管网供水压力而发出开泵和停泵信号，可设置一台水泵对几个水箱供水，各水箱应安装浮球控制阀，水箱水位高时，浮球控制阀封闭水箱进水阀门。

水泵的控制方案与前相同，也仅是水位信号电路略有不同，图 5.4.9 为图 5.4.3 水位信号电路部分。当水箱水位低(或管网水压低)时，电接点压力表指针与下限整定值触点接通，中间继电器 KA1 通电并自锁和发出开泵电信号。当水压升高时，压力表指针脱离下限触点，但 KA1 有自锁，泵继续运行。当水压升高到使压力表指针与上限整定值触点接通时，中间继电器 KA 通电，其常闭使 KA1 失电发出停泵指令。

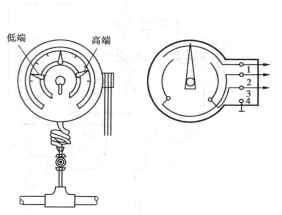

图 5.4.8 电接点压力表外形和接线图　　图 5.4.9 电接点压力表压力控制水位信号电路

5.4.2 室内消火栓加压水泵的电气控制

凡担负着室内消火栓灭火设备给水任务的一系列工程设施,称室内消火栓给水系统,其是建筑物内采用最广泛的一种人工灭火系统。当室外给水管网的水压不能满足室内消火栓给水系统最不利点的水量和水压时,应设置消防水泵和水箱的室内消火栓给水系统。

民用建筑以及水箱不能满足最不利点消火栓水压要求时,每个消火栓处应设置直接启动消防水泵的按钮,以便及时启动消防水泵,供应火场用水。按钮应设有保护设施,如放在消防水带箱内,或放在有玻璃保护的小壁龛内以防止误操作。消防水泵一般都设置两台泵互为备用。

图 5.4.10 为消火栓水泵电气控制的一种方案,两台泵互为备用可自动投入,正常运行时电源开关 QS1、QS2、S1、S2 均合上,S3 为水泵检修双投开关,不检修时放在运行位置。SB10 ~ SBn 为各消火栓箱消防启动按钮,无火灾时被按钮玻璃面板压住,中间继电器 KA1 通电,消防水泵不启动。SA 为万能转换开关,手柄放在中间时,为泵房和消防控制室操作启动,不接受消火栓内消防按钮控制指令。设 SA 扳向左 45°,1#泵自动,2#泵备用。

当发生火灾时,打开消火栓箱门,用硬物击碎消防按钮面板玻璃,其按钮常开触头恢复使 KA1 断电,时间继电器 KT3 通电,经数秒延时使 KA2 通电并自锁,同时串接在 KM1 线圈回路中的 KA2 常开辅助触头闭合使 KM1 通电,1#泵电动机启动运行。如 1#泵过载或 KM1 卡住不动,KT1 通电经延时使 KM2 通电,2#泵投入运行。

当消防给水管网水压高,管网压力继电器触点 BP 闭合,使 KA3 通电发出停泵指令,通过 KA2 断电而使工作泵停止并进行声、光报警。

当低位消防水池缺水,低水位控制器 SL 触点闭合,使 KA4 通电,发出低位消防水池缺水声、光报警信号。

当水泵需要检修时,将检修开关 S3 扳向检修位置,KA5 通电,发出声、光报警信号。S2 为消铃开关。

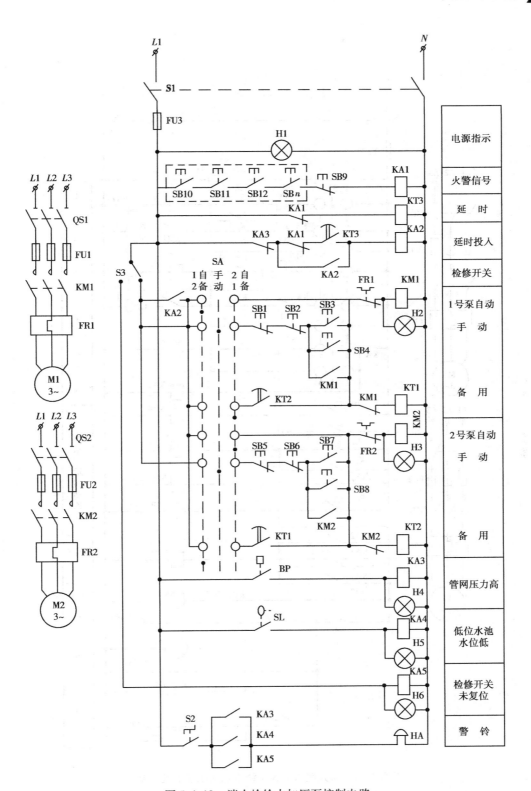

图 5.4.10 消火栓给水加压泵控制电路

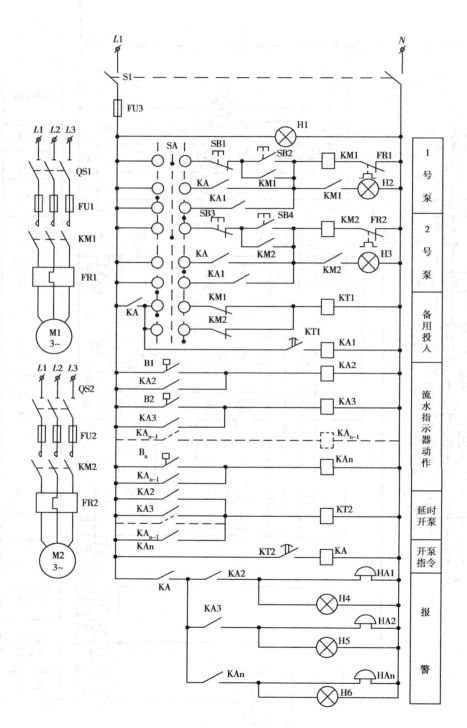

图 5.4.11 湿式喷水灭火系统给水加压泵电气控制

5.4.3　自动喷水灭火系统加压水泵的电气控制

自动喷水灭火系统是一种能自动动作喷水灭火,并同时发出火警信号的灭火系统。其适用范围很广,凡可以用水灭火的建筑物、构筑物均可设自动喷水灭火系统。鉴于我国国民经济发展水平,自动喷水灭火系统仅仅要求在重点建筑和重点部位设置。

自动喷水灭火系统按喷头开闭形式可分为闭式喷水灭火系统和开式喷水灭火系统;闭式喷水灭火系统按其工作原理又可分为湿式、干式和预作用式。其中湿式喷水灭火系统应用最广泛。

湿式喷水灭火系统是由闭式喷头、管道系统、水流指示器、湿式报警阀、报警装置和供水设施等组成。该系统管道内始终充满着压力水。当火灾发生时,高温火焰或高温气流使闭式喷头的玻璃球炸裂或易熔元件熔化自动喷水灭火,此时,管网中的水由静止变为流动,则水流指示器就被感应送出电信号。根据水流指示器和管网压力开关信号等,消防控制器能自动启动消防水泵向管网加压供水,达到持续自动喷水灭火的目的。

图 5.4.11 为湿式自动喷水灭火系统加压水泵电气控制的一种方案,为两台泵互为备用自动投入,正常运行时,电源开关 QS1、QS2、S1 均合上,发生火灾时,当闭式喷头玻璃球炸裂喷水时,水流指示器 B1～Bn 触头有一个闭合,对应的中间继电器通电,发出启动消防水泵指令。设 B2 动作,KA3 通电并自锁,KT2 通电经延时使 KA 通电,声、光报警,如 SA 手柄扳向右 45°,KM2 通电使 2$^\#$ 泵电动机 M2 投入运行,当 2$^\#$ 泵过载或 KM2 卡住不动使 KT1 通电,经延时 KA1 通电使 1$^\#$ 泵投入运行。

5.5　锅炉的电气控制

5.5.1　锅炉的自动控制概况

锅炉是工业生产或生活采暖的供热源。锅炉的生产任务是根据负荷设备的要求,生产具有一定参数(压力和温度)的蒸气或热水。为了满足负荷设备的要求,并保证锅炉的安全和经济运行,锅炉房内必须设置一些辅助设备和自动检测控制仪表。锅炉本体和它的辅助设备总称为锅炉房设备(简称锅炉)。

锅炉本体一般由汽锅(汽包)、炉子、蒸汽过热器、省煤器和空气预热器 5 部分组成。辅助设备有运煤、除灰系统,送风、引风系统,水、汽系统(包括排污系统)和仪表及控制系统等组成。

工业锅炉生产过程的自动控制,可用常规仪表来实现,也可采用先进的微型计算机来实现,一般来讲,4 t/h 以下的工业锅炉,给水调节为位式调节,多采用电极式或浮球式水位控制器,对给水泵作起、停控制,用以维持锅炉汽包水位在规定的范围;燃烧调节可用位式(脉冲式)调节或无级调速。6～10 t/h 的锅炉给水调节为连续调节,燃烧调节可用炉排无级调速、鼓风、引风风门挡板遥控等方式。20 t/h 以上锅炉的自动控制要求较高,应用微机控制的较多。

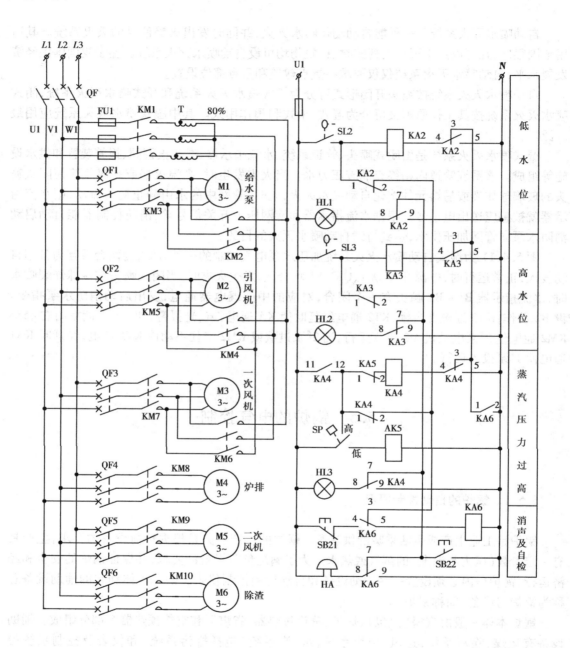

图5.5.1 SHL10 锅炉电气控制电路图(一)

为了了解锅炉电气控制内容,下面以某锅炉厂制造的×××型 10 t/h 锅炉为例,对电气控制电路进行分析,图5.5.1、图5.5.2是该锅炉的动力设备电气控制电路。图5.5.3是该锅炉仪表控制方框图,此处省略了一些简单的环节、供参考。

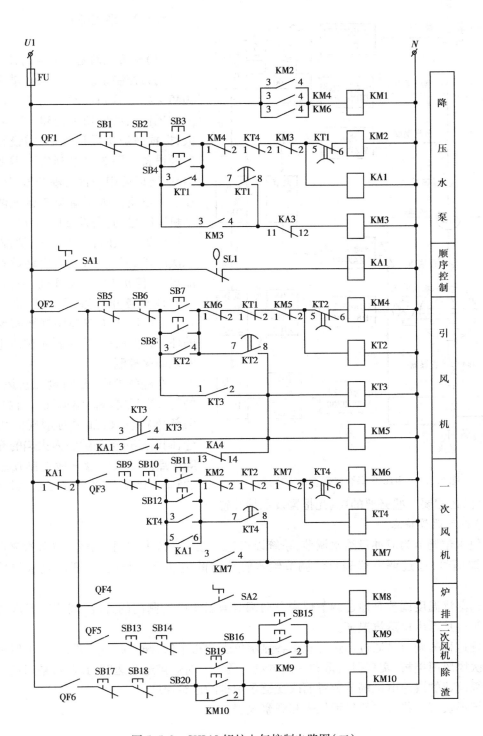

图 5.5.2 SHL10 锅炉电气控制电路图(二)

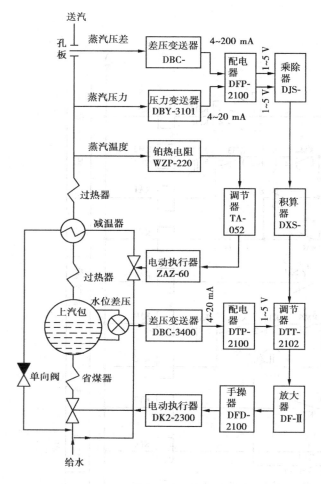

图 5.5.3 SHL10 锅炉仪表控制方框图

5.5.2 系统简介

（1）动力电路电气控制特点

动力控制系统中，水泵电动机功率为45 kW、引风机电动机功率为45 kW，一次风机电动机功率为30 kW，功率较大，根据锅炉房设计规范，需设置降压启动设备。因3台电动机不需要同时启动，所以可用一台自耦变压器作为降压启动设备。为了避免3台或两台电动机同时启动，需设置启动互锁环节。

锅炉点火时，一次风机、炉排电机、二次风机必须在引风机启动数秒后才能启动；停炉时，一次风机、炉排电机、二次风机停止数秒后，引风机才能停止。系统应用了按顺序规律实现控制的环节，并在锅炉极限低水位以上才能实现顺序控制。

在链条炉中，常布设二次风，其目的是二次风能将高温烟气引向炉前，帮助新燃料着火，加强对烟气的扰动混合，同时还可提高炉膛内火焰的充满度等优点。二次风量一般控制在总风量的5% ~ 15%，二次风由二次风机供给。

另外，还需要一些必要的声、光报警及保护装置。

（2）自动调节特点

汽包水位调节为双冲量给水调节，系统以汽包水位信号作为主调节信号，以蒸汽流量信号作为前馈信号，通过调节仪表自动调节给水管路中的电动阀门开度，实现汽包水位的连续调节。

过热蒸汽温度调节是通过调节仪表自动调节减温水电动阀门的开度，调节减温水的流量实现控制过热器出口蒸汽温度。

燃烧过程的调节是通过司炉工观察各显示仪表的指示值，操作调节装置，遥控引风风门挡板和一次风风门挡板，实现引风量和一次风量的调节。对炉排进给速度的调节，是通过操作能实现无级调速的滑差电机调节装置而改变链条炉排的进给速度。

系统还装有一些必要的显示仪表和观察仪表。

5.5.3　动力电路电气控制分析

锅炉的运行与管理,国家有关部门制定了若干条例,如锅炉升火前的检查,升火前的准备,升火与升压等。锅炉操作人员应按规定严格执行,这里仅分析电路的工作原理。

当锅炉需要运行时,首先要进行运行前的检查,一切正常后,将各电源自动开关 QF、QF1 ~ QF6 合上,其常开主触头和辅助常开触头均闭合,为主电路和控制电路通电作准备。

(1) 给水泵的控制

锅炉经检查符合运行要求后,才能进行上水工作。上水时,按 SB3 或 SB4 按钮,接触器 KM2 得电吸合;其主触头吸合,使给水泵电动机 M1 接通降压启动线路,为启动作准备;辅助触头 $KM2_{1,2}$ 断开,切断 KM6 通路,实现对一次风机不许同时启动的互锁;$KM2_{3,4}$ 闭合,使接触器 KM1 得电吸合,其主触头闭合,给水泵电动机 M1 接通自耦变压器及电源,实现降压启动。

同时,时间继电器 KT1 线圈也得电吸合,其触头 $KT1_{1,2}$ 瞬时断开,切断 KM4 通路,实现对引风电机不许同时启动的互锁;$KT1_{3,4}$ 瞬时闭合,实现启动时自锁;$KT1_{5,6}$ 延时断开,使 KM2 失电,KM1 也失电,其触头复位,电动机 M1 及自耦变压器均切除电源;$KT1_{7,8}$ 延时闭合,接触器 KM3 得电吸合;其主触头闭合,使电动机 M1 接上全压电源稳定运行;$KM3_{1,2}$ 断开,KT1 失电,触点复位。$KM3_{3,4}$ 闭合,实现运行时自锁。当水位达到高水位时,通过电接点水位表中的高水位触点 SL3 使报警电路中 KA3 得电,$KA3_{11,12}$ 触头断开,实现高水位停泵。KA3 的控制在报警电路中分析。锅炉运行中的加水靠双冲量给水调节系统调节电动阀实现连续调节。

(2) 引风机的控制

锅炉升火时,需先启动引风机,按 SB7 或 SB8,接触器 KM4 得电吸合,其主触头闭合,使引风机电动机 M2 接通降压启动电路,为启动作准备;辅助触头 $KM4_{1,2}$ 断开,切断 KM2,实现对水泵电机不许同时启动的互锁;$KM4_{3,4}$ 闭合,使接触器 KM1 得电吸合,其主触头闭合,M2 接通自耦变压器及电源实现降压启动。

同时,时间继电器 KT2 也得电吸合,其触头 $KT2_{1,2}$ 瞬时断开,切断 KM6 通路,实现对一次风机不许同时启动的互锁;$KT2_{3,4}$ 瞬时闭合,实现自锁;$KT2_{5,6}$ 延时断开,KM4 失电,KM1 也失电,其触头复位,M2 切除自耦变压器和电源;$KT2_{7,8}$ 延时闭合使时间继电器 KT3 得电吸合,其触头 $KT3_{1,2}$ 瞬时闭合自锁;$KT3_{3,4}$ 瞬时闭合,接触器 KM5 得电吸合;其主触头闭合,使 M2 接上全压电源运行;$KM5_{1,2}$ 断开,KT2 失电复位。

(3) 一次风机的控制

系统按顺序控制时,需合上转换开关 SA1,只要汽包水位高于极限低水位,水位表中极限低水位电接点 SL1 闭合,中间继电器 KA1 得电吸合,其触头 $KA1_{1,2}$ 断开,使一次风机、炉排电机、二次风机必须按引风机先启动的顺序实现控制;$KA1_{3,4}$ 闭合,为顺序启动作准备;$KA1_{5,6}$ 闭合,使引风机启动结束后能自行启动一次风机。

触头 $KA4_{13,14}$ 为锅炉出现压力过高时,自动停止一次风机,炉排电机、二次风机的继电器 KA4 触头,正常时不动作,其原理在声光报警电路中分析。

当引风机 M2 降压启动结束时,$KT3_{1,2}$ 闭合,只要 $KA4_{13,14}$ 闭合、$KA1_{3,4}$ 闭合、$KA1_{5,6}$ 闭合,接触器 KM6 将自动得电,其主触头闭合,使一次风机电动机 M3 接通降压启动电路,为启动作准备;辅助触头 $KM6_{1,2}$ 断开,实现对引风机不许同时启动的互锁;$KM6_{3,4}$ 闭合,接触器 KM1 得电吸合:其主触头闭合使 M3 接通自耦变压器及电源,一次风机实现降压启动。

同时,时间继电器 KT4 也得电吸合,其触头 KT4$_{1,2}$瞬时断开,实现对水泵电机不许同时启动的互锁;KT4$_{3,4}$瞬时闭合自锁(按钮启动时用);KT4$_{5,6}$延时断开,KM6 失电,KM1 也失电,其触头恢复,电动机 M3 切除自耦变压器;KT4$_{7,8}$延时闭合,接触器 KM7 得电吸合,其主触头闭合、M3 接全电压运行;辅助触头 KM7$_{1,2}$断开,KT4 失电触头复位;KM7$_{3,4}$闭合,实现自锁。

(4)其他电机的控制

引风机启动结束后,就可启动炉排电动机 M4 和二次风机 M5。炉排电动机功率为1.1 kW,二次风机电动机功率为 7.5 kW,均可直接启动。除渣电动机功率为 1.1 kW,不受顺序控制可直接启动。

(5)锅炉停炉的控制

锅炉停炉有 3 种情况:暂时停炉,正常停炉和事故停炉。暂时停炉为负荷短时间停止用气时,炉排用压火的方式停止运行,同时停止送风机和引风机,重新运行时可免去升火的准备工作;正常停炉为负荷停止用气及检修时有计划停炉,需熄火和放水;事故停炉为锅炉运行中发生故障,如不立即停炉就有扩大事故的可能,需停止供煤、送风,减少引风进行检修。

正常停炉和暂时停炉的控制:按下 SB5 或 SB6 按钮,时间继电器 KT3 失电,其瞬动常开触头 KT3$_{1,2}$立即断开,使接触器 KM7、KM8、KM9 线圈均失电,其触头复位,一次风机 M3,炉排电机 M4、二次风机 M5 都断电停止运行;KT3$_{3,4}$延时复位,接触器 KM5 失电,其主触头复位,引风机电动机 M2 断电停止。实现了停止时,一次风机、炉排电机、二次风机先停数秒后,再停引风机的顺序控制要求。

(6)声光报警及保护

系统装设有汽包水位的低水位报警和高水位报警及保护;蒸汽压力超高压报警及保护等环节。见声光报警电路,KA2 ~ KA6 均为小型继电器。

1)水位报警

汽包水位的显示为电接点水位表,该水位表有极限低水位触头 SL1,低水位触头 SL2、高水位触头 SL3、极限高水位触头 SL4。当汽包水位正常时(在低水位与高水位之间),SL1 为闭合的,SL2、SL3 为断开的,SL4 在本系统中没使用。

当汽包水位低于低水位时,低水位触头 SL2 闭合,继电器 KA6 得电吸合,其触头 KA6$_{4,5}$闭合并自锁;KA6$_{8,9}$闭合,蜂鸣器 HA 响——声报警;KA6$_{1,2}$闭合,使 KA2 得电吸合,其触头 KA2$_{4,5}$闭合并自锁;KA2$_{8,9}$闭合,指示灯 HL1 亮——光报警。KA2$_{1,2}$断开,为消声作准备。当值班人员听到声响后,观察指示灯,知道发生低水位时,可按 SB21 按钮,使 KA6 失电,其触头复位,HA 失电不再响,实现消声。并去排除故障,水位上升后,SL2 复位(断开),KA2 失电,HL1 不亮。

如汽包水位下降低于极限低水位时,触头 SL1 断开,KA1 失电(控制电路),一次风机、二次风机均失电停止。

当汽包水位超过高水位时,触头 SL3 闭合,KA6 得电吸合,其触头 KA6$_{4,5}$闭合自锁;KA6$_{8,9}$闭合,HA 响报警;KA6$_{1,2}$闭合,使 KA3 得电吸合,其触头 KA3$_{4,5}$闭合自锁;KA3$_{8,9}$闭合,HL2 亮——光报警;KA3$_{1,2}$断开,准备消声;KA3$_{11,12}$断开(在水泵控制电路)使接触器 KM3 失电,其触头恢复,给水泵电动机 M1 停止运行。消声与前同。

2)超高压报警

当蒸汽压力超过设计整定时,其蒸汽压力表中的压力开关 SP 高压端接通,使继电器 KA6

得电吸合，其触头 KA6$_{4,5}$ 闭合自锁；KA6$_{8,9}$ 闭合声报警；KA6$_{1,2}$ 闭合，使 KA4 得电吸合，KA4$_{11,12}$、KA4$_{4,5}$ 均闭合自锁；KA4$_{8,9}$ 闭合，HL3 亮报警；KA4$_{13,14}$（控制电路）断开，使一次风机、二次风机和炉排电机均停止运行。

当值班人员知道并处理后，蒸汽压力下降，到蒸汽压力表中的压力开关 SP 低压端接通时，使继电器 KA5 得电吸合，其触头 KA5$_{1,2}$ 断开，使 KA4 失电，KA4$_{13,14}$ 复位，一次风机和炉排电机将自行启动，二次风机需用按钮操作。

按钮 SB22 为自检按钮，自检的目的是检查声、光器件是否能正常。自检时，按下 SB22，HA 及各光器件均应响和亮。

3）其他保护

各台电动机的电源开关和总开关都用自动开关，自动开关一般设有过电流保护和过载保护功能，要求较高的总开关还可增加失压保护功能。

锅炉要正常运行，锅炉房还需要其他设备，如水处理设备、运渣设备、运煤设备、燃料粉碎设备等，各设备如应用电动机为动力，其控制电路一般较简单。仪表自动调节环节可阅读有关书籍，图 5.5.3 仅供参考。

5.6　空调系统的电气控制

5.6.1　概　述

空气调节是一门维持室内良好热环境的技术。良好的热环境是指能满足实际需要的室内空气的温度、相对湿度、流动速度、洁净度等。空调系统（或机组）的任务就是根据使用对象的具体要求，使上述参数部分的或全部达到规定的指标。由于空气处理设备分布方式不同，可分为集中式空调、半集中式和分散式空调。

集中式空调是将空气处理设备（过滤、冷却、加热、加湿设备和风机等）集中安装在空调机房内，空气处理后，由送风管道送入各房间的系统。广泛应用于影剧院、百货大楼、火车站、科研所等不需要单独调节而面积较大的公共建筑物中。

半集中式空调是在集中空调的基础上加进末端调节装置，以便对不同的房间进行单独调节。广泛应用于宾馆、医院等大范围但又需局部调节的建筑物中。

分散式（局部式）空调是将整体组装的空调器（带制冷机的空调机组、热泵机组等）直接放在被空调房间内或放在附近，每个机组只供一个大房间或几个小房间。广泛应用于医院，宾馆等需要局部调节空气的房间及民用住宅。

由于半集中式和局部式空调电气控制较简单，应用也较普遍，本节通过两个实例阐述其工作原理。

5.6.2 风机—盘管电气控制实例

风机—盘管是半集中式空调的一种末端装置。较简单的只有风机和盘管（换热器）组成，不能实现温度自动调节，其控制电路与电风扇的控制方式基本相同，仅调节风量。能实现温度自动调节的机组除了风机和盘管外还有电磁（或电动）阀，室温调节装置等组成。

图 5.6.1 为能实现温度自动调节的风机盘管机组示意图。图 5.6.2 为其电路图。原理如下：

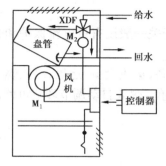

图 5.6.1　风机—盘管机组

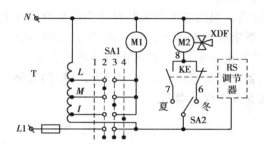

图 5.6.2　风机盘管电路图

（1）风量调节

风机电动机 M1 为单相电动机，采用自耦变压器 TM 调压调速（也有三速电动机）。风机电动机的速度选择由转换开关 SA1 实现（也可用按键式机械联锁开关）。SA1 有 4 挡，1 挡为停、2 挡为低速、3 挡为中速、4 挡为高速。

（2）水量调节

供水调节由电动三通阀实现，M2 为电动三通阀电动机，型号为 XDF，由单相交流 220 V 磁滞电动机带动的双位动作的三通阀。其工作原理是：当电动机通电后，立即按规定方向转动，经内部减速齿轮和传动轴将阀心提起，使供水经盘管进入回水管。此时，电动机处于带电停转状态，而磁滞电动机可以满足这一要求。当电动机断电时，阀心及电动机通过复位弹簧的作用反向转动而关闭，使供水经旁通管流入回水管，利于整个水路系统的压力平衡。

XDF 电动三通阀的开闭水路与电磁阀作用相同，不同点是电磁阀开闭时，阀心有冲击，机械磨损快，而电动阀的阀心是靠转动开闭的，故冲击小、机械磨损小、使用寿命长。

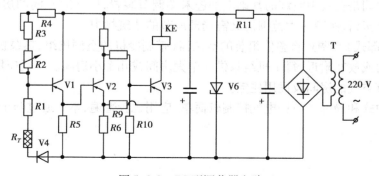

图 5.6.3　RS 型调节器电路

该系统应用的调节器是 RS 型,KE 为 RS 调节器中的灵敏继电器触头。图 5.6.3 为 RS 型调节器电路,由晶体管 V_1、温度检测元件热敏电阻 R_T 和温度给定电位器 R_2 构成测量放大电路,V2、V3 组成典型的双稳态电路。其工作原理是:当 R_T 处温度降低时,R_T 阻值增加,V1 管基极电流 I_{b1} 增加,使 V1 管发射极电流增加,则电阻 R5 电压降增加,发射极电位降低,经 V2 放大后使 V3 截止,V3 截止经正反馈又促使 V2 进入饱和状态,V2 饱和导通、V3 截止是一种稳态,此时 KE 小型灵敏(电子)继电器不吸合,发出温度低于给定值信号。当 R_T 处温度升高时,R_T 阻值减小,V1 管基极电流 I_{b1} 减小,使 V1 管发射极电流减小,则电阻 R5 电压减小,小到一定值,V2 和 V3 发生翻转,V2 截止、V3 饱和导通,进入另一种稳态。KE 继电器吸合,发出温度高于给定值信号。

为了适应季节变化,设置了季节转换开关 SA2,随季节的改变,在机组改变冷、热水的同时,必须相应改变季节转换开关的位置,否则系统将失调。

夏季运行时,SA2 扳至"夏"位置,水系统供冷水。当室温超过给定值时,RS 调节中的继电器 KE 吸合,其常开触头闭合,三通阀电动机 M2 通电转动,打开盘管端,关掉旁通端,向机组供冷水。当室温下降低于给定值时,KE 释放,M2 失电,由三通阀电动机内的复位弹簧使盘管端关闭,旁通端打开、停止向机组供冷水。

冬季运行时,SA2 扳至"冬"位置,水系统供热水。当室温低于给定值时,KE 不吸合,其常闭触头使 M2 通电,打开盘管端,关闭旁通端向机组供热水。当室温上升超过给定值时,KE 吸合,其常闭触头断开而使 M2 失电,关闭盘管端,打开旁通端,停止向机组供热水。

5.6.3　恒温恒湿机组的电气控制

分散式空调机组的种类较多,如家用窗式空调器、热泵冷风型空调器、恒温恒湿机组型等数种,而每种类型又有若干型号,其电气控制要求也略有不同,此处以 KD10/1-L 型空调机组为例介绍其温、湿度的控制原理。

(1)系统主要设备

图 5.6.4 为该机组安装示意图。图 5.6.5 为该机组电气控制电路图。主要设备按功能分可由制冷、空气处理和电气控制 3 部分组成。

1)制冷部分

是机组的冷源。主要由压缩机、冷凝器、膨胀阀和蒸发器等组成,为了调节系统所需的冷负荷,将蒸发器制冷管路分成两条,利用两个电磁阀分别控制两条管路通和断,电磁阀 YV1 通电时,蒸发器投入 1/3 面积,电磁阀 YV2 通电时,蒸发器投入 2/3 面积,YV1 和 YV2 同时通电时,蒸发器全部面积投入。

2)空气处理设备

主要任务是将新风和回风经空气过滤器过滤后,处理成所需要的温度和相对湿度,以满足房间的空调要求,主要由新风采集口、回风口、空气过滤器、电加热器、电加湿器和通风机等组成。其中电加热器是利

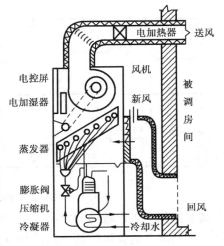

图 5.6.4　空调机组示意图

用电流通过电阻丝会产生热量而制成的加热空气设备,安装在通风管道中,共分3组。电加湿器是用电能将水直接加热而产生蒸气,用短管将蒸汽喷入空气中而进行加湿的设备。

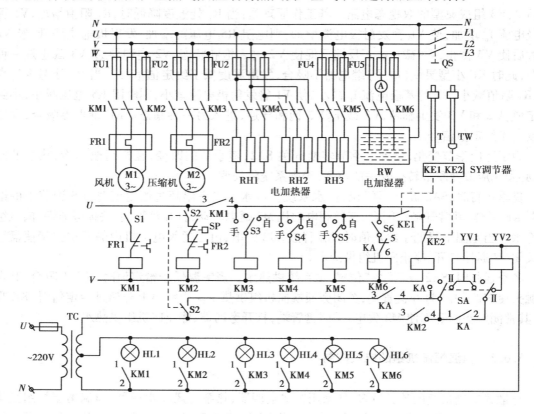

图5.6.5 KD10型空调机组电气控制电路

3)电气控制部分

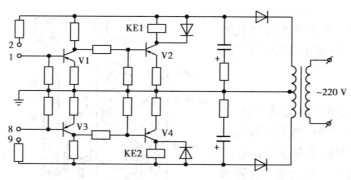

图5.6.6 SY调节器电路

主要作用是实现恒温恒湿的自动调节,由检测元件、调节器、接触器,开关等组成。其温度检测元件为电接点水银温度计,当温度达到调节温度时,利用水银导电性能将接点接通,通过晶体管组成的开关电路(调节器)推动灵敏继电器KE1通电或断电而发出信号。其相对湿度检测元件也是电接点水银温度计,只不过在其下部包有吸水棉纱,利用空气干燥,水蒸发而带走温度的原理工作。只要使两个温度计保持一定的温差值就可维持一定的相对湿度。一般测湿度的温度计称湿球温度计,其整定值也低于干球温度计,而湿球温度计也和一个调节器相联系,该调节器的灵敏继电器文字符号为KE2。KE1吸合的条件是:室温低于给定值。KE2吸合的条件是室内相度湿度低于给定值。调节器电路如图5.6.6所示。1和2两点接通时,V1饱和导通,V2截止,KE1释放。1和2两

150

点断开时,V1 截止,V2 饱和导通,KE1 吸合。8 和 9 两点接通与断开时,V3、V4 和 KE2 的工作过程同上。

(2)电气控制电路分析

该空调机组电气控制电路可分成主电路、控制电路、信号灯和电磁阀控制电路 3 部分。当空调机组需要投入运行时,合上电源总开关 QS,所有接触器的上接线端子、控制电路 U、V 两相电源和控制变压器 TC 均有电。合上开关 S1,接触器 KM1 得电吸合:其主触点闭合,使通风机电动机 M1 启动运行;辅助触点 KM1$_{1,2}$ 闭合,指示灯 HL1 亮;KM1$_{3,4}$ 闭合,为温湿度调节作好准备,此触点称为联锁保护触点,即通风机未启动前,电加热器、电加湿器等都不能投入运行,起到安全保护作用,避免发生事故。

机组的冷源是由制冷压缩机供给,压缩机电动机 M2 的启动由开关 S2 控制,其制冷量是利用控制电磁阀 YV1、YV2 来调节蒸发器的蒸发面积实现的,并由转换开关 SA 控制是否全部投入。

机组的热源由电加热器供给。电加热器分成 3 组,分别由开关 S3、S4、S5 控制,都有"手动"、"停止"、"自动"3 个位置。当扳到"自动"位置时,可以实现自动调节。

1)夏季运行的温湿度调节

夏季运行时需降温和减湿,压缩机需投入运行,设开关 SA 扳在 Ⅱ 挡,电磁阀 YV1、YV2 全部投入,电加热器可有一组投入运行,作为精加热用(此法称为冷却加热法),设 S3、S4 扳至中间"停止"挡,S5 扳至"自动"挡。合上开关 S2,接触器 KM2 得电吸合,其主触点闭合,制冷压缩机电动机 M2 启动运行;其辅助触头 KM2$_{1,2}$ 闭合,指示灯 HL2 亮;KM2$_{3,4}$ 闭合,电磁阀 YV1 通电打开,蒸发器有 1/3 面积投入运行。由于刚开机时,室内的温度较高,检测元件干球温度计 T 和湿球温度计 TW 的电接点都是通的(T 的整定值比 TW 的整定值高),与其相联的调节器中的灵敏继电器 KE1 和 KE2 均没吸合,KE2 的常闭触头使继电器 KA 得电吸合,其触头 KA$_{1,2}$ 闭合,使电磁阀 YV2 得电打开,蒸发器全部面积投入运行,空调机组向室内送入冷风实现对新空气进行降温和冷却减湿。

当室内温度或相对湿度下降到 T 和 TW 的整定值以下,其电接点断开使调节器中的继电器 KE1 或 KE2 得电吸合,利用其触头动作可进行自动调节。例如:室温下降到 T 的整定值以下,T 电接点断开,调节器中的 KE1 得电吸合,其常开触头闭合使接触器 KM5 得电吸合,其主触头使电加热器 RH3 通电,对风道中被降温和减湿后的冷风进行精加热,其温度相对提高。

如室内温度一定,而相对湿度低于 T 和 TW 整定的温度差时,TW 上的水分蒸发快而带走热量,使 TW 接点断开,调节器中的继电器 KE2 得电吸合,其常闭触头 KE2 断开,使继电器 KA 失电,其常开触头 KA$_{1,2}$ 断开,电磁阀 YV2 失电而关闭。蒸发器只有 1/3 面积投入运行,制冷量减少而使相对湿度升高。

从上述分析可知,当房间内干、湿球温度一定时,其相对湿度也就确定了。这里,每一个干、湿球温度差就对应一个湿度。若干球温度不变,则湿球温度的变化就表示了房间内相对湿度的变化,只要能控制住湿球温度不变就能维持房间相对湿度恒定。

如果选择开关 SA 扳到"Ⅰ"位时,只有电磁阀 YV1 受控,而电磁阀 YV2 不投入运行。此种状态可在春夏交界和夏秋交界制冷量需要较少时的季节用,其原理与上同。

为防止制冷系统压缩机吸气压力过高运行不安全和压力过低运行不经济,利用高低压力继电器触头 SP 来控制压缩机的运行和停止。当发生高压超压或低压过低时,高低压力继电器触头 SP 断开,接触器 KM2 失电释放,压缩机电动机停止运行。此时,通过继电器 KA 的触头 KA$_{3,4}$ 使电磁阀 YV1 仍继续受控。当蒸发器吸气压力恢复正常时高低压力继电器 SP 触头恢复,压缩机电动机将自动启动运行。

2)冬季运行的温湿度调节

冬季运行主要是升温和加湿,制冷系统不工作,需将 S2 断开,SA 扳至停。加热器有 3 组,根据加热量的不同,可分别选在手动、停止或自动位置。设 S3 和 S4 扳在手动位置,接触器 KM3、KM4 均得电,RH1、RH2 投入运行而不受控。将 S5 扳至自动位置,RH3 受温度调节环节控制。当室内温度低时,干球温度计 T 接点断开,调节器中继电器 KE1 吸合,其常开触头闭合使 KM5 得电吸合,其主触头闭合使 RH3 投入运行,送风温度升高。如室温较高,T 接点闭合,KE1 失电释放而使 KM5 断电,RH3 不投入运行。

室内相对湿度调节是将开关 S6 合上,利用湿球温度计 TW 接点的通断而进行控制。例如:当室内相对湿度低时,TW 温包上水分蒸发快而带走热量,TW 接点断开,调节器中继电器 KE2 吸合,其常闭触头断开使继电器 KA 失电释放,其触头 KA$_{5,6}$ 恢复而使接触器 KM6 得电吸合,其主触头闭合,电加湿器 RW 投入运行,产生蒸汽对送风进行加湿。当相对湿度较高时,TW 和 T 的温差小,TW 接点闭合,KE2 释放,继电器 KA 得电,其触头 KA$_{5,6}$ 断开使 KM6 失电而停止加湿。

该系统的恒温恒湿调节仅是位式调节,只能在制冷压缩机和电加热器的额定负荷以下才能保证温度的调节。另外,系统中还有过载和短路等保护。

5.7 火灾自动报警系统

火灾自动报警系统是现代消防自动化工程的主要内容。是借助当代电子工程和计算机技术发展起来的一门新兴学科。

火灾自动报警系统一般由火灾探测器,区域报警器和集中报警器组成,也可根据工程要求和各种灭火设施及通讯装置联动,形成中心控制系统,由火灾自动报警、自动灭火,安全疏散诱导等组成一个完整的消防控制系统。

5.7.1 火灾探测器

火灾深测器是整个报警系统的眼睛,它的工作稳定性、可靠性和灵敏度等技术指标直接影响着整个消防系统的运行。因此对探测器的选型、布点及安装都要给予足够的重视。

(1)火灾探测器的种类

工程上常用的火灾探测器主要有以下几种:

1)感烟式火灾探测器

①定点型:离子感烟式探测器;光电感烟式探测器。

②线型:红外光束线型探测器。

2)感温式火灾探测器

①定温式探测器:双金属定温式;热敏电阻式;半导体式;易熔合金式;热敏电缆线型;同轴电缆线型。

②差温式火灾探测器:双金属式;热敏电阻式;半导体式;膜盒式;

③差定温式火灾探测器:膜盒式;热敏电阻式;半导体式。

3)感光式火灾探测器

①紫外线火焰式探测器。

②红外线火焰式探测器。

(2)火灾探测器的选型

火灾的形成与发展可分成4个阶段:

前期:火灾尚未形成,只是出现一定的烟雾,基本上未造成物质损失。

早期:火灾刚开始形成,烟量大增已出现火光,造成了较小的物质损失。

中期:火灾已经形成,火势上升很快,造成了较大的物质损失。

晚期:火灾已经扩散,造成一定损失。

1)根据火灾的特点选择火灾探测器,应符合下述原则

①若火灾初期有阴燃阶段,产生大量的烟和少量热,很少或没有火焰辐射,则应选用感烟探测器。

②若火灾发展迅速,产生大量热、烟和火焰辐射,则可选用感温探测器、感烟探测器,火焰探测器或其组合。

③若火灾发展迅速,有强烈的火焰辐射和少量烟和热,则应选用火焰探测器。

④情况复杂或火灾形成特点不可预料,可进行模拟试验,根据试验结果选择探测器。

2)在不同高度的房间设置火灾探测器时,可按表5.7.1进行选择。

表 5.7.1 根据房间高度选择探测器

房间高度 h/m	感烟探测器	感温探测器			火焰探测器
		一 级	二 级	三 级	
$12 < h \leq 20$	不适合	不适合	不适合	不适合	适合
$8 < h \leq 12$	适合	不适合	不适合	不适合	适合
$6 < h \leq 8$	适合	适合	不适合	不适合	适合
$4 < h \leq 6$	适合	适合	适合	不适合	适合
$h \leq 4$	适合	适合	适合	适合	适合

(3)报警区域和探测区域的划分

1)报警区域的划分

"报警区域"是指将保护范围按防火分区或楼层划分的单元。报警区域应按防火分区或楼层划分,一个报警区域宜由一个防火分区或同层的几个防火分区组成。

2)探测区域的划分

"探测区域"是指将报警区域内按部位划分的单元。一个探测区域的火灾探测器组成一个报警部位号,一般按独立房(套)间划分。

①一个探测区域的面积不宜超过500 m²。从主要出入口能看清其内部,且面积不超过1 000 m²的房间,也可划为一个探测区域。

②对非重点保护建筑,符合下列条件之一的,也可划分为一个探测区域。

a. 相邻房间不超过 5 个,总面积不超过 400 m²,并在每个门口设有灯光显示装置;

b. 相邻房间不超过 10 个,总面积不超过 1 000 m²,在每个房间门口均能看清内部,并在门口设有灯光显示装置。

③对下列场所应单独划分探测区域:敞开、封闭楼梯间;走道、坡道、管道井、电缆隧道;建筑物闷顶、夹层等。

(4)火灾探测器设置的一般规定

①探测区域内每个房间至少设置一只火灾探测器。

②感烟、感温探测器的保护面积和保护半径,应按表 5.7.2 确定。

表 5.7.2　感烟、感温探测器的保护面积和保护半径

火灾探测器的种类	地面面积 S/m^2	房间高度 h/m	探测器的保护面积 A 和保护半径 R					
			屋顶坡度 θ					
			$\theta \leq 15°$		$15° < \theta \leq 30°$		$\theta > 30°$	
			A/m^2	R/m	A/m^2	R/m	A/m^2	R/m
感烟探测器	$S \leq 80$	$h \leq 12$	80	6.7	80	7.2	80	8.0
	$S > 80$	$6 < h \leq 12$	80	6.7	100	8.0	120	9.9
		$h \leq 6$	60	5.8	80	7.2	100	9.0
感温探测器	$S \leq 30$	$h \leq 8$	30	4.4	30	4.9	30	5.5
	$S > 30$	$h \leq 8$	20	3.6	30	4.9	40	6.3

③感烟、感温探测器的安装间距不应超过图 5.7.1 由极限曲线 $D1 \sim D11$(含 $D9'$)所规定的范围。

④一个探测区域内所需设置的探测器数量应按下式计算:

$$N \geq \frac{S}{K \cdot A}(N 取整数) \tag{5.7.1}$$

式中　S——一个探测区域的面积,m²;

　　　A——一个探测器的保护面积,m²;

　　　K——修正系数,重点保护建筑取 0.7 ~ 0.9,非重点保护建筑取 1.0。

⑤在梁突出顶棚的高度小于 200 mm 的顶棚上设置感烟、感温探测器时,可不考虑梁对探测器的影响。

当梁突出顶棚的高度在 200 mm 至 600 mm 时,要适当考虑梁对探测器的影响(参看其他书)。

当梁突出顶棚的高度超过 600 mm 时,被梁隔断的每个梁间区域至少设一个探测器。

当被梁隔断的区域面积超过一只探测器的保护面积时,则应将被隔断的区域视为一个探测区域,并按规定计算探测器的设置数量。

⑥在宽度小于 3 m 的内走道顶棚设置探测器时宜居中布置,感温探测器的间距不应超过 10 m,感烟探测器的安装间距不应超过 15 m。探测器至端墙的距离不应大于探测器安装间距的一半。

⑦探测器至墙壁、梁边的水平距离不应小于 0.5 m。

⑧探测器周围 0.5 m 内不应有遮挡物。

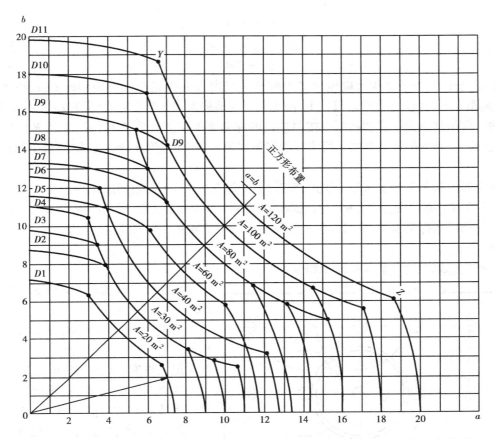

图 5.7.1　由探测器的保护面积 A 和保护半径 R 确定探测器的安装间距 a、b 的极限曲线

⑨房间被书架、设备或隔断等分隔，其顶部至顶棚或梁的距离小于房间净高的 5% 时，则每个被隔开的部分应至少安装一只探测器。

⑩探测器至空调送风口边的水平距离不应小于 1.5 m，至多孔送风顶棚孔口的水平距离不应小于 0.5 m。

⑪探测器宜水平安装，如必须倾斜安装时，倾斜角不应大于 45°。

⑫在电梯井，升降机井设置探测器时，其位置宜在井道上方的机房顶棚上。在楼梯或坡道，可按垂直距离每 15 m 安装一个探测器。

⑬对下述场所可不设置探测器：

a. 厕所、浴室及其类似场所；

b. 不能有效探测火灾的场所；

c. 不便维修、使用（重点部位除外）的场所。

（5）火灾探测器的安装间距及布置

探测器的安装距离定义为两只相邻的火灾探测器中心连线的长度。当探测区域为矩形时，则 a 称为横向安装间距，b 为纵向安装间距。探测器按正方形布置时，才有 $a=b$。

一个探测器的保护面积理论上应是一个同心圆。如果选择时按同心圆面积计算选择，而实际布置时，这个同心圆面积却无法全部利用。所以，探测器的保护面积 A 给出的是一个矩形或方形有效保护面积。探测器的保护面积 A、保护半径 R 与安装间距 a、b 具有下列近似关系，即

$$A = a \cdot b \qquad (5.7.2)$$
$$2R = \sqrt{a^2 + b^2} \qquad (5.7.3)$$
$$D_i = 2R \qquad (5.7.4)$$

工程设计中,为了尽快地确定出某个探测区域内火灾探测器的安装间距 a、b,经常利用"安装间距 a、b 的极限曲线"。事实上,图 5.7.1 就是根据表 5.7.2 和式(5.7.2)~式(5.7.4)绘出的。应用这一曲线我们就可以按照选定的探测器的保护面积 A 和保护半径 R 立即确定出安装间距 a 和 b 的取值范围。而实际的安装间距 a 和 b 由探测区域的探测器数量和布置来确定。

为说明表 5.7.2 和图 5.7.1 及式(5.7.1)~式(5.7.4)的工程应用,下面给出一个例子。

例 5.7.1 有一个生产车间,地面面积为 30 m×40 m、无过梁,屋顶坡度为 15°,房间高度为 8 m,使用感烟探测器监测。试问,应选用多少只探测器和如何布置这些探测器?

解:

1)确定感烟探测器的保护面积和保护半径

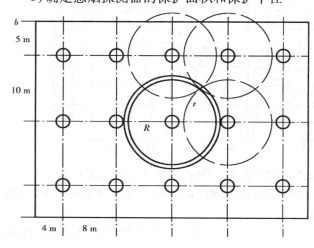

图 5.7.2 火灾探测器布置图

因探测区域面积 $S = 30\ \text{m} \times 40\ \text{m} = 1\ 200\ \text{m}^2 > 80\ \text{m}^2$。

房间高度 $h = 8\ \text{m}$,即 $6\ \text{m} < h \leqslant 12\ \text{m}$。

屋顶坡度 $\theta = 15°$,即 $\theta \leqslant 15°$。

由表 5.7.2 可查得,感烟探测器保护面积 $A = 80\ \text{m}^2$、保护半径 $R = 6.7\ \text{m}$。

2)计算所需探测器配置数 N

考虑该车间为非重点建筑物,故 $K = 1$,于是按式(5.7.1)有:

$$N \geqslant \frac{S}{K \cdot A} = \frac{1\ 200}{1 \times 80}\ 只 = 15\ 只$$

3)确定探测器的安装间距 a、b 和布置

首先,由保护半径 R 确定 D_i——极限曲线号,$D_i = 2R = 2 \times 6.7\ \text{m} = 13.4\ \text{m}$,由图 5.7.1 可确定 $D_i = D_7$,即应当利用 D_7——极限曲线确定 a 和 b。a 的取值可在 7~11.4,对应的 b 可在 11.4~7。

其次,根据现场实际(即 $S = 30\ \text{m} \times 40\ \text{m}$)布置探测器,选 $a = 8\ \text{m}$、$b = 10\ \text{m}$,布置如图 5.7.2 所示。横向布置 5 只,纵向布置 3 只,总计 $N = 3 \times 5$ 只 $= 15$ 只。

4)校核按安装间距 a、b 布置后,探测器到最远水平距离 r 是否在探测保护半径 R 范围内。

参考图 5.7.2,按式(5.7.3)可算得:

$$r = \sqrt{\left(\frac{a}{2}\right)^2 + \left(\frac{b}{2}\right)^2} = \sqrt{4^2 + 5^2}\ \text{m} = 6.4\ \text{m}$$

6.4 m < R = 6.7 m,在保护半径之内,说明上述计算及探测器布置是符合要求的。

由上述例子可知,一个探测区域的探测器数量不仅和其探测区域的面积有关;还和探测器

的保护面积及实际布置有关,如将上述例子取 $a=10\text{ m}$、$b=8\text{ m}$,横向布置 4 只,纵向也必须布置 4 只,实际的 $N=16$ 只。而纵向的实际间距只有 7.5 m,没有充分利用探测器的保护半径。

5.7.2　火灾自动报警器

目前我国大量生产的火灾自动报警器严格讲应算"火灾报警控制器"。它能给火灾探测器供电,并接收、显示和传递火灾报警等信号,对自动消防等装置发出控制信号。

根据建筑物的规模和防火要求,火灾自动报警系统可选用以下 3 种形式:区域报警系统;集中报警系统;控制中心报警系统。

(1)区域报警控制器

1)主要功能

①火灾自动报警功能　当区域报警器收到火灾探测器送来的火灾报警信号后,由原监控状态立即转为报警状态,发出报警信号,总火警红灯闪亮并记忆;发出变调火警音响,房号灯亮指出火情部位,电子钟停走指出首次火警时间,向集中报警器送出火警信号。

②断线故障自动报警功能　当探测器至区域报警器之间连线断路或任何连接处松动时,黄色故障指示灯亮,发出不变调断线报警音响。

③自检功能　为保证每个探测器及区域报警器电路单元始终处于正常工作状态,设在区域报警器面板的自检按键,供值班人员随时对系统功能进行检查,同时在断线故障报警时,用该按键可迅速查找故障所在回路编号。

④火警优先功能　当断线故障报警之后又发生火警信号或二者同时发生时,区域报警器能自动转换成火灾报警状态。

⑤联动控制　外控触点可自动或手动与其他外控设备联动。

⑥其他监控功能　过压保护和过压声光报警、过流保护、交直流自动切换,备用电池自动定压充电、备用电池欠压报警等功能。

2)区域报警系统的设计应符合下列要求

①应置于有人值班的房间或场所。

②一个报警区域宜设置一台区域报警器,系统中区域报警控制器不应超过 3 台。

③当用一台区域报警器警戒数个楼层时,应在每层各楼梯口明显部位设识别楼层的灯光显示装置。

④区域报警器安装在墙上时,底边距地面的高度不应小于 1.5 m。靠近门轴的侧面距墙不应小于 0.5 m。正面操作距离不应小于 1.2 m。

(2)集中报警控制器

集中报警控制器的功能大致和区域报警器相同,其差别是多增加了一个巡回检测电路。巡回检测电路将若干区域报警器连接起来,组成一个系统,巡检各区域报警器有无火灾信号或故障信号,及时指示火灾或故障发生的区域和部位(层号和房号),并发出声光报警信号。

集中报警系统的设计应符合下列要求:

①系统中应设有一台集中报警控制器和两台以上的区域报警控制器。

②集中报警控制器需从后面检修时,后面板距墙不应小于 1 m;当其一侧靠墙安装时,另一侧距墙不应小于 1 m。

③集中报警器的正面操作距离,当设备单列布置时不应小于 1.5 m,双列布置时不应小于 2 m;在值班人员经常工作的一面,控制盘距墙不应小于 3 m。

④集中报警控制器应设置在有人值班的专用房间或消防控制区室内。消防控制室宜设在建筑物内的底层或地下一层,应采用耐火极限分别不低于 2 h 的隔墙和 2 h 的楼板,并与其他部位隔开和设置直通室外的安全出口。

5.7.3　系统组成简介

目前,我国生产火灾报警设备的厂家较多,由于报警控制器电路组成形式不同,其系统接线方式可有两总线制、四总线制、二线制、三线制和四线制等。从发展趋势看,报警控制器微机化;探测器地址编码化,接线方式趋于总线制。因此,结合 S8000 型火灾自动报警系统为例介绍两总线制。

（1）系统特点

S8000 型两总线火灾报警系统是中国科学院上海原子核研究所日环仪器厂开发和生产的新产品。该系统由地址编码探测器、智能化报警控制器以及可编程消防联动控制器等部分组成,主要特点是:

①探测器至控制器之间采用两总线连接,各种传感器输出的开关量信号都能通过特制的编码电路为控制器所识别。控制器可连接各种形式的火灾探测器,如离子感烟、光电感烟、感温探测器、线型差温空气管、热电偶探测器、线型缆式感温线等,可根据用户需要,选择最佳的探测手段。

②系统的报警控制器采用微机技术,智能化程度高,控制器能够与楼层显示器组成中小规模的报警系统,亦可由多台控制器作为区域报警、一台控制器作为集中报警,组成较大规模的报警系统。控制器本身还可设置可编程 I/O 接口,直接驱动消防联动设备,亦可将信号输出至消防联动柜,构成较大规模的灭火系统。

（2）系统主要部件

1）探测器及通用底座

JTY-LZ-8001 型地址编码离子感烟探测器、JTW-JC-8002 型地址编码差温探测器、JTW-JD-8003 型地址编码定温探测器的接线方式都是两总线制、正为电源及信号线,负为地线,并联挂接总线。安装方式是与 JBF-DZ-8303 型通用底座相配,挂钩卡入式。编码方式为二进制编码开关,最大可编至 63 号。外形见图 5.7.3。

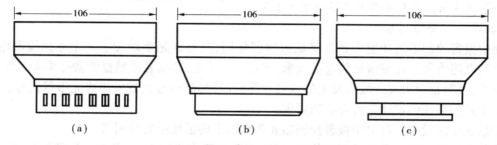

图 5.7.3　火灾探测器外形图
（a）JTY-LZ　（b）JTW-JC　（c）JTW-JD

JBF-DZ-8303 型通用底座是专为 S8000 型火灾报警系统探测器设计的通用型底座,可以配装各种卡入式探测器,底座可直接固定在 DH-75 型预埋接线盒上。外形及安装示意图见图5.7.4。

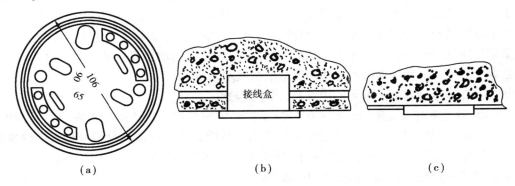

（a） （b） （c）

图 5.7.4 探测器通用底座及安装示意图
（a）通用底座 （b）暗配 （c）明配

2）手动报警按钮

火灾自动报警系统都要设置手动报警按钮,一般规定如下:

①报警区域内每个防火分区应至少设置一只手动报警按钮,从一个防火分区内的任何位置到最邻近的一个手动报警按钮的步行距离不应大于 30 m。

②手动火灾报警按钮应设置在明显和便于操作的部位,安装在墙上距地（楼）面高度1.5 m处,且有明显的标志。

JBF-SB-8301 型手动报警按钮是一种人工启动的火灾报警装置。火灾发生时,目击者只要敲碎手动报警按钮的面板玻璃、即可把火警信号传送至报警控制器,报出火警部位。

8301-1 型手动报警按钮无地址编码,不能直接挂接总线,需通过其他有地址编码的手动报警按钮接上总线,1～3 个按钮可并联使用一个地址编码。

8301-2 型是带有地址编码和两副输出触点的手动按钮,可直接挂接在报警器总线上,按钮可送出火灾信号至报警器;同时两副动合触点吸合,驱动其他报警或消防联动设备,触点容量为 DC27V、2A 或 AC220V、0.5A。

8301-3 型无输出触点,其他功能与 8301-2 型相同。

手动报警按钮的外形及安装示意图见图 5.7.5。

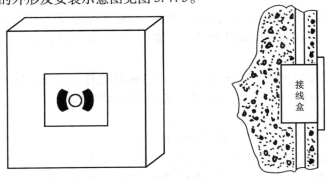

图 5.7.5 手动报警按钮外形及安装示意图

3）中继器

JBF-ZJ-8302 型中继器是报警控制器与报警或消防联动设备之间的一种现场接口。其主要作用是将各种传感器通过转接纳入两总线系统中去。此外也可以驱动被其联动的设备。

①8302-1 型是带有地址编码和两副输出触点的中继器，可直接挂接在报警总线上，其输入信号来自现场的报警或联动设备的动合接点，当与中继器相接的报警或联动设备动作时，其开关量信号通过中继器输入端送入，中继器一方面通过总线把动作设备的地址和状态送至报警控制器；另一方面，两副输出触点驱动其他消防联动设备。

②8302-2 型是带有地址编码的中继器，无输出触点。

③8308 型是带有地址编码而输入信号为模拟量的中继器。它适用于把输出信号为模拟量的报警设备（如热电偶等）接入两总线系统中去。传感器输出的模拟量信号送入中继器后，中继器可确定其报警性质，通过总线给出火警或故障信号并将其送至报警控制器。

安装方式为壁挂明装；接线方式为两总线制，外接联动设备为多线制。8308 型与其他传感器接线方式如图5.7.6，外形尺寸及安装方式同图 5.7.5。

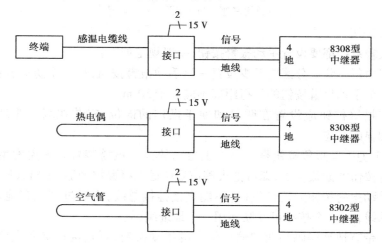

图 5.7.6　8308 型中继器与其他传感器接线方式

4）楼层火灾显示报警器

JB-LX-8101 型楼层火灾显示报警器主要用于楼层或防火分区的火灾报警指示，以及联动有关消防设备。火灾发生时，火灾报警控制器在报出传感器具体位置的同时，亦将信号送至楼层火灾显示报警器，显示报警器立即发出连续变调音响，相应报警点红灯闪亮。同时，显示报警器的一组瞬时输出触点和延时输出触点（可调 60 s）启动，联动层面或区域内的有关消防设备。

接线方式为两总线加一根 +15 V 电源线，外接联动设备为多线。安装方式为壁挂式，一般安装在楼层或防火分区值班室内，作为被动式的区域报警器。

5）火灾报警控制器

S8000 型火灾自动报警系统有 4 种型号的报警控制器，其技术指标见表5.7.3。作为区域报警器时，连接探测部件每回路为两总线，总线长度可达 1 000 m。连接楼层报警显示器为三总线，连接集中报警器为 3 根总线。作为集中报警器时，连接区域报警器为三总线、长度可达 1 000 m。连接消防联动系统均为多线制。

表 5.7.3　S8000 系统报警控制器技术指标

类别＼型号指标	JB-QB-500	JB-QB-500B	JB-QB-500A	JB-QB-8100B
电源	主电源：AC220 V$^{+10}_{-15}$%　50 ±1 Hz 备用电源：两组 20 AH 全密封可充式蓄电池（外接、由主电源浮充，自动切换）			
线制	两总线 长度可达 1 000 m	三总线 长度可达 1 000 m	区域报警器 两总线 集中报警器三总线	两总线 长度可达 1 000 m
容量	8 个回路，每回路最多可并接 63 个探测部件	可监控 32 台区域报警器，可连接多台 CRT 计算机系统	连接探测器 4×63、8×63、12×63、16×63 连接区域报警器 ≤32 台	两个回路，每回路最多可控制 63 个部位
功耗	≤40 W	≤40 W	≤40 W	≤25 W
消防联动输出口	≤32 路	≤32 路	≤32 路	≤8 路
安装方式和外形尺寸/mm	壁挂式 620×410×180 立柜式 1 800×700×400 台式 1 350×1 164×710	与左同	立柜式 1 800×700×400 台式 1 350×1 164×710	壁挂式 440×330×115
适用场所	安装在消防中心作报警控制器，亦可作为区域报警控制器	安装在消防中心作为集中报警器，构成集散式系统	安装在区域或消防集中控制室构成集散式系统	安装在消防中心作为报警控制器，亦可作为区域报警控制器

（3）系统图例

1）单控制器报警方式

这种方式选用一台报警控制器监控防火区域内的各类探测部件，以达到自动报警的目的。接线方式如图 5.7.7 所示。

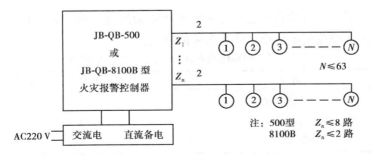

图 5.7.7　单控制器报警方式系统图

161

2）单控制器及楼层显示器报警方式

这种方式选用一台报警控制器和多台楼层显示器监控防火区域内的各类探测部件,以达到自动报警的目的。报警控制器安装在消防中心,楼层显示器安装在楼层服务台或防火区域值班室。接线方式如图5.7.8所示。楼层显示器接于最后一个回路,拨码从128号开始,JB-QB-500可连接≤20台,8100B型可连接≤4台。

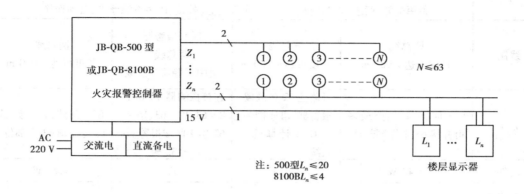

图5.7.8　单控制器及楼层显示报警方式系统图

3）集中式报警方式加消防联动控制

现代消防工程的发展,除满足火灾自动报警的功能外,许多重要工程还需和消防联动控制装置一起,实现从报警到灭火完整的系统控制功能,形成现代消防自动控制工程。

图5.7.9为区域—集中报警,纵向联动控制系统。该系统的主要设备包括:火灾探测器、区域报警控制器、集中报警控制器,水灭火控制装置、防排烟控制装置、火灾事故专用通讯装置等。适用于建筑标准层多、报警区域划分比较规则的高层"火柴盒式"宾馆建筑。整个建筑设置一个消防控制中心,有专职保安人员值班,每层有服务人员值班。还可有其他组合方式。

5.7.4　布线

（1）一般规定

①火灾自动报警系统的传输线路应采用铜心绝缘导线或铜心电缆,其电压等级不应低于交流250 V。

②火灾自动报警系统传输线路的线心截面选择除满足自动报警装置技术条件的要求外,按机械强度要求的最小截面不应小于表5.7.4的规定。

表5.7.4　铜心绝缘导线、电缆线心的最小截面

类　　别	线心的最小截面/mm²
穿管敷设的绝缘导线	1.00
线槽内敷设的绝缘导线	0.75
多心电缆	0.50

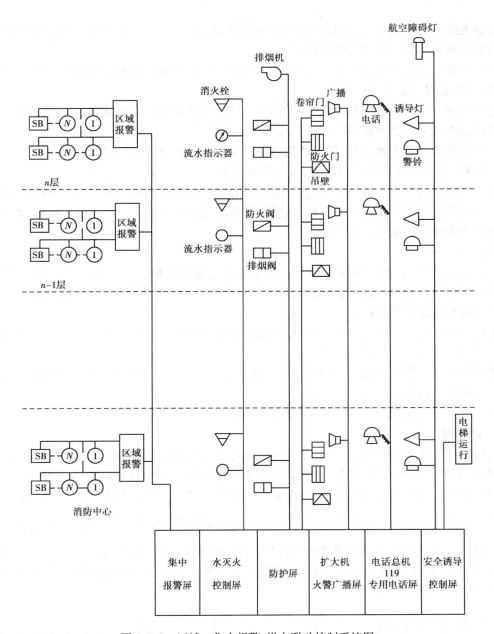

图 5.7.9　区域—集中报警、纵向联动控制系统图

(2)屋内布线

采用绝缘和护套为非延燃材料的电缆时,可不穿金属管保护,但应敷设在电缆井内。

①火灾自动报警、联动控制和通风等消防用电的线路应等管保护,当暗敷时应敷设在非燃烧体结构内,其保护层厚度不应小于 3 cm,明敷时必须穿金属管,并采取防火保护措施。

②不同系统、不同电压、不同电流类别的线路不应穿于同一根管内或线槽的同一槽孔内。

③横向敷设的报警系统传输线路如采用穿管分布时,不同防火分区的线路不宜穿入同一根管内。

163

④弱电线路的电缆竖井宜与强电线路的电缆竖井分别设置。如受条件限制必须合用时,弱电与强电线路应分别布置在竖井两侧。

⑤火灾探测器的传输线路宜选择不同颜色的绝缘导线,同一工程中相同线别的绝缘导线颜色应一致,接线端子应有标号。

⑥穿管绝缘导线或电缆的总截面积不应超过管内截面积的40%;敷设于封闭式线槽内的绝缘导线或电缆的总截面积不应大于线槽净截面的50%。

⑦布线使用的非金属管材、线槽及其附件应采用不燃或非延燃性材料制成。

(3)探测器与区域报警器的联接方式(布线数量)

因我国采用的线制有两线、三线、四线制及两总线制、四总线制几种。对于不同厂家生产的不同型号的探测器其接线也不一样,从探测器到区域报警器的线数也有很大差别,此处仅以两总线制和两线制的联接方式说明差别。

1)两总线制

两总线制系统的报警器和探测器因应用了二进制编码电路,可在安装现场实现每个回路的探测器部位地址编码,这给现场安装、布线及检查带来了极大的方便。二总线制的每个回路可分为树枝型和环形两种接法。

①树枝型接线 图5.7.11为树枝型布线。这种布线方式如果发生断线,可以报出断线故障点,但断点之后的探测器不能工作。

②环形接线 图5.7.12为环形布线,这种布线方式如中间发生一处断线不影响系统正常工作。但相对线路较长。

两总线制的布线数量主要和报警器的回路数有关。

2)两线制

两线制是指每个探测部位(地址号)的探测器信号线(兼电源负极)单用,电源(正极)线可共用,报警器至探测器的布线为放射式。其布线数量最少为$N+1$根线,N为探测部位(地址号)数,每个探测部位的探测器并联使用时,一般不应超过5个。如果将电源线按熔断器分组时,其布线数量将增加,例如每10个回路为一个熔断器保护,其布线数量为$N+\dfrac{N}{10}$根线,可见每个报警器的进线数量与报警部位数有关。如一台报警器报警部位数为50个,其布线数量最少为$50+1=51$根。布线长短也各不相同,所以发展的趋势将是两总线制取代于其他线制。

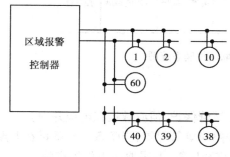

图5.7.11 二总线制的树枝形联接

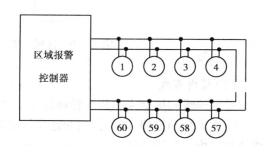

图5.7.12 二总线制的环形联接

本章小结

①电器是一种控制电的工具。低压电器按工作职能可分为手动电器和自动控制电器等。自动控制电器又可分为自动控制电器、自动保护电器和自动切换电器。

②手动电器的特点及作用如下：

闸刀开关：结构简单，熄弧、断流能力差，可用于控制非频繁工作的 5.5 kW 以下电动机和作为 60 A 以下的电源开关。

铁壳开关：有速断、联锁装置和防护外壳，熄弧、断流能力强，可用于控制非频繁工作的 15 kW 以下电动机和 400 A 以下电力线路电源开关。

组合开关：结构紧凑、操作方便，手柄可有 2~4 挡，接线方案多，可用于控制非频繁工作的 5.5 kW 以下电动机的正反转、Y—△启动和电源开关。

自动开关：熄弧、断流能力强，配装不同的脱扣器可实现过流、过载或失压后自动跳闸。可用于控制非频繁工作的电动机和电力线路、照明线路的保护开关。

按钮：通断电流小，自动复位式按钮无记忆功能，专供发出控制指令。

万能转换开关和主令控制器：触头通断电流小，手柄挡位多、触头数量多，可同时控制多条回路，可按一定程序下达控制指令。广泛用于水泵和起重机械等的控制。

③自动控制电器的特点及作用如下：

自动控制电器　多数为电磁式电器，其共同点是都有电磁机构和触头系统。a. 接触器：有主触头和辅助触头，灭弧装置。可用于远距离，频繁的通断主电路，是实现电动机自动控制的主要电器。b. 中间继电器：可扩大触点数量和容量，特点是容量小动作灵敏，用于控制电路。c. 电压继电器：用于控制电路的欠压或失压保护。d. 电流继电器：为电流线圈，线圈接在主电路，触头接在控制电路，可用于过电流保护及按电流原则控制等。e. 时间继电器：可将控制信号经过延时后发出，有通电延时型和断电延时型之分。可用于按时间原则控制的电路。

自动保护电器　属于电路故障保护型电器，电压继电器、电流继电器等也可划为此类电器。a. 热继电器：是利用电流热效应原理制成的，热元件接在电动机主电路，过载时利用触头切断接触器线圈电路而实现的过载保护，动作电流可调。b. 熔断器：结构简单，电路发生短路故障时，产生大电流使熔体熔断而切断电路。小电流等级的可兼有过载保护。动作后需更换熔体或部件。

自动切换电器　可特指非电量转换为电开关信号的电器，是阅读懂电路图的难点，种类也较多。本章主要介绍有：a. 行程开关：把生产机械运动部件碰撞产生的机械信号变换为电信号，通过控制电路实现限位或自动控制。b. 干簧管开关：将位移的磁信号转换为电开关信号，通过控制电路实现位移或自动控制。c. 电接点压力表：将水压信号转换为电开关信号，通过控制电路实现水压控制。

④异步电动机控制的典型环节是阅读懂建筑机械或建筑设备电气控制电路图的基础。阅读电路图要熟悉国标规定的《电气图用图形符号》和"电气设备常用基本文字符号"。电路图分为主电路和辅助电路(含控制电路)，阅读时要清楚主电路的某些电器部件与控制电路的电

器部件的连接关系。本章介绍的典型环节有：

a. 单方向旋转电路　单向连续运行控制；既能连续运行又能点动的控制；两地控制。

b. 正反转控制电路　用接触器触头互锁；用接触器触头和按钮常闭触头双互锁；正反转行程控制。

c. 降压启动控制　Y—△启动控制；串自耦变压器降压启动控制。

通过上述典型环节分析应掌握各典型环节工作特点并组合出有其他特点的典型环节，做到举一反三而熟能生巧。

⑤电气控制的保护方式有：a. 短路保护，可用熔断器或自动开关。b. 过载保护，用热继电器或带硅油阻尼的过电流继电器及自动开关。c. 过电流保护，用电流继电器或自动开关。以上三者如在同一电路都应用时（一般不存在），其整定电流为：短路电流＞过电流电流＞过载电流，短路保护和过电流保护都要求瞬时动作，而过载保护要具有反时限特性。d. 失压保护，由接触器和复位按钮联合实现。e. 欠电压保护，由电压继电器实现，常用在电器较多的电路中。f. 限位保护，由行程开关实现。

⑥阅读各种建筑机械和建筑设备电路图的要点是：a. 先了解设备的基本结构和工艺要求。因电气控制电路是按设备的工艺要求而设计的；b. 如电路图中存在自动切换电器时，应搞清它在什么条件下动作；c. 观察主电路的电器部件和控制电路哪个电器有联系并熟悉其工作原理；d. 因电路图是以阅读和分析方便按其工作顺序排列的，分析时，应由上而下或从左至右依次分析，当一个电器动作后，应逐一找出其触头位置及分别控制了哪个电器和电路，跟踪追查可判明其控制目的（称为查线阅图法）；e. 较复杂电路，可按照"化整为零看局部，积零为整看全部"的方法，将整个控制系统按功能不同分解成若干环节，逐一进行分析。分析时应注意各环节之间的联锁关系。最后再统看整个电路和保护措施。

⑦火灾自动报警系统主要由火灾探测器、区域报警控制器及集中报警控制器组成。火灾探测器的选择和布置应根据探测区域的实际情况来进行。

基本知识自检题

填空题

1. 有一容量为 10 kW 的三相异步电动机，工作在粉尘飞扬的场所，欲对其实现非频繁直接启动，并要求有短路保护，应选择＿＿＿＿＿＿＿。（1）闸刀开关；（2）组合开关；（3）铁壳开关；（4）自动开关。

2. 所谓交流接触器和直流接触器，其分类方法是＿＿＿＿＿＿＿。（1）按主触点所控制电路的种类分；（2）按接触器吸引线圈种类分；（3）按辅助触点所控制的电路种类分。

3. 热继电器用作三相交流电动机过载保护时，对星形接法的电动机可选用＿＿＿＿＿＿或＿＿＿＿＿＿＿热元件的热继电器，但对三角形接法的电动机，最好选用＿＿＿＿＿＿＿的热继电器。接在主电路中的是其＿＿＿＿＿＿＿；接在控制电路中的是其＿＿＿＿＿＿＿。

4. 一个 20 A 以上的接触器主要由 3 个部分组成,它们是_____;_____;
_____。

5. 复合按钮被按下时,其_____触头先断开,_____触头后闭合;手松开后,
其_____触头先恢复,_____触头后恢复。

6. 对一台电动机实现多地控制时,其启动按钮应呈_____关系,停止按钮呈_____
_____关系。

7. 应用接触器、继电器的电动机电气控制电路一般具有_____;_____;
_____3 种保护。

8. 自动开关可有_____;_____ _____等脱扣方式。

思考题与练习题

5.1 一个励磁线圈额定电压为 380 V 的交流接触器,接到交流 220 V 的控制电路中会发
生什么问题?

5.2 一个 20 A 的交流接触器和一个 20 A 的电流继电器比较试归纳出 3 点不同之处。

5.3 在电动机的控制电路中,应用了热继电器后为什么还要应用熔断器?

5.4 有人说接触器具有欠电压保护功能,现有一机械设备的电动机,只要电压低于 80%
U_N 以下就不准其运行,应用接触器控制时,只有在什么情况下才能实现其欠电压保护?

5.5 过流保护和过载保护主要区别是什么?

5.6 题 5.6 图(a)和(b)各是两台电动机按一定顺序控制规律的控制电路,试分别分析
两台电动机的启动和停止顺序(或互不相关),主电路见题 5.6 图(c)。

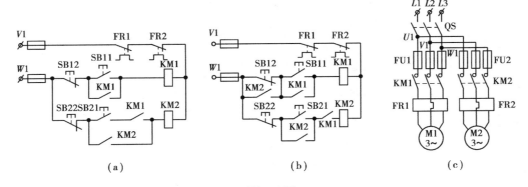

题 5.6 图

5.7 题 5.7 图为一台电动机的控制电路,试分析其属于哪种控制功能。

5.8 题 5.8 图为一台电动机连续运行按实际接线画出的控制电路图,试分别分析合上电
源开关(主电路参照题 5.7 图)后,操作 SB2 会出现什么情况或后果?

5.9 有一台电动机拖动一个运货小车沿轨道正反向运行,要求:(1)正向运行到终端后
能自动停止;(2)经过 3 min 后能自动返回;(3)返回到起点端能自动停止;(4)再次运行时由
人工发出运行指令,试设计其电气控制电路。

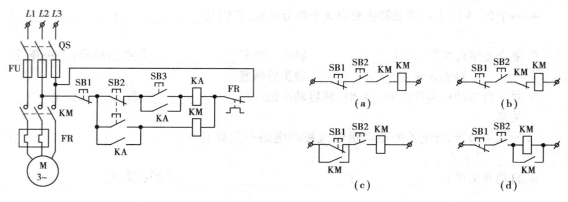

<table>
<tr><td>题5.7 图</td><td>题5.8 图</td></tr>
</table>

5.10 试述干簧管的基本结构和工作原理。

5.11 试设计一个用电极式水位控制器控制的两台泵互为备用直接投入的控制电路。

5.12 消火栓泵的启动运行信号一般来自哪里及怎样控制的?

5.13 湿式自动喷水灭火系统加压水泵信号一般来自哪个器件?

5.14 5.5 节中的锅炉控制实例中电动机 M1、M2、M3 有什么共同要求,怎样实现的?

5.15 图 5.5.1 中电动机 M2 和 M3、M4 之间对启动过程有什么要求,怎样实现的? 对停止过程又有什么要求,怎样实现的?

5.16 图 5.5.1 声光报警电路中,SB21 和 SB22 各起什么作用?

5.17 图 5.6.2 中的 M2 与普通电动机有什么不同? 与电磁阀比较有何不同?

5.18 图 5.6.5 中的 YV1 和 YV2 起什么作用? 夏季恒温通过什么方式调节的? 冬季恒湿通过什么方式调节的?

第6章　建筑施工现场供电

本章首先介绍供电的基本知识,包括电力系统的组成、电力负荷计算、变压器容量选择、变电所的结构型式及所址的选择、主结线及常用高低压电器、低压配电线路、配电导线及低压控制和保护设备的选择等。在此基础上,举例说明建筑施工现场供电的设计方法和基本要求。

安全用电和建筑防雷也是建筑供电的重要内容。采取切实可行的保护措施,对于人身安全和保护电气设备是极为重要的。

6.1　电力系统概述

6.1.1　电力系统的组成

电力在工农业生产、城市建设和人们的日常生活中占有极为重要的地位。这是因为它与其他形式的能量相比,具有易于产生、传输、分配、控制和测量等优点。从电能的产生到应用包含着一系列变换和传输过程。

发电厂把自然界蕴藏的各种形式的非电能(如化学能、水流位能、太阳能、原子能等)转换成电能。为了充分合理地利用自然资源,减少燃料运输,降低发电成本,火力发电厂一般建在燃料产地或交通运输方便的地方,而水力发电站通常建在江河、峡谷或水库等水力资源丰富的地方。

电能用户又往往远离发电厂,为了经济地传输电能,就需要高压输电。这是因为当输送功率一定时,提高输电的电压等级,可以减小输电线路的电流,从而减少导线的电能损耗和电压损失,同时也可减小输电线路的导线截面,减小有色金属消耗量。

由于发电机受绝缘材料的限制,发出的电压一般为 $6 \sim 15$ kV,要实现远距离高压输电,就必须提高电压等级。从用电方面考虑,从受到用电设备绝缘的限制和人身安全的角度考虑,又需要采用低压供电。这种电压等级变换的过程是借助于变压器来实现的。

把电压升高、降低并进行电能分配的场所叫做变电所,它是发电厂和用户之间不可缺少的中间环节。按电力变压器的性质和作用可分为升压变电所和降压变电所。仅装有受电、配电装置而没有电力变压器的场所称为配电所。

通常把联系发电厂和用户之间,属于输送、变换和分配电能的中间环节称为电力网。按电压等级又可分为高压电力网和低压电力网。从电能的产生、传输、变换、分配到使用的整个过程见图 6.1.1 所示。

这种由各种电压的线路将一些发电厂、变电所和电力用户联系起来的发电、输电、变电、配

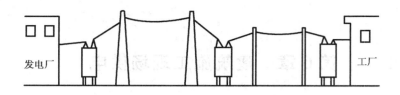

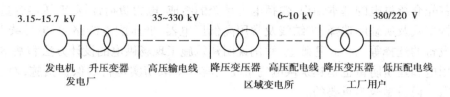

图 6.1.1　从发电厂到用户的送电过程示意图

电和用电的整体叫做电力系统。

随着工农业生产的发展和人们生活水平的提高,用电量在不断增长,电力系统的规模也不断扩大,为更经济合理地利用动力资源(首先是充分利用水利资源),提高系统的供电效率和设备的利用率,便于集中管理和统一调配电能,电力系统的发展趋势是把各种类型、不同容量的发电厂发出的电能,经升压变压器变换成与相应电网等级相同的电压,而并入电网中去(即电力系统的并网)形成大型的电力系统。电力系统的主结线结构示意如图 6.1.2 所示。

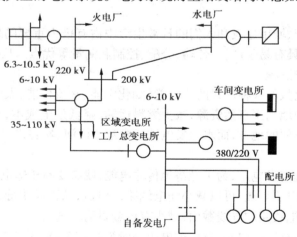

图 6.1.2　电力系统主结线示意图

6.1.2　电力系统的电压等级

电气设备的额定电压和电力网的额定电压都已标准化。国家根据国民经济发展的需要、电力工业的水平,经全面地技术经济分析后,统一组成了电力系统的标准电压等级。按国家标准规定,额定电压分为 3 类。

1)第一类为 100 V 以下:如 12、24、36 V 等主要用于安全照明,潮湿工地建筑内部的局部照明及小容量负荷之用。

2)第二类为100 V以上,1 000 V以下,如127、220、380、660 V等主要用于动力及照明设备。

3)第三类为1 000 V以上,主要用于发电、输电及高压用电设备。有6、10、35、110、220、330、500 kV等。

通常把1 kV以下电压称为低压,高于1 kV而低于330 kV称为高压,330 kV以上称为超高压。三相电力设备的额定电压不作特别说明时均指线电压。

一般允许供电线路的电压偏移为±5%,即线路首端(电源端)电压应高于电网额定电压5%,而线路末端电压可低于电网额定电压5%,所以发电机额定电压规定高于同级电网额定电压5%。如电网额定电压为10 kV,则发电机额定电压为10.5 kV。电力变压器的原边若直接与发电机相连接,则其额定电压就等于发电机的额定电压,即比所处电网额定电压高5%;若与长距离输配电线相连接,其额定电压就等于电力线路的额定电压。电力变压器的副边,则考虑到运行在额定负载时,二次绕组有约额定电压5%的阻抗压降,当供电线路较长(如为高压电网)时,还应考虑线路允许5%的电压损失,其二次侧额定电压应比电网额定电压高10%;若供电线路不太长(如低压电网,或直接供电给高压设备的高压电网),则只需考虑二次侧5%的内阻抗压降,所以二次侧额定电压只需高于电网电压5%,如电网电压为380/220 V,则变压器二次侧额定电压为400/230 V。

6.2　电力负荷的分类和计算

6.2.1　电力负荷的分级及其对供电的要求

在电力系统中,"负荷"是指用电设备所消耗的功率或线路中通过的电流。按用电设备对供电的可靠性及中断供电在政治、经济上所造成的影响和损失程度,将负荷分为以下3级。

(1)一级负荷

中断供电将造成人身伤亡者;或在政治、经济上将造成重大损失者,如重要铁路枢纽、通讯枢纽、重要宾馆、钢铁厂、医院手术室等。

对一级负荷,应采用两个独立电源供电,而且要求当任一电源发生故障或因检修停电时,另一个电源不至于同时受到影响。对一级负荷中特别重要的负荷,除要求有上述两个独立电源外,还要求必须增设应急电源(如备用发电机组等)。

(2)二级负荷

中断供电将在政治、经济上造成较大损失者,以及公共场所秩序混乱者,如较大城市中人员密集的公共建筑、化工厂。对工期紧迫的建筑工程项目,可按二级负荷考虑。

对二级负荷,应采用双回路供电,当取得双回路困难时,可采用一回路专线供电。

(3)三级负荷

凡不属于一级、二级负荷者,如一般机加工工业和一般民用建筑等。

三级负荷对供电无特殊要求。

6.2.2 负荷计算

在进行配电系统的设计时,首先要解决的问题是用电量有多大,即负荷计算的问题。如果计算过大,会造成设备和投资的浪费;计算过小会使线路的设备发热严重,加速绝缘老化或损坏设备,为此引入"计算负荷"的概念。"计算负荷"就是用来按发热条件选择各种电气设备和导线截面的一个假定负荷值,它所产生的热效应与实际变动负荷产生的最大热效应相当,所以计算负荷是实际变动负荷中的最大负荷,用它来选择变压器、配电设备、导线截面较符合实际情况。

负荷计算方法有:需要系数法、二项式系数法、利用系数法。这里介绍需要系数法,它也是建筑电气设计作负荷计算常用的方法。

(1)基本公式(确定用电设备组计算负荷)

一个单位或一个系统的计算负荷不能简单地把各用电设备的功率直接相加,在作负荷计算时,应考虑以下几种因素:

①整个系统的用电设备不可能都同时运行,即设备组的同时运行系数 K_Σ;

②每台设备不可能都工作在最大负荷下,即设备组的负荷系数 K_L;

③各用电设备运行要产生功率损耗,即设备组的平均效率 η_s;

④配电线路也要产生功率损耗,即配电线路的效率 η_l。

表 6.2.1　土建施工用电项目的需要系数和 $\cos\varphi$

序　号	用电设备名称	需要系数 K_x	$\cos\varphi$
1	大批生产及流水作业的热加工车间	0.3~0.4	0.65
2	大批生产及流水作业的冷加工车间	0.2~0.25	0.50
3	小批生产及单独生产的冷加工车间	0.16~0.2	0.50
4	生产用的通风机、水泵	0.75~0.85	0.80
5	卫生保健用的通风机	0.65~0.7	0.80
6	运输机传送机	0.52~0.6	0.75
7	混凝土及砂浆搅拌机	0.65~0.7	0.65
8	碎石机、筛泥泵、砾石洗涤机	0.7	0.7
9	起重机、掘土机、升降机	0.25	0.7
10	电焊变压器	0.45	0.45
11	球磨机	0.7	0.7
12	工业企业建筑室内照明	0.8	1
13	仓库	0.35	1
14	室外照明	1	1

工作条件以及工人操作水平等因素也要影响用电设备组的取用功率(计算负荷)等。综合以上各种因素,根据实测统计,将所有影响负荷计算的因素综合成一个小于1的系数,称为

需要系数,用 K_x 表示。表 6.2.1 列出了土建施工用电设备的需要系数和功率因数。

需要系数法就是将用电设备的设备容量乘上一个与表中同性质、同类型设备的需要系数,所得结果即是计算负荷。

$$P_{js} = K_x \cdot \sum P_s \tag{6.2.1}$$

$$Q_{js} = P_{js} \cdot \tan\varphi \tag{6.2.2}$$

$$S_{js} = \sqrt{P_{js}^2 + Q_{js}^2} \tag{6.2.3}$$

$$I_{js} = S_{js} / \sqrt{3} U_N \tag{6.2.4}$$

式中　P_{js}——用电设备组的有功计算负荷,kW;

　　　Q_{js}——用电设备组的无功计算负荷,kVar;

　　　S_{js}——用电设备组的视在计算负荷,kVA;

　　　I_{js}——用电设备组线路计算电流,A;

　　　K_x——用电设备组的需要系数;

　　　$\sum P_s$——用电设备组的设备容量之和,kW;

　　　U_N——用电设备组的额定电压,kV。

需要指出,当只有 1~2 台设备时,可取 $K_x = 1$,$P_{js} = P_s$;但对于电动机,由于本身的损耗,即要考虑自身的效率 η,因此,当只有 1 台电动机时,$P_{js} = P_s / \eta$,P_s 为电动机的设备容量。

(2)设备容量 P_s 的确定

设备容量 P_s 是指归算到规定工作制下的设备额定容量,它不包括备用设备的额定容量。

1)长期连续工作制及其设备容量

这类工作制的设备长期连续运行,负荷较稳定,如通风机、水泵、空气压缩机、电炉、照明灯等。其设备容量就是用电设备铭牌额定容量,即 $P_s = P_N$。

2)断续周期工作制及其设备容量

这类工作制的设备周期性地时而工作时而停歇,其工作周期一般不超过 10 min,如电焊机和起重设备等。断续周期工作制的设备,可用"暂载率"(又称负荷持续率)来表征其工作性质。

暂载率为一个工作周期内工作时间与工作周期的百分比值,用 ε 表示:

$$\varepsilon = \frac{t}{T} \times 100\% = \frac{t}{t + t_0} \times 100\% \tag{6.2.5}$$

式中　t——一个周期内的工作时间;

　　　t_0——一个周期内的停歇时间;

　　　T——工作周期。

断续周期工作制设备的设备容量,就是将所有设备在不同暂载率下的铭牌额定容量统一换算到一个规定的暂载率下的额定容量:

$$P_s = \sqrt{\frac{\varepsilon_N}{\varepsilon_{规}}} \cdot P_N = \sqrt{\frac{\varepsilon_N}{\varepsilon_{规}}} \cdot S_N \cdot \cos\varphi_N \tag{6.2.6}$$

式中　P_N、S_N——设备铭牌额定有功功率 kW、额定视在容量 kVA;

　　　ε_N——设备铭牌给的暂载率;

　　　$\cos\varphi_N$——铭牌标注的功率因数;

　　　$\varepsilon_{规}$——规定的暂载率,对电焊机为 100%,起重设备为 25%。

3）照明装置的设备容量

①白炽灯、碘钨灯

$$P_s = P_N \tag{6.2.7}$$

②荧光灯、高压水银灯等考虑到镇流器中的功率损耗约为额定功率的20%

$$P_s = 1.2P_N \tag{6.2.8}$$

4）不对称单相负荷的设备容量

当有多台单相用电设备时，应将它们均匀地分配到三相系统中去，力求三相负载平衡。规程规定：在计算范围内单相用电设备的总容量不超过三相设备总容量的15%时，可按三相平衡分配计算；如单相用电设备不对称总容量大于三相用电设备总容量的15%时，设备容量 P_s 应按3倍最大相负荷的原则进行换算。

①单相负荷接于各相电压时

$$P_s = 3P_{s \cdot m\varphi} \tag{6.2.9}$$

式中　　P_s——等效三相设备容量，kW；

　　　　$P_{s \cdot m\varphi}$——最大负荷相的单相设备容量，kW。

②单相负荷接于同一个线电压时

$$1\ 台：P_s = \sqrt{3}P_{s \cdot \varphi}，2 \sim 3\ 台：P_s = 3P_{s \cdot \varphi} \tag{6.2.10}$$

式中　　$P_{s \cdot \varphi}$——接于线电压的单相设备容量，kW。

（3）多组用电设备计算负荷的确定

先将性质相同，且具有相同的需要系数和功率因数的用电设备分组，按公式（6.2.1）、式（6.2.2）求得每一个用电设备组的计算负荷。在此基础上，考虑各用电设备组的最大负荷一般不同时出现的因素，所以将各用电设备组的有功计算负荷，无功计算负荷分别相加，再乘以一个同时系数 K_Σ，K_Σ 一般取 0.7～1。其计算公式为：

$$P_{js} = K_\Sigma \sum P_{js} \tag{6.2.11}$$

$$Q_{js} = K_\Sigma \sum Q_{js} \tag{6.2.12}$$

$$S_{js} = \sqrt{P_{js}^2 + Q_{js}^2} \tag{6.2.13}$$

$$I_{js} = S_{js} / \sqrt{3} \cdot U_N \tag{6.2.14}$$

上述计算公式及步骤不仅适用于拥有多组用电设备的干线的负荷计算，而且也适用于变电所低压母线上的负荷计算。

在实际负荷计算时，往往照明负荷是未知的，这时可按动力计算负荷 S_{jsd} 的10%作为照明负荷。此时，总的计算负荷 S_{js} 为：

$$S_{js} = 1.1S_{jsd}$$

在实际负荷计算时，为便于审核和选择设备，负荷计算值常用表格形式表示。

例 6.2.1　某施工工地用电设备清单如表 6.2.2 所列。

解：

1）确定各用电器的设备容量 P_s

混凝土搅拌机　　　$P_{s1} = 3 \times 10\ \text{kW} = 30\ \text{kW}$

砂浆搅拌机　　　　$P_{s2} = 4.5\ \text{kW}$

表 6.2.2 某施工工地用电设备清单

设备编号	用电设备名称	台数	额定容量 /kW	效率	额定电压	相数	备注
1	混凝土搅拌机	3	10	0.95	380	3	
2	砂浆搅拌机	1	4.5	0.9	380	3	
3	电焊机	4	22		380	1	$\varepsilon_N = 65\%$
4	起重机	2	30	0.92	380	3	$\varepsilon_N = 25\%$
5	砾石洗涤机	1	7.5	0.9	380	3	
6	照明(白炽灯)		10		220	1	

试作负荷计算。

电焊机:先把暂载率换算成 100% 时的设备容量,$\cos \varphi = 0.45$

$$P'_{s3} = \sqrt{\frac{\varepsilon_N}{\varepsilon_{规}}} \cdot S_N \cdot \cos \varphi = \sqrt{\frac{0.65}{1}} \times 22 \times 0.45 \text{ kW} = 7.98 \text{ kW}$$

电焊机是单相用电设备,其中 3 台均匀分接在三相中,剩下一台应进行单相负荷计算:

$$\begin{aligned} P_{s3} &= 3P'_{s3} + \sqrt{3} P'_{s3} \\ &= 3 \times 7.98 \text{ kW} + \sqrt{3} \times 7.98 \text{ kW} \\ &= 37.8 \text{ kW} \end{aligned}$$

起重机:起重机的暂载率要求换算到 25% 时,而本题中的起重机的暂载率已是 25%,不必换算。

$$P_{s4} = 2 \times 30 \text{ kW} = 60 \text{ kW}$$

砾石洗涤机 $\quad P_{s5} = 7.5 \text{ kW}$

照明设备 $\quad P_{s6} = 10 \text{ kW}$

认为 10 kW 的照明负荷平衡分配于三相线路中。

2)确定各组的计算负荷

混凝土搅拌机组 $\qquad K_x = 0.7, \cos \varphi = 0.65, \tan \varphi = 1.17$

$$P_{js1} = K_x \cdot P_{s1} = 0.7 \times 30 \text{ kW} = 21 \text{ kW}$$

$$Q_{js1} = P_{js1} \cdot \tan \varphi = 21 \times 1.17 \text{ kVar} = 24.57 \text{ kVar}$$

砂浆搅拌机:因只有一台电动机,$K_x = 1$,但要考虑设备本身的效率 $\eta = 0.9, \cos \varphi = 0.65, \tan \varphi = 1.17$

$$P_{js2} = P_s / \eta = 4.5 / 0.9 \text{ kW} = 5 \text{ kW}$$

$$Q_{js2} = P_{js2} \cdot \tan \varphi = 5 \times 1.17 \text{ kVar} = 5.85 \text{ kVar}$$

电焊机 $\quad K_x = 0.45, \cos \varphi = 0.45, \tan \varphi = 1.98$

$$P_{js3} = K_x \cdot P_s = 0.45 \times 37.8 \text{ kW} = 17 \text{ kW}$$

$$Q_{js3} = 17 \times 1.98 \text{ kVar} = 33.66 \text{ kVar}$$

起重机 $\quad K_x = 0.25, \cos \varphi = 0.7, \tan \varphi = 1.02$

$$P_{js4} = 0.25 \times 60 \text{ kW} = 15 \text{ kW}$$

$$Q_{js4} = 15 \times 1.02 \text{ kVar} = 15.3 \text{ kVar}$$

砾石洗涤机:因只有一台电动机,$K_x = 1$,但要考虑本身的效率 $\eta = 0.9, \cos \varphi = 0.7, \tan \varphi = 1.02$

$$P_{js5} = 7.5/0.9 \text{ kW} = 8.33 \text{ kW}$$

$$Q_{js5} = 8.33 \times 1.02 \text{ kVar} = 8.5 \text{ kVar}$$

照明设备:认为所有照明设备不同时使用 $K_x = 0.75$,$\cos\varphi = 1$,$\tan\varphi = 0$

$$P_{js6} = 10 \times 0.75 \text{ kW} = 7.5 \text{ kW}$$

$$Q_{js6} = 7.5 \times 0 = 0$$

3)确定总计算负荷,取 $K_\Sigma = 0.9$

$$P_{js} = K_\Sigma(P_{js1} + P_{js2} + P_{js3} + P_{js4} + P_{js5} + P_{js6})$$
$$= 0.9 \times (21 + 5 + 17 + 15 + 8.33 + 7.5) \text{ kW}$$
$$= 66.45 \text{ kW}$$

$$Q_{js} = K_\Sigma(Q_{js1} + Q_{js2} + Q_{js3} + Q_{js4} + Q_{js5} + Q_{js6})$$
$$= 0.9 \times (24.57 + 5.85 + 33.66 + 15.3 + 8.5 + 0) \text{ kVar}$$
$$= 79.1 \text{ kVar}$$

$$S_{js} = \sqrt{66.45^2 + 79.1^2} \text{ kVA} = 103.31 \text{ kVA}$$

$$I_{js} = \frac{S_{js}}{\sqrt{3}\,U_N} = \frac{103.31}{\sqrt{3} \times 0.38} \text{ A} = 156.97 \text{ A}$$

视在计算负荷是选择变压器容量的依据。计算电流是选择导线截面和开关设备的依据。为了清楚起见,将负荷计算结果列于表6.2.3内。

表6.2.3　负荷计算结果

序号	用电设备组名称	台数	设备容量/kW	K_x	$\cos\varphi$	$\tan\varphi$	计算负荷			
							P_{js} /kW	Q_{js} /kVar	S_{js} /kVA	I_{js} /A
1	混凝土搅拌机	3	30	0.7	0.65	1.17	21	24.57		
2	砂浆搅拌机	1	4.5	1($\eta = 0.9$)	0.66	1.17	5	5.85		
3	电焊机	4	37.8	0.45	0.45	1.98	17	33.66		
4	起重机	2	60	0.25	0.7	1.02	15	15.3		
5	砾石洗涤机	1	7.5	1($\eta = 0.9$)	0.7	1.02	8.33	8.5		
6	照明设备		10	0.75	1	0	7.5	0		
	小计	11	149.8				73.83	87.88		
	合计($K_\Sigma = 0.9$)	11					66.45	79.1	103.31	156.97

6.3　变电所及其主结线

6.3.1　变电所的类型、结构及所址选择

(1)变电所的类型及结构

变电所担负着从电力系统受电,经过变压,然后分配电能的任务。变电所是供电系统枢

纽,占有特殊重要的地位。

变电所的类型很多,工业与民用建筑设施的变电所大都采用 10 kV 进线,将 10 kV 高压降为 400/230 V 的低压,供用户使用。

10 kV 变电所按其变压器及高低压开关设备安装位置,可分为:室内型、半室外型、室外型地下型以及成套变电所等。室外型变电所又可分为杆架式和地台式。图 6.3.1、图 6.3.2、图 6.3.3 是室内型、半室外型、室外型变电所结构形式。

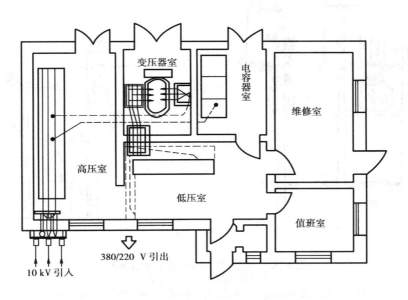

图 6.3.1　室内型变电所平面布置

室内型变电所由高压室、变压器室、低压配电室、高压电容器室和值班室组成。其特点是变电所安全、可靠,受环境影响小,维护、监测、管理方便,但建筑费用高,一般用于大中型用户。

半室外型变电所的结构如图 6.3.2 所示,只是把低压配电设备放在室内,变压器和高压设备均放在室外。其特点是建筑面积较小,变压器通风散热条件好。

室外型变电所是将全部高低压设备设置在露天场合。图 6.3.3(a)、(b)是双杆式和地台式 10 kV 室外变电所结构图,其特点是占地面积少,结构简单、进出线方便,变压器易于通风散热,适用于 320 kVA 以下的变压器。多为建筑施工工地采用。主要高低压设备见图 6.3.3(b)所示。

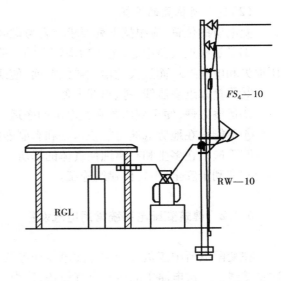

图 6.3.2　半室外型变电所结构图

地下式变配电所是将整个变配电所设置在地下,其通风散热条件差,湿度较大,建设费用也较高,但安全,不影响美观。一般用于高层建筑和地下工程等。

成套变电所又称组合式变电所。它包括3个单元:高压设备箱、变压器箱和低压配电箱。这3个单元均由制造厂家成套供应,因此现场安装方便,工期短,也便于搬迁,占地面积小,便于深入负荷中心,从而减少电能损耗和电压损失,节约有色金属,提高经济效益。由于成套变电所全部采用少油式或干式电器,因此运行安全可靠,广泛应用于生活小区及高层建筑中。

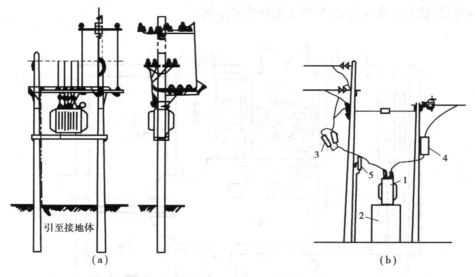

图 6.3.3　室外型 10 kV 变电所结构图
(a)双杆式　(b)地台式
1—变压器;2—地台;3—跌落式熔断器;4—开关箱;5—避雷器

(2)变电所位置的选择

变电所的位置,应根据下列要求综合考虑确定:

①尽量靠近负荷中心,距离功率较大的负荷点一般不宜超过 300 m,以免为了限制线路电压损失和电能损耗而过大地增加导线截面,使线路造价过高。

②尽量靠近高压线;进、出线方便。

③运输方便,便于变压器和配电屏的搬运。

④不能设在地势低洼可能积水处和有剧烈震动、有易燃易爆物质的场所。

⑤不应设在多尘和有腐蚀性气体的场所。

⑥有利于安全、不妨碍建筑施工。

6.3.2　建筑变配电系统常用电气设备

在变配电所中担负接受和分配电能任务的电路,称为主电路或主结线,或称一次电路、一次主结线。一次电路中的所有电气设备,称为一次设备。在变配电所中凡用来控制、指示、测量和保护一次设备运行的电路,称为二次电路或二次接线,或称二次回路。二次回路是通过电流互感器和电压互感器与主电路相联系的。因低压电器已在第五章中介绍,这里主要介绍建筑工地常用一次主结线中的一次设备。

（1）高压隔离开关

高压隔离开关的主要作用是用来隔离高压电源,以保证其他电气设备的安全检修。因此它在结构上有这样的特点,即断开后有明显可见的断开间隙,能够充分保证人身和设备的安全。但因隔离开关没有专门的灭弧装置,因此不允许带负荷操作。然而可用来通断一定的小电流,如励磁电流不超过 2 A 的空载变压器、电容电流不超过 5 A 的空载线路以及电压互感器和避雷器电路等。

高压隔离开关按安装地点,分为室内型和室外型两大类。图 6.3.4 是 GN$_8$-10/600 型室内高压隔离开关的外形图。图 6.3.5 是 CS$_6$ 型手力操作机构与 GN$_8$ 型隔离开关配合使用的一种安装图。

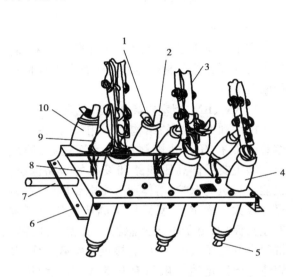

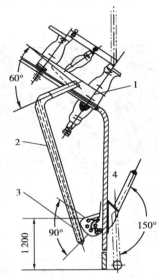

图 6.3.4　GN$_8$-10/600 型高压隔离开关
1—上接线端子;2—静触头;3—闸刀;
4—套管绝缘子;5—下接线端子;6—框架;
7—转轴;8—拐臂;9—升降绝缘子;
10—支柱绝缘子

图 6.3.5　CS$_6$ 型手力操动机构与 GN$_8$ 型隔离开关
配合的一种安装方式
1—GN$_8$ 型隔离开关;2—ϕ20 钢管;
3—调节杆;4—CS$_6$ 型操动机构

高压隔离开关全型号的表示和含义:

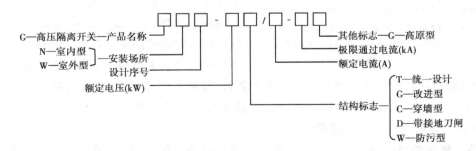

（2）高压负荷开关

高压负荷开关具有隔离开关的特点,在结构上有明显可见的断开间隙,同时由于高压负荷开关具有简单的灭弧装置,所以它能通断一定的负荷电流,当装有热脱扣器时,也能在过负荷时自动跳闸。但它不能开断短路电流。如有高压熔断器与之串联使用,则利用熔断器来作短路保护。图6.3.6是FN₃-10RT型室内压气式负荷开关的外形结构图。这种负荷开关一般配用CS₂等型手力操动机构进行操作。

高压负荷开关全型号的表示和含义:

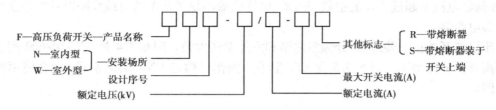

F—高压负荷开关—产品名称
N—室内型
W—室外型 }—安装场所
设计序号
额定电压(kV)

其他标志—{ R—带熔断器
S—带熔断器装于开关上端
最大开关电流(A)
额定电流(A)

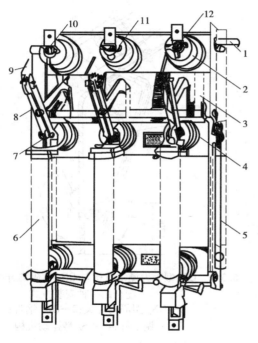

图6.3.6 FN₃—10RT型高压负荷开关
1—主轴;2—上绝缘子兼汽缸;3—连杆;
4—下绝缘子;5—框架;6—(RN₁型)高压熔断器;
7—下触座;8—闸刀;9—弧动触头;
10—绝缘喷嘴(内有弧静触头);11—主静触头;
12—上触座

(3)熔断器

在上一章中已经介绍了几种低压熔断器,这里再扼要介绍几种供电系统中常用的高低压熔断器。

1)RN₁、RN₂型室内高压管式熔断器

RN₁和RN₂型的结构基本相同,都是瓷质熔管内充有石英砂填料的密闭管式熔断器。RN₁型主要用作高压线路和设备的短路保护,也能作过负荷保护,熔体通过主电路电流,结构尺寸较大。而RN₂型只用于高压电压互感器的短路保护,由于电压互感器二次侧全部接阻抗很大的电压线圈,所以它接近于空载工作,其熔体电流额定值一般只有0.5 A,因此结构尺寸较小。

图6.3.7是RN型高压熔断器的外形图。图6.3.8是其熔管剖面示意图。

由图6.3.8可知,工作熔体(铜熔丝)上焊有小锡球。锡是低熔点金属,当通过过负荷电流或短路电流时锡球受热首先熔化,包围铜熔丝,铜锡互相渗透形成熔点较低的铜锡合金,使铜丝能在较低的温度下熔断,同时产生电弧,由于熔管内充满了石英砂,石英砂对电弧的冷却和去游离作用很强,在短路电流未达到最大值之前,就能使电弧熄灭,所以这种熔断器又具有限流作用。熔丝熔断后,熔管中红色熔断指示器弹出,表示熔断器已把电路断开。

2)RW型室外高压跌落式熔断器

跌落式熔断器适用于周围空间没有导电尘埃和腐蚀气体、没有易燃易爆危险及剧烈震动的户外场所,作6~10 kV线路和变压器的短路保护,又可在一定条件下,直接用高压绝缘钩棒(俗称令克棒)来操作熔管的分合,以断开或接通小容量的空载变压器、空载线路和小负荷电流。如在其上动、静触头上装上灭弧罩,还可带负荷操作。

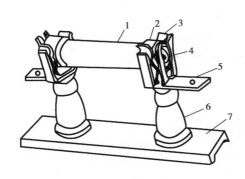

图 6.3.7 RN₁、RN₂ 型高压熔断器

1—瓷熔管;2—金属管帽;3—弹性触座;

4—熔断指示器;5—接线端子;

6—瓷绝缘子;7—底座

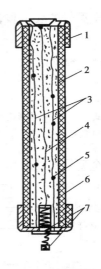

图 6.3.8 RN₁、RN₂ 型熔断器熔管剖面示意图

1—管帽;2—瓷熔管;3—工作熔体;

4—指示熔体;5—锡球;6—石英砂填料;

7—熔断指示器

图 6.3.9 是 RW₄-10 型跌落式熔断器的基本结构。

这种跌落式熔断器串接在线路上。正常运行时,其熔管下端动触头借熔丝张力拉紧后,将熔管上端动触头推入上静触头内锁紧,同时下动触头与下静触头也相互压紧、使电路接通。当过电流使熔丝熔断时,在熔管内套的消弧管内产生电弧,消弧管在电弧的灼热作用下,分解出大量气体使管内压力升高,气体高速向外喷出,使电弧迅速熄灭。由于熔丝熔断,故下动触头因失去张力而下翻,使锁紧机构释放熔管,在触头弹力及熔管自重作用下,回转跌开,造成明显可见的断开间隙。因此跌落式熔断器还具有高压隔离开关的作用。因为跌落式熔断器在灭弧时,会喷出大量气体,并发出很大的响声,故一般在室外使用。

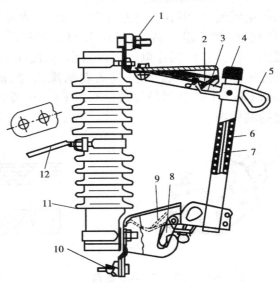

图 6.3.9 RW₄-10 型跌落式熔断器

1—上接线端子;2—上静触头;3—上动触头;

4—管帽;5—操作环;6—熔管;7—铜熔丝;

8—下动触头;9—下静触头;10—下接线端子;

11—绝缘瓷瓶;12—固定安装板

3)低压 RT0 型熔断器

RT0 型熔断器即是填料式熔断器。其主要特点是断流能力强,因此常用于要求断流能力较高的场合,如变电所的主回路及靠近电力变压器低压侧出线端的配电线路中,作为导线、电缆和电气设备的短路保护和过载保护。图 6.3.10为 RT0 型熔断器的外形。

低压熔断器全型号的表示和含义：

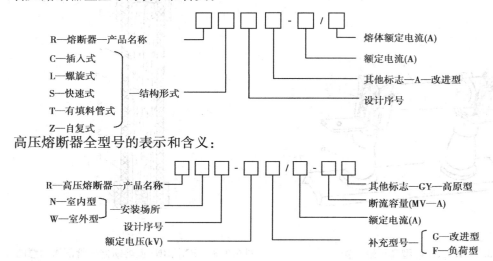

R—熔断器—产品名称
C—插入式
L—螺旋式
S—快速式 } —结构形式
T—有填料管式
Z—自复式

熔体额定电流(A)
额定电流(A)
其他标志—A—改进型
设计序号

高压熔断器全型号的表示和含义：

R—高压熔断器—产品名称
N—室内型 } —安装场所
W—室外型
设计序号
额定电压(kV)

其他标志—GY—高原型
断流容量(MV—A)
额定电流(A)
补充型号— { G—改进型 F—负荷型 }

(4)阀型避雷器

阀型避雷器由火花间隙和阀片组成,装在密封的磁套管内。火花间隙用铜片冲制而成,每对间隙用云母垫圈隔开,如图6.3.11(a)所示。正常情况下,火花间隙阻止线路正常工频电流通过,但在雷电过电压作用下,火花间隙被击穿放电。阀片是用电工用金刚砂(碳化硅)颗粒组成的,如图6.3.11(b)所示。它具有非线性特性,正常电压时,阀片电阻很大,过电压时,阀片电阻变得很小,如图6.3.11(c)所示。因此阀型避雷器在线路上出现过电压(如雷电波)时,其火花间隙击穿,阀片能使雷电流顺畅地向大地泄放。图6.3.12(a)和(b)分别是我国生产的FS_4-10型高压阀型避雷器和FS-0.38型低压阀型避雷器的结构图。

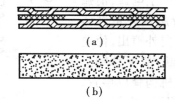

(a)

(b)

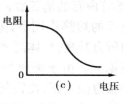

电阻

0   电压

(c)

图6.3.10　RT0型低压熔断器

图6.3.11 阀型避雷器组成部件及特性
(a)单元火花间隙　(b)阀片
(c)阀电阻的电压-电阻特性

阀型避雷器型号的表示和含义：

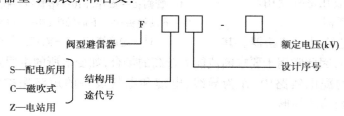

F —阀型避雷器
S—配电所用
C—磁吹式 } 结构用
Z—电站用 途代号

额定电压(kV)
设计序号

（5）低压配电装置

低压配电装置是按一定的接线方案，将所用的低压电器组装成的一种低压配电成套设备。它由刀开关、熔断器、自动空气开关、交流接触器、电流互感器、计量设备以及金属柜架和面板等组成。如低压配电屏、动力配电箱、照明配电箱、控制箱等。

1）低压配电屏

它主要用于变压器低压侧的首级配电系统，作动力、照明配电之用。目前低压配电屏仍以固定式和抽屉式两大类为主，原有 BDL 和 BSL 系列固定式低压配电屏、已明确全部淘汰，目前得到广泛应用的是 GGL、GGD 型等固定式。GCS 抽屉式（双面维护）低压配电屏广泛用在高层建筑中。

GGD 型为封闭式结构，性能比较先进、操作安全、母线不外露，断流能力强，且柜体上下两端均有不同数量的散热槽孔，使密闭的柜体自下而上形成自然通风

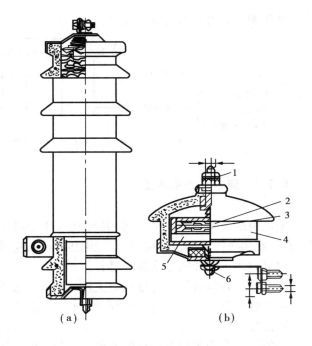

图 6.3.12 高低压阀型避雷器
（a）FS$_4$-10 型 （b）FS-0.38 型
1—上接线端；2—火花间隙；3—云母垫圈；
4—瓷套管；5—阀片；6—下接线端

道，达到散热的目的。目前 GGD 柜的主电路设计了 129 个方案，共 298 个规格，用户可根据需要选择。

GCS 系列抽屉式低压配电屏，各功能单元室、母线室、电缆室严格区分；各相同单元室互换性强；各抽屉面板有开关各种位置的明显标识；设有机械连锁。即其供电可靠、安全，常用于供电可靠性要求高的用户（如高屋建筑）作为 500 V 以下系统的动力、照明配电用。

低压配电屏全型号的表示和含义：

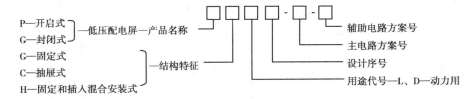

2）动力配电箱

主要用于工矿企业、事业、高层民用建筑，交流电压 380 V，三相三线或三相四线系统中，作为动力、照明配电或电动机控制用。动力配电箱品种较多，而且内部所用元件，制造工艺等在不断更新。如 XL（R）-20 型、XL-21 型、XL（F）-31 型等，内部开关都选择自动空气开关、交流接触器、热继电器等，其一次接线方案也较多，便于灵活选用。

低压配电箱型号的表示和含义：

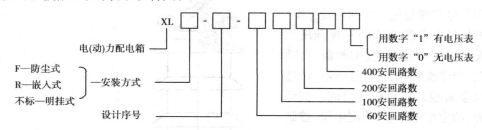

6.3.3　变电所的主结线

变电所的主结线是由变压器、各种高低压配电设备、母线、电线电缆、补偿电器等电气设备,按一定顺序连接的接受电能、变换电压和分配电能的主电路。

对变电所主结线的基本要求是：

安全性　要符合国家标准和有关技术规程的要求,能充分保证人身和设备的安全。

可靠性　要满足各级电力负荷,特别是一、二级负荷对供电可靠性的要求。

灵活性　能适应各种不同的运行方式,便于检修,切换操作方便。

经济性　在满足以上要求的前提下,尽量使主结线简单,投资少,运行费用低,并节约电能和有色金属。

主结线图是以规定的电气设备图形符号用单线图的形式来表示。在三相电路中设备分布不对称时,则局部用三线图表示。

表 6.3.1 为变电所主结线图中常用图形符号。

表 6.3.1　变电所主结线的主要电气设备符号表

电气设备名称	图形符号	电气设备名称	图形符号
电力变压器	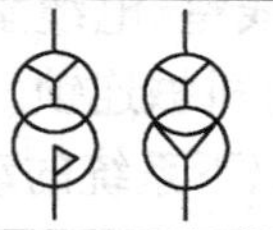	刀熔开关	
断路器		母线及母线引出线	
负荷开关		电流互感器	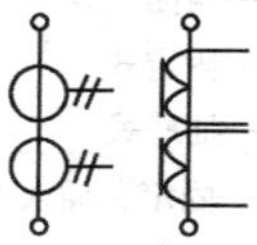
隔离开关		电压互感器	
熔断器		阀型避雷器	

续表

电气设备名称	图形符号	电气设备名称	图形符号
跌落式熔断器		电抗器	
自动空气断路器		移相电容器	
刀开关		电缆及其终端头	

主结线的确定与变配电所电气设备的选择,配电装置的布置及运行的可靠性、灵活性和经济性有很密切的关系。其形式应由电源情况、负荷等级、容量大小及与邻近变配电所的联系等因素确定。这里介绍建筑工地常用的 10 kV 小容量变电所的主结线。

(1)高压侧采用隔离开关—熔断器或户外跌落式熔断器的变电所主结线(见图6.3.13)

它们均采用熔断器来保护线路和变压器的短路故障。由于受隔离开关和跌落式熔断器切断空负荷变压器容量的限制,一般只用于

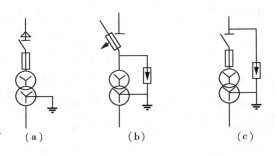

（a）　　　（b）　　　（c）

图 6.3.13　隔离开关—熔断器或户外跌落式熔断器主结线方案

500 kVA 及以下容量的变电所中。这些主结线都相当简单经济,但供电可靠性不高,当变压器或高压侧停电检修,整个变电所都要停电。由于隔离开关和跌落式熔断器不能带负荷操作,从而使变电所停电和送电操作的程序比较麻烦,如果稍有疏忽,还容易发生带负荷拉闸的严重事故;而且在熔断器熔断后,更换熔体需一定时间,从而使在排除故障后恢复供电的时间延长,更影响了供电的可靠性。但这些主结线对不重要的三级负荷的小容量变电所还是相当适宜的。

(2)高压侧采用负荷开关—熔断器的变电所主结线(见图6.3.14)

由于负荷开关能带负荷操作,从而使变电所停电和送电的操作比上述方案要简便灵活得多,也不存在带负荷拉闸的危险。在发生过负荷时,负荷开关有热脱扣器进行保护,使开关跳闸;但在发生短路故障时,仍然是熔断器熔断,因此这种主结线仍然存在着排除故障后恢复供电的时间较长的缺点。这种主结线也是比较简单经济,操作方便灵活,但供电可靠性仍然不高,一般也只用于三级负荷的变电所。

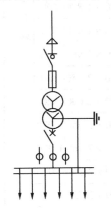

图 6.3.14　采用负荷开关—熔断器的主电路图

以上所介绍的两种主结线尽管供电可靠性不高,但对建筑施工现场的临时供电是相当适宜的,如果变电所低压侧有联络线与其他供电可靠性较高的变电所相联时,则可用于二级负荷。

6.3.4　变压器的选择

变压器是变电所中的主要设备,其作用是把由高压电网接受到的电压变换为用电设备所需的电压等级。选择得是否合理,直接影响到投资的多少,运行费用的高低,供电质量的好坏及供电的可靠性。变压器的选择主要包括型号的选择,额定电压的确定以及容量的选择。

表6.3.2　S10系列6~10 kV级配电及电力变压器技术数据

型号	额定电压/kV 高压	低压	连接组标号	损耗/kW 短路	空载	空载电流/%	阻抗电压/%	质量/kg	外型尺寸/mm（长×宽×高）	轨距/mm	生产厂
S10-100/10				1.68/1.80	0.22/0.23	1.15/1.25		560	1 220×749×1 020		
S10-125/10				2.06/2.15	0.25/0.27	1.1/1.2		652	1 340×870×1 230		
S10-160/10				2.39/2.65	0.31/0.32	1.05/1.15	6	753	1 320×880×1 270	550	
S10-200/10				2.86/3.06	0.37/0.38	1.05/1.15		891	1 490×890×1 420	550	
S10-250/10	6 6.3		Y,yn0 或 Y,zn1 D,yn11	3.36/3.50	0.44/0.46	1.0/1.1		1 164	1 626×980×1 430	660	
S10-315/10				4.03/4.30	0.52/0.54	1.0/1.1		1 324	1 640×1 000×1 450	660	
S10-400/10	10	0.4		4.92/5.10	0.64/0.65	0.95/1.0		1 594	1 700×1 030×1 615	660	
S10-500/10	10.5			5.85/6.08	0.74/0.76	0.95/1.0		1 968	1 895×1 120×1 635	660	
S10-630/10	11			6.89/7.23	0.90/0.92	0.9/0.95		2 534	1 860×1 110×1 800	660	四川安岳变压器厂、铜川整流变压器厂
S10-800/10				8.40/8.84	1.50/1.12	0.75/0.8		3 250	1 950×1 250×1 930	820	
S10-1000/10				9.30/0.36	1.23/1.35	0.6/0.65		3 660	2 350×1 400×2 250	820	
S10-1250/10				11.10/12.33	1.50/1.60	0.6/0.65		4 570	2 390×1 420×2 300	820	
S10-1600/10				14.00/14.60	1.80/1.89	0.55/0.6	4.5	5 180	2 430×1 470×2 490	820	
S10-630/10		6.4		6.89	0.90	0.95	4.5	2 650	1 850×1 140×1 880	660	
S10-800/10	6 6.3	6.3	Y,yn0 Y,d11	8.40	1.05	0.80		2 980	1 980×1 250×1 920	820	
S10-1000/10	10	3.15		9.30	1.23	0.65		3 500	2 300×1 400×2 480	820	
S10-1250/10	10.5	3		11.10	1.50	0.65		3 980	2 400×1 450×2 350	820	
S10-1600/10	11			14.00	1.80	0.6		5 250	2 550×1 500×2 690	820	
S10-2000/10				16.70	2.11	0.6	5.5	5 780	2 680×1 550×2 650	1 070	
S10-2500/10		6.3 3.15		19.40	2.49	0.6		6 850	2 580×2 270×2 760	1 070	
S10-3150/10			Y, d11	22.70	3.00	0.6		7 840	2 600×2 680×2 850	1 070	
S10-4000/10	10			26.90	3.7	0.6		9 320	3 320×2 750×3 230	1 070	
S10-5000/10	10.5	6.3 3.15		30.90	4.45	0.55		11 500	3 390×2 840×3 420	1 070	
S10-6300/10	11			34.80	5.20	0.55		14 000	3 450×2 980×3 600	1 070	

　　注:①斜线上方供Y,yn0联络组变压器用,斜线下方供Y,zn11或D,yn11联络组变压器用。
　　　②高压分接范围为±5%或±2×2.5%。

在供配电系统中,电力变压器应当选用 10 型(干式变压器为 9 型及以上)及以上、非晶合金等节能环保、低损耗和低噪声的变压器。对防火要求高的场合,如高层建筑,要求选择 SC9 型。表 6.3.2 为国内目前生产的 6～10 kV S10 型三相配电变压器的主要技术数据,供参考。

变压器原副边额定电压应根据电源提供的电压等级和用电设备所需的电压来确定。施工现场的变电所一般由 10 kV 的高压电网引来经变压器降至 380/220 V 所需电压。所以变压器高压侧的额定电压一般选 10 kV,低压侧额定电压为 0.4 kV。

变压器容量的大小应根据用户低压侧用电量总计算负荷 S_{js} 的大小、变压器台数来确定,一般三级负荷选一台变压器,则所选变压器的额定容量 S_N 应满足全部低压侧用电设备总计算负荷的需要,即:

$$S_N \geqslant S_{js} \tag{6.3.1}$$

例如在第 6.2 节例 6.2.1 题中,施工现场低压侧总计算负荷为 103.31 kVA。该施工现场为三级负荷,所以选一台变压器,并且考虑到变压器允许一定的过负荷,所以可选 S10-100/10 型即可满足要求。

在施工现场,如建设部门的工程项目属扩建项目,已拥有变电所,应根据其变压器容量的裕度和过负荷能力加以利用,否则应设立临时变电所。如建设部门的工程项目属新建项目,又需要建立自己的变电所,则应在施工组织设计中,先期安排变电所的施工,然后加以利用。

6.4　低压配电线路的接线方式及其结构

低压配电线路是供配电系统的重要组成部分,担负着将变电所 380/220 V 的低压电能输送和分配给用电设备的任务。

6.4.1　低压配电线路的接线方式

(1)放射式接线

图 6.4.1(a)是放射式接线的电路图。此接线方式是由变压器低压母线上引出若干条回路,再分别配电给各配电箱或用电设备。其特点是在任一线路发生故障或检修时彼此互不影响,供电可靠性高。但变电所低压侧引出线多,有色金属消耗量大,采用的开关设备多,投资费、运行费用高。这种接线方式多用于单台设备容量大或对供电可靠性要求高的场合。

(2)树干式接线

图 6.4.1(b)是树干式接线。它是从变电所低压母线上引出干线,沿干线走向再引出若干条支线,然后再引至各用电设备。这种接线方式的特点正好

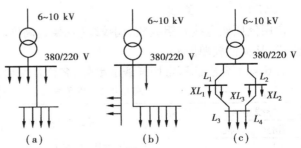

图 6.4.1　低压配电线路接线方式
(a)放射式　(b)树干式　(c)环形

与放射式接线相反,它使用的导线和开关设备较少,投资费、运行费用低,有色金属消耗量少。但供电可靠性差,如干线发生故障,该条干线总开关跳闸,所带负荷全部停电。这种接线方式适用于设备量小、负荷分布均匀且无特殊要求的三级负荷。建筑施工现场供电属于临时性供电,为节省费用,一般多采用树干式配电。

（3）环形接线

图 6.4.1(c)是由一台变压器供电的低压环形接线。环形接线实质上是两端供电的树干式接线方式的改进,相对单端供电的树干式接线,供电可靠性提高了。当 L_2 段出现故障或检修时,可以通过 L_1、L_3 段与 XL_2 联系的开关设备接通电源,继续对 XL_2 供电,即任何一段发生故障均可通过另一段联络线切换操作,恢复供电。但这种接线方式保护装置配合相当复杂,如配合不当,还会扩大故障范围,所以一般环形接线采用开环运行。

以上 3 种接线方式各有其优缺点,在实际应用中根据用电设备的分布情况、负荷等级、负荷大小、投资费用等多方面综合考虑,选出相适宜的方式。

6.4.2 低压配电线路的结构

（1）架空线

架空线具有投资少,安装容易、维护检修方便等优点,因而得到广泛使用。但与电缆线相比,其缺点是受外界自然因素(风、雷、雨、雪)影响较大,故安全性、可靠性较差,并且不美观、有碍市容,所以其使用范围受到一定限制。

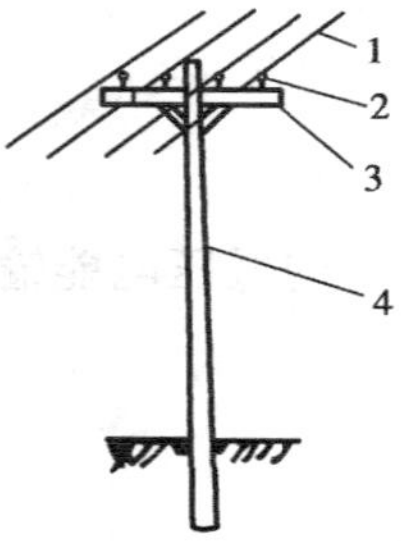

图 6.4.2 架空线路
的结构
1—低压导线；2—针
式绝缘子；3—横担；
4—低压电杆

架空线由导线、电杆、横担、绝缘子、拉线及线路金具等组成。架空线结构如图 6.4.2 所示。

1）导线

导线是线路的主体,担负着输送电能的任务。架设在杆上的导线由于受到自身重量和各种外力的作用,并受大气中有害气体的侵蚀,因此要求其具有良好的导电性,具有一定的机械强度和耐腐蚀性,尽可能质轻。

导线的种类,按材料分有铜心和铝心两种。铜线电阻率小,机械强度大,但价格昂贵,为了节约用铜,减少投资,应尽量采用铝线。低压配电线还可分为裸导线和绝缘线两种。裸导线外面没有绝缘保护层,绝缘线外面有绝缘保护层。根据保护层的材料不同又分为橡皮绝缘线和塑料绝缘线。

常用低压架空线有铝铰线、铜铰线(在架设高度较低的场合用绝缘线)。铰线是由多股导线组成,其韧性较单股好。

表 6.4.1 列出低压常用导线的型号、名称及用途。

表 6.4.1 常用导线的型号及其主要用途

导线型号		额定电压/V	导线名称	最小截面/mm²	主要用途
铝心	铜心				
LJ	TJ	—	裸铝铰线、裸铜铰线	25	室外架空线
BLV	BV	500	聚氯乙烯绝缘线	2.5	室内架空线或穿管敷设
BLX	BX	500	橡皮绝缘线	2.5	室内架空或穿管敷设

续表

导线型号		额定电压	导线名称	最小截面	主要用途
铝心	铜心	/V		/mm²	
BLXF	BXF	500	氯丁橡皮绝缘线		室外敷设
BLVV	BVV	500	塑料护套线		室外固定敷设
	RV	250	聚氯乙烯绝缘软线	0.5	250 V 以下各种移动电器接线
	RVS	250	聚氯乙烯绝缘绞型软线	0.5	
	RVV	500	聚氯乙烯绝缘护套软线		500 V 以下各种移动电器接线

2)绝缘子

绝缘子(又称瓷瓶)的作用,是用于支撑固定导线,保证导线与杆、导线与导线之间绝缘。要求具有良好的绝缘性和足够的机械强度。一般低压架空线路多采用低压针式绝缘子和低压蝶形绝缘子,其外形如图6.4.3所示。

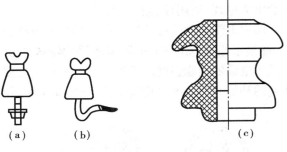

图 6.4.3　低压绝缘子外形
(a)直脚针式　(b)弯脚针式　(c)蝶式

3)电杆

电杆是用来支持导线和绝缘子的,要求其应具有足够的机械强度和高度,以保证人身安全。低压架空线路目前大多使用水泥杆。

4)横担

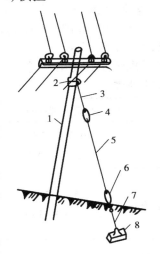

图 6.4.4　拉线结构
1—电杆;2—拉线抱箍;3—上把;
4—拉线绝缘子;5—腰把;
6—花篮螺丝;7—底把;8—拉线底盘

横担的主要作用是固定绝缘瓷瓶,并使每根导线保持一定的间距,防止风吹摆动而造成相间短路,常用的有铁横担和瓷横担,低压多用铁横担。

5)拉线

拉线是为了平衡电杆各方面的作用力,抵抗风力以防倾倒之用。如终端杆、转角杆都装有拉线。拉线的结构见图6.4.4所示。

6)线路金具

线路金具(又称铁件)是用来连接导线、安装横担和绝缘子等用。常用的有穿心螺钉、U 型抱箍,调节拉线松紧的花篮螺丝等。如图6.4.5所示。

(2)电缆线

电缆线与架空线相比,虽然具有成本高,投资大、维修不便等缺点,但它具有运行可靠,不受外界影响,不占地,不影响美观等优点,特别是在有腐蚀气体和易燃、易爆场所。不易架设架空线时,只有敷设电缆线路。

1)电缆结构、种类及使用范围

电缆的结构包括导电心、绝缘层和保护层等部分,图6.4.6为三心电缆的断面结构。

电缆的种类有很多,从导电心来分:有铜心电缆和铝心电缆;按心数分,有单心、双心、三心、四心等;按电压等级分有0.5、1、6、10、35 kV 等;由电缆的绝缘层和保护层的不同,又可分为油浸纸绝缘铅包(铝包)电力电缆、聚氯乙烯绝缘聚氯乙烯护套电力电缆(全塑电缆)、橡皮绝缘聚氯乙烯护套电力电缆、通用橡套软电缆等。

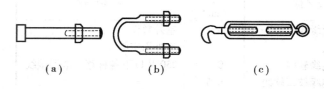

图6.4.5　线路金具

(a)穿心螺钉　(b)U 型抱箍　(c)花篮螺丝

两段电缆之间连接处以及电缆的起始或终止两端要与导体或电气设备连接,对有些电缆(如油浸纸绝缘电缆等)来说,若不采用特殊方法,则潮气易侵入电缆内部,使绝缘物质变质而降低了电缆的绝缘强度。所以两端电缆连接处要采用专门的中间接头,如图6.4.7 所示。电缆起始和终止两端要采用终端头,如图6.4.8 所示。

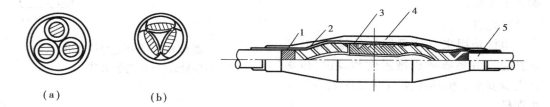

图6.4.6　三心电缆截面图　　图6.4.7　1~10 kV 电缆环氧树脂中间头

(a)圆形三心　(b)扇形三心　1—统包绝缘层;2—心线绝缘;3—扎锁管(管内两心线对接);

4—扎锁管涂包层;5—铝(或铅)包

表6.4.2、表6.4.3、表6.4.4 分别列出了常用的几种型号电缆及其使用范围。

表6.4.2　YQ、YQW、YZW、YC、YQW 型通用橡套软电缆

型　号	名　称	主要用途	截面范围/mm²
YQ YQW	轻型橡套电缆	连接交流电压 250 V 及以下轻型移动电气设备 具有耐气候和一定的耐油性能	0.3~0.75 1 心、2 心、3 心
YZ	中型橡套电缆	连接交流电压 500 V 及以下各种移动电气设备	0.5~6.2 心 3 心及(3+1)心
YZW		连接交流电压 500 V 及以下各种移动电气设备,具有耐气候和一定的耐油性能	
YC	重型橡套电缆	连接交流电压 500 V 及以下各种移动电气设备,能承受较大的机械外力作用	2.5~120 1 心、2 心、3 心及(3+1)心
YCW		连接交流电压 500 V 及以下各种移动电气设备,能承受较大的机械外力作用,具有耐气候和一定的耐油性能	

表 6.4.3　XV、XLV、XF、XLF 型橡皮绝缘电力电缆

型　号		名　　称	主要用途
XLV	XV	橡皮绝缘聚氯乙烯护套电力电缆	敷设在室内隧道及管道中不能承受机械外力作用
XLF	XF	橡皮绝缘氯丁护套电力电缆	
XLV$_{29}$	XV$_{29}$	橡皮绝缘聚氯乙烯护套内钢带铠装电力电缆	敷设在地下,能承受一定机械外力作用,但不能承受大的拉力

表 6.4.4　聚氯乙烯绝缘聚氯乙烯护套电力电缆的主要用途

型　号	名　　称	主要用途
VLV(VV)	聚氯乙烯绝缘、聚氯乙烯护套电力电缆	敷设在室内、管沟内、不能承受机械外力作用
VLV$_{29}$(VV$_{29}$)	聚氯乙烯绝缘、聚氯乙烯护套内钢管铠装电力电缆	敷设在地下,能承受机械外力作用,但不能承受大的拉力
VLV$_{30}$(VV$_{30}$)	聚氯乙烯绝缘、聚氯乙烯护套裸细钢丝铠装电力电缆	敷设在室内、隧道及矿井中能承受相当的拉力
VLV$_{39}$(VV$_{39}$)	聚氯乙烯绝缘、聚氯乙烯护套内细钢丝铠装电力电缆	敷设在水中或具有落差较大的土壤中,能承受相当的拉力
VLV$_{50}$(VV$_{50}$)	聚氯乙烯绝缘聚氯乙烯护套裸粗钢丝铠装电力电缆	敷设在室内、隧道及矿井中,能承受机械外力作用并能承受较大的拉力

2)电缆的敷设

敷设电缆常用方式有直接埋地(图 6.4.9);电缆沟(图 6.4.10);沿墙、梁、支架等架空敷设(图6.4.11)和穿管敷设。在以下情况下电缆应穿钢管保护:从电缆沟引出到电杆或墙外地面的电缆,并距地面 2 m 高以下及埋入地下小于 0.25 m深度的一段;电缆引入及引出建筑物,构筑物,穿过楼板及主要墙壁处;当电缆与道路、铁路交叉时。

6.4.3　施工现场低压配电线路的基本要求

建筑施工现场的供电属于临时性供电,其地形和环境复杂,为保证施工的顺利进行,做到安全、可靠、优质、经济地供电,对低压配电线路提出以下基本要求。

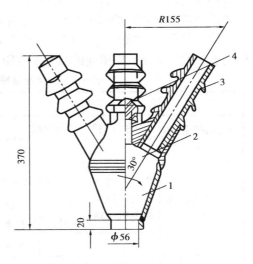

图 6.4.8　WDH 系列环氧电缆终端盒
1—底壳;2—底盖;3—套管;4—浇注防火帽

（1）架空线路

1）路径选择

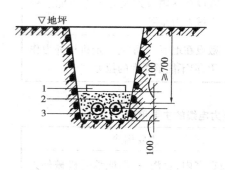

图 6.4.9　直埋电缆
1—保护板（砖）；
2—砂；3—电缆

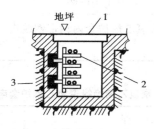

图 6.4.10　电缆沟（户内）
1—盖板；2—电缆支架；
3—预埋铁件

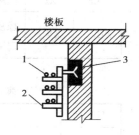

图 6.4.11　电缆沿墙敷设
1—电缆；2—电缆支架；
3—预埋铁件

路径应尽量架设在道路一侧,不妨碍交通,不妨碍塔式起重机的拆装、进出和运行。应力求路径短直、转角小,并保持线路接近水平,以免电杆受力不均而倾倒。

2）架空导线与邻近线路或设施的距离应符合表 6.4.5 的规定。

3）杆型的确定及施工要求

电杆采用水泥杆,水泥杆不得露筋、环向裂纹和扭曲,其梢径不得小于 130 mm。电杆的埋设深度宜为杆长的 1/10 加 0.6 m,但在松软土地处应适当加大埋设深度或采用卡盘加固。

4）挡距、线距、横担长度及间距要求

挡距是指两杆之间的水平距离,施工现场架空线挡距不得大于 35 m。线距是指同一电杆各线间的水平距离,线距一般不得小于 0.3 m。横担的长度应为:二线取 0.7 m,三线和四线取 1.5 m,五线取 1.8 m。横担间的最小垂直距离不得小于表 6.4.6 所列数值。

表 6.4.5　架空线路与邻近线路或设施的距离

项　目	邻近线路或设施类别					
最小净空距离 /m	过引线、接下线与邻线		架空线与拉线电杆外缘		树梢摆动最大时	
	0.13		0.65		0.5	
最小垂直距离 /m	同杆架设下方的广播线路通讯线路	最大弧垂与地面			最大弧垂与暂设工程顶端	与邻近线路交叉	
		施工现场	机动车道	铁路轨道		1 kV 以下	1～10 kV
	1.0	4.0	6.0	7.5	2.5	1.2	2.5
最小水平距离 /m	电杆至路基边缘		电杆至铁路轨道边缘		边线与建筑物凸出部分	
	1.0		杆高 +3.0		1.0	

表 6.4.6 横担间最小垂直距离/m

排列方式	直线杆	分支或转角杆
高压与低压	1.2	1.0
低压与低压	0.6	0.3

5）导线的型式选择及敷设要求

施工现场的架空线必须采用绝缘线,一般用铝心线;架空线必须设在专用杆上,严禁架设在树木脚手架上。为提高供电可靠性,在一个挡距内每一层架空线的接头数不得超过该层线条数的50%,且一根导线只允许有一个接头;线路在跨越公路、河流时,电力线路挡距内不得有接头。

6）绝缘子及拉线的选择及要求

架空线的绝缘子对直线杆采用针式绝缘子,耐张杆采用蝶式绝缘子。拉线宜选用镀锌铁线,其截面不得小于 $3 \times \phi4$,拉线与电杆的夹角应在 $45° \sim 90°$ 之间,拉线埋设深度不得小于1 m,钢筋混凝土杆上的拉线应在高于地面2.5 m 处装设拉紧绝缘子。

（2）接户线

当低压架空线向建筑物内部供电时,由架空配电线路引到建筑物外墙的第一个支持点(如进户横担)之间的一段线路,或由一个用户接到另一个用户的线路叫做接户线。其要求如下:

①接户线应由供电线路电杆处接出,挡距不宜大于 25 m,超过 25 m 时应设接户杆,在挡距内不得有接头。

②接户线应采用绝缘线,导线截面应根据允许载流量选择,但不应小于表6.4.7 所列数值。

表 6.4.7 低压接户线的最小截面

接户线架设方式	挡距/mm	最小截面/mm²	
		绝缘铜线	绝缘铝线
自电杆上引下	10 以下	2.5	4.0
	10～25	4.0	6.0
沿墙敷设	6 及以下	2.5	4.0

③接户线距地高度不应小于下列数值:通车街道为6 m,通车困难街道、人行道为3.5 m,胡同为3 m,最低不得不于2.5 m。

④低压接户线间距离,不应小于表6.4.8 所列数值。低压接户线的零线和相线交叉处,应保持一定的距离或采取绝缘措施。

表 6.4.8 低压接户线的线间距离

架设方法	挡距/m	线间距离/cm
自电杆上引下	25 及以下	15
	25 以上	20
沿墙敷设	6 及以下	
	6 以上	

⑤进户线进墙应穿管保护,并应采取防雨措施,室外端应采用绝缘子固定。

（3）电缆线路

1）路径选择

使电缆路径最短,尽量少拐弯;少受外界因素,如机械的、化学的或地中电流等作用的损坏;散热条件好,尽量避免与其他管道交叉等。

2）敷设要求

建筑施工现场如因环境、空间的限制,采用电缆线路时,其干线应采用埋地或架空敷设,严禁沿地面明设。埋地敷设电缆的接头应设在地面上的接线盒内,接线盒应能防水、防尘、防机械损伤并应远离易燃、易爆、易腐蚀场所。橡皮电缆架空敷设时,应沿墙壁或电杆位置,并用绝缘子固定,严禁使用金属裸线作绑线,固定点间距应保证橡皮电缆能承受自重所带来的荷重;橡皮电缆的最大弧垂距地不得小于 2.5 m;电缆头应牢固可靠,并应做绝缘包扎,保证绝缘强度。在建临时配电的电缆也应埋地引入。电缆垂直敷设的位置应充分利用在建工程的竖井,垂直孔洞等,并应靠近负荷中心,固定点每层楼不得少于一处,电缆水平敷设宜沿墙或门口固定,距地不得小于 1.8 m。

（4）室内临时配电线路

室内装修施工时,配电线必须采用绝缘导线,采用瓷瓶、瓷夹等敷设时,瓷夹间距离应不大于 800 mm,导线间距不小于 35 mm,瓷瓶固定时导线间距应不小于 100 mm,瓷瓶间距不大于 1.5 m,距地面高度不得小于 2.5 m。导线截面应由计算负荷确定,铝线最小截面不小于 2.5 mm^2,铜线截面不得小于 1.5 mm^2。潮湿场所或埋地处,电缆配线必须穿管敷设,管口应密封,采用金属管敷设时,必须作接地保护。

（5）特殊场所配电线路

对隧道、人防工程、有高温和导电尘埃或灯具距地面高度低于 2.4 m 场所的照明,应设 36 V 安全配电线路,特别潮湿的场所应考虑 12 V 安全电压配线。且电源变压器应采用双绕组变压器,不能用自耦变压器作安全变压器使用。

6.5 配电导线截面与保护和控制设备的选择

6.5.1 配电导线截面的选择

为了保证供配电系统安全、可靠、优质、经济地运行,选择导线截面时,必须满足发热条件、允许电压损失和机械强度3个方面的要求。此外,对于绝缘导线和电缆,还应满足工作电压的要求。

按实际工作经验,低压动力线,因其负荷电流较大,所以一般先按发热条件来选择截面,再按电压损失和机械强度校验。低压照明线,因其对电压水平要求较高,所以一般先按允许电压损失条件来选择截面,然后再按发热条件和机械强度校验。

(1)按发热条件选择导线截面

电流通过导线时,要产生电能损耗,使导线发热。裸导线的温度过高时,会使其接头处的氧化加剧,增大接触电阻,使之进一步氧化,如此恶性循环,甚至可发展到断线。而绝缘导线和电缆的温度过高时,可使绝缘损坏,甚至引起火灾。因此导线的截面大小应在通过正常最大负荷电流(即计算电流)时,不致引起温度超出其正常运行时的最大允许值(即允许载流量),为此规定了不同类型的导线和电缆允许通过的最大电流,如表6.5.1为500 V铜芯绝缘导线长期连续负荷时的允许载流量。按发热条件选择导线截面就是要求计算电流不超过导线正常运行时的允许载流量,即

$$I_{js} \leq I_{al} \tag{6.5.1}$$

式中　I_{al}——不同型号,不同截面的导线在不同温度下,不同敷设方式时长期允许通过的载流量,A;

　　　I_{js}——线路计算总电流,A。

由表6.5.1可知,导线的允许载流量与环境温度有关,因此在选择导线时,应弄清导线安装地点的环境温度。按规定,选择导线所用的环境温度:室外,采用当地最热月平均最高气温;室内,可取当地最热月平均最高气温加5 ℃。而选择电缆所用的环境温度:室外电缆沟,取当地最热月平均最高气温;土中直埋,取当地最热月平均气温。

上述选择是指相线截面,低压供配电系统的中性线(零线)和保护线截面的选择如下:

一般三相四线或三相五线制中的中性线(N线)的允许载流量,不应小于三相线路中的最大不平衡电流,中性线截面 S_0 一般应不小于相线截面 S_φ 的50%,即 $S_0 \geq 0.5 S_\varphi$。

由三相线路分出的两相三线及单相线路中的中性线,由于其中性线的电流与相线电流相等,所以其中性线截面应与相线截面相同,即 $S_0 = S_\varphi$。

保护线(PE线),按规定,其电导一般不得小于相线电导的50%,因此保护线的截面不得小于相线截面的50%,但当 $S_\varphi \leq 16 \text{ mm}^2$ 时,保护线应与相线截面相等,即 $S_{PE} = S_\varphi$。

例6.5.1　某建筑施工工地需要电压为380/220 V,计算电流为65 A,现采用BV-500型明敷线供电,试按发热条件选择相线及中性线截面。(环境温度按30 ℃计)

解:因所用导线为500 V铜芯聚氯乙烯绝缘线,所以查表6.5.1得气温为30 ℃时导线截面为10 mm^2 的允许载流量为70 A,大于计算电流65 A,满足发热条件,因此相线选截面 $S_\varphi = 10 \text{ mm}^2$。

中性线截面,按 $S_0 \geq 0.5 S_\varphi = 0.5 \times 10 \text{ mm}^2 = 5 \text{ mm}^2$,所以选 S_0 为6 mm^2。

(2)按机械强度选择导线截面

配电导线在正常运行时,由于受其自身重量以及风、雨、雪、冰等外部作用力的影响,在安装过程中也要受到拉伸的作用力,为保证在安装和运行时不致折断,而中断正常供电和发生其他事故,因此有关部门规定了在各种不同的敷设条件下,导线按机械强度要求的最小截面,见表6.5.2,故所选导线截面应大于机械强度要求的最小截面。

表 6.5.1　500 V 铜芯绝缘导线长期连续负荷允许载流量（A）表

导线截面/mm²	股数	单位直径/mm	成品外径/mm	导线明敷设/A 橡皮25℃	塑料25℃	橡皮30℃	塑料30℃	塑料绝缘导线多根同穿在一根管内时，允许载流量/A(BV) 25℃ 穿金属管2根	3根	4根	穿塑料管2根	3根	4根	30℃ 穿金属管2根	3根	4根	穿塑料管2根	3根	4根	橡皮绝缘导线多根同穿在一根管内时，允许载流量/A(BX) 25℃ 穿金属管2根	3根	4根	穿塑料管2根	3根	4根	30℃ 穿金属管2根	3根	4根	穿塑料管2根	3根	4根
1.0	1	1.13	4.4	21	19	19	17	14	13	11	12	11	10	13	12	10	11	10	9	15	14	12	13	12	11	14	13	11	12	11	10
1.5	1	1.38	4.6	27	24	25	22	17	17	16	16	15	15	16	15	14	14	14	13	20	18	17	17	16	14	18	16	15	15	14	13
2.5	1	1.76	5	35	32	32	29	26	24	22	24	21	19	24	22	20	22	19	17	28	25	23	25	22	20	26	23	21	23	20	18
4	1	2.24	5.5	45	42	42	39	35	31	28	31	28	25	32	28	26	28	26	23	37	33	30	33	30	26	34	30	26	30	28	24
6	1	2.73	6.2	58	55	54	51	47	41	37	41	36	32	43	33	34	38	33	29	49	43	39	43	38	34	45	40	36	40	35	31
10	7	1.33	7.8	85	75	79	70	65	57	50	56	49	44	60	53	46	52	45	41	68	60	53	59	52	46	63	55	49	55	48	43
16	7	1.68	8.8	110	105	102	98	82	73	60	72	65	57	76	68	65	67	60	53	88	77	69	76	68	60	80	71	64	71	63	56
25	7	2.11	10.6	145	138	135	129	107	100	82	95	85	75	100	95	79	88	79	70	113	100	90	100	90	80	105	93	84	93	84	74
35	7	2.49	11.8	180	170	168	158	133	124	105	120	105	93	124	107	98	112	98	86	140	122	110	125	110	98	130	114	102	116	102	91
50	19	1.81	13.8	230	215	215	201	165	154	130	150	132	117	154	136	121	140	123	109	175	154	137	160	140	123	163	143	128	149	130	115
70	19	2.14	16.0	285	265	265	247	205	191	165	185	167	148	191	171	154	172	156	138	215	193	173	195	175	155	201	180	161	182	163	144
95	19	2.49	18.3	345	325	322	303	250	225	200	230	205	185	233	210	187	215	191	172	260	235	210	240	215	195	243	210	196	224	201	182
120	37	2.02	20.0	400	375	374	350	290	260	230	270	240	215	271	243	215	252	224	201	300	270	245	278	250	227	280	252	229	259	233	212
150	37	2.24	22.0	470	430	439	402	330	300	265	305	275	250	308	280	247	285	257	233	340	310	280	320	290	265	317	289	261	299	271	247
185	37	2.52	24.0	540	490	504	458	380	340	300	355	310	280	355	317	280	331	289	260	385	355	320	360	330	300	359	331	299	336	308	280

注：导线线芯最高允许工作温度 +65 ℃。

表 6.5.2 按机械强度要求的导线最小允许截面

用　途	线芯最小截面/mm²		
	铜芯软线	铜　线	铝　线
一、照明用灯头引下线			
户内:民用建筑	0.4	0.5	2.5
工业建筑	0.5	0.8	2.5
户外		1.0	2.5
二、移动式用电设备引线			
生活用	0.2		
生产用	0.1		
三、固定敷设在绝缘支持件上的导线支持点			
间距离:2 m 以下　　　户内		1.0	2.5
户外		1.5	2.5
6 m 及以下		2.5	4.0
12 m 及以下		2.5	6.0
25 m 及以下		4.0	10.0
四、穿管敷设的绝缘导线	1.0	1.0	2.5
五、塑料护套线沿墙明敷设		1.0	2.5
六、架空线路	钢芯铝线	铝及铝合金线	
1.35 kV	25	35	
2.6 ~ 10 kV	25	35	
3.1 kV 以下	16	16	
	绝缘铜线	绝缘铝线	
	10	16	

(3)按允许电压损失选择导线截面

由于线路存在着阻抗,所以在负荷电流通过线路时要产生电压损失,电压损失用线路的始端电压 U_1 和末端电压 U_2 的代数差占额定电压相对值的百分数来表示,即

$$\Delta U\% = \frac{U_1 - U_2}{U_N} \times 100\% \qquad (6.5.2)$$

式中　U_1——线路的始端电压,V;

　　　U_2——线路的末端电压,V;

　　　U_N——线路的额定电压,V。

线路上的电压损失就导致用电设备所承受的实际电压与其额定电压有偏移,偏移超过了规定值,将会严重影响用电设备的正常工作。如感应电机,当其端电压比额定电压低 10% 时,

由于转矩与端电压平方成正比,因此其实际转矩将只有额定转矩的 81%,而负荷电流将增大 5% ~ 10% 以上,温升将提高 10% ~ 15% 以上,绝缘老化程度增加一倍以上,从而明显缩短了电机的使用寿命。如白炽灯的端电压降低 10%,其光通量将降低 30%,灯光变暗,照度降低,严重影响人的视力健康,降低工作效率。为了保证用电设备的正常工作,有关规程规定了用电设备端子处电压偏移的允许范围为:

- 电动机　±5%;
- 照明灯　在一般工作场所 ±5%;在视觉要求较高的屋内场所 +5% 、−2.5%;在远离变电所的小面积一般工作场所,难以满足上述要求时,允许 −10%;
- 其他用电设备　无特殊规定时 ±5%。

为了保证线路末端电压偏移不超过规定的允许值,对线路的导线截面需要进行计算。如果线路的电压损失超过了允许值,则应适当加大导线的截面;以满足允许电压损失值的要求,因为输送功率和距离一定时,截面增大,电压损失将减小。

1)对于纯电阻性负载(如照明,电热设备等)可用下式来选择截面:

$$S = \frac{P_{js} \cdot L}{C \cdot \Delta U\%}\% = \frac{M}{C \cdot \Delta U\%}\% \qquad (6.5.3)$$

式中　S——导线截面,mm^2;

　　　P_{js}——负载的计算负荷(三相或单相功率),kW;

　　　$\Delta U\%$——允许电压损失%;

　　　M——负荷矩,kW·m;

　　　L——导线长度,m;

　　　C——由电路的相数,额定电压及导线材料的电阻率等因素决定的系数,叫做电压损失计算系数,参见表 6.5.3。

表 6.5.3　电压损失计算系数 C 值

线路额定电压/V	线路接线及电流类别	C 的计算式	$C/(kW \cdot m \cdot mm^{-2})$	
			铝线	铜线
220/380	三相四线	$\gamma \cdot U_N^2/100$	46.2	76.5
	两相三线	$\gamma \cdot U_N^2/225$	20.5	34.0
220	单相及直流	$\gamma \cdot U_N^2/220$	7.74	12.8
110			1.94	3.21

注:表中线路接线的线数均不含 PE 线。

2)对于感性负载(如电动机)选择导线截面的计算公式为:

$$S = B \times \frac{P_{js} \cdot L}{C \cdot \Delta U\%}\% = B \times \frac{M}{C \cdot \Delta U\%}\% \qquad (6.5.4)$$

式中　B——校正系数,参见表 6.5.4。

表 6.5.4　感性负载线路电压损失的校正系数 B 值

导线截面 /mm²	铜或铝导线明设 负荷的功率因数					电缆明设或埋地导线 穿管负荷功率因数					裸铜线架设 功率因数			裸铝线架设 功率因数		
	0.9	0.85	0.8	0.75	0.7	0.9	0.85	0.8	0.75	0.7	0.9	0.8	0.7	0.9	0.8	0.7
6												1.1	1.12			
10											1.10	1.14	1.20			
16	1.10	1.12	1.14	1.16	1.19						1.13	1.21	1.28	1.10	1.14	1.19
25	1.13	1.17	1.20	1.25	1.28						1.21	1.32	1.44	1.13	1.20	1.28
35	1.19	1.25	1.31	1.35	1.40						1.27	1.43	1.58	1.18	1.28	1.38
50	1.27	1.35	1.42	1.50	1.58	1.10	1.11	1.13	1.15	1.17	1.37	1.57	1.78	1.25	1.31	1.53
70	1.35	1.45	1.54	1.64	1.74	1.11	1.15	1.17	1.20	1.24	1.48	1.76	2.10	1.34	1.52	1.70
95	1.50	1.65	1.80	1.95	2.00	1.15	1.20	1.24	1.28	1.32				1.44	1.70	1.90
120	1.60	1.80	2.00	2.10	2.30	1.19	1.25	1.30	1.35	1.40				1.73	1.82	2.10
150	1.75	2.00	2.20	2.40	2.60	1.24	1.30	1.37	1.44	1.50						

例 6.5.2　某工地照明干线的计算负荷共计 20 kW,导线长 250 m,用 380/220 V 三相四线制供电,设干线上的电压损失不超过 5%,敷设地点的环境温度为 30 ℃,明敷,试选择 BV 型干线的截面。

解:

1)因是照明线,且线路较长,按允许电压损失条件来选择导线截面。

查表 6.5.3,三相四线制铜线,电压损耗计算系数 $C = 76.5$,根据公式(6.5.3),截面计算值为:

$$S = \frac{P_{js} \cdot L}{C \cdot \Delta U\%}\% = \frac{20 \times 250}{76.5 \times 5} \text{ mm}^2 = 13.07 \text{ mm}^2$$

由计算值,查表 6.5.1 选用 BV 线标准截面为 16 mm²。

2)校验发热条件

由 $S = 16$ mm²,查表 6.5.1,其允许载流量为 98 A。查表 6.2.1,$\cos \varphi = 1$,得:

$$I_{js} = \frac{S_{js}}{\sqrt{3} \cdot U_N} = \frac{20}{\sqrt{3} \times 0.38} \text{ A} = 30.42 \text{ A}$$

显然所选导线的允许载流量(98 A)远大于计算电流 30.42 A,满足发热条件。

3)校验机械强度

查表 6.5.2,架空绝缘铜线最小允许截面为 10 mm²,所选导线截面为 16 mm²,满足要求。

6.5.2　熔断器的选择

熔断器是一种保护设备,它能在设备或线路发生短路时,迅速切除电源、保护线路和设备不受损坏。为使其能对线路和设备作有效准确的保护,必须合理地选择熔断器。

熔断器选择的内容包括熔体额定电流、熔管额定电流和额定电压的选择,前后级熔体额定电流的配合,熔体电流与导线允许载流量的配合。

(1)熔体额定电流的选择

1)照明负荷

对于照明负荷,只要求出它的计算电流 I_{js},取熔体额定电流 $I_{N \cdot FE}$ 大于或等于它的计算电流即可,即

$$I_{N \cdot FE} \geqslant I_{js} \tag{6.5.5}$$

2)动力负荷

对于动力负荷,其熔体额定电流应同时满足:

①正常运行情况应使熔体额定电流 $I_{N \cdot FE}$ 大于或等于回路的计算电流 I_{js},以保证正常工作条件下熔体不会熔断,即

$$I_{N \cdot FE} \geqslant I_{js} \tag{6.5.6}$$

②电动机启动时,熔体不应熔断。

异步电动机在启动时电流为额定电流的 4 ~ 7 倍,如按额定电流选择熔断器,在启动时可能会熔断。按启动电流的大小来选择,会使熔体选的过大,起不到短路保护作用。考虑到电动机启动持续时间不长,启动电流很快就会降为电机正常运行的额定电流,而熔断器熔断又需一定的时间,即熔体具有短时过载的能力。所以对动力负荷除满足公式(6.5.6)条件外,还应满足:

a. 单台电动机

$$I_{N \cdot FE} \geqslant \frac{I_{st}}{2.5} \tag{6.5.7}$$

式中　$I_{N \cdot FE}$——熔体的额定电流,A;

　　　I_{st}——被保护电动机的启动电流,A。

b. 有多台(设有 n 台)电动机

$$I_{N \cdot FE} \geqslant I_{js(n-1)} + \frac{I_{st \cdot max}}{2.5} \tag{6.5.8}$$

式中　$I_{js(n-1)}$——去掉电流最大一台时的计算电流,A;

　　　$I_{st \cdot max}$——启动电流最大一台电动机的启动电流,A。

c. 电焊机供电回路

·单台电焊机

$$I_{N \cdot FE} \geqslant 1.2 \frac{S_N}{U_N} \sqrt{\varepsilon_N} \times 10^3 \tag{6.5.9}$$

式中　$I_{N \cdot FE}$——熔体的额定电流,A;

　　　S_N——电焊设备的额定容量,kVA;

　　　U_N——电焊设备一次侧的额定电压,V;

　　　ε_N——电焊设备的额定暂载率。

·接于单相电路上的多台电焊机

$$I_{N \cdot FE} = K \cdot \sum \frac{S_N}{U_N} \sqrt{\varepsilon_N} \times 10^3 \tag{6.5.10}$$

式中,K 为一系数,3 台及 3 台以下取 1,3 台以上取 0.65。

3)电力变压器

保护电力变压器的熔体电流,根据经验,应满足下式要求:

$$I_{N.FE} = (1.5 \sim 2.0)I_{1N.T} \tag{6.5.11}$$

式中 $I_{1N.T}$——变压器一次侧的额定电流,A。

(2)熔管额定电流及额定电压的选择

熔管额定电流一般应大于或等于熔体的额定电流。额定电压应大于或等于线路的额定电压。

(3)前后两级熔断器熔体动作选择性配合

在低压配电线路中,在干线、支线等多处安装熔断器,进行多级保护。当发生故障时,应使最靠近短路点的熔断器熔断,把故障范围限制在最小范围。为此,要求前一级的熔体电流应比下一级熔体电流大2~3级。

(4)熔体电流与被保护导线截面的允许载流量的配合

导线截面和熔断器确定后,熔断器还应与被保护的线路相配合,使之不致发生因过负荷和短路引起绝缘导线或电缆过热受损,甚至着火而熔断器不熔断的事故,因此要求被保护导线长期允许通过的载流量 I_{al} 与熔断器熔体电流 $I_{N.FE}$ 满足以下关系:

$$I_{N.FE} \leq K_{OL}I_{al} \tag{6.5.12}$$

式中 K_{OL}——绝缘导线和电缆的允许短时过负荷系数。

①当熔断器只作短路保护时,对电缆或穿管绝缘导线,取2.5;对明敷绝缘导线,取1.5。

②当熔断器既作短路保护又作过载保护时,如居住建筑、重要仓库和公共建筑中的照明线路,可能有长时过负荷的动力线路,以及在可燃建筑物构架上明敷的有延燃性外层的绝缘导线,取1(当 $I_{N.FE} \leq 25$ A 时则应取0.85)。

③对有爆炸气体区域内的线路,取0.8。

I_{al}——绝缘导体和电缆的允许载流量(A)。

如按式(6.5.6)、式(6.5.7)和式(6.5.8)条件选择的熔体电流不满足式(6.5.12)的配合要求,则应改选熔断器的型号规格,或适当增加导线或电缆的截面。

表6.5.5是RT0型熔断器的主要技术数据,供选择时参考。

表6.5.5 RT0型低压熔断器的主要技术数据

型 号	熔管额定电压/V	额定电流/A		最大分断电流/kA
		熔管	熔体	
RT0-100	交流 380 直流 440	100	30,40,50,60,80,100	50
RT0-200		200	(80,100),120,150,200	
RT0-400		400	(150,200),250,300,350,400	
RT0-600		600	(350,400),450,500,550,600	
RT0-1000		1 000	700,800,900,1 000	

注:表中括号内的熔体电流尽可能不采用。

例6.5.3 本章例6.2.1题中的总计算负荷 $S_{js} = 103.31$ kVA, $P_{js} = 66.45$ kW, $I_{js} = 156.97$ A,如采用树干式配电,干线长100 m,试选择BV型干线截面和RT0型熔断器(环境温度按30 ℃考虑,导线架空明敷,电压损失 $\Delta U\% = 5\%$)。

解:

1)选择干线截面

由于负载主要为动力,且干线只有 100 m,不太长,可先按发热条件选择。查表 6.5.1,选择 BV 型线截面为 35 mm²,其允许载流量为 158 A,大于计算电流 156.97 A,满足发热条件。

校电压损耗:

查表 6.5.3,6.5.4,得三相四线制铝线 $C = 76.5$,$B = 1.40(\cos\varphi = 0.7)$,所以:

$$\Delta U\% = B \cdot \frac{P_{js}L}{C \cdot S}\% = 1.40 \times \frac{66.45 \times 100}{76.5 \times 35}\% = 3.47\%$$

满足电压损耗的要求。

校机械强度:

按施工现场临时供电对低压架空线的要求,导线截面应不小于 10 mm²,所选截面为 35 mm²,符合要求。

2)选择熔断器

由题意,应根据公式(6.5.8)来选,即

$$I_{N \cdot FE} \geq I_{js(n-1)} + \frac{I_{st \cdot max}}{2.5}$$

从设备清单中得知有两台起重机,考虑到两台起重机并非同时启动,除去一台,求出其他电动机的计算电流。其中起重用电动机为最大功率者,功率为 30 kW,则:

$$\sum P_{(n-1)} = \sum P_s - P_{max} = 149.8\ kW - 30\ kW = 119.8\ kW$$

干线上的 K_x、$\cos\varphi$ 按表中各设备的 K_x、$\cos\varphi$ 值取平均数得,$K_x = 0.6$,$\cos\varphi = 0.65$,干线上的计算电流:

$$I_{js(n-1)} = K_x \cdot \frac{\sum P_{(n-1)}}{\sqrt{3} \cdot U_N \cdot \cos\varphi} = 0.6 \times \frac{119.8}{\sqrt{3} \times 0.38 \times 0.65}\ A = 168\ A$$

30 kW 起重用电动机的启动电流为($\cos\varphi = 0.7$,$\eta = 0.92$):

$$I_{st \cdot max} = 6 \cdot I_N = 6 \times \frac{P_N}{\sqrt{3} U_N \cdot \eta \cdot \cos\varphi} = 6 \times \frac{30}{\sqrt{3} \times 0.38 \times 0.92 \times 0.7}\ A = 424.7\ A$$

熔断器熔体额定电流计算值为:

$$I_{N \cdot FE} = I_{js(n-1)} + \frac{I_{st \cdot max}}{2.5} = 168\ A + \frac{424.7}{2.5}\ A = 337.9\ A$$

查表 6.5.5,选择 RT0-400 型熔断器,熔体额定电流 $I_{N \cdot FE} = 350\ A$。

选择好导线和熔断器后,还必须将导线的允许载流量 I_l 与熔体额定电流作配合,校验所选熔断器能否能保护导线,否则应加大导线截面,直到满足配合条件。

6.5.3 自动开关的选择

自动开关又称自动空气开关或断路器。其型号、作用及应用已在第 5 章介绍,这里着重讨论自动开关脱扣器的选择和动作值的整定。其脱扣器主要有:

过流脱扣器,主要用作过流保护,有电磁型和电子型 2 类。电磁型的保护特性曲线为非选择型,即为瞬时动作式,仅作短路保护。电子型的保护特性曲线有 2 段式保护和 3 段式保护。2 段式保护为瞬时或短延时与长延时两段,多用于低压配电出线保护和大容量干线的过流保

护。3 段式保护为瞬时、短延时与长延时三段,其中瞬时和短延时作短路保护,长延时作过负荷保护,多用于配电变压器低压侧出线处的过流保护。

欠电压脱扣器,用于欠电压保护。欠电压脱扣器还具有延时功能,可选择延时 1 s、2 s、3 s,如果电源电压在设定的延时内又恢复到正常值,则欠电压脱扣器不动作,这样可防止电网因短时电压降低导致的停电事故,提高了供电的可靠性。

分励脱扣器,实现远距离控制跳闸。

复式脱扣器,就是把过流脱扣器和热脱扣器的功能组合在一起,具有 2 者的保护功能。

(1)自动开关过流脱扣器额定电流的选择

过流脱扣器的额定电流 $I_{N·OR}$ 应大于或等于线路的计算电流 I_{js},即

$$I_{N·OR} \geq I_{js} \tag{6.5.13}$$

式中 I_{js}——被保护设备的计算电流 A。

(2)自动开关过流脱扣动作电流的整定

1)瞬时和短延时过流脱扣器动作电流的整定

瞬时和短延时过流脱扣器动作电流的整定,应射击回路的尖峰电流,即

$$I_{OP} \geq K_1 I_{pk} \tag{6.5.14}$$

式中 I_{OP}——自动开关脱扣器的动作电流,又称整定电流 A。

K_1——可靠系数。动作时间在 0.02 s 以上的万能式开关(DW 型、ME 型等),取 1.35;动作时间在 0.02 s 及以下的塑壳开关(DZ 型等),取 2~2.5;短延时一般取 1.2。

I_{pk}——线路的尖峰电流,即电动机的启动电流(A)。与熔断器选择部分计算方法相同。自动开关短延时断开时间分为 0.2、0.4 和 0.6 s 三级。一般设置前一级保护的动作时间比后一级保护的动作时间长一个时间级差 0.2 s。

2)长延时动作过流脱扣器电流和动作时间的整定

①配电用自动开关的长延时过流脱扣器整定电流

长延时过流脱扣器主要来保护过负荷,因此其动作电流 $I_{OP(l)}$ 只需躲过线路的最大负荷电流,即计算电流 I_{js},即

$$I_{OP(l)} \geq K_2 I_{js} \tag{6.5.15}$$

式中 K_2——可靠系数。考虑负荷计算误差和自动开关电流误差,取 1.1。

动作时间应躲过允许过负荷的持续时间,一般为 1~2 h。

②作电动机的过负荷保护

$$I_{OP(l)} \geq I_N \tag{6.5.16}$$

式中 $I_{OP(l)}$——自动开关的长延时过流脱扣器整定电流 A。

I_N——电动机的额定电流 A。

③照明用自动开关过流脱扣器动作电流的整定

照明用自动开关的长延时和瞬时过流脱扣器整定电流分别为:

$$I_{OP(l)} \geq K_3 I_{js} \tag{6.5.17}$$
$$I_{OP} \geq K_4 I_{js} \tag{6.5.18}$$

式中 I_{js}——照明线路的计算电流 A。

K_3、K_4——照明用自动开关的长延时和瞬时过流脱扣器的可靠系数。取决于电光源启动状况和自动开关特性,其数值见表 6.5.6。

表 6.5.6 照明用自动开关的长延时和瞬时过流脱扣器可靠系数

自动开关	可靠系数	白炽灯、荧光灯、碘钨灯	高压水银灯	高压钠灯
带热脱扣器	K_3	1	1.1	1
带瞬时脱扣器	K_4	6	6	6

（3）过流脱扣器动作电流与被保护线路的配合

为了避免因过负荷或短路引起绝缘导线过热起燃而自动开关不跳闸的事故，过流脱扣器的动作电流 I_{OP} 还应满足条件

$$I_{OP} \leqslant K_{OL} I_{al} \tag{6.5.19}$$

式中　I_{al}——绝缘导线的允许载流量；

　　　　K_{OL}——绝缘导线的允许短时过负荷系数。对瞬时和短延时过流脱扣器，一般取 4.5；

　　　　　　　对长延时过流脱扣器，可取 1；对有爆炸气体区域内的导线，应取 0.8。

如果不满足以上配合要求，则应改选脱扣器动作电流，或者适当加大导线的截面。

（4）自动开关热脱扣器选择和整定

1）热脱扣器额定电流的选择

热脱扣器的额定电流 $I_{N \cdot TR}$ 应大于或等于线路的计算电流 I_{js}，即

$$I_{N \cdot TR} \geqslant I_{js} \tag{6.5.20}$$

2）热脱扣器动作电流的整定

热脱扣器动作电流

$$I_{OP \cdot TR} \geqslant K_R I_{js} \tag{6.5.21}$$

式中　K_R——可靠系数，可取 1.1；不过一般应通过实际运行实验进行检验。

DW16 型自动开关的主要技术数据见表 6.5.7，供选择时参考。

表 6.5.7　DW16 型自动开关的主要技术数据

型　号	壳架等级电流/A	脱扣器额定电流/A	长延时动作整定电流	瞬时动作整定电流	单相接地短路动作电流	极限分断能力/kA
DW16-630	630	100,160,200,250,315,400,630	$(0.64 \sim 1)$ $I_{N \cdot OR}$	$(3 \sim 6)$ $I_{N \cdot OR}$	0.5 $I_{N \cdot OR}$	30(380 V) 20(660 V)
DW16-2000	2 000	800,1 000,1 600,2 000				50
DW16-4000	4 000	2 500,3 200,4 000				80

例 6.5.4　有一条 380 V，供电距离不长的动力线路，$I_{js} = 152$ A，$I_{PK} = 500$ A。当地环境温度为 30 ℃，试选择此线路（BV 型，架空）导线截面及线路上装设的 DW16 型空开及其过流脱扣器的规格。

解：

1）选择导线截面

由于是供电距离不长的动力线路，所以先按发热条件选择。由已知条件查表 6.5.1，当 BV 型导线截面为 35 mm² 时，允许载流量为 158 A，大于计算电流 152 A，满足发热条件。

校验机械强度：查表 6.5.2 可知，允许最小截面为 10 mm²，现导线截面为 35 mm²，满足机械强度要求。

由于供电距离不长,故不需校电压损失。

2)选择自动开关的规格

查表6.5.7,选 DW16-630 型自动开关的过流脱扣器的额定电流 $I_{N \cdot OR} = 160$ A $> I_{js} = 152$ A。故初选 DW16-630 型自动开关,其 $I_{N \cdot OR} = 160$ A。

设瞬时脱扣器的脱扣电流整定为 3 倍,即

$$I_{OP} = 3 \times 160 \text{ A} = 480 \text{ A}$$

而

$$K_1 I_{pk} = 1.35 \times 500 \text{ A} = 675 \text{ A}$$

不满足 $I_{OP} \geqslant K_1 I_{pk}$ 的要求,因此需增大脱扣电流,整定为 5 倍,即 $I_{OP} = 160 \times 5 = 800$ A $> K_1 I_{pk} = 675$ A,满足躲过尖峰电流的要求。

3)校验自动开关保护与导线允许载流量的配合

由于瞬时过流脱扣器的电流整定为 $I_{OP} = 160 \times 5 = 800$ A,而 $K_{OL} I_{al} = 4.5 \times 158$ A $= 711$ A,不满足 $I_{OP} \leqslant K_{OL} I_{al}$ 的要求。因此增大导线截面为 50 mm²,其允许载流量 $I_{al} = 201$,4.5×201 A $= 904.5$ A $> I_{OP} = 800$ A,满足保护与导线的配合的要求。

最后确定选 BV 型 50 mm² 的导线;选 DW16-630 型自动开关,过流脱扣器的规格为 160 A,动作电流倍数为 $n = 5$ 倍。

6.6 施工现场的电力供应

为保证安全生产,加快施工进度,施工现场的供电是至关重要的。施工现场的供电既要符合供电的要求,又要注意到临时性的特点,这样才能做到既安全生产,又节约投资。因此施工供电应根据施工现场的用电设备安放位置,容量大小,周围环境,电源情况等资料进行合理的施工组织设计。

6.6.1 施工现场供电系统的组成

图 6.6.1 为某工厂建筑工程施工现场供电系统的平面布置图,从图中可以看出,电源从东南角厂外道路旁的电力配电网 10 kV 上取用,以架空线引至工厂内的降压变电所,通过降压变压器得到 380/220 V 的低压,经过总配电箱后,用低压架空线配送到施工现场各分配电箱,经分配电箱以三相四线制的形式为动力和照明混合供电。其供电系统如图 6.6.2 所示。由此可见,工地供电系统是由降压变电所、低压配电箱和低压配电线路 3 部分组成。

如果工地附近有 380/220 V 的三相四线制低压配电网可以利用,则可直接从该低压配电网上将电力引入工地的总配电盘。

变电所的位置应靠近高压配电网和接近用电负荷中心,但不宜将高压电源引至施工现场中心区域,以保证施工安全。

由于用电设备是随建筑工地和机具的布置而分散安排的,因此需要从总配电箱引出数条干线、支线向各处供电,从而形成工地内部的临时低压配电线路。

注意:变电所的供电半径一般不要超过 600 m;分配电箱应设在用电设备或负荷相对集中

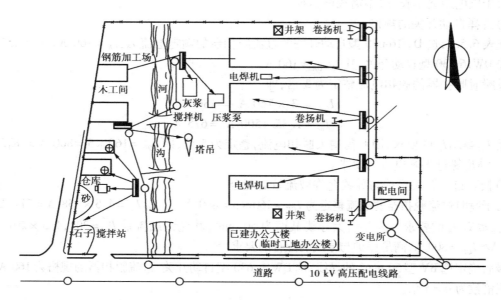

图 6.6.1　某建筑施工现场供电系统平面布置图

的地方,分配电箱与开关箱(容量较小的设备可采用胶盖开关控制)不得超过 30 m;开关箱与被控制的用电设备不得超过 3 m 远。

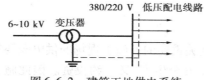

图 6.6.2　建筑工地供电系统

6.6.2　施工现场临时供电施工组织设计

　　根据有关规定:施工现场临时用电设备在 5 台及以上者,设备总容量在 50 kW 及以上者,均应编制临时供电施工组织设计,它是整个工程施工组织设计的一个重要组成部分。

　　设计内容及步骤如下:

　　(1)收集原始资料。

　　1)向建设部门了解基建规划,索取土建总体平面布置图(或施工组织平面布置图)。

　　2)作现场勘察,了解供电范围内的环境条件及电源情况(如电源引入点,电压等级和供电方式等)。

　　3)了解用电设备性质、特征、规模及布局,并列出设备清单,其中包括:设备名称、型号、容量大小、数量等。

　　4)了解当地气象条件资料。

　　(2)负荷计算。

　　根据列出的动力,照明等用电设备清单,进行负荷计算,求各部分和总计算负荷。

　　(3)根据设备位置确定线路走向。

　　经过技术经济比较,选择最合理的电源方案及电源引入点,确定变电所、总配电箱、分配电箱的位置及配电线路的走向和敷设方式。

　　(4)拟定变配电所的电气主结线和整个工地的供电系统图。

　　(5)选择变压器型号、容量、台数以及电气设备型号、规格和数量,并作变配电所的设计。

（6）选择导线型号、规格、并进行配电线路的设计。

（7）绘制施工组织及供电平面布置图。

（8）汇总设备材料表。

（9）编制工程概（预）算及编制技术经济指标。

（10）制定安全用电措施，电气防火措施。

（11）在施工现场供电平面图上，用图形符号标出电源引入点，变电所的位置，各配电箱的位置，低压配电线路的走向等。

表6.6.1为低压配电系统中常用图形符号。

建筑工地临时供电施工组织设计举例，图6.6.3为某学校教学楼施工现场，作出其施工组织供电设计，绘出其现场供电平面布置图。

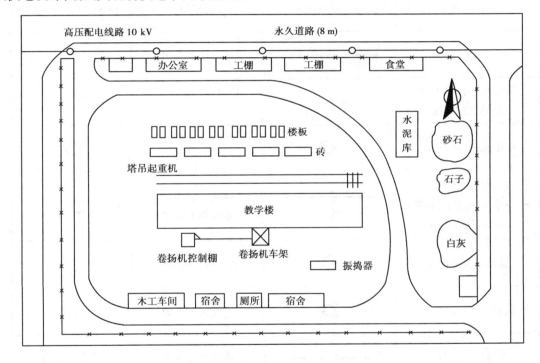

图6.6.3　某施工组织平面布置图

表6.6.1　低压配电线路中常用图例

名　称	图形符号	名　称	图形符号
变电所　配电所	◯ V/V　◯ V/V	屏、台、箱、柜一般符号	▭
杆上变电所		动力或动力—照明配电箱	▬
移动变电所		照明配电箱（屏）	■

续表

名　称	图形符号	名　称	图形符号
地下线路	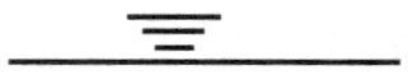	挂在钢索上的线路	
架空线路		事故照明线	
具有埋入地下接点的线路		50 V 以下照明线路	
中性线		滑触线	
保护线		保护和中性共用线	
具有保护线和中性线的三相配线		电杆的一般符号 A:杆材;B:杆长;C:杆号	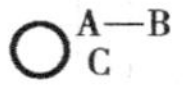
单接腿杆(单接杆)		双接腿杆	
带照明灯的电杆 a:编号;b:杆型;c:杆高; A:型号;d:容量	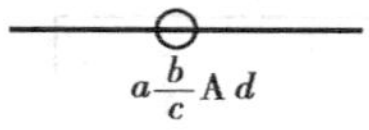	拉线一般符号 (示出单方拉线)	
装设单担的电杆		装设双担的电杆	
装设十字担的电杆		电缆铺砖保护	
电缆中间接线盒	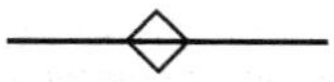	电缆穿管保护	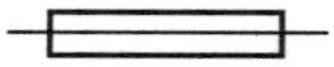
事故照明配电箱		交流配电屏(盘)	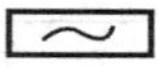

(1)已知条件

1)施工用电设备

混凝土搅拌机 2 台,每台电动机功率 10 kW;

卷扬机 1 台,电动机功率 7.5 kW;

滤灰机 2 台,每台电动机功率 2.8 kW;

电动打夯机 3 台,每台电动机功率 1 kW;

振捣器 4 台,每台电动机功率 2.8 kW;

塔式起重机 1 台,起重电动机功率 22 kW;行走电动机功率 2×7.5 kW;回转电动机功率 3.5 kW;$\varepsilon_N = 25\%$;

电焊机 3 台,每台 22 kVA,$\varepsilon_N = 65\%$;

照明用电 15 kW。

2)电动机

为三相设备额定电压为 380 V;电焊机、照明为单相设备,电焊机额定电压为 380 V;照明额定电压为 220 V,但认为它们都是三相平衡分配于三相线路中。

3)电源

有 10 kV 高压架空线经过工地附近西北侧,可以就近接用。

4)环境温度 30 ℃。

(2)设计步骤及计算

1)负荷计算

由于各组用电设备的类型不同,应先求出各组的计算负荷,再计算总的计算负荷。

各组的计算负荷:

混凝土搅拌机,$K_x = 0.8$,$\cos \varphi = 0.65$,$\tan \varphi = 1.17$

$$P_{js1} = K_x \cdot \sum P_s = 0.8 \times 2 \times 10 \text{ kW} = 16 \text{ kW}$$

$$Q_{js1} = P_{js1} \cdot \tan \varphi = 16 \times 1.17 \text{ kVar} = 18.72 \text{ kVar}$$

卷扬机,因只有一台电动机,$K_x = 1$,$\cos \varphi = 0.65$,$\tan \varphi = 1.17$

$$P_{js2} = K_x \cdot P_{s2} = 1 \times 7.5 \text{ kW} = 7.5 \text{ kW}$$

$$Q_{js2} = P_{js2} \cdot \tan \varphi = 7.5 \times 1.17 \text{ kVar} = 8.78 \text{ kVar}$$

滤灰机,$K_x = 0.7$,$\cos \varphi = 0.7$,$\tan \varphi = 1.02$

$$P_{js3} = K_x \cdot P_{s3} = 0.7 \times 2 \times 2.8 \text{ kW} = 3.92 \text{ kW}$$

$$Q_{js3} = P_{js3} \cdot \tan \varphi = 3.92 \times 1.02 \text{ kVar} = 4 \text{ kVar}$$

电动打夯机 3 台,$K_x = 0.75$,$\cos \varphi = 0.8$,$\tan \varphi = 0.75$

$$P_{js4} = 0.75 \times 3 \times 1 \text{ kW} = 2.25 \text{ kW}$$

$$Q_{js4} = P_{js4} \cdot \tan \varphi = 2.25 \times 0.75 \text{ kVar} = 1.7 \text{ kVar}$$

振捣器,$K_x = 0.7$,$\cos \varphi = 0.7$,$\tan \varphi = 1.02$

$$P_{js5} = 0.7 \times 4 \times 2.8 \text{ kW} = 7.84 \text{ kW}$$

$$Q_{js5} = 7.84 \times 1.02 \text{ kVar} = 8 \text{ kVar}$$

塔式起重机只有一台,需要系数取大一点,$K_x = 0.5$,$\cos \varphi = 0.65$,$\tan \varphi = 1.17$,$\varepsilon_N = 25\%$

$$P_{js6} = K_x \cdot \sum P_{s6} = 0.5 \times (22 + 2 \times 7.5 + 3.5) \text{ kW} = 20.25 \text{ kW}$$

$$Q_{js6} = P_{js6} \cdot \tan \varphi = 20.25 \times 1.17 \text{ kVar} = 23.69 \text{ kVar}$$

电焊机,$K_x = 0.45$,$\cos \varphi = 0.45$,$\tan \varphi = 1.99$,因 $\varepsilon_N = 65\%$,需对铭牌额定容量作换算:

$$P_{s7} = \sqrt{\frac{\varepsilon_N}{\varepsilon_{规}}} \cdot S_N \cdot \cos \varphi_N = \sqrt{0.65} \times 22 \times 0.45 \text{ kW} = 7.98 \text{ kW}$$

因 3 台电焊设备均匀分接在 3 个线电压中,所以:

$P_{js7} = 0.45 \times 3 \times 7.98 \text{ kW} = 10.77 \text{ kW}$

$Q_{js7} = 10.77 \times 1.99 \text{ kVar} = 21.43 \text{ kVar}$

照明，考虑所有负载不一定同时使用，$K_x = 0.7$，$\cos \varphi = 1$，$\tan \varphi = 0$，并认为照明负荷均匀分配于三相线路中：

$$P_{js8} = 0.7 \times 15 \text{ kW} = 10.5 \text{ kW}$$

$$Q_{js8} = 0$$

总计算负荷，取同期系数 $K_\Sigma = 0.9$

$$\begin{aligned} P_{js} &= K_\Sigma (P_{js1} + P_{js2} + P_{js3} + P_{js4} + P_{js5} + P_{js6} + P_{js7} + P_{js8}) \\ &= 0.9 \times (16 + 7.5 + 3.92 + 2.25 + 7.84 + 20.25 + 10.77 + 10.5) \text{ kW} \\ &= 71.13 \text{ kW} \end{aligned}$$

$$\begin{aligned} Q_{js} &= K_\Sigma (Q_{js1} + Q_{js2} + Q_{js3} + Q_{js4} + Q_{js5} + Q_{js6} + Q_{js7} + Q_{js8}) \\ &= 0.7 \times (18.72 + 8.78 + 4 + 1.7 + 8 + 23.69 + 21.43 + 0) \text{ kVar} \\ &= 77.69 \text{ kVar} \end{aligned}$$

$$S_{js} = \sqrt{P_{js}^2 + Q_{js}^2} = \sqrt{71.13^2 + 77.69^2} \text{ kVA} = 105.3 \text{ kVA}$$

2）选择变压器，确定变电所位置

根据总计算负荷 105.3 kVA，考虑变压器具有一定的过载能力，选用一台 S10-100/10 型三相电力变压器即可满足要求。

根据给出的施工组织平面布置图和 10 kV 高压线的位置，并考虑接近负荷中心，变压器进出线方便，交通运输方便等因素，将变电所所址设在施工现场的西北角。

3）施工现场低压配电设备位置安排及布线

①塔式起重机配电盘设在铁轨的左端，便于电源进出线。

②混凝土搅拌机位于水泥库旁，塔式起重机的一侧，所以其配电盘就设在水泥库旁。

③卷扬机配电盘的位置与高车架的距离应等于或稍大于高车架的高度，并以能看清被吊物位置为宜。

④振捣器配电盘应布置在使用地点附近。

⑤滤灰机配电盘应布置在滤灰池附近。

⑥电焊机为可移动设备，采用专用回路供电，导线采用通用橡皮套软电缆。

按上述原则确定的各负荷点的位置，其低压配电线路分 3 路干线进行供电。

第一路干线（北路）：线路上的负荷是混凝土搅拌机，滤灰机，北路路灯、室内照明。

第二路干线（由西至南路）：线路上的负荷是塔式起重机、卷扬机、电动打夯机、振捣机及路灯、室内照明。

第三路干线：电焊机。

4）低压配电干线导线截面的选择

①第一路干线

计算负荷为：

$$\begin{aligned} P_{js} &= K_\Sigma \left(P_{js1} + P_{js3} + \frac{1}{2} P_{js8} \right) \\ &= 0.9 \times \left(16 + 3.92 + \frac{1}{2} \right) \times 10.5 \text{ kW} \\ &= 22.65 \text{ kW} \end{aligned}$$

$$Q_{js} = K_\Sigma \left(Q_{js1} + Q_{js3} + \frac{1}{2} Q_{js8} \right)$$

$$= 0.9 \times (18.72 + 4 + 0) \text{ kVar}$$
$$= 20.45 \text{ kVar}$$

$$S_{js} = \sqrt{P_{\Sigma js}^2 + Q_{\Sigma js}^2}$$
$$= \sqrt{22.65^2 + 20.45^2} \text{ kVA}$$
$$= 30.52 \text{ kVA}$$

$$I_{js} = \frac{S_{js}}{\sqrt{3} \cdot U_N} = \frac{30.52}{\sqrt{3} \times 0.38} \text{ A} = 46.37 \text{ A}$$

这里因大部分是动力负荷,选择导线截面时,按发热条件选择,校验电压损耗和机械强度。

因建筑工地临时施工,采用架空敷设,选 BV 塑料绝缘铜线较安全,查表 6.5.1 选相线截面为 6 mm^2,允许载流量为 51 A(环境温度 30 ℃),满足发热条件。中性线截面为 4 mm^2。

校电压损失:

为简化计算,把全部负荷集中在线路的末端来考虑。从图 6.6.4 量得,从变电所低压母线至线路(北路)末端的距离 L_1 约为 100 m,规程规定 $\Delta U\% = 5\%$,当采用三相四线制供电时,查表 6.5.3 得计算系数 $C = 76.5$。校正系数 $B \approx 1$,故 6 mm^2 的导线的电压损失值为:

$$\Delta U\% = \frac{B \cdot P_{js} \cdot L_1}{C \cdot S} = \frac{1 \times 22.65 \times 100}{76.5 \times 6} = 4.9\% < 5\%$$

满足电压损耗的要求。

校机械强度:

塑料绝缘铜线架空敷设时,查表 6.5.2 可知其机械强度允许的最小截面为 10 mm^2,所选相线截面不满足机械强度的要求。

最后综合考虑,北路干线的相线与中性线选择为截面为 10 mm^2 的塑料绝缘铜导线。

②第二路干线 此路因塔式起重机负荷较大,而且该起重机离变电所较近,为节约有色金属,在选择导线截面时,全线不按同一截面计算,而分两段计算。

第一段由变电所低压母线至塔式起重机分支电杆,从图 6.6.4 量得 L_{21} 约为 40 m。由于距离较短,且为动力线,故按发热条件选择导线截面,再校验其他条件。

该段干线的计算负荷为:

$$P_{js} = K_{\Sigma}\left(P_{js2} + P_{js4} + P_{js5} + P_{js6} + \frac{1}{2}P_{js8}\right)$$
$$= 0.9 \times \left(7.5 + 2.25 + 7.84 + 20.25 + \frac{1}{2} \times 10.5\right) \text{ kW}$$
$$= 38.78 \text{ kW}$$

$$Q_{js} = K_{\Sigma}\left(Q_{js2} + Q_{js4} + Q_{js5} + Q_{js6} + \frac{1}{2}Q_{js8}\right)$$
$$= 0.9 \times (8.78 + 1.7 + 8 + 23.69 + 0) \text{ kVar}$$
$$= 37.95 \text{ kVar}$$

$$S_{js} = \sqrt{P_{js}^2 + Q_{js}^2} = \sqrt{38.78^2 + 37.95^2} \text{ kVA} = 54.26 \text{ kVA}$$

$$I_{js} = \frac{S_{js}}{\sqrt{3} \cdot U_N} = \frac{54.26}{\sqrt{3} \times 0.38} \text{ A} = 82.44 \text{ A}$$

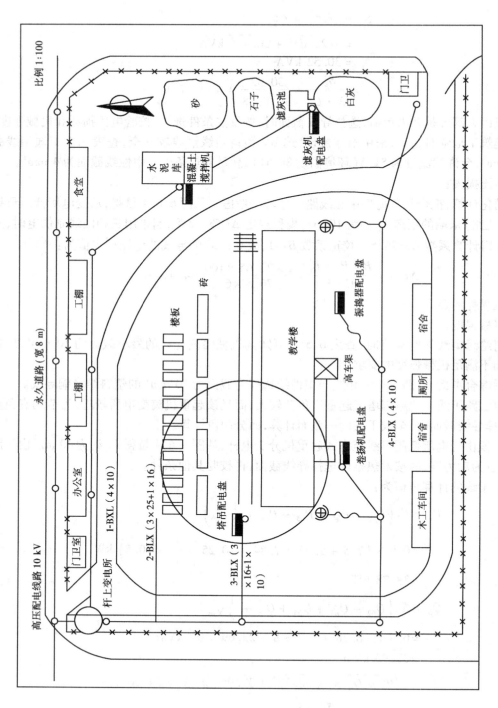

图 6.6.4 施工组织供电平面图

212

查表 6.5.1,在环境温度为 30 ℃时,选截面为 16 mm² 的 BV 塑料绝缘铜线,其允许载流量为 98 A,满足发热条件,中性线截面为 10 mm²。

校电压损失:

查表 6.5.4 得校正系数 $B = 1.19$,计算系数 $C = 76.5$

$$\Delta U\% = \frac{B \cdot P_{\Sigma js} \cdot L_{21}}{C \cdot S} = \frac{1.19 \times 38.78 \times 40}{76.5 \times 16} = 1.51\% < 5\%$$

电压损失满足要求。

校机械强度:

从前面已知,塑料绝缘铜线架空敷设时,机械强度允许最小截面为 10 mm²,所选截面相线和中性线大于或等于 10 mm²,满足要求。

因此,此段选择相线为 16 mm²,中线为 10 mm² 的 BV 线。

第二段由西路中端至警卫室。此段从图 6.6.4 量得 $L_{22} = 100$ m,因其负荷主要集中在线路的中部分,在校电压损失时,L_{22} 取 60 m。对该段选择方法与第一段相同。

该段计算负荷为:

$$P_{js} = K_{\Sigma}\left(P_{js2} + P_{js4} + P_{js5} + \frac{1}{2}P_{js8}\right)$$
$$= 0.9 \times \left(7.5 + 2.25 + 7.84 + \frac{1}{2} \times 10.5\right) \text{ kW}$$
$$= 20.56 \text{ kW}$$
$$Q_{js} = K_{\Sigma}\left(Q_{js2} + Q_{js4} + Q_{js5} + \frac{1}{2}Q_{js8}\right)$$
$$= 0.9 \times (8.78 + 1.7 + 8 + 0) \text{ kVar}$$
$$= 16.63 \text{ kVar}$$
$$S_{js} = \sqrt{P_{js}^2 + Q_{js}^2} = \sqrt{20.56^2 + 16.63^2} \text{ kVA} = 26.44 \text{ kVA}$$
$$I_{js} = \frac{S_{js}}{\sqrt{3} \cdot U_N} = \frac{26.44}{\sqrt{3} \times 0.38} \text{ A} = 40.17 \text{ A}$$

查表 6.5.1,在环境温度为 30 ℃时,选截面为 6 mm² 的 BV 铜芯塑料绝缘线,允许载流量为 51 A,满足发热条件。因是架空敷设,6 mm² 的截面不满足机械强度的要求,故相线、中性线都选用 10 mm² 的截面。

校验电压损失:

校正系数 $B = 1$,计算系数 $C = 76.5$

$$\Delta U\% = \frac{B \cdot P_{js} \cdot L_{22}}{C \cdot S} = \frac{1 \times 20.56 \times 60}{76.5 \times 10} = 1.61\% < 5\%$$

满足要求。

③第三路干线　该路干线直接从低压母线引出,为 3 台电焊机供电(图 6.6.4 中未表示)。因电焊机为可移动设备,并环境条件复杂,所以选 YC 型橡套电缆,四心。该段负荷:

$$P_{js} = 10.77 \text{ kW}$$
$$Q_{js} = 21.43 \text{ kVar}$$
$$S_{js} = \sqrt{10.77^2 + 21.43^2} \text{ kVA} = 23.98 \text{ kVA}$$

$$I_{js} = \frac{S_{js}}{\sqrt{3} \cdot U_N} = \frac{23.98}{\sqrt{3} \times 0.38} \text{ A} = 36.43 \text{ A}$$

查有关手册,环境温度 30 ℃,四心 YC 型橡套电缆心线截面为 6 mm² 时,允许载流量为 40 A,满足发热条件,考虑到电焊机为可移动设备,有时距离较远,电压损耗较大,所以选 YC-500($3 \times 10 + 1 \times 6$) 的橡套电缆。对电缆不校验机械强度。

5)绘制施工组织电气平面布置图

在施工组织设计平面图上,按实际位置画出变电所的安装位置,低压配电线路的走向和电杆的位置。对于施工用的临时性架空线,挡距不宜大于 20~30 m,导线离地面的限距要满足规定要求。

在施工组织供电平面图上用规定符号画出配电箱,标明各主要负荷点位置。图 6.6.4 为施工组织供电平面图。

6.7 建筑物的防雷

雷电是一种大气放电现象,雷电的破坏作用主要是当雷电通过建(构)筑物或电气设备对大地放电时,将会对建(构)筑物或电气设备产生破坏作用或威胁到相关人员的人身安全。因此,必须了解和认识雷电现象,即雷电的形成和危害,从而采取相应的防雷保护措施。

6.7.1 雷电的形成与危害

(1)雷电的形成

雷电形成的必要条件是雷云,即带有电荷的汽、水混合物。雷电的形成是比较复杂的。在雷雨季节里,地面水分受热蒸发形成水蒸气随热空气上升,在高空遇冷空气而凝结形成小水滴受重力作用下降,由于冷热气流在空中产生下降、上升的强烈对流作用,使其上升的热空气和下降的水滴发生摩擦,产生水滴分离,在水滴分离过程中,便产生正、负两种电荷,下降的大水滴带正电荷,而继续随热气流上升的小水滴带负电荷。随着云层的聚集,电荷也越来越多,在带有正、负电荷的云层之间形成越来越强的电场,当电场增大到一定程度,便会击穿空气绝缘,在云层之间或云层与大地之间放电,产生强烈的弧光和声音,这就是我们通常说的"闪电"和"雷声"即"雷电"。

(2)雷电的危害

雷电的破坏作用主要是雷电流引起的,雷电流是一种冲击波。图 6.7.1 是雷电流的波形图。由放电开始至雷电流最大值的时间为波头,一般为 1~4 μs;而从最大值起到雷电流衰减到 $I_m/2$ 的一段波形为波尾。雷电流的陡度 α 按其波头增长的速率来表示,即 $\alpha = di/dt$,雷电流陡度可达 50 kA/μs 以上,所以,雷电流是一个幅值很大,陡度很高的冲击波电流。对电气设备绝缘来说,雷电流的陡度越大,由 $u_L = L\frac{di}{dt}$ 可知,产生的过电压越高,对绝缘的破坏性也越严重。

雷电的破坏作用有以下 3 个方面:

1）直击雷

雷云与大地之间直接通过建（构）筑物、电气设备或树木等放电称为直击雷。强大的雷电流通过被击物时产生大量的热量，而在短时内又不易散发出来。所以，凡雷电流流过的物体，金属被熔化，树木被烧焦，建筑物炸裂。尤其是雷电流流过易燃易爆物体时，会引起火灾或爆炸，造成建筑物倒塌、设备毁坏及人身伤害的重大事故。直击雷的破坏作用最为严重。

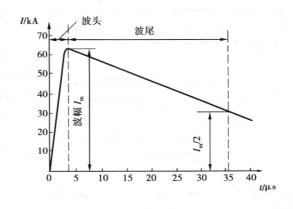

图 6.7.1　雷电流波形

2）感应雷

当有很强的带电雷云出现在建筑物上空时，就会在建筑物上感应出与雷云等量而异性的束缚电荷。当雷云在空间放电后，空中的电场立即消失，但在建筑物上聚集的电荷并不能很快泄入大地，残留的电荷对地形成相当高的电压，它会造成室内电线、金属管道、金属设备的空隙之间发生放电现象，引起火灾、爆炸、并危及人身安全。感应雷形成见图 6.7.2。

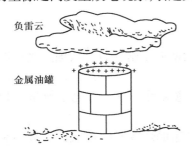

图 6.7.2　雷云下储油罐静电感应

3）雷电波侵入

当雷云出现在架空线上方，在线路上因静电感应而聚集大量异性等量的束缚电荷，当雷云向其他地方放电后，线路上的束缚电荷被释放便成为自由电荷向线路两端行进，形成很高的过电压，在高压线路，可高达几十万 V，在低压线路也可达几万 V。这个高电压沿着架空线路、金属管道引入室内，这种现象叫做雷电波侵入。如金属设备接触不良或有间隙，就会产生火花放电，引起火灾事故；如果沿线路串入电气设备，就可能击穿设备绝缘而损坏设备。

雷电波侵入可由线路上遭受直击雷或发生感应雷所引起。据调查统计，供电系统中由于雷电波侵入而造成的雷害事故，在整个雷害事故中占 50% ～70%，因此对雷电波侵入的防护应予足够的重视。

（3）雷电活动的一般规律及易受雷的部位

雷电活动有一定的规律。从气候上看，热而潮湿的地区比冷而干燥的地区雷电活动多；从地域上看，山区比平原多；从时间上看，春夏、夏秋之交雷电活动较多。根据统计，容易遭受雷击的部位有：

①建筑物高耸、突出部位。如水塔、烟囱、屋脊、屋角、山墙、女儿墙等，并且与屋顶的坡度有关，屋顶的坡度愈大，屋脊的雷击率就愈大，如图 6.7.3 所示。

②排出导电尘埃的烟囱、厂房和废气管道等。

③屋顶为金属结构，地下埋有金属管道，内部有大量金属设备的厂房。

④地下有金属矿物的地带。

⑤有大树和山区的输电线路。

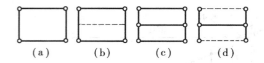

图 6.7.3　建筑物易受雷击的部位示意图
(a)坡度为 0　(b)坡度≤1/10
(c)1/10<坡度<1/2　(d)坡度≥1/2
——易受雷击部位；－－－不易受雷击部位；
○雷击率最高部位

6.7.2　建筑物的防雷分类

由《建筑物防雷设计规范》(GB 50057—94)可知,建筑物应根据其重要性、使用性质、发生雷电可能性和后果分为三类。

(1)一类防雷建筑物

遇下列情况之一时,应划为第一类防雷建筑物:

1)凡制造、使用或储存炸药(黑索金、特屈儿、三硝基甲苯、苦味酸、硝铵盐等)、火药(单基无烟火药、双基无烟火药、黑火药、硝化棉、硝化甘油等)、起爆药(雷汞、氮化铅等)、火工品(引信、雷管、火帽等)等大量爆炸物质的建筑物,因电火花而引起爆炸,会造成巨大破坏和人身伤亡者。

2)具有 0 区或 10 区(划分见表 6.7.1)爆炸危险环境的建筑物。

3)具有 1 区爆炸危险环境的建筑物,因电火花而引起爆炸,会造成巨大破坏和人身伤亡者。

(2)二类防雷建筑物

遇下列情况之一时,应划为第二类防雷建筑物:

1)国家重点文物保护的建筑物。

2)国家级的会堂、办公建筑物、大型展览和博览建筑物、大型火车站、国宾馆、国家级档案馆、大型城市的重要给水泵房等特别重要的建筑物。

3)国家级计算中心、国际通讯枢纽等对国民经济有重要意义且装有大量电子设备的建筑物。

4)制造、使用或储存爆炸物质的建筑物,且电火花不易引起爆炸或不致造成巨大破坏和人身伤亡者。

5)具有 1 区爆炸危险环境的建筑物,且电火花不易引起爆炸或不致造成巨大破坏和人身伤亡者。

6)具有 2 区或 11 区爆炸危险环境的建筑物。

7)工业企业内有爆炸危险的露天钢质封闭气罐。

8)预计雷击次数[①]大于 0.06 次/年的部、省级办公建筑物及其他重要或人员密集的公共建筑物。

9)预计雷击次数大于 0.3 次/年的住宅、办公楼等一般性民用建筑物。

(3)三类防雷建筑物

遇下列情况之一时,应划为第三类防雷建筑物:

1)省级重点文物保护的建筑物及省级档案馆。

2)预计雷击次数大于或等于 0.012 次/年,且小于或等于 0.06 次/年的部、省级办公建筑物及其他主要或人员密集的公共建筑物。

3)预计雷击次数大于或等于 0.06 次/年,且小于或等于 0.3 次/年的住宅、办公楼等一般

---

① 预计雷击次数计算见《建筑物防雷设计规范》(GB 50057—94)附录一。

性民用建筑物。

4）预计雷击次数大于或等于 0.06 次/年的一般性工业建筑物。

5）根据雷击后对工业生产的影响及产生的后果，并结合当地气象、地形、地质及周围环境等因素，确定需要防雷的 21 区、22 区、23 区火灾危险环境。

6）在年平均雷暴日大于 15 d/a 的地区，高度在 15 m 及以上的烟囱、水塔等孤立的高耸建筑物；年平均雷暴日小于等于 15 d/a 的地区，高度在 20 m 及以上的烟囱、水塔等孤立的高耸建筑物。

表 6.7.1　爆炸和火灾危险环境的分区

分区代号	环境特征
0 区	连续出现或长期出现爆炸性气体混合物的环境
1 区	在正常运行时可能出现爆炸性气体混合物的环境
2 区	在正常运行时不可能出现爆炸性气体混合物的环境，或即使出现也仅是短时存在的爆炸性气体混合物的环境
10 区	连续出现或长期出现爆炸性粉尘环境
11 区	有时会将积留下的粉尘扬起而偶然出现爆炸性粉尘混合物的环境
21 区	具有闪点(flash-point)高于环境温度的可燃液体，在数量和配置上能引起火灾危险的环境
22 区	具有悬浮状、堆积状的可燃粉尘或可燃纤维，虽不可能形成爆炸混合物，但在数量和配置上能引起火灾危险的环境
23 区	具有固体状可燃物质，在数量和配置上能引起火灾危险的环境

6.7.3　防雷装置

由于雷电有不同的危害，所以相应采取不同的防雷措施来保护，无论采用哪种措施，一套完整的防雷系统都由 3 部分组成：接闪器、引下线和接地装置，如图 6.7.4 所示。

（1）接闪器

用以接收雷电流的金属导体叫接闪器。有避雷针、避雷线、避雷带、避雷网等形式。

1）避雷针

避雷针是安装在建筑物突出部位或独立装设的针形导体。通常采用镀锌圆钢或镀锌钢管制成。当针长 1 m 以下，圆钢直径为 12 mm，钢管管径为 20 mm；当针长 1~2 m 时，圆钢直径为 16 mm，钢管直径为 25 mm；烟囱顶上的避雷针，圆钢为 20 mm。当避雷针较长时，针体则由针尖和不同管径的管段组成。

避雷针对建筑物的防雷保护是有一定范围的。其保护范围是以它能防护直击雷的锥形空间来表示。

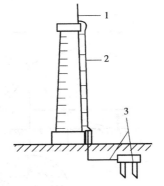

图 6.7.4　烟囱的防雷系统
示意图
1—接闪器；2—引下线；
3—接地装置

这个空间由新制订的国家标准《建筑物防雷设计规范》GB 50057—94 修订本参照国际电工委员会 IEC 标准规定采用"滚球法"来确定。

所谓"滚球法"，就是选择一个半径为 h_r（滚球半径）的球体，沿需要防护直击雷的部位滚动，如果球体只接触到避雷针或避雷针与地面，而不触及需要保护的物体，则该物体就在避雷针的保护范围之内。

单支避雷针的保护范围,按 GB 50057—1994 规定,应按下列步骤确定(图6.7.5)。

当避雷针高度 $h \leqslant h_r$ 时:

①距地面 h_r 处作一平行于地面的平行线;

②以避雷针的针尖为圆心,h_r 为半径,作弧线交于平行线的 A,B 两点;

③以 A,B 为圆心,h_r 为半径作弧线,该弧线与针尖相交并与地面相切,由此弧线起到地面止的整个锥形空间就是避雷针的保护范围;

④避雷针在被保护物高度 h_x 的 xx' 平面上的保护半径,按下式计算:

$$r_x = \sqrt{h(2h_r - h)} - \sqrt{h_x(2h_r - h_x)} \qquad (6.7.1)$$

式中,h_r 为滚球半径,按表6.7.2确定。

当避雷针高度 $h > h_r$ 时:

在避雷针上取高度 h_r 的一点来代替避雷针的针尖作为圆心,其余的做法同 $h \leqslant h_r$ 的做法。

关于多支避雷针的保护范围可参看

表 6.7.2　按建筑物的防雷类别布置接闪器及其滚球半径

建筑物的防雷类别	避雷网格尺寸/m×m	滚球半径/m
第一类防雷建筑物	≤5×5 或 ≤6×4	30
第二类防雷建筑物	≤10×10 或 ≤12×8	45
第三类防雷建筑物	≤20×20 或 ≤24×16	60

GB 50057 修订本或有关设计手册,此处略。

2)避雷带

采用直径不小于 8 mm 的圆钢或截面不小于 48 mm²、厚度不小于 4 mm 的扁钢,沿建筑物易受雷击的部位(如屋脊、女儿墙等)装设一周,高出屋面 100～150 mm,支持卡间距离 1～1.5 m,两根平行的避雷带之间的距离要小于或等于 10 m,并必须经 1～2 根以上的引下线与接地装置可靠地连接,这样整个屋面就认为全部被保护了。图6.7.6 示出了用避雷带组成的防雷平面图。

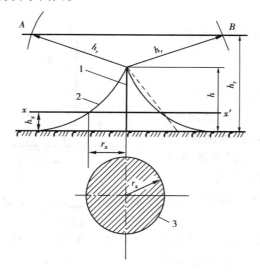

图 6.7.5　单支避雷针的保护范围

1—避雷针;2—保护范围边界;

3—xx' 平面上保护范围的截面

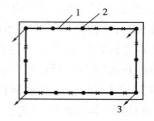

图 6.7.6　防雷平面图

1—ϕ8 mm 镀锌圆钢;2—混凝土支座;

3—防雷带引下线

3）避雷网

避雷网相当于屋面上纵横敷设的避雷带组成的网格。避雷网所需材料及做法基本上与避雷带一样。避雷网的网格尺寸要求见表6.7.2。

4）避雷线

是装在架空输电线路上的接地导线，一般采用截面不小于 $35\ mm^2$ 的镀锌钢绞线。

（2）引下线

引下线是连接接闪器与接地装置的一段金属导体，其作用是将雷电流引入接地装置，设置时，应保证在雷电流通过时不被溶化。一般可采用圆钢或扁钢制成（又称人工引下线）。要求：圆钢直径不小于 8 mm；扁钢截面积不小于 $48\ mm^2$，厚度不小于 4 mm；其根数不应少于两根。也可用建筑物的柱内主钢筋作为引下线。引下线的冲击接地电阻一般不应大于 10 Ω。

引下线的间距，对于一类防雷建筑物，不应大于 12 m，对于二类防雷建筑物，不应大于 18 m，对于三类防雷建筑物，不应大于 25 m。

引下线可以明装，也可以暗装。明装时，应沿建筑物的外墙敷设，并经最短距离接地。引下线应在地面上 1.7 m 和地面下 0.3 m 的一段线上用钢管或塑料管等加以保护，以防机械损坏和人身接触；在地面 0.3 m 至 1.8 m 之间设断接卡。当利用混凝土内钢筋作为自然引下线，并同时采用基础接地体时，可不设断接卡，但应在室内外适当地方设若干连接板，可供测量、接人工接地体和作等电位连接用。

在实际工程中，要充分利用自然引下线，并做好电气通路。

（3）接地装置

将雷电流通过引下线引入大地的散流装置称为接地装置。接地装置由接地体和接地线组成。接地线是连接引下线和接地体的导线，一般用 $\phi = 10$ mm 的圆钢制成。接地体有人工接地体，自然接地体（如建筑物的钢筋混凝土基础中的主钢筋；行车的钢轨；埋地的金属管道、水管、但可燃液体和可燃气体管道除外；敷设于地下面而数量不少于两根的电缆金属外皮等）。在装设接地装置时，首先应充分利用自然接地体，以节约投资、钢材。当实地测量所利用的自然接地体电阻不能满足规程要求时，才考虑再装设人工接地体作为补充。

人工接地体可用圆钢、扁钢、角钢、钢管等组成，其最小尺寸不小于下列数值：圆钢直径为 10 mm；扁钢截面为 $100\ mm^2$，厚度为 4 mm；角钢厚度为 4 mm；钢管管壁厚为 3.5 mm。

人工接地体有垂直埋设和水平埋设两种基本结构，如图6.7.7所示。垂直埋设时，为了减小相邻接地体的屏蔽作用，各接地体之间的距离一般为 5 m。

避雷接地装置中，在遭受雷击时，接地点的电位很高，人畜走近接地体时，会有触电危险，所以接地体应设在很少有人通过的地方，并且与建筑物的水平距离在 3 m 以上。避雷装置的接地体要与其他装置接地的接地体分开独立设置，并且和其他接地装置在空气中的距离大于5 m；在地中的距离要大于 3 m，如图6.7.8所示。

6.7.4　防雷措施

1. 建筑物的防雷措施

（1）防直击雷的措施

在建筑物面混凝土支座上、女儿墙上，烟囱顶部、天沟支架上、屋脊等如图6.7.3所示易受

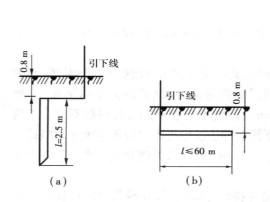

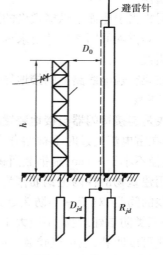

图 6.7.7　人工接地体　　　　图 6.7.8　避雷针与配电装置的安全距离

（a）垂直埋设的棒形接地体　　　　D_0—空气中的间距

（b）水平埋设的带形接地体　　　　D_{jd}—地中的间距

雷击的部位,明装避雷带、网;或利用建筑 V 形折板内钢筋、女儿墙压顶钢筋等作暗装避雷带、网。但暗装时,其混凝土保护层厚度不应超过 2 cm。避雷网网格见表 6.7.2。对于屋面接闪器保护范围之外的物体,包括其较低层的裙楼等都应装设避雷带。屋面上的所有金属物体和金属构件都应与避雷带相连,其连接线的截面积不应小于避雷带的截面积。上述所有明敷、暗敷的避雷带、网都通过引下线、接地装置,将雷电流迅速泄入大地,保护建筑物免受雷电直击。

　　对于高层建筑,还要注意防雷电的侧击和绕击,应在建筑物一定高度起(一类防雷,从高度 30 m 处起;二类防雷从高度 45 m 起;三类防雷,从高度 60 m 起)每隔 6 m 沿建筑物一周敷设均压环(也称水平避雷带),见图 6.7.9。还应将建筑物屋面板内钢筋,柱内主筋、基础钢筋、圈梁钢筋等构成电气连通体,形成一个笼式避雷网来屏蔽雷电,见图 6.7.10。

　　（2）防感应雷的措施

　　防止建筑上及内各种金属物体雷电感应的方法,就是将其上、内的各种金属设备、金属管道、金属栏杆、金属门窗等均通过引下线和接地装置作可靠的电气连接,以便将雷电感应电荷立即引入大地,避免感应雷害。

　　（3）防雷电波浸入的措施

　　为防雷电波浸入,对引入建筑物的各种低压线路及金属管道应尽量采用全线埋地敷设,在无法做到时,低压架空线路应在进入建筑物前至少 15 m 外换成金属铠装电缆线路,一类防雷尚应在换接处安装避雷器,常用浪涌电流保护器,其连接方法见图 6.7.11。还应将电缆的金属外皮、钢护套管等接地。对进入建筑物的所有架空金属管道,在进入建筑物处要接地。

　　2. 变配电所的防雷措施

　　（1）防直击雷的措施

　　对室外变配电装置,应在四周装设独立避雷针来防护直击雷。如变配电所处在附近高大建筑物防雷设施的保护范围之内或变配电所本身为室内型时,就不必再防直击雷。

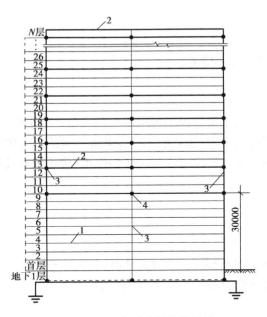

图 6.7.9 高层建筑物避雷带
（网或均压环）引下线连接示意图
1—避雷带（网或均压环）；2—避雷带（网）；
3—防雷引下线；
4—防雷引下线与避雷带（网或均压环）的连接处

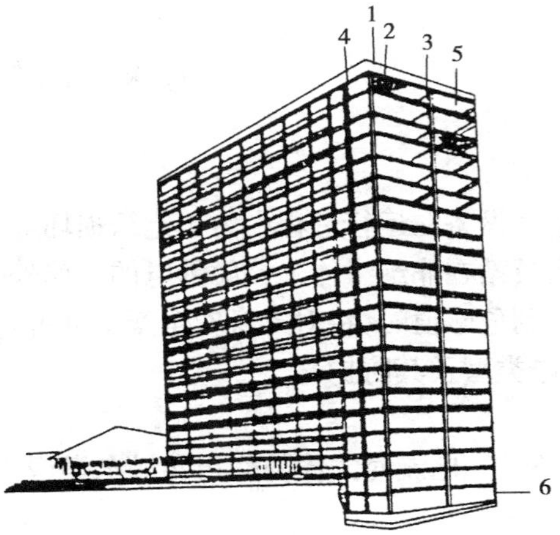

图 6.7.10 框架结构笼式避雷网示意图
1—女儿墙避雷带；2—屋面钢筋；3—柱内钢筋；
4—外墙板钢筋；5—楼板钢筋；6—基础钢筋

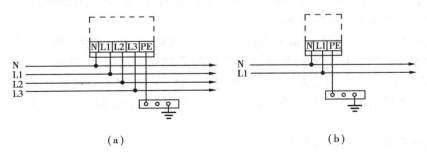

（a） （b）

图 6.7.11 浪涌电流保护器的接线方法
（a）三相四线制供电线路 （b）单相供电线路

（2）防雷电波浸入的措施

在变压器的高压侧，多雷电区还要在低压侧装设避雷器，来保护主变压器，以免雷电冲击波沿高、低压线路浸入变配电所，损坏变电所的关键设备。注意避雷器的接地端应与变压器低压侧中性点及金属外壳等连接在一起再接地。如果进线是具有一段引入电缆的架空线路，则在架空线路终端的电缆头处装设避雷器，其接地端与电缆外皮相联后接地。当变压器低压侧中性点不接地时，其中性点可装设阀型避雷器或金属氧化物避雷器。

6.8 电气设备的接地

电气设备在运行过程中由于绝缘损坏等原因,使正常情况不带电的设备金属外壳带电,当工作人员站在非绝缘体上接触带电的金属外壳时,人体可能成为电流的通路。当通过人体的电流达到危险值时,将对人身安全产生危害。本节主要讨论电流对人体的作用、接地的有关概念、触电类型及其防护。

6.8.1 电流对人体的作用和触电类型

接地的主要目的,是为了保障人身安全。这就涉及到电流通过人体时,对人体有些什么影响,同时引出了安全电流、安全电压、接地的有关概念及触电类型等有关概念。

(1)电流通过人体的影响

电流通过人体时,人体内部组织将产生复杂的变化。人体触电可分为两种情况:一种是雷击或高压触电,较大的安培数量级的电流通过人体所产生的热效应、化学效应和机械效应,将使人体遭受严重的电灼伤、组织炭化坏死以及其他难以恢复的永久性伤害。另一种是低压触电,在数十至数百毫安电流作用下,使人的机体产生病理性、生理性反应,轻的有刺痛感,或出现痉挛、血压升高、心律不齐以致昏迷等暂时性的功能失常,重的可引起呼吸停止、心跳骤停,心室纤维性颤动等危及生命的伤害。

根据国际电工委员会(IEC)提出的科研新成果,我国规定人体触电后最大的摆脱电流即安全电流为 30 mA(50 Hz 交流),但这是触电时间不超过 1 s,因此,这个安全电流值也称为 30 mA·s。研究表明:如果通过人体电流不超过 30 mA·s 时,对人身机体无损伤,不致引起心室纤维性颤动和器质损伤;如达到 50 mA·s 时,对人就有致命危险;达到 100 mA·s 时,一般要致人死命。

安全电流主要与下列因素有关:

①触电时间 触电时间超过 0.2 s 时,致颤电流值急剧降低。

②电流性质 直流、交流和高频电流触电对人体的危害程度是不同的,而以 50～100 Hz 的电流对人体的危害最为严重。

③电流路径 电流对人体的伤害程度主要取决于心脏受损程度。不同路径的电流对心脏有不同的损害程度,电流从手到脚,特别是从手到手对人最为危险。

(2)安全电压和人体电阻

安全电压,就是不致使人直接致死或致残的电压。我国国家标准 GB 3805—1983 规定的安全电压等级和选用如表 6.8.1 所示。

实际上,从触电安全的角度来说,安全电压与人体电阻是有关系的。

人体电阻由体内电阻和皮肤电阻两部分组成,体内电阻约 500 Ω,与接触电压无关。皮肤电阻随皮肤表面的干湿洁污状态和接触电压而变。从触电安全角度考虑,人体电阻一般取下限 1 700 Ω(平均为 2 000 Ω)。由于安全电流取 30 mA,而人体电阻取 1 700 Ω,因此人体允许持续接触的安全电压为：

$$U = 30 \text{ mA} \times 1\ 700\ \Omega \approx 50\ \text{V}$$

这 50 V 称为一般正常环境条件下允许持续接触的安全最高电压。

表 6.8.1　安全电压（GB 3805—1983）规定

安全电压/V（交流有效值）		选用举例
额定值	空负荷上限值	
42	50	在有触电危险的场所使用的手持式电动工具等
36	43	在矿井、多导电粉尘等场所使用的行灯等
24	29	可供某些具有人体可能偶然触及的带电体设备选用
12	15	
6	8	

（3）接地的有关概念

1）接地和接地装置

电气设备的某部分与土壤之间作良好的电气连接，称为接地。与土壤直接接触的金属物体，称为接地体（有人工接地体和自然接地体）。连接接地体及设备接地部分的导线，称为接地线，接地线和接地体合称为接地装置。接地线应采用不少于两根导体在不同地点与接地体连接。

2）接地电流和对地电压

当电气设备发生接地故障时（如单相绝缘损坏致使单相碰壳），电流就通过接地体向大地作半球形散开，这一电流，称为接地电流，用 I_{jd} 表示。由于这半球形的球面，在距接地体越远的地方球面越大，所以距接地体越远的地方散流电场越小，其电位分布如图 6.8.1 所示的曲线。

试验证明，在距单根接地体或接地故障点 20 m 左右的地方，实际上散流电场已趋近于零，即这里的电位趋近于零。这电位为零的地方，称为电气上的"大地"。

电气设备的接地部分，如接地的外壳和接地体等与零电位的"大地"之间的电位差，就称为接地部分的对地电压，如图 6.8.1 中的 U_{jd}。

3）接触电压和跨步电压

人站在发生接地故障的电气设备旁边，手触及设备的外露可导电部分，则人所接触的两点（如手与脚）之间所呈现的电位差，称为接触电压 U_{tou}，如图 6.8.2 所示。人站在接地故障点周围行走，两脚之间

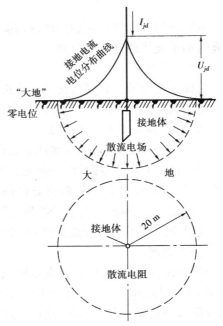

图 6.8.1　接地电流、对地电压及接地电流电位分布曲线

223

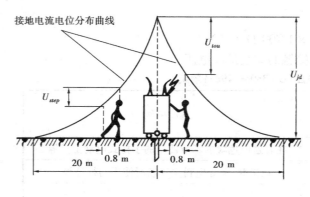

图 6.8.2 接触电压和跨步电压

所呈现的电位差,称为跨步电压 U_{step},如图 6.8.2 所示。

(4)触电类型

1)直接触电

它是指直接接触正常带电部分而使人触电,这种情况的防护是对人能触及到的带电导体加隔离栅栏或加保护罩等即可。

2)间接触电

它是指接触正常不带电的外露可导电部分(如金属外壳、框架等),而故障时可带危险电压而使人触电,这一节主要就是讨论对间接触电类型的防护。

3)跨步电压触电

当有故障电流(或雷电流)通过接地装置(或防雷接地装置)流入大地时,人、畜在其附近行走,所承受的跨步电压超过安全电压时,将对人、畜造成伤害。这种类型的触电防护一般是采取措施降低跨步电压,并将接地系统装设在僻静的地方,如无条件,为保证人身安全,就在经常有人出入的地方,采用高绝缘路面(如沥青碎石路面)。

6.8.2 接地的类型及其保护原理

电力系统和电气设备的接地,按其功能分为工作接地,保护接地以及为进一步保证保护接地有效的重复接地这 3 大类型。

(1)工作接地

为保证电力设备和用电设备达到正常工作要求而进行的接地,叫做工作接地。如变压器中性点的直接接地,为泄放雷电流而设的防雷接地。

(2)保护接地及其保护原理

为保障人身安全,防止间接触电而将设备的外露可导电部分进行接地,称为保护接地。

保护接地的形式有两种:一种是设备的外露可导电部分经各自的 PE 线(保护线)分别直接接地;另一种是设备的外露可导电部分经公共的 PE 线或 PEN 线(工作零线兼保护线)接地。在我国过去,称前者为保护接地,后者为保护接零。

这里介绍低压配电系统里的 TN 系统、TT 系统的保护接地。

1)TN 系统

TN 系统,就是电源中性点直接接地,并引出 N 线,设备的外露可导电部分经公共的 PE 线或 PEN 线接地,属三相四线制系统。其保护原理:当设备发生一相接地故障后,即形成单相短路,线路过电流保护装置动作,迅速切除故障。TN 系统又依其 PE 线的形式分为以下系统。

①TN-C 系统 这种系统的 N 线和 PE 线合为一根 PEN 线,所有设备的外露可导电部分均与 PEN 线相连,如图 6.8.3 所示。其缺点是,当三相负荷不平衡时,PEN 线上有电流通过。但在一般情况下,如开关保护装置和导线截面选择适当,是能够满足供电可靠性要求的。优点是,投资较省,又节约有色金属,所以在我国得到广泛应用。

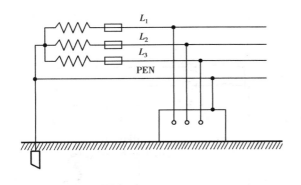

图 6.8.3　TN-C 系统示意图

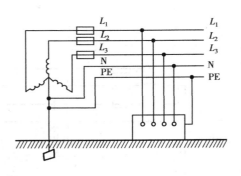

图 6.8.4　TN-S 系统示意图

②TN-S 系统(俗称三相五线制系统)　这种系统的 N 线和 PE 线是分开的,所有设备的外露可导电部分均与公共 PE 线相连,如图 6.8.4 所示。这种系统的优点是公共 PE 线在正常情况下没有电流通过,因此不会对接 PE 线上的其他设备产生电磁干扰,所以这种系统适用于供数据处理、精密检测装置等使用。此外,由于 N 线与 PE 线分开,因此 N 线断开不

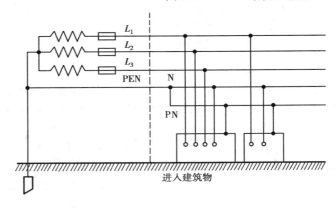

图 6.8.5　TN-C-S 系统示意图

会影响 PE 线上设备的防间接触电的安全。但它消耗的导线多、投资大。这种系统又多用于环境条件较差,对安全可靠性要求较高的场所。

③TN-C-S 系统　这种系统在进入建筑物前为 TN-C 系统,进入建筑物后为 TN-S 系统,如图 6.8.5 所示。这种系统兼有 TN-C 和 TN-S 系统的优点,常用于配电系统末端环境条件较差的场所。

2)TT 系统

TT 系统就是电源中性点直接接地,也引出有 N 线,而设备的外露可导电部分则经各自的 PE 线分别直接接地,如图 6.8.6(b)所示。现分析其保护原理。

如果设备的外露可导电部分未接地,如图 6.8.6(a)所示,则当设备发生一相碰外壳故障时,外露可导电部分就带上危险的相电压。由于故障设备与大地接触不良,这一单相故障电流可能较小,通常不足以使故障设备电路中的保护装置动作,故障不能消除。如果人体触及此故障设备的外露可导电部分,显然,这是相当危险的。

如果设备的外露可导电部分采取直接接地,如图 6.8.6(b)所示。则当设备发生一相碰壳故障时,如果此时的故障电流大于保护电器(熔体)的可靠动作电流时,则保护装置动作,迅速切除故障,从而减少了人体触电的危险。但是,如果故障电流小于保护电器的可靠动作电流时,则会出现设备外露可导电部分长期带电的现象。

例:在图 6.8.6(b)所示的 TT 系统中,$R_A = 10\ \Omega$,$R_B = 4\ \Omega$,其他阻抗很小忽略不计,按短路和过载保护选用熔体的额定电流 $I_N = 20$ A,试校验能否满足单相接地故障保护要求。

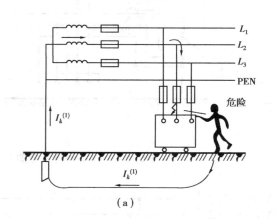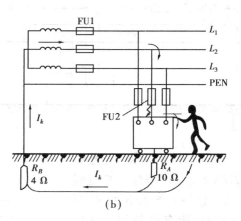

图 6.8.6　TT 系统保护地功能说明

（a）外露可导电部分未接地时　（b）外露可导电部分接地时

$$I_k = \frac{U_0}{R_A + R_B} = \frac{220}{10+4} \text{ A} = 15.7 \text{ A}$$

此时电气装置外露可导电部分,将呈现的电压为:

$$I_k \cdot R_A = 15.7 \times 10 \text{ V} = 157 \text{ V}$$

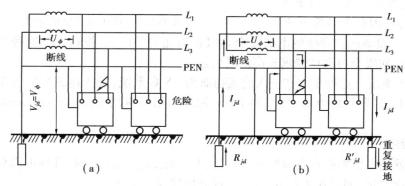

图 6.8.7　重复接地功能说明图

（a）设有重复接地的 TN 系统中,PE 线或 PEN 线断线时

（b）采取重复接地的 TN 系统中,PE 线或 PEN 线断线时

　　如果人体触及此电压时,显然是很危险的。因此必须切断接地故障电路,但是 20 A 的熔体电流不能在 15.7 A 电流作用下动作,即过电流保护用的保护电器一般不能兼作接地故障保护电器。因此在 TT 系统内应装设灵敏的漏电保护器(其结构原理见 6.8.3 节)。

　　TT 系统由于所有设备的外露可导电部分都是经各自的 PE 线分别直接接地的,各自的 PE 线间无电磁联系,所以适用于对数据处理、精密检测装置等供电。同样 TT 系统又与 TN 系统一样属三相四线制系统,既可用于三相设备,又可用于单相设备,如果装设漏电保护装置,对人身安全也有保障,所以这种(TT 系统加漏电保护器)系统在我国现已应用较广。

（3）重复接地

在 TN 系统中，为确保 PE 线或 PEN 线安全可靠，除在电源中性点进行工作接地外，还必须在 PE 线或 PEN 线的下列地方作必要的重复接地：在架空线路的干线和分支线的终端及沿线每 1 km 处；电缆和架空线在引入车间或较大型建筑物的入户处。否则，在 PE 线或 PEN 线发生断线并有设备发生一相接地故障时，接在断线后面的所有设备的外露可导电部分都将呈现接近于相电压的对地电压，即 $U_{jd} = U_p$，如图 6.8.7（a）所示，这是很危险的。如果作了重复接地，如图 6.8.7（b）所示，则在发生同样故障时，断线后面的 PE 线或 PEN 线的对地电压 $U'_{jd} = I_{jd} \cdot R'_{jd}$（认为 $R'_{jd} = R_{jd}$），则 $U_{jd} = U_\phi/2$，危险程度大大降低。

6.8.3 低压漏电保护器

漏电保护器又称漏电断路器，按其动作原理分为电压动作型和电流动作型两种，但通用的为电流动作型。图 6.8.8 为电流动作型漏电保护器的工作原理示意图。它由零序电流互感器 TAN、放大器 A 和低压断路器（低压自动开关）QF 3 部分组成。设备正常运行时，电路三相电流对称，三相电流相量和为零，因

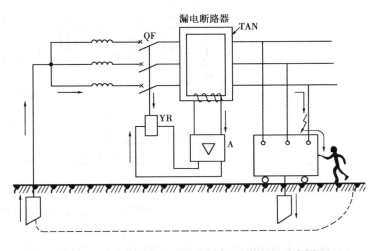

图 6.8.8　电流动作型漏电断路器工作原理示意图

此零序电流互感器 TAN 的铁芯中没有磁通，其二次侧没有电压。如果设备发生漏电或单相接地故障时，由于主电路三相电流的相量和不为零，零序电流互感器 TAN 的铁芯中就有零序磁通，其二次侧就有电流，经放大器 A 放大后，通入自动开关脱扣器线圈 YR，使低压断路器 QF 跳闸，切除故障电路，避免发生触电事故。

6.8.4 等电位连接

等电位连接，就是使电气装置各外露可导地部分和非电气装置可导电部分（如各种金属管道、建筑物金属结构，金属门窗框架等）电位基本相等的一种电气连接。其作用是减小雷电流在它们之间产生的电位差，以保障人身安全。按 GB 5054—1995《低压配电设计规范》规定：采用接地故障保护时，在建筑物内作总等电位连接（缩写为 MEB）；当电气装置或其某一部分的接地故障保护不能满足规定要求时，尚应在局部范围内做局部等电位连接（缩写为 LEB）。

（1）总等电位连接

总等电位连接，就是在建筑物进线处，将 PE 线或 PEN 线与电气装置接地干线、建筑物内的各种金属管道（如水管、煤气管、采暖空调管道等）以及建筑物金属构件等都接到总等电位连接端子，使它们都具有基本相等的电位，见图 6.8.9 中 MEB。

（2）局部等电位连接

局部等电位连接,就是远离总等电位连接处,非常潮湿、触电危险性大的局部地域内进行的等电位连接,作为总等电位连接的一种补充,见图6.8.9中LEB,通常在容易触电的浴室、卫生间及安全要求很高的胸腔手术室等地,宜作局部等电位连接。

总等电位连接主母线的截面规定不应小于装置中最大PE线截面的一半,但铜导线不小于16 mm²。

连接两个外露可导电部分的局部等电位线及金属装置与等电位连接板（带）之间的导线,其截面不应小于接至该两个外露可导电部分的较小PE线的截面,铜线不小于6 mm²。

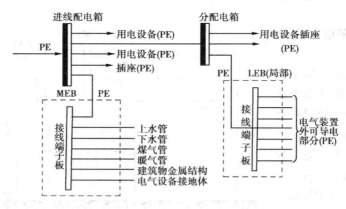

图6.8.9　总等电位连接和局部等电位连接

MEB—总等电位连接；LEB—局部等电位连接

PE线、PEN线和等电位连接线（MEB）,以及引至接地装置的接地干线等,在安装竣工后,均应检测其是否导电良好,绝不允许有不良的或松动的连接。在水表、煤气表处应作跨接线,管道连接处,一般不需跨接线,如导电不良则应作跨接线。

本章小结

①电力系统由发电厂,电力网和电能用户组成。把联系发电厂和用户之间的中间环节称为电力网,它由各种不同电压等级的输配电线路和变（配）电所组成。用户可由电力系统的电力网供电,重要用户应有备用电源。

②电力负荷根据中断供电后在政治、经济上造成的影响和损失程度分为3级。

③需要系数法是负荷计算的常用方法,其计算步骤是:首先确定各用电设备的设备容量 P_s,即把不同工作制的设备额定容量换算为规定工作制下的额定容量,然后将同类用电设备合并成组,对一组的计算负荷按下列公式求得:

$$P_{js} = K_x \cdot \sum P_s$$

$$Q_{js} = P_{js} \cdot \tan \varphi$$

$$S_{js} = \sqrt{P_{js}^2 + Q_{js}^2}$$

$$I_{js} = S_{js} / \sqrt{3} \cdot U_N$$

对干线或变压器低压侧(即多组)的计算负荷计算公式为:

$$P_{js} = K_\Sigma \cdot \sum P_{js}$$

$$Q_{js} = K_\Sigma \cdot \sum Q_{js}$$

$$S_{js} = \sqrt{P_{js}^2 + Q_{js}^2}$$

$$I_{js} = S_{js} / \sqrt{3} \cdot U_N$$

变压器低压侧计算负荷 S_{js} 是选择变压器容量的依据,I_{js} 是选择导线截面的依据。

④变电所的作用是接受电能,变换电压,分配电能;配电所的作用是接受电能,分配电能。10 kV 小容量变电所是把 10 kV 的高压降至 0.4 kV,再分配给低压用电设备。按电气设备的安装位置分有室外型、室内型及半室外型,室外型又分为杆架式和地台式。10 kV 小容量变电所主要由高压熔断器,高压隔离开关或负荷开关,避雷器,变压器,低压母线及自动空气开关等组成。建筑工地变电所是一种临时设施,宜采用室外型变电所。

变电所的位置由高压电源引入点、负荷分布情况、地形、交通、环境等诸多因素综合分析来决定。

⑤把变压器、配电装置及电线、电缆等按一定的顺序相连组成的接受电能、变换电压、分配电能的电路,称为主结线,主结线图是以各电气设备规定的图形符号用单线图的形式来表示。对主结线的要求是安全、可靠、灵活、经济,其形式主要由电源情况、负荷等级及与邻近变电所的关系等来确定。主结线图清楚地反映了变电所接受和分配电能的接线情况及供电的可靠性。主结线的确定对变配电所电气设备的选择及配电装置的布置关系密切。

⑥选择变压器的主要内容是确定其型号、额定电压、台数及容量,其容量应满足:

$$S_N \geq S_{js}$$

⑦输配电线路的作用是输送和分配电能。低压配电线路的接线方式有:放射式、树干式和环形 3 种形式。形式的选择由负荷等级、负荷大小及分布情况来决定。

低压配电线路可分为架空线路和电缆线路两种。架空线路由导线、电杆、横担、绝缘子和拉线等组成;电缆线路由导电心、绝缘层、保护层等组成。

⑧选择导线时应首先根据使用场所和敷设方式确定型号,然后确定截面。选择导线截面应符合下列要求:

导线中通过最大负荷电流不超过导线的长期允许载流量,即

$$I_l \geq I_{js}$$

导线中通过最大负荷电流时产生的电压损失不应超过其允许值。电压损失的计算公式分为:

对纯电阻性负载 $\qquad \Delta U\% = \dfrac{\Delta U}{U_N} \times 100\% = \dfrac{M}{C \cdot S} \times 100\%$

对感性负载 $\qquad \Delta U\% = \dfrac{\Delta U}{U_N} \times 100\% = \dfrac{B \cdot M}{C \cdot S} \times 100\%$

导线的机械强度不应小于规定的最小允许截面。

⑨熔断器选择:照明负荷应满足 $I_N \geq I_{js}$;动力负荷除应满足 $I_N \geq I_{js}$ 条件外,还应满足 $I_N \geq \dfrac{I_{st}}{2.5}$(单台电动机);$I_N \geq I_{js(n-1)} + \dfrac{I_{st \cdot max}}{2.5}$(多台电动机)。熔断器的额定电压应大于或等于工作电压。

选择熔断器还应考虑与导线的配合,前后级熔体电流的配合。

⑩施工现场供电的特点是:负荷分散,环境复杂恶劣,临时性突出,非同期性明显,因此应根据施工现场的具体情况进行合理的组织设计。

⑪雷电是自然界存在的一种放电现象。雷电对大地放电时,对人类造成的危害很大,其主要形式有:直击雷、感应雷、雷电波侵入。

⑫接闪器防直击雷,避雷器防雷电波侵入。防雷系统均由防雷装置、引下线、接地装置3部分组成。

⑬建筑防雷平面图是电气施工图的一部分,它表明防雷装置、引下线、接地装置的安装要求和技术性能。

⑭电流对人体的伤害有电击和电烧伤两种。人体触电有直接触电,间接触电、跨步电压触电等形式。接地保护是防间接触电。

⑮接地的方式有工作接地、保护接地和重复接地。

⑯为了保证安全用电,应采取保护接地的措施。在中性点直接接地的 380/220 V 三相四线制供电系统中,根据不同的情况对电气设备外露可导电部分采取直接与公共 PEN 线或 PE 线接地,或经各自的 PE 线分别直接接地。但是利用设备各自的 PE 线接地时,应根据情况考虑装设灵敏的漏电保护器。

基本知识自检题

填空:

1. 电力系统由_____组成。

2. 采用高压输电的优点是_____;_____;_____。

3. 主结线的形式由_____确定。

4. 高压隔离开关的作用是_____,但_____拉闸。

5. 高压负荷开关的作用是_____。

6. 高压跌落式熔断器的作用是_____。

7. 高压阀型避雷器的作用是_____。

8. 如果选一台变压器,则其容量选择原则是_____。

9. 低压配电线路的接线方式有_____。一般不重要且分布均匀的负荷采用_____接线方式,其特点是_____。

10. 架空线路由_____组成;电缆线路由_____组成。

11. 照明负荷和动力负荷线路中的熔断器选择原则的不同之处是_____。

12. 低压动力线的导线截面一般先_____选择,再校验_____和_____。
低压照明线的导线截面一般按_____选择,校验_____和_____。

13. 雷电对人类的主要危害形式有_____,_____和_____。

14. 对直击雷应采取_____防护;对感应雷要采取_____措施防护;对雷电波侵入要采取_____防护。

15. 工业建筑物的防雷等级分为_____类;民用建构筑物的防雷等级分为_____类。

16. 防雷系统由_____、_____和_____构成。

17. 电气上的"大地"指的是_____。

18. 接地的类型有_____、_____和_____。

19. 触电的类型有_____、_____和_____。

20. 在 TN-C 系统中,电气设备可导电部分应采取_____的保护接地;TT 系统中电气设备可导电部分应采取_____的保护接地。

思考题与练习题

6.1　某施工现场使用的电气设备清单如下表题 6.1 表所列。

题 6.1 表　某施工现场使用的电气设备清单

序号	设备名称	台　数	额定容量/kW	效　率	额定电压/V	相　数	备　注
1	混凝土搅拌机	2	7.5	0.9	380	3	
2	砂浆搅拌机	2	2.8	0.92	380	3	
3	电焊机	4	22		380	1	65%
4	起重机	1	40	0.9	380	3	25%
5	照明		10		220	1	白炽灯

求:总计算负荷 P_{js}、Q_{js}、S_{js}、I_{js},且选择供电的变压器型号、容量(高压侧电源电压为 10 kV)。

6.2　若习题 1 中的负荷采用树干式配电,干线长 90 m,试选择干线 BV 的截面及熔断器。要求选好后作配合,导线明敷,环境温度 30 ℃。

6.3　某宿舍的照明负荷为 20 kW,采用 380/220 V 三相四线制供电,距变电所 250 m 远,用 BLV 线供电,要求电压损耗不超过 5%,试按电压损耗选择导线截面,并校验发热条件和机械强度(环境温度 30 ℃,明敷)。

6.4　有一条供电距离不长的 380 V 动力线路,$I_{js} = 120$ A,$I_{PK} = 400$ A。试选择此线路(BV 型,架空,当地环境温度为 30 ℃)导线截面及线路上装设的 DW16 型空开的及器其过流脱扣器的规格。

6.5　某教学楼的照明线路计算负荷为 25 kW,三相四线制供电的距离 200 m,线路上的电压损失不超过 5%。试选择此线路(BV 型,架空,当地环境温度为 30 ℃)导线截面及线路上装设空开瞬时脱扣器的整定值。

6.6　观察周围的建筑物采用了哪些防雷措施,各具有什么特点?

6.7　你所见到的电气设备都采用了哪些保护措施?

第7章　建筑电气照明

电气照明是利用电光源将电能转换成光能,在夜间或在天然采光不足的情况下提供明亮的环境,以保证生产、学习、生活的需要。自从电光源出现,电气照明就作为现代人工照明的基本方式被广泛用于生产和生活等各个方面。电气照明装置还能起到装饰建筑物,美化环境的作用。电气照明已成为当今建筑设计的一个重要组成部分。

本章主要介绍工业与民用建筑室内电气照明设计的最基本内容。首先介绍照明设计的基本知识,再按设计步骤介绍照明方式的确定、电光源和灯具的选择布置、有关计算方法和照明线路的设计等。

7.1　电气照明的基本知识

照明是一门以光学为基础的综合性技术,现代照明技术则是以电能转换为光能来实现的,照明工程的发展有赖于电工技术的进步。从光学的角度来考虑电气照明的基本要求,使照明能满足生产和生活的需要,所以首先必须对有关光学的几个基本物理量及有关知识有所了解。

7.1.1　基本物理量

(1)光通量

一个光源不断地向周围空间辐射能量,在辐射的能量中,有一部分能量使人的视觉产生光感。光源在单位时间内向周围空间辐射并引起视觉的能量,称为光通量,符号为 Φ,单位是流明(lm)。例如,100 W 的白炽灯约为 1 038 lm。

光源消耗 1 W 电功率发出的光通量,称为电光源的发光效率,单位为流明/瓦(lm/W)。通常白炽灯的发光效率为 10 ~ 20 lm/W,荧光灯为 50 ~ 60 lm/W,高压汞灯为 40 ~ 60 lm/W,高压钠灯为 80 ~ 140 lm/W。发光效率是研究光源和选择光源的重要指标之一。

(2)发光强度

光源向周围空间辐射的光通量分布不一定均匀,故需引入发光强度的概念。光源在某一方向上光通量的立体角密度称为光源在该方向的发光强度,简称光强,符号为 I,单位为坎德拉(cd)。

设光源在无穷小立体角 $d\omega$ 内辐射的光通量为 $d\Phi$,则在该立体角轴线方向的光强 I 为:

$$I = \frac{d\Phi}{d\omega} \tag{7.1.1}$$

单位关系是:

$$1 \text{ 坎德拉}(\text{cd}) = \frac{1 \text{ 流明}(\text{lm})}{1 \text{ 球面度}(\text{Sr})}$$

对于向各个方向均匀辐射光通量的光源,各个方向的光强相等,其值为:

$$I = \frac{\Phi}{\omega} \tag{7.1.2}$$

（3）照度

光通量和光强常用来说明光源和发光体的特点,而照度则用来表示物体被照面上接受光照的强弱。照度就是指单位被照面积所接受的光通量,符号为 E,单位为勒克斯（lx）。

取被照面上的微元面积为 dA,假定射入的光通量为 $d\Phi$,则其照度为:

$$E = \frac{d\Phi}{dA} \tag{7.1.3}$$

若被照面积 A 上射入的光通量为 Φ,且是均匀的,则其照度:

$$E = \frac{\Phi}{A} \tag{7.1.4}$$

（4）亮度

照度仅说明被照面接受光照的强弱,并不能说明被照面的明暗程度。例如将面积相同的黑板与白纸放在同一光源照射下,它们的照度相同,但眼睛对它们明暗程度的感觉却完全不同。眼睛对发光体（既指光源,又指被光照射产生反射光的物体）明暗程度的感觉,用亮度来代表。

如图7.1.1,某一发光体面积 dS 在 θ 方向的光强为 dI_θ,眼睛所能见到的发光体外观面积 $dS' = dS \cos\theta$,则 θ 方向的亮度 L_θ 定义为该方向的光强 dI_θ 与发光面投影到该方向的面积 dS' 之比:

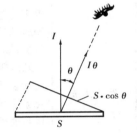

图 7.1.1　说明亮度的概念

$$L_\theta = \frac{dI_\theta}{dS'} = \frac{dI_\theta}{dS \cos\theta} \tag{7.1.5}$$

式中,θ 角为发光面法线与眼睛视线之间的夹角。

亮度单位为尼特（nt）

$$1 \text{ 尼特}(\text{nt}) = \frac{1 \text{ 坎德拉}(\text{cd})}{1 \text{ 平方米}(\text{m}^2)}$$

此外还常用熙提（sb）作亮度单位

$$1 \text{ 熙提}(\text{sb}) = \frac{1 \text{ 坎德拉}(\text{cd})}{1 \text{ 平方厘米}(\text{cm}^2)} = 10^4 \text{ 尼特}(\text{nt})$$

7.1.2　照明质量

照明设计是为了创造满意的视觉条件,它所追求的是力求照明质量良好,投资低,耗电省,便于维护和管理,使用安全可靠。衡量照明质量的好坏,主要有以下几个方面。

（1）照度合适

照度是影响视觉条件的间接指标,原则上应规定合适的亮度,但在计算过程中确定照度要比确定亮度简单得多,故在照明设计规范中总是规定照度标准。为保证必要的视觉条件,提高工作效率,应根据建筑规模、空间尺寸、服务对象、设计标准等条件,选择适当的照度值。国家有关部门规定的照度推荐值如表7.1.1所示,可供设计时参考。

表7.1.1 各类建筑中不同房间推荐照度值

建筑性质	房间名称	推荐照度/lx
居住建筑	厕所、盥洗室	100
	餐室、厨房、起居室	100~150
	卧室	75~150
	单宿、活动室	75
科教办公建筑	厕所、盥选室、楼梯间、书库、走道	50~75
	食堂、传达室	200
	厨房	200
	医务室、报告厅、办公室、会议室、接待室	300
	实验室、阅览室、教室	300
	设计室、绘图室、打字室	500
	电子计算机房	500
医疗建筑	厕所、盥洗室、楼梯间、走道	50~75
	病房,健身房	100~200
	X光诊断室、化疗室,同位素扫描室	300~500
	理疗室、候诊室	200
	化验室、药房、诊室、护士站	300~500
	医生值班室,门诊挂号病案室	200
	手术室	750
	重症监护室	300
商业建筑	厕所、更衣室、热水间	50~75
	楼梯间、冷库、库房	30~100
	一般旅馆客房	100
	大门厅、售票室	300
	餐厅	200
	银行	500
	一般商店营业厅、高档商店营业厅、	300
	一般超市营业厅、高档超市营业厅、收款台	500

注:表7.1.1中给出的照度标准,来源于中华人民共和国国家标准《建筑照明设计标准》GB 50034—2004。

(2)照度均匀

在工作环境中,如果被照面的照度不均匀,当人眼从一个表面转移到另一个表面时,就需要一个适应过程,从而导致视觉疲劳。因此,应合理地布置灯具,力求工作面上的照度均匀。

(3)照度稳定

照度不稳定主要由以下两个原因造成:一是光源光通量的变化;二是灯具摆动。

电压波动会引起光源光通量的变化,尤其每分波动一次以上的周期性变化对人眼极为有害。应力求保证供电质量,避免这种现象。

灯具长时间连续摆动不仅影响照度不稳定,而且也影响光源寿命。所以灯具吊装应设置在无气流冲击处或固定安装。

(4)避免眩光

若光源的亮度太亮或有强烈的亮度对比,则会对人眼产生刺激作用,这种现象称为眩光。它不仅使人在感觉上不舒适,而且对视力危害极大,因此,必须采取相应的措施予以限制。一般可以采取限制光源的亮度,降低灯具表面的亮度,也可以通过正确选择灯具,合理布置灯具位置,并选择适当的悬挂高度来限制眩光。照明灯具的悬挂高度增加,眩光作用就可以减小。

(5)光源的显色性

同一颜色的物体在不同光源照射下,能显出不同的颜色。光源对被照物体颜色显现的性质,称为光源的显色性。

为表征光源的显色性能,引入光源的显色指数。光源的显色指数,是指在待测光源照射下物体的颜色与日光照射下该物体颜色相符合的程度,而将日光或与白光相当的参考光源的显色指数定为100。因此光源的显色指数越高,说明光源的显色性越好,物体颜色的失真度越小。如白炽灯、日光灯是显色指数较高的光源,显色性较好,而高压水银灯的显色指数较低,显色性较差。为了改善光源的显色性,有时可以采用两种光源混合使用,即混光照明。由此可见,光源的显色性能也是衡量照明质量好坏的一个标准。

(6)频闪效应的消除

气体放电光源(荧光灯、荧光高压汞灯等)在交流电源供电下,其光通量随电流一同作周期性变化。在其光照下观察到的物体运动显示出不同于实际运动的现象,称频闪效应。例如,观察转动物体时,如果每秒钟转数为灯光闪烁频率的整数倍,则转动物体看上去好像没有转动一样。频闪效应容易使人发生错觉而出事故。为消除频闪效应,对气体放电光源可采用二灯分接二相电路或三灯分接三相电路的办法。

7.1.3 照明种类的确定

电气照明种类可分为:正常照明、事故照明、值班照明、警卫照明、障碍照明和气氛照明等。

(1)正常照明

正常照明是使室内、外满足一般生产、生活的照明。例如在使用房间内以及工作、运输、人行的室外皆应设置正常照明。正常照明有3种方式。

1)一般照明

一般照明是为整个房间、整个环境提供均匀的照度而设置的照明。在下列情况下可单独采用一般照明:

①房间内工作面布置很密;

②工作面所需的最高照度不超过 50~70 lx;

③无固定工作场地;

④没有投光方向的特殊要求。

2)局部照明

局部照明适用于对某一局部工作面需要高照度或对投光方向有特殊要求的场所。局部照明又有固定式和移动式两种。固定式局部照明的灯具是固定安装的;移动式局部照明灯具可以移动。为了人身安全,移动式局部照明灯具的工作电压不得超过 36 V,如检修设备时供临时照明用的手提灯。局部照明灯具通常装在直接邻近工作面的场所,如车间的维修室,学习、工作台的照明等。为避免直射眩光,灯具可采用深照型。由于灯具靠近工作面,可在耗电少的情况下获得高照度。但整个场所不应只设局部照明而无一般照明。

3)混合照明

由一般照明和局部照明组成的照明方式,称为混合照明。在整个工作场所采用一般照明,对于局部工作区域采用局部照明,以满足各种工作面照度的需要。在混合照明中,一般照明的照度应不低于混合照明总照度的 5% ~ 10%,且其最低照度值不应小于 20 lx。否则过低的一般照明和过高的局部照明,将会造成背景和工作面的亮度对比相差过大,导致视觉疲劳。混合照明中的一般照明和局部照明可以分别由不同的线路供电,便于保证供电的可靠性。

(2)事故照明

当正常照明因故障而中断时,供事故情况下继续工作或人员安全疏散的照明。

1)备用照明

供人们暂时继续工作的事故照明。当工作照明发生故障后,由于工作中断或误操作将引起火灾、爆炸、人员中毒等严重危险场所,如锅炉房、煤气站等;可能引起生产过程长期破坏的场所,如计算机房以及重要的生产车间等;其他不允许停止照明的房间,如消防控制室,医院手术室,大型变电站的配电室、电话局、自来水厂等,都应设置备用照明。备用照明应由备用电源供电,备用电源采用自备发电机或蓄电池等。

2)应急照明

供人员安全疏散用的事故照明叫应急照明。工作人员超过 50 人的生产车间,或当工作照明熄灭后由于生产继续进行或人员通行容易发生事故的场所;影剧院、大礼堂等公共场所;疏散人员的通道、走廊、楼梯间等处,应设置应急照明。应急照明采用可靠的独立电源供电,并应涂以颜色,标注箭头,文字说明等标记。

事故照明应采用能瞬时可靠点燃的白炽灯。但如果事故照明是正常照明的一部分,且在发生故障时不需切换电源的情况下,也可采用荧光灯。但不允许采用荧光高压汞灯、金属卤化物灯和高压钠灯。

用于继续工作的事故照明的照度不得低于正常照明照度的 10%;用于人员疏散的事故照明的照度不应低于 0.5 lx。

(3)值班照明

值班照明是指在非生产时间内供值班人员用的照明。如非连续生产的大厂房,在切断全部照明后,希望少数照明器继续得电,均匀分布在全部面积上,达到打扫房间和看守人员通行所需要的照度。值班照明可以是工作照明的一部分,但应能独立控制;也可以是事故照明的一部分或全部作为值班照明。

(4)警卫照明

警卫照明设置在保卫区域或仓库等范围内。是否设置警卫照明应根据企业的重要性和当地保卫部门的要求而定,并尽量和厂区照明合用。

(5)障碍照明

障碍照明设在特高建筑尖端上或机场周围较高建筑上作为飞行障碍标志,或设在有船舶通行的航道两侧建筑物上作为航行障碍标志。障碍照明必须用透雾的红光灯具。障碍照明应按民航和交通部门的有关规定设置。

（6）气氛照明

指创造和渲染某种气氛和人们所从事的活动相适应的照明方式，一般采用彩灯照明。例如，在高大建筑物正面轮廓上装置的建筑彩灯，用来显示建筑物的艺术造型；装在邻近建筑上的泛光灯，从不同角度照射主建筑，使光线均匀，有层次，可达到理想的艺术效果；满足各种专门需要的气氛照明，如喷泉照明，舞厅照明等。

7.2　电光源与灯具

7.2.1　常用照明电光源

照明用的电光源按发光原理可分为两大类：热辐射光源和气体放电光源。常用的热辐射光源有白炽灯；气体放电光源有荧光灯、高压汞灯、金属卤化物灯、高压钠灯、管形氙灯等。

（1）白炽灯

白炽灯主要由灯头、灯丝、玻璃泡组成，如图 7.2.1 所示。灯丝用高熔点的钨丝材料绕制而成，并封入玻璃泡内，玻璃泡抽成真空，再充入惰性气体氩或氮，以提高灯泡的使用寿命。它是靠钨丝通过电流加热到白炽状态从而引起热辐射发光。它的结构简单，价格低廉，使用方便，启动迅速，显色性好，但它的发光效率低，耗能使用寿命也较短，且不耐震。现在只有在必要场合才使用，其额定功率不应超过 100 W。

图 7.2.1　白炽灯的结构简图

（2）荧光灯

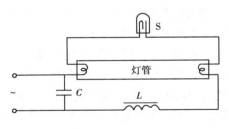

图 7.2.2　荧光灯的接线

荧光灯俗称日光灯，是目前广泛使用的一种电光源。荧光灯电路由灯管、镇流器、启辉器 3 个主要部件组成，其接线如图 7.2.2 所示。

灯管的结构是在玻璃灯管的两端各装有钨丝电极，电极与两根引入线焊接，并固定在玻璃柱上，引入线与灯头的两个灯脚连接。灯管内壁均匀地涂一层荧光粉，管内抽成真空，并充入少量汞和惰性气体氩。

它是利用汞蒸气在外加电压作用下产生弧光放电，发出少许可见光和大量紫外线，紫外线又激励灯管内壁涂覆的荧光粉，使之发出大量的可见光，由此可见，荧光灯的发光效率比白炽灯高得多。在使用寿命方面，荧光灯也优于白炽灯。但是荧光灯的显色性稍差（其中日光色荧光灯的显色性较好），特别是它的频闪效应，容易使人眼产生错觉，将一些旋转的物体误为不动的物体，因此它在有旋转机械的车间很少采用，如要采用，则一定要消除频闪效应。

镇流器，又分电感镇流器和电子镇流器。电感镇流器是一个具有铁芯的线圈，自感系数较大，功率因数低，耗能；而电子镇流器功率因数高、节能。所以在适当场所中，如一般地室内照明多使用具有高品质、节能型、高显色指数的荧光灯,并配高功率因数的电子镇流器。

启辉器的结构是在一个充有氖气的玻璃泡中装有固定的静触片和双金属片制成的 U 型动触片。

荧光灯电路的工作原理是:当接通电源后,电源电压加在启辉器的动、静触片之间,启辉器首先产生辉光放电,致使双金属片加热伸开,造成两极短接,从而使电流通过灯丝。灯丝加热后发射电子,并使管内的少量汞气化。由于启辉器两极短接,辉光放电消失,双金属片冷却收缩,从而突然断开灯丝加热回路,这就使镇流器两端感生很高的电动势,连同电源电压加在灯管两端,使充满汞蒸气的灯管击穿,产生弧光放电。由于灯管起燃后,管内压降很小,因此要借助镇流器产生很大一部分压降,来维持灯管稳定的电流。图中 C 是用来提高功率因数的。未接 C 时,功率因数只有 0.5 左右,接上合适的 C 后,功率因数可提高到 0.9 以上。

照明用荧光灯有几种光色:日光、冷白光、暖白光。用户应根据需要选择适当光色的荧光灯。

荧光灯使用注意事项:

①荧光灯工作的最适宜环境温度为 18 ~ 25 ℃;温度过高或过低都会造成启辉困难或光效降低;

②荧光灯不宜频繁启动,电源电压波动也不宜超过 ±5% ,否则将影响光效和灯管使用寿命;

③启辉器开闭瞬间易对无线电波产生干扰,通常启辉器内都并联有 0.06 μF 的电容;

④灯管必须与相应规格的镇流器、启辉器配套使用;破损灯管要妥善处理以防汞害。

(3)荧光高压汞灯

荧光高压汞灯的结构和使用时的线路如图 7.2.3 所示。其结构由灯头、玻璃外壳、石英放电管 3 部分组成。放电管内装有主电极 E_1、E_2 和辅助电极 E_3,并在石英放电管内充有适量的汞和氩气。在玻璃外壳内装有与辅助电极相串联的附加电阻和电极引线,玻璃外壳与放电管

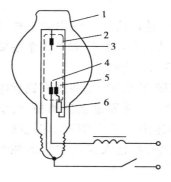

图 7.2.3 荧光高压汞灯的结构
原理图

1—玻璃管壳;2—放电管;

3—主电极 E_2;

4—主电极 E_1;

5—辅助电极 E_3;

6—附加电阻

之间抽成真空并充入少量惰性气体。荧光高压汞灯的启动过程与荧光灯不同,它既不需要启辉器,也不需要预热。当电路接通电源后,主电极 E_1 和邻近的辅助电极首先被击穿,发生辉光放电,产生大量的电子和离子,在两个主电极电场的作用下很快过渡到两主电极之间的弧光放电。辅助电极上因串有较大的附加电阻,起到限流作用,当主电极放电后,E_1 和 E_3 之间就停止放电。利用主电极之间的放电,使放电管内的汞逐渐汽化,直到压力达 0.1 ~ 0.3 MPa。高压汞放电产生的紫外线激发涂在玻璃外壳内壁上的荧光粉而发出荧光,所以称为荧光高压汞灯。

整个启动过程须经 4 ~ 8 min 才进入高压汞蒸气放电的稳定工作状态。在工作过程中镇流器起限流作用。

照明用荧光高压汞灯有 3 种类型:普通型(GGY)、反射型(GYF)、自镇流型(GYZ)。反射型荧光高压汞灯的玻璃外壳内壁上部镀有铝反射层,然后涂荧光粉,故有定向反射性能,使用时可不用灯罩。自镇流型荧光高压汞灯不用外接镇流

器,它在外玻璃壳内装有与白炽灯丝相似的钨丝代替外接镇流器。工作时该钨丝也发光(主要是红光)。自镇流型的缺点是寿命较短。

荧光高压汞灯的主要特点是:

①光效高,寿命长;光色发亮接近日光,但显色性较差;

②电源电压突然降低5%时,可能使灯泡自行熄灭;

③灯泡熄灭后,由于放电管仍保持较高的蒸气压力,不能立即重新点燃,必须经过5~10 min的冷却时间,使管内的汞蒸气凝结后才能再次点燃,故不宜用于频繁启动的场所;

④外玻璃壳温度较高,配用灯具必须考虑散热条件;外玻璃壳破碎后灯虽仍能点燃,但大量紫外线辐射易灼伤眼睛和皮肤;

⑤灯管破损后要妥善处理,防止汞害。

(4)金属卤化物灯

金属卤化物灯在工程中又称金卤灯,是在高压汞灯基础上发展起来的新型电光源。由于在石英放电管内添加某些金属卤化物,在放电时利用金属卤化物的循环作用,不断向电弧提供金属蒸气,金属原子在电弧中受激发而辐射该金属特征的光谱线以弥补高压汞蒸气放电辐射光谱中的不足。

选择适当的金属卤化物并控制它们的比例,便可制成不同光色的金属卤化物灯。用于照明的有钠铊铟(NTY)和管型镝灯(DDG)。外形如图7.2.4所示。

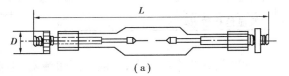

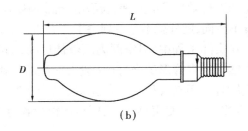

图7.2.4　钠铊铟灯和管形镝灯外形图
(a)钠铊铟灯　(b)管形镝灯

金属卤化物灯的特点和使用注意事项:

①具有光效高,光色好的特点,光效约为普通白炽灯的5倍,光色接近自然光;寿命比荧光高压汞灯短,而显色性远优于荧光高压汞灯。现在对室内外高空间场合的照明大多采用金卤灯。

②电源电压变化会引起光效、光色的变化,电压降低太多(5%)也会引起熄灭。

③无外壳的金属卤化物灯,由于紫外线较强,应加玻璃外罩,否则悬挂高度不应低于14 m。

④使用时除需配置专用镇流器外,1 000 W钠铊铟灯还需配专用触发器才能启燃。

⑤管形镝灯的安装要注意方向的规定,通常有3种结构形式:水平点燃;垂直点燃,灯头向上;垂直点燃,灯头向下。

(5)高压钠灯

高压钠灯是利用高压钠蒸气放电而工作的,光效高,寿命长,紫外线辐射少,光色为金白色,透雾性好,但显色性差。

(6)管型氙灯(长弧氙灯)

氙灯利用高压氙气放电产生很强的白光,和太阳光十分相似(俗称"人造小太阳"),显色性好,功率大,光效高。

表 7.2.1 常用电光源的主要特性比较

参 数	光源名称					
	白炽灯	荧光灯	高压汞灯	金属卤化物灯	高压钠灯	管形氙灯
额定功率范围/W	$10 \sim 1\,000$	$6 \sim 125$	$50 \sim 1\,000$	$125 \sim 3\,000$	250、400	$1\,500 \sim 10^5$
发光效率/(lm·W^{-1})	$6.5 \sim 19$	$25 \sim 67$	$30 \sim 50$	$60 \sim 90$	$90 \sim 100$	$20 \sim 37$
平均寿命/h	1 000	$2\,000 \sim 3\,000$	$2\,500 \sim 5\,000$	$500 \sim 2\,000$	3 000	$500 \sim 1\,000$
启动稳定时间	瞬时	$1 \sim 3$ s	$4 \sim 8$ min	$4 \sim 10$ min	$4 \sim 8$ min	$1 \sim 2$ s
再启动时间	瞬时	$1 \sim 4$ s	$5 \sim 15$ min	$10 \sim 15$ min	$10 \sim 15$ min	瞬时
功率因数 cos φ	1	$0.33 \sim 0.7$	$0.44 \sim 0.67$	$0.4 \sim 0.6$	0.44	$0.4 \sim 0.9$
频闪效应	无不明显	明显	明显	明显	明显	明显
表面亮度	大	小	较大	大	较大	大
电压变化对光通的影响	大	较大	较大	较大	大	较大
环境温度对光通的影响	小	大	较小	较小	较小	小
耐震性能	较差	较好	好	好	较好	好
所需附件	无	镇流器起辉器	镇流器	镇流器触发器	镇流器	镇流器触发器
一般显色指数 Ra	$95 \sim 99$	$75 \sim 90$	$20 \sim 25$	$65 \sim 90$	$20 \sim 25$	$95 \sim 97$

管形氙灯功率都很大,一般不用镇流器,但需用触发器启动。可瞬时点燃,工作稳定,适用于广场、机场、海港等照明。

随着科学技术的发展,新型电光源不断出现,它们的发光原理各有特色,其结构和工作原理也各不相同,此处就不一一列举了。表 7.2.1 是几种常用电光源的主要技术特性,供对照比较。

在实际工程中,对空间高度较低房间,如办公室、教室、会议室及仪表、电子等生产车间宜采用细管径直管形荧光灯(一般大面积的使用:T_8 型 36 W;小面积的使用:T_5 型 28 W);商店营业厅宜采用细管径直管荧光灯、紧凑型荧光灯或小功率的金卤灯;空间高度较高的工业厂房,应按照生产使用要求,采用金属卤化物灯或高压钠灯,也可采用大功率细管径荧光灯。

7.2.2 灯具的特性和选择

灯具是灯座、灯罩的总称。其作用是:①固定光源使之接通电源;②合理配光;③保护眼睛免受光源高亮度引起的视觉眩光;④保护光源不受外界的机械损伤;⑤防止潮湿和有害气体的影响;⑥保护照明安全(如防爆灯具);⑦发挥装饰效果。现就灯具的特性、分类和选择分述如下。

(1)灯具的特性

灯具的特性包含光强分配曲线(配光曲线)、灯具效率和保护角。

1)配光曲线

光源的光通量向各个方向辐射,为合理地利用光通量,并保证工作面具有一定的照度,可利用灯罩对光通量进行重新分配。表征灯具在空间各方向上光强分布特性的曲线称为配光曲线。配光曲线常用极坐标表示,也有用直角坐标表示的。

用极坐标表示的配光曲线如图 7.2.5 所示。

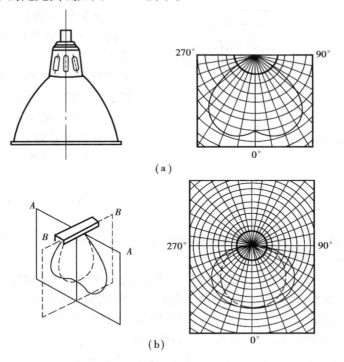

图 7.2.5　极坐标配光曲线
(a)对称配光　(b)非对称配光

图 7.2.5(a)为对称配光。在通过灯具对称轴的任一平面上,测出该灯具在不同角度的光强值,将各个角度的光强用矢量表示,则矢量端点形成的轨迹即为配光曲线。在坐标图上画出 0°～360°的角度,并以不同半径的同心圆代表不同的光强。如果灯具上半球无光通量,则只需画出 0°～90°及 270°～360°范围的配光曲线。

图 7.2.5(b)为非对称配光。对非对称的灯具(如荧光灯具),则要选择若干个测光平面,以一组配光曲线代表其光强在空间的分布情况,如图中的 $A—A$ 平面和 $B—B$ 平面配光曲线。

用直角坐标表示的配光曲线如图 7.2.6所示。由于投光灯发出的光通量集中于狭小的立体角内,用极坐标难以表示清楚,故用直角坐标表示。图中的纵

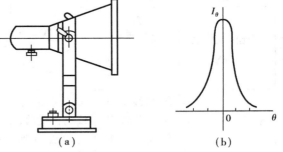

图 7.2.6　直角坐标配光曲线

坐标表示光强 I_θ,横坐标表示光线投射角 θ(以投光灯的轴线为 0°)。这样就能在表示角度的横坐标上取任何比例尺以提高曲线的准确度。

2)灯具效率

灯具效率是指从灯具发出的光通量与光源发出的总光通量之比(以百分数表示)。效率的高低与灯具形状及所用材料的光学性质(反射率、吸收率、穿透率)有关,为 40%～90%。

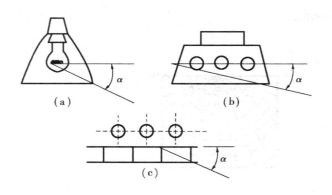

图 7.2.7　几种灯具的保护角 α
(a)一般灯具　(b)荧光灯具　(c)格栅荧光灯具

3)保护角

保护角是表征灯具光线被灯罩遮盖的程度,也表征限制灯具直射眩光的范围。图 7.2.7 是几种灯具的保护角 α。在保护角范围内的观察者,不能直接看到光源,从而避免直射眩光。

(2)灯具的分类

灯具的分类方法很多,通常按灯具的配光特性、灯具的结构和安装方式进行分类。

1)国际照明学会(CIE)的配光分类法

按灯具上半球和下半球发出光通量的百分比进行分类,共有 5 种,见表 7.2.2。

2)按灯具结构特点分类

①开启式　光源与外界环境直接相通。如一般的配照型、广照型和深照型灯具等。

②闭合型(保护型)　光源被透明罩包合,但内外空气仍能自由流通。

③封闭型　透光罩固定处加以一般封闭,与外界隔绝比较可靠,但内外空气仍能有限流通。

④密闭型　光源被透明罩密封,内外空气不能对流。如防水、防尘灯具。

⑤防爆型　光源被高强度透明罩密封,且灯具能承受足够的外力,能安全地使用在有爆炸危险介质的场所。

表 7.2.2　灯具按光通量在上下半球空间分配比例的分类

类 型	直接型	半直接型	漫射型	半间接型	间接型
上半球光通量/%	0～10	10～40	40～60	60～90	90～100
下半球光通量/%	100～90	90～60	60～40	40～10	10～0
配光曲线代表形状					
特 点	①光线集中在下半部,工作面上可得到高照度②光线利用率高,适用于高大厂房的一般照明	①下半部光线仍占优势,空间也得到适当照度②眩光比直接型小	①空间各方向光强基本一致,可达到无眩光②适用于需要创造环境气氛的场所	①向下光线只有一小部分,增加了反射光的作用,可使光线柔和②光线利用率较低,一般不太采用	①光线向上射,顶棚变成二次发光体,光线柔合均匀②光线利用率低,很少采用

3)按灯具安装方式分类

按灯具的安装方式可分为:

①吸顶式 在顶棚上直接安装的灯具。适用于顶棚比较光洁而且比较低的房间作直射照明。优点是可使顶棚较亮,构成全房间的明亮感。缺点是容易产生眩光,灯具的效率较低。

②嵌入顶棚式 将灯具嵌入顶棚内安装,从侧面看不到灯具。适用于顶棚低,要求眩光少的房间。缺点是顶棚较暗,有阴暗感,照明的经济性较差。

③悬挂式 用软线、链子、管子等方式吊装的灯具叫悬挂式灯具,多用于一般照明。

④枝形花吊灯 将多支照明灯具组成图案,从顶棚吊下来安装,称为花吊灯。这种灯具以装饰为主,作艺术照明,用于大型建筑的厅室;小型花吊灯也常用于高水平的住宅建筑、饭店客房等。大面积照明不宜过多使用花吊灯,灯具林立影响美观。

⑤壁灯 灯具装在墙壁上或柱面上主要作为装饰兼作辅助照明。由于安装高度较低,容易成为眩光光源,故多用小瓦数灯泡并装以漫射玻璃罩。

⑥墙内嵌入式 将照明器装在墙内使用,如宾馆高级客房的地灯,在深夜睡眠时间为地面提供一个微小照度。

⑦可移动式 如台灯、落地灯、床头灯具等,一般可自由移动,易于改变室内气氛和获得局部高照度。为了人身安全,在危险场所移动式照明灯具的工作电压不得超过 36 V,如检修设备时供临时照明用的手提灯等。

(3)灯具的选择

灯具的选择主要按配光要求和环境要求这两个因素来进行,并尽可能选择高效灯具。

1)按配光要求选择

一般生活用房和公共建筑物多采用半直接型、漫射型灯具或荧光灯,使顶棚和墙壁均有一定的照度,并使整个室内空间照度分布比较均匀;生产厂房照明较多采用直接型;室外照明一般采用广照型灯具。

2)按环境条件选择

空气干燥和少尘场所,可选用开启式灯具;空气潮湿和多尘场所,宜选用防水防尘等密闭式灯具;有爆炸危险的场所应按等级选用相应的隔爆灯具;还有如室外宜用防雨式灯具;在有机械碰撞之处应采用有保护网的灯具,等等。

7.3 电气照明计算

照明计算的目的是在满足照度标准的条件下,合理地选择灯具型式、确定灯具位置和安装方式,尽量减小灯泡总容量,避免产生眩光和阴影,做到维修方便,布置美观等。

照明计算的方法有利用系数法,单位容量法、逐点计算法。在普通建筑物中常用单位容量法。单位容量法是根据房间面积,灯具的计算高度,灯具型式以及照度标准进行照明计算,是一种简单的照明计算方法,适用于要求照度均匀的场所。

7.3.1 灯具布置

室内灯具的布置与房间的结构及照明要求有关,既要实用、经济、又要尽可能协调,美观。

一般灯具的布置有均匀布置和选择布置两种方案。

（1）均匀布置

所谓均匀布置,就是灯具在室内均匀布置,与室内设备位置无关。均匀布置多为有规则的几何形式,如正方形、长方形、菱形等。图7.3.1是点光源灯具的几种常见的均匀布置方案。

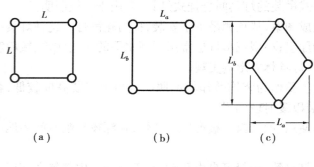

图7.3.1　几种常见的点光源灯具均匀布置方案
（a）正方形　（b）长方形　（c）菱形

在灯具高度一定的情况下,灯间距离越大,被照面上的照度越不均匀;而当灯间距离一定的情况下,灯具悬挂越低,被照面上的照度越不均匀。为了使工作面上获得较均匀的照度,灯具的悬挂高度与灯具间的距离必须同时考虑。通常,用灯具的间距 L 和计算高度 H 之比（L/H）值来衡量均匀布置是否合理。各种照明灯具较合适的距高比值见表7.3.1,荧光灯的最大允许距高比值见表7.3.2。

表7.3.1　各种常用灯具比较合适的距高比值

灯具型式	L/H 值		单行布置的房间最大宽度/H
	单行布置	多行布置	
深照型灯	1.5～1.8	1.6～1.8	1.0
配照型灯	1.8～2.0	1.8～2.5	1.2
广照型灯	1.9～2.5	2.3～3.2	1.3
散照型灯	1.9～2.5	2.3～3.2	1.3

表7.3.2　荧光灯的最大允许距高比值

名　称		型　号	灯具效率/%	最大允许距高比 L/H		光通量 F/lm
				$A—A$	$B—B$	
简式荧光灯	1×40 W	YG1-1	81	1.62	1.22	2 400
	1×40 W	YG2-1	88	1.46	1.28	2 400
	2×40 W	YG2-2	97	1.33	1.28	2×2 400
密闭型荧光灯 1×40 W		YG4-1	84	1.52	1.27	2 400
密闭型荧光灯 2×40 W		YG4-2	80	1.41	1.26	2×2 400
吸顶式荧光灯 2×40 W		YG6-2	86	1.48	1.22	2×2 400
吸顶式荧光灯 3×40 W		YG6-3	86	1.5	1.26	3×2 400
嵌入式格栅荧光灯（塑料格栅）3×40 W		YG15-3	45	1.07	1.05	3×2 400
嵌入式格栅荧光灯（铝格栅）2×40 W		YYG15-2	63	1.25	1.20	2×2 400

表中 L 为灯与灯之间的距离(m);H 为计算高度,即被照射工作面至灯具的高度(m)。

由图 7.3.2 可知,房间的总高度为 h,灯具的悬挂高度为 h_1,被照面的高度为 h_2,灯具的垂吊高度为 h_3,计算高度:

$$H = h - h_2 - h_3 \quad 或 \quad H = h_1 - h_2 \quad (7.3.1)$$

被照面高度 h_2 应根据具体情况而定,教室、民用住宅一般取 0.8 m。h_3 一般为 0~1.5 m。

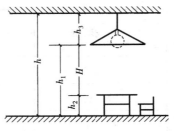

图 7.3.2　计算高度示意图

各种均匀布置方式的灯间距离(简称灯距)L 为:

正方形布置:

$$L = La = Lb \tag{7.3.2}$$

长方形布置:

$$L = \sqrt{La \cdot Lb} \tag{7.3.3}$$

菱形布置:

$$L = \sqrt{\frac{La \cdot Lb}{2}} \tag{7.3.4}$$

确定灯具位置时,根据选定的灯具型式,即可参考表 7.3.1 和表 7.3.2 查得这种灯具最大允许距高比值(L/H),以及求出的计算高度 H 值,即可确定满足均匀照度的灯距 L,即:

$$L = (L/H) \cdot H$$

此外,在灯具布置中,不仅要考虑灯间距离 L,还要考虑灯具与墙之间的距离 $L_1(L_2)$。

当靠墙有工作面时:

$$L_1(L_2) = (0.25 \sim 0.3)L \tag{7.3.5}$$

当靠墙无工作面时:

$$L_1(L_2) = (0.4 \sim 0.5)L \tag{7.3.6}$$

对于线光源的荧光灯,由于其形状在纵向与横向是不同的,它的最大允许距高比值在纵向 $A—A$ 与横向 $B—B$ 有不同的值,所以应分别计算。

(2)选择性布置

选择性布置,就是灯具的布置与室内的设备位置有关,大多是按工作面对称布置,力求使工作面能获得最有利的光通方向和消除阴影。例如,大型机械装配车间有大型锤或压力机而不能采用局部照明;化学工业某些笨大设备的车间当照明作均匀布置时将形成显著阴影。在这些情况下照明采用选择性布置方式与全部采用均匀布置方式相比,可减少总的照明安装容量,同时也可得到较好的照明质量。

7.3.2　用功率密度(LPD)值确定灯具盏数

这种计算方法是一种工程计算方法,在实际工程中应用较多。该方法是在房间功能、面积、灯的型号、灯的功率已知时,计算要达到规定的照度值需要多少盏灯。用功率密度值作照度计算,是利用我国颁布的《建筑照明设计标准》(GB 50034—2004)中提供的标准功率密度值,来计算已知型号、功率的灯的盏数。

《建筑照明设计标准》有一个重要的特点,即考虑了照明节能的问题。在工程中,实际计算的功率密度值不得超过标准的功率密度值。

表 7.3.3 居住建筑每户照明功率密度值

房间或场所	照明功率密度/(W·m⁻²)		对应照度值/lx
	现行值	目标值	
起居室			100
卧室			75
餐厅	7	6	150
厨房			100
卫生间			100

表 7.3.3 ~ 表 7.3.6 为部分不同功能建筑的照明功率密度值,供计算时查用。

功率密度(LPD)值是指单位被照面积所需的照明安装容量,即

$$LPD = \frac{\sum P}{S} = \frac{n \cdot P_1}{S} \tag{7.3.7}$$

式中　$\sum P$——受照房间总的灯泡安装容量,W;

　　　P_1——每盏灯的容量,W;

　　　n——受照房间总灯数;

　　　S——受照房间总的水平面积,m²。

从表 7.3.3 ~ 表 7.3.4 可知,功率密度值与房间的功能、总面积,照度标准等因素有关。从公式(7.3.7)可知,利用功率密度值这种方法作照度计算,必须已知房间的功能、总面积 S、灯的功率 P_1,才能求出房间的总的灯泡安装容量$\sum P$,进而求出灯的盏数 n。

例 7.3.1　某教室长 7.2 m,宽 5.4 m,高 3.6 m。试用功率密度值作照度计算。

解:

表 7.3.4 办公建筑照明功率密度值

房间或场所	照明功率密度/(W·m⁻²)		对应照度值/lx
	现行值	目标值	
普通办公室	11	9	300
高档办公室、设计室	18	15	500
会议室	11	9	300
营业厅	13	11	300
文件整理、复印、发行室	11	9	300
档案室	8	7	200

1）选择灯具型式

由于教室为学习场所，总面积约 40 m²，层高只有 3.6 m，故选用 T₈ 型，36 W 的细管径直管型荧光灯较为合适。查表 7.1.1，教室的推荐照度值为 300 lx。

2）按功率密度（LPD）值作照度计算

按房间功能查表 7.3.6 得教室：$E = 300$ lx，以及对应照度的 LPD 现行值为：11 W·m⁻²，

由公式（7.3.7）得灯的盏数 $n = \mathrm{LPD} \times S/P_1 = 11 \times 7.2 \times 5.4/40 = 10.7$（盏）

考虑布置方便，又不超标准 LPD 值，取 $n = 9$ 盏。

该教室总安装功率 $\sum P = 9 \times 40 = 360$ W

所以选额定电压为 220 V，T₈ 型，36 W 的细管径直管型荧光灯 9 盏。

注：这里考虑 $P_1 = 40$ W，是因为标准 LPD 值已包含荧光灯镇流器的功率。

3）灯具布置

据表 7.3.2，简易荧光灯的最大距高比值（L/H），在 A—A 方向为 $\dfrac{L_A}{H} = 1.46$，在 B—B 方向

为 $\dfrac{L_B}{H} = 1.28$。取被照面的高度 $h_2 = 0.8$ m，灯具的垂吊高度 $h_3 = 0.8$ m。所以计算高度为：

$$H = 3.6\ \mathrm{m} - 0.8\ \mathrm{m} - 0.8\ \mathrm{m} = 2\ \mathrm{m}$$

在 A—A 方向灯距为

$$L_A = 1.46 \times 2\ \mathrm{m} = 2.92\ \mathrm{m}$$

在 B—B 方向灯距为：

$$L_B = 1.28 \times 2\ \mathrm{m} = 2.56\ \mathrm{m}$$

灯与墙之间的距离为：

$$L_1 = (0.4 \sim 0.5) \times 2.56\ \mathrm{m} = 1 \sim 1.3\ \mathrm{m}$$

$$L_2 = (0.4 \sim 0.5) \times 2.92\ \mathrm{m} = 1.2 \sim 1.5\ \mathrm{m}$$

由计算结果和房间尺寸，取 $L_A = 1.8$ m，$L_B = 2.5$ m，$L_1 = 1.1$ m，$L_2 = 0.9$ m，并确定为 9 盏荧光灯，即 $n = 9$。

灯具布置如图 7.3.3 所示。

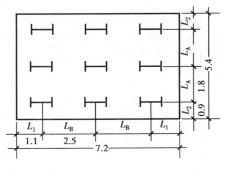

图 7.3.3 灯具布置平面图

表 7.3.5 商业建筑照明功率密度值

房间或场所	照明功率密度/（W·m⁻²）		对应照度值/lx
	现行值	目标值	
一般商店营业厅	12	10	300
高档商店营业厅	19	16	500
一般超市营业厅	13	11	300
高档超市营业厅	20	17	500

表 7.3.6　学校建筑照明功率密度值

房间或场所	照明功率密度/(W·m⁻²)		对应照度值/lx
	现行值	目标值	
教室、阅览室	11	9	300
实验室	11	9	300
美术教室	18	15	500
多媒体教室	11	9	300

7.4　照明供电线路

　　本节将介绍照明供电方式、线路的敷设、布置等知识。这些内容直接与供电的可靠性、安全性和经济性有关。例如,事故照明必须保证在正常照明发生事故时能暂时继续工作;照明线路的敷设、布置不合理,可能会造成材料的浪费,也很可能会给以后留下事故的隐患。设计者应在严格遵守有关规范的基础上,力求使供电系统在经济上合理,在安全技术上也必须万无一失。

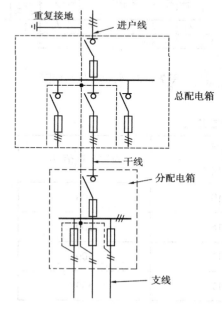

图 7.4.1　单线表示的照明配电系统图

7.4.1　供电方式

　　对建筑物的照明供电方式,应根据工程规模、设备布置、负荷容量等条件来确定。因照明灯具的额定电压一般为 220 V,故通常采用 220 V 单相供电,对于用电量较大(超过 30 A)的建筑物应采用三相四线制供电。图 7.4.1 是照明供电系统单线表示的供电系统图。

　　为了保证事故照明可靠,事故照明应与工作照明分开线路供电。且应设法取得备用电源,使之当工作电源因故障停电时,可手动或自动投入备用电源。

7.4.2　照明配电线路的布置

　　(1)接户线、进户线、干线及支线
　　接户线的具体要求详见第六章。

　　进户线指由进户点到室内总配电箱的一段导线。选择进户位置时,应综合考虑建筑物的美观、供电安全、工程造价等问题。尽量从建筑物的背面或侧面引入,且尽可能靠近架空线路电杆。对于多层建筑物采用架空引入时,进户线一般由二层进户。进户线需做重复接地,接地电阻应小于10 Ω。如图7.4.1所示。图中虚线代表零线。

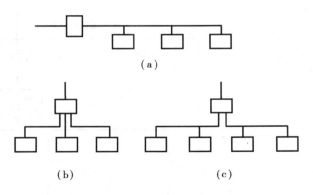

图7.4.2　照明干线的3种配电方式
(a)树干式　(b)放射式　(c)混合式

干线指从总配电箱到分配电箱的一段线路,如图7.4.1所示。照明供电的干线常有3种连接方式:树干式、放射式和混合式,如图7.4.2所示。可根据负荷分布情况、负荷的重要性等条件来选择。通常,放射式的可靠性优于树干式,而树干式的经济性优于放射式,在实际设计时,需进行具体的技术、经济比较后方能作出最后结论。

支线指从分配电箱引至负载的一段线路。支线多为单相二线制。在荧光灯供电线路中,有的场所要求消除频闪效应,则支线应向灯管分相供电,有二相三线(双管荧光灯:二根相线,一根零线),三相四线(三管荧光灯:三根相线一根零线)。单相支线电流不宜超过15 A,每一支线所接负载数(灯和插座总数)不宜超过20个(特殊情况最多不得超过25个)。如需安装较多的插座,可专设插座支线,目前的趋势是照明和插座分开供电(其中带接地插孔的单相插座还须有专门的接地保护线)。

由三相电源供电时,各相负荷应尽量平衡分配。

(2)照明配电箱

配电箱是接受和分配电能的装置,配电箱内的主要电器是开关(刀开关或自动开关,漏电保护开关)、熔断器,有的还装有电度表。图7.4.3是某住宅照明配电箱的线路图,为单线画法。从线路图中看出,进线由DS9-63/2P型总自动开关控制,出线有6路支线,其中一般插座、厨房及厕所插座支路由漏电保护开关DS9LE控制,漏电动作电流为30 mA,其他支路由DS9-63/1P型自动开关控制。各支路的零线和地线从固定在配电箱内的零线端子排和地线端子排上引出。电流表采用的是DT862型,正常工作电流为10 ~ 40 A。新建住宅小区,家用电度表一般都不安装在住宅配电箱内,而是集中安装在电井内,以便抄表和管理。

工厂和大型民用建筑多采用定型产品的照明配电箱。各种标准配电箱的结构和接线方式可在产品手册中查到,一般选用带漏电保护开关的XXM、XXM$_3$、XRM$_1$、XRM$_3$型配电箱,可同时作线路的漏电保护。

配电箱的安装方式有明装和暗装两种。明装多靠墙安装,暗装则将箱体嵌入建筑物墙内,箱门与墙面取平,其四周面板应紧贴墙面固定。配电箱的安装高度,底边距地面一般为1.5 m。

配电箱安装位置的选择原则:①布置在干燥通风且便于操作维修之处;②尽可能位于负荷中心;③高层建筑各层楼的配电箱应放在同一垂直线上。

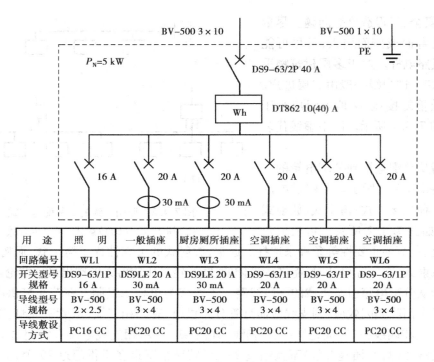

图 7.4.3 照明配电箱系统图

用 途	照 明	一般插座	厨房厕所插座	空调插座	空调插座	空调插座
回路编号	WL1	WL2	WL3	WL4	WL5	WL6
开关型号规格	DS9-63/1P 16 A	DS9LE 20 A 30 mA	DS9LE 20 A 30 mA	DS9-63/1P 20 A	DS9-63/1P 20 A	DS9-63/1P 20 A
导线型号规格	BV-500 2×2.5	BV-500 3×4	BV-500 3×4	BV-500 3×4	BV-500 3×4	BV-500 3×4
导线敷设方式	PC16 CC	PC20 CC	PC20 CC	PC20 CC	PC20 CC	PC20 CC

7.4.3　照明线路的敷设

照明线路的导线通常采用聚氯乙烯绝缘电线或橡皮绝缘电线。

照明线路的敷设方式有明敷和暗敷两种。

明敷是将导线直接或穿管(或其他保护体)敷设于墙壁、顶棚的表面及桁架、支架等上。明敷的几种方式及适用场所列于表 7.4.1。各种明敷配线方式穿墙或过楼板处都要加保护管,垂直过楼板要穿保护钢管。

表 7.4.1　明敷的几种方式及其适用场所

敷设方式	适用场所
瓷夹板、塑料线夹配线	适用于正常环境的室内和挑檐下的室外
瓷瓶(针式绝缘子)配线	能使导线与墙面距离增大,可用于比较潮湿的地方(如浴室、较潮的地下室等),或雨雪能落到的室外。工业厂房导线截面较大时常采用
瓷柱(瓷珠、鼓式绝缘子)配线	适用于室内、外,但雨雪能落到的地方不可采用。室内也可用于较潮湿的地方。瓷柱配线的导线截面最大不宜超过 25 mm^2,否则用瓷瓶配线
卡钉(铝片卡)配线	只能采用塑料护套线(BVV、BLVV 型)明敷于室内,不能在室外露天场所明敷。布线时固定点的间距不得大于 200 mm
塑料槽板、木槽板配线	适用于干燥房屋的明敷,槽板应敷设于较隐蔽的地方,应紧贴于建筑物表面,排列整齐。一条槽板内应敷设同一回路的导线
穿管(钢管、电线管、塑料管)	穿钢管适用于用电量较大,易爆、易燃、多尘、干燥,又容易被碰撞的线路及场所。穿塑料管适用于用电量较大,腐蚀,尘多的场所

暗敷是将导线穿管(钢管、塑料管)敷设于墙壁、顶棚、地坪及楼板等的内部。配线管随土建工程施工时预埋好,然后把导线穿入管中。

暗敷配线的特点是:不影响室内墙面的整洁美观,可防止导线受有害气体的腐蚀和机械损伤,使用年限长,但安装费用大。

穿管配线无论是用于明敷或暗敷,管内导线的总截面(包括外护层)不应超过管子内截面的40%,绝缘导线允许穿管根数及相应的最小管径见表7.4.2所示。

表7.4.2 绝缘导线允许穿管根数及相应的最小管径

导线规格 截面/mm²	500 V BX BLX 橡皮绝缘线														
	2 根单心				3 根单心				4 根单心				5 根单心		
	PC	TC	SC	PR	PC	TC	SC	PR	PC	TC	SC	PR	PC	TC	SC
	最小管径/mm 及线槽号														
1	15	15	15	1	20	20	15	1	20	20	15	1	25	25	20
1.5	15	15	15	1	20	20	15	1	20	25	20	1	25	25	20
2.5	15	20	15	1	20	20	15	1	25	25	20	1	25	25	20
4	20	20	15	1	25	25	20	1	25	25	20	1	32	32	25
6	20	20	15	1	25	25	20	1	25	25	25	1	32	32	25
10	25	25	25	1	32	32	25	1	40	40	32	2	40	40	32
16	32	32	25	1	40	40	32	2	40	50	32	2	50	50	40
25	40	40	32	1	50	50	40	2	50	50	50	3	70	50	50
35	40	40	32	2	50	50	40	3	70	50	50	3	70	—	50
50	50	50	40	3	70	—	50		70	—	70	3	80	—	70
70	70	—	50	3	80	—	70		80	—	80	4	—	—	80
95	80	—	70	3	—	—	80	5	—	—	100		—	—	100
120	80	—	70	3	—	—	80	5	—	—	100		—	—	100
150	—	—	70	—	—	—	100		—	—	100		—	—	—

注:PC 为硬聚氯乙烯管;TC 为电线管,SC 为水、煤气钢管,PR 为塑料线槽。

SC、PC 按内径称呼;TC 按外径称呼。

钢管有电线管和水、煤气管两种。一般可使用电线管,但在有爆炸危险的场所内,或标准较高的建筑物中,应采用水、煤气钢管。

管内的导线不得有接头,接头时(如分支),应设接线盒。为便于穿线,当管路过长或弯多时,也应适当地加装接线盒。在下列情况下应加装接线盒:

无弯时,在管路长度超过45 m时;

有1个弯时,在管路长度超过30 m时;

有2个弯时,在管路长度超过20 m时;

有3个弯时,在管路长度超过12 m时。

总之,在照明线路敷设中,应本着经济、节俭、美观、实用等原则,密切与土建、水暖等工程配合,保质、保量完成电气施工任务。

7.5 电气照明识图

电气照明施工图是设计方案的集中表现,是工程施工的主要依据。图中采用了规定的图例符号、文字标注等,用于表示实际线路和实物。因此对电气照明图应首先熟悉有关图例符号和文字标注,其次还应了解有关的设计规范、施工规范及产品样本等。

7.5.1 常用电气照明图例符号和文字标注

在电气照明系统图和平面图中都以单线形式来表示电气线路,即每一回路仅画一根线,并在单线上打斜短线表示实际导线的根数,4根以下一般以斜短线的数目表示;超过4根导线的回路仅打一斜短线,并在旁边用阿拉伯数字注明导线的根数即可。常用电气照明图例和文字标注见表7.5.1和表7.5.2。表7.5.3为民用建筑照明负荷的需要系数,以供进行照明负荷计算时参考。

表7.5.1 常用电气照明图形符号

图形符号	名　称	图形符号	名　称
	动力或动力—照明配电箱		带接地插孔的单相插座(密闭、防水)
	照明配电箱(屏)		带接地插孔的三相插座(明装)
	事故照明配电箱(屏)		带接地插孔的三相插座(暗装)
	多种电源配电箱(屏)	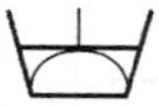	带接地插孔的三相插座(密闭、防水)
	单相插座(明装)	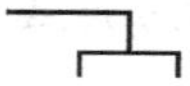	电信插座的一般符号　可用文字或符号加以区别,如:TP—电话;TV—电视;TX—电传;M—传声器
	单相插座(暗装)	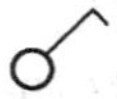	单极开关(明装)
	单相插座(密闭、防水)		单极开关(暗装)
	带接地插孔的单相插座(明装)	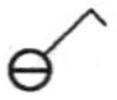	单极开关(密闭、防水)
	带接地插孔的单相插座(暗装)		双极开关(明装)

续表

图形符号	名　称	图形符号	名　称
	双极开关(暗装)	⊗	防水防尘灯
	双控开关(单极3线)		在专用电路上的事故照明灯
	双控开关(单极拉线)		自带电源的事故照明灯装置(应急灯)
	单极拉线开关		壁灯
	多极开关一般符号单线表示多线表示	●	球形灯
	表示3根导线		天棚灯
	表示3根导线	⊗	花灯
	表示n根导线		单管荧光灯
	向上配线		三管荧光灯
	向下配线		避雷器
	导线由下引来	●	避雷针
	导线由上引来		接地一般符号
	导线由上引来向下引去	形式1　形式2	接机壳或接底板
	导线由下引来向上引去		风扇一般符号
⊗	灯或信号灯的一般符号	Wh	电度表

注:摘录 GB 4728 和 GB 5465《电气图用图形符号》和《电气设备用图形符号》。

表 7.5.2　常用电气照明线路、灯具文字标注

表达线路				表达灯具			
相序	L₁		交流系统: 电源第一相	常用灯具	J		水晶底罩灯
	L₂		电源第二相		S		搪瓷伞型罩灯
	L₃		电源第三相		T		圆筒型罩灯
	U		设备端第一相		W		碗形罩灯
	V		设备端第二相		P		玻璃平罩灯
	W		设备端第三相		B		白炽灯
					Y		荧光灯
	N		中性线				

	旧代号	新代号	中文名称		旧代号	新代号	中文名称
线路敷设方式	M	E	明敷	灯具安装方式	X	CP	线吊式
	A	C	暗敷		X₁	CP₁	固定线吊式
	CP	K	瓷瓶或瓷柱		X₂	CP₂	防水线吊式
	CJ	PL	瓷夹板		X₃	CP₃	吊线器式
	QD	AL	铝皮线卡		L	Ch	链吊式
	G	SC	焊接钢管		G	P	管吊式
	GG	RC	厚壁钢管		B	W	壁式
	DG	TC	电线管		D	S	吸顶式或直附式
	VG	PC	塑料管		R	R	嵌入式(不可进人的顶棚)
	GC	SC	钢线槽		DR	CR	顶棚内安装(可进人的顶棚)
	XC	PR	塑料线槽		BR	WR	墙壁内安装
		PVC	塑料阻燃管		T	T	台上安装
		CT	电缆桥架		J	SP	支架上安装
线路敷设部位	S	SR	沿钢索		Z	CL	柱上安装
	LM	BE	沿屋架或跨屋架	灯具标注	$a-b\dfrac{c \times d \times L}{e}f$		
	ZM	CLE	沿柱或跨柱		a		灯具数
	QM	WE	沿墙面		b		灯具型号
	PM	CE	沿天棚面或顶板面		c		每盏灯具光源数
	PNM	ACE	在能进人的吊顶内		d		灯泡(灯管)容量/W
	LA	BC	暗敷在梁内		e		灯泡安装高度/m
	ZA	CLC	暗敷在柱内		f		灯具安装方式
	QA	WC	暗敷在墙内		L		光源种类
	DA	FC	暗敷在地面或地板内				
	PA	CC	暗敷在屋面或顶板内				
	PNA	ACC	暗敷在不能进人的吊顶内				

表7.5.3　民用建筑照明负荷的需用系数

建筑类别	需用系数	备　注
住宅楼	0.4～0.6	单元式住宅、每户两室,6～8个插座,户装电表
单宿楼	0.6～0.7	标准单间,1～2灯、2～3个插座
办公楼	0.7～0.8	标准单间,2灯,2～3个插座
科研楼	0.8～0.9	标准单间,2灯,2～3个插座
教学楼	0.8～0.9	标准教室,6～8灯,1～2个插座
商　店	0.85～0.95	有举办展销会可能时
餐　厅	0.8～0.9	
社会旅馆	0.7～0.8	标准客房、1灯,2～3个插座
	0.8～0.9	附有对外餐厅时
旅游旅馆	0.35～0.45	标准客房,4～5灯,4～6个插座
门诊楼	0.6～0.7	
病房楼	0.5～0.6	
影　院	0.7～0.8	
剧　院	0.6～0.7	
体育馆	0.65～0.75	

7.5.2　电气照明施工图

电气照明施工图主要有系统图和平面图,另外,还有设计说明,材料表等。现举一例(一栋三层三单元居民住宅楼)进行分析、介绍。图7.5.1为该楼的电气照明系统图。图7.5.2为该楼一单元二层的电气照明平面图。

(1)电气照明系统图

电气照明系统图用来表明照明工程的供电系统、配电线路的规格、采用管径、敷设方式及部位,线路的分布情况,计算负荷和计算电流,配电箱的型号及其主要设备的规格等。通过系统图具体可表明以下几点:

1)供电电源的种类及表示方法

应表明本照明工程是由单相供电还是由三相供电、电源的电压及频率。表示方法除在进户线上用打撇表示外,在图上还用文字按下述格式标注:

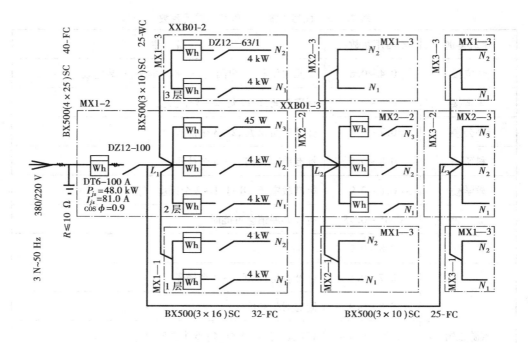

图 7.5.1 电气照明系统图

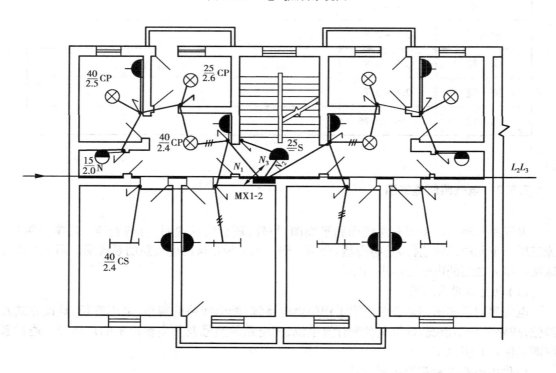

图 7.5.2 一单元二层电气照明平面图

$$m \sim fV$$

式中　m——相数；

　　　f——电源频率；

　　　V——电源电压。

例如，在图 7.5.1 中进户线旁的标注

$$3N \sim 50 \text{ Hz} \qquad 380/220 \text{ V}$$

则表示三相四线（N 表示零线）制供电，电源频率为 50 Hz，电压为 380/220 V。（注：在介绍三相电源原理时，分别用 A，B，C 表示三相。在应用中采用新国标，分别用 L_1，L_2，L_3 表示三相）。

2）干线的接线方式

从图面上可以直接表示出从总配电箱到各分配电箱的接线方式是放射式、树干式、还是混合式。一般多层建筑中，多采用混合式。

3）进户线、干线及支线的标注方式

在系统图中要标注进户线、干线、支线的型号、规格、敷设方式和部位等，而支线一般插座或照明均用 2.5 mm² 的单心铜线，故可在设计说明中作统一说明。但干线、支线采用三相电源的相线应在导线旁用 L_1，L_2，L_3 明确标注。本例因支线与干线采用同一相线，故支线标注省略。支线上标注的计算负荷需用系数见表 7.5.3。

配电线路的表示方式为

$$a - b(c \times d)e - f$$

或

$$a - b(c \times d + c \times d)e - f \qquad (7.5.1)$$

式中　a——回路编号（回路少时可省略）；

　　　b——导线型号；

　　　c——导线根数；

　　　d——导线规格（截面）；

　　　e——导线保护管型号（包括管材、管径）；

　　　f——敷设方式和部位。

例如，系统图中的进户线标注为

$$\text{BX} - 500(4 \times 25)\text{SC40-FC}$$

表示采用电压等级为 500 V 的铜心橡皮绝缘线 4 根（三相线，一零线），每根导线截面为 25 mm²，穿管径为 40 mm 的钢管沿地板暗敷。

4）配电箱中的控制、保护设备及计量仪表

在平面图上只能表示配电箱的位置和安装方式，但配电箱中有哪些设备表示不出来，这些必须在系统图中表明，如图 7.4.3 所示。

对于用电量较小的建筑物可只安装一个配电箱，对于多层建筑可在某层（二层）设总配电箱，再由此引至各楼层设置的层间配电箱。配电箱较多时应编号，如 MX1-1、MX1-2 等。选用定型产品时，应在旁边标明型号。

为了计量负荷消耗的电能，各配电箱内要装设电度表，电度表有单相、三相。考虑到三相

照明负荷的不平衡,故在计量三相电能时应采用三相四线制电度表。对于民用住宅,应采用一户一表,以便控制和管理。

在系统图中应注明配电箱内开关、保护和计量装置的型号、规格。本例中总配电箱内装设 DZ_{12}-60/3 三极自动开关、DT_6-100A 三相四线制电度表,分配电箱(即用户配电箱,向每单元每层的两个用户供电,中间单元还有一回路楼梯间照明的供电)内装有 DZ_{12}-63/1 单极自动开关、DD_{28}-2A 单相电度表(图中未标)。XXB01-2 和 XXB01-3 为配电箱的型号。

民用建筑中的插座,在无具体设备连接时,每个插座可按 100 W 计算(空调及电热插座除外)。在每一单相支路中,灯和插座的总数一般不宜超过 25 个。但花灯、彩灯、大面积照明等回路除外。

(2)电气照明平面图

电气照明平面图是用来表示进户点、配电箱、灯具、开关、插座等电气设备平面位置和安装要求的。同时还表明配电线路的走向和导线根数。当建筑为多层时,应逐层画出照明平面图。当各层或各单元均相同时,可只画出标准层的照明平面图。在平面图中应表明:

1)进户线、配电箱位置

由图 7.5.2 可知进户线沿二层地板从建筑物侧面引至一单元二层的总配电箱,且配电箱为暗装。

2)干线、支线的走向

从电气照明平面图中可以看出,L_1 相干线向一单元供电,不仅供给二层,还要垂直穿管引至一层和三层。前已述及,支线常采用相同规格的导线和相同的敷设方式,一般不在平面图中标注,而是在平面图下方或设计总说明中统一说明。

3)灯具、开关、插座的位置

各种电气元件、设备的平面安装位置可在平面图中得到很好的体现,但要反映安装要求,还需以文字标注的形式作进一步说明。灯具的表示方式为:

$$a - b\frac{c \times d \times L}{e}f \qquad (7.5.2)$$

式中　　a——灯具数;

　　　　b——灯具型号或编号;

　　　　c——每盏灯的灯泡个数;

　　　　d——每个灯泡的额定功率,W;

　　　　e——安装高度;

　　　　f——安装方式;

　　　　L——光源种类。

若选用普通型灯具,且灯数较少时,可简化标注,如图 7.5.2 中标注

$$\frac{40}{2.4}P$$

根据图形符号和标注可知为单管 40 W 荧光灯,悬挂高度 2.4 m,管吊式安装。

各灯具的开关,一般情况下不必在图上标注哪个开关控制哪个灯具。安装时,只要根据图中导线走向、导线根数,结合一般电气常识和规律,就能正确判断出来。图 7.5.3 为分支线路的单线表示及展开成实际的接线图。

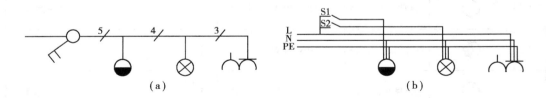

图 7.5.3　分支线路的单线表示及展开成实际的接线图
(a)单线表示法　(b)实际接线图

在一项工程的系统图和平面图中,各个电气产品的编号标注必须一致。例如,前述的建筑物内有数个配电箱,MX_1-2 不同于 MX_1-1,也不同于 MX_2-2,而 MX_1-1 与 MX_1-3 的型号虽然相同,但安装位置不同,前者在一层、后者在三层。配电箱的外形尺寸一般写在设计说明中,以便与土建工程配合,做好配电箱的预留洞工作。

(3)设计说明

在系统图和平面图中未能表明而又与施工有关的问题,可在设计说明中予以补充。如进户线的距地高度,配电箱尺寸及安装高度、灯具开关及插座的安装高度均须说明。又如进户线重复接地的具体做法以及其他需要说明的问题均须在设计说明中表达清楚。

本例说明如下:

①本工程采用交流 50 Hz,380/220 V 三相四线制电源供电,架空引入。进户线沿一单元二层地板穿钢管暗敷引至总配电箱。进户线距室外地面高度≥3.6 m(在设计中是根据工程立面图的层高确定的)。进户线重复接地电阻 $R \leqslant 10\ \Omega$。

②配电箱外型尺寸为:宽 × 高 × 厚(mm)

MX_1-1:350 × 400 × 125

MX_2-2:500 × 400 × 125

均为定型产品。箱内元件见系统图。箱底边距地 1.4 m,应在土建施工时预留孔洞。

③开关距地 1.3 m,距门框 0.3 m。

④空调插座距地 1.8 m(图中未画),一般插座距地 0.3 m,厨房厕所内插座距 1.4 m。

⑤支线均采用 BV-500 V-2.5 mm^2 的导线穿直径为 16 mm 的塑料管暗敷。

⑥施工做法参见《电气装置安装工程施工及验收规范》。

(4)材料表

材料表应将电气照明施工图中各电气设备、元件的图例、名称、型号及规格、数量、生产厂家等表示清楚。它是保证电气照明施工质量的基本措施之一,也是电气工程预算的主要依据。

本例的设备、部分材料表见表 7.5.4。

表 7.5.4　图 7.5.1 和图 7.5.2 住宅楼部分材料表

			材料表				
序号	图　例	名　称	型号及规格	数量	单位	生产厂家	备　注
1	⊗	白炽灯(螺灯头)	220 V 40 W	36	个		当地购买
2	◑	壁灯(螺口灯座)	220 V 15 W	18	个		当地购买
3	⊗	防水防尘白炽灯	220 V 25 W	18	个		当地购买
4	⬤	天棚白炽灯	220 V 40 W	9	个		当地购买
5	⊢—⊣	带罩日光灯	220 V 40 W	36	套		当地购买
6	⌓	单相插座	220 V 10 A	72	个		当地购买
7	⌇	跷板开关	220 V 6 A	117	个		当地购买
8	▬	总配电箱		1	套		定做
9	▬	分配电箱	XXB01-2	6	套	北京光明电器开关厂	(建-集)JD3-50
10	▬	分配电箱	XXB01-3	2	套	北京光明电器开关厂	(建-集)JD3-50
11	Wh	三相电度表		1	块		装于配电箱内
12	Wh	单相电度表		21	块		装于配电箱内
13	⊬	三相自动开关		1	个		装于配电箱内
14	⊬	单相自动开关		21	个		装于配电箱内
15	—	铜芯橡皮绝缘线	BX500 V-2.5 mm²		m		
16	—	铜芯塑料绝缘线	BV500 V-2.5 mm²		m		
17	—	水、煤气钢管	$\phi20$ $\phi15$		m		

本章小结

①对照明的基本要求是:照度合理、照度稳定、照度均匀、限制眩光。其中,照度必须符合国家推荐的照度标准值。

②照明方式主要有工作照明、事故照明和气氛照明。事故照明电源应有一定的独立性。危险场所的照明电源应采用低于36 V的安全电压。

③电光源分热辐射光源和气体放电光源。各种电光源具有不同的结构、工作原理和技术特性、使用时应注意其特性和使用场合。

④灯具的主要作用是分配光线、固定光源、保护光源和限制眩光,同时还具有装饰美化建筑物的作用。

⑤电气照明计算的常用方法是功率密度值法,计算内容有:选择灯具的形式,确定灯具的安装方式、悬挂高度、平面布置、确定每盏灯的额定功率等。

⑥照明线路由进户线、配电箱、干线、支线等组成。照明线路的敷设方式有明敷和暗敷两大类。

⑦电气照明识图,应首先熟悉国家规定的图形符号、文字符号、标注方式等,还应进一步熟悉电气施工的有关规范、规定等。电气照明施工图主要有系统图和平面图,看图时应将两图结合起来。

基本知识自检题

填空题

1. 电气照明可分为 _____ , _____ , _____ , _____ , _____ 5 类。

2. 正常照明可分为 _____ , _____ , _____ 3 种方式。

3. 电光源按发光原理可分为 _____ , _____ 两大类。

4. 衡量照明质量主要有 _____ 等方面。

5. 高压汞灯有 _____ , _____ , _____ 3 种类型。

6. 灯具的主要作用是 _____ 。

7. 照明干线的连接方式有 _____ , _____ , _____ 3 种。

8. 照明配电箱的安装方式有 _____ , _____ 两种;安装高度一般底边距地 _____ m。

9. 照明线路的敷设有 _____ , _____ 两种。

10. 照明线路的明敷设一般有 _____ , _____ , _____ , _____ , _____

____,_____6种。

11.电气照明施工图主要由_____图和_____图组成。

12.在作电气照明设计时,三相负荷是对称的,但实际使用过程中三相负荷是_____。

思考题与练习题

7.1 什么叫光通量、发光效率?它们的单位是什么?100 W 的白炽灯泡的光通量约为多少?

7.2 什么叫发光强度、照度和亮度?其单位各是什么?照度和亮度有何区别?

7.3 什么叫正常照明和事故照明?对于事故照明和障碍照明各应采用何种电光源?

7.4 金属卤化物灯的主要优缺点是什么?对其安装有何要求?

7.5 灯具的种类如何划分?

7.6 何为照度计算的功率客度值法?其适用于什么场所?

7.7 现有一阅览室,长为 15 m,宽为 8 m,高3.5 m。若采用带反射罩 T8 型,36 W 的细管径直管形荧光灯照明,试计算灯具的数量,并作出灯具布置图($n = 33$)。

7.8 何为接户线、进户线、干线和支线?对于单相支线的允许载流量和所接负载数目有何要求?

7.9 画出你所在教室的电气照明平面图(包括吊扇、插座等设备)。

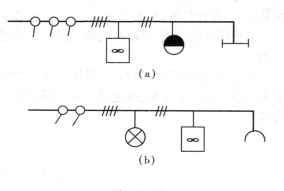

(a)

(b)

题 7.12 图

7.10 某照明系统图中的线路旁标注为 BX-$(3 \times 6 + 1 \times 4)$TC40-WC,试说明各文字符号和数字的含义。

7.11 试说明电气照明平面图中灯具旁标注的 20-T$\dfrac{1 \times 40}{2.8}$CR 各文字符号和数字的含义。

7.12 题 7.12 图是某照明平面图中分支线路的单线画法,试展开成用图符表示的实际接线图。

第 8 章　模拟电子技术基础

电子技术应用很广泛,发展相当迅速,现已充满日常生活、现代生产和科技的各个领域。建筑行业也不例外,如火灾自动报警与自动灭火系统、电梯自动控制、生活小区保安系统、停车场自动收费系统、电子电焊机等。因此,必须具有这门技术,方能适应现代生产的需要。

本章将从基本的电子器件入手,接着介绍直流电源,而后介绍几种基本放大电路及分析方法,最后介绍多级放大电路、放大电路中的负反馈和常用的功放电路。

8.1　半导体的基本知识

大家知道,银、铜、铝等金属材料是很容易导电的,称为导体;而橡胶、陶瓷、玻璃和塑料是很难导电的,称为绝缘体;导电能力介于导体与绝缘体之间的物质叫做半导体。在半导体器件中,最常用的是硅和锗两种材料,它们都是 4 价元素,即在原子结构中,最外层轨道上有 4 个价电子。其外层电子不像导体那样容易挣脱原子核的束缚,也不像绝缘体束缚得很紧,所以导电能力介于二者之间。

8.1.1　本征半导体

纯净的半导体称为本征半导体。在硅或锗半导体材料被制成单晶体时,其原子在空间排列就由杂乱无章的状态变成很有规律的立方体晶格(点阵)。图 8.1.1 为其平面图。由于晶体中原子之间的距离很近,每个原子最外层的 4 个价电子不仅受到所属原子核的吸引,而且还受到相邻原子核的吸引,使得一个价电子为相邻的原子核所共有,形成共价键。图 8.1.1 为晶体中共价键的结构示意图。

在一定温度下,少数价电子因热激发而获得足够的能量,因而能脱离共价键的束缚成为自由电子,同时在原来的共键中留下一个空位,称为"空穴",如图 8.1.2 所示。此时中性的原子因失去一个电子而带正电,故可以认为空穴带正电。带正电的空穴容易把相邻原子的价电子吸引过来而填补这个空穴,这样使该价电子原来所在的共价键中又出现一个新的空穴,新的空穴又会把邻近原子中的价电子吸引过来,如此继续下去,在自由电子运动的同时,空穴也在运动。二者运动的方向虽相反,但因它们所带的电荷极性相反,所以两种电流的实际方向是相同的,它们的和即是半导体中的电流。

本征半导体在热(或光照等)作用下产生电子、空穴对,这种现象称为本征激发。由于本征激发,从而改变了半导体的导电能力,这就是半导体所具有的热敏、光敏特性,也是半导体导电的一个重要特征。

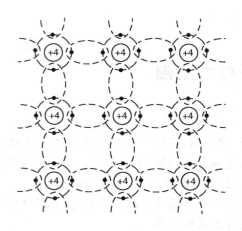

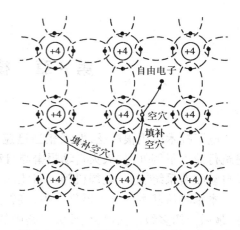

图 8.1.1 硅或锗晶体中共价键结构示意图　　　图 8.1.2 本征激发产生的电子—空穴对

8.1.2 杂质半导体

本征半导体,尽管其中存在着电子、空穴载流子,但数目很少,因此导电性能很差。如果在其中掺入微量的有用杂质,就可以大大地改善半导体的导电性能。掺入杂质的半导体称为杂质半导体,有 N 型和 P 型两种。

(1)N 型半导体

在硅(或锗)晶体中掺入 5 价元素(如磷、砷、锑)后,杂质原子就替代了晶格中某些硅原子的位置,它的 5 个价电子中有 4 个与周围的硅原子结成共价键。多余的一个价电子处在共价键之外,如图 8.1.3 所示。杂质原子对这个多余的价电子束缚力较弱,在室温下它就可以被激发成为自由电子,同时杂质原子变成带正电荷的离子。这种杂质半导体中电子的浓度比同一温度下本征半导体中电子的浓度大许多倍,这就大大提高了半导体的导电能力,把这种杂质半导体称为 N 型半导体。N 型半导体中电子的浓度远远大于空穴的浓度,所以电子是多数载流子(简称多子),空穴为少数载流子(简称少子)。故 N 型半导体又称电子型半导体。

(2)P 型半导体

在硅(或锗)的晶体中掺入微量的 3 价元素(如硼、铝、铟)后,杂质原子的 3 个价电子与周围的硅原子构成共价键时,出现一个空穴,如图 8.1.4 所示。在室温下这些空穴能吸引邻近的价电子来填充,使杂质原子变成带负电荷的离子。这种杂质半导体中空穴是多数载流子,而电子是少数载流子,称为 P 型半导体。因为 P 型半导体主要靠空穴导电,故又称为空穴型半导体。

8.1.3 PN 结及其单向导电性

在一块硅片上,用不同的掺杂工艺使其一边形成 P 型半导体,另一边形成 N 型半导体,那么,在两种半导体的交界面附近就形成了 PN 结。PN 结是构成各种半导体器件的基础。

(1)PN 结的形成

如图 8.1.5 所示,把 P 型半导体与 N 型半导体结合在一起时,由于 P 区的空穴浓度高,自

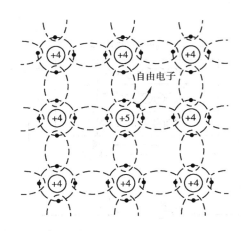

图 8.1.3 N 型半导体结构示意图

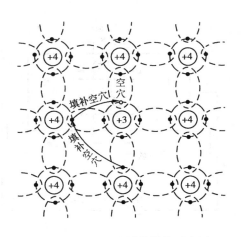

图 8.1.4 P 型半导体结构示意图

由电子浓度低,N 区的电子浓度高,而空穴浓度低,这种载流子浓度的差异,使 N 区的电子必然向 P 区扩散,而与 P 区的空穴复合,在 P 区靠近交界面处形成一个负离子的薄层;同理,P 区的空穴向 N 区扩散,而与 N 区的电子复合,在 N 区靠近交界面处形成一个正离子的薄层,这两个薄层区域称为空间电荷区,即 PN 结。

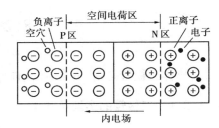

图 8.1.5 平衡状态下的 PN 结

在空间电荷区中,由于正负电荷的出现,便在其间形成一个电场,称为内电场。它的方向由带正电荷的 N 区指向带负电荷的 P 区。显然,内电场是阻碍多子扩散的。当扩散运动的作用力与其产生内电场的阻力达到平衡时,空间电荷区的宽度不再变化,即 PN 结已形成。

(2) PN 结的单向导电性

先看 PN 结加正向电压的情况,如图 8.1.6 所示,P 区接电源正极,N 区接电源的负极(称为 PN 结正向偏置)。此时在外电场的作用下,多子被推向空间电荷区,结果使 PN 结变窄,内电场被削弱,有利于多子的扩散,而不利于少子的漂移。因此在外加不大的电压下(一般零点几伏),便可产生较大的电流,这就是正向接法使 PN 结处于导通状态,导通时 PN 结的等效电阻很小。为了限制电流,常在回路中串入一个电阻。

PN 结加反向电压的情况。在图 8.1.7 中,P 区接电源负极,N 区接正极(称反向偏置),此时,外加电场与内电场方向一致,使 PN 结加宽,阻止了多子的扩散,但促使了少子的漂移,在回路中形成反向电流。因为少子的浓度很低,反向电流很小,所以,反向接法时 PN 结处于截止状态。

总之,PN 结加正向电压时,形成较大的正向电流;而加反向电压时,反向电流很小,这种特性称为单向导电性。

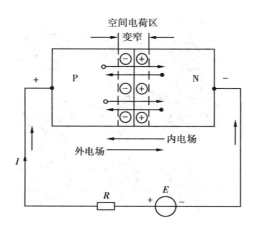

图 8.1.6 PN 结加正向电压

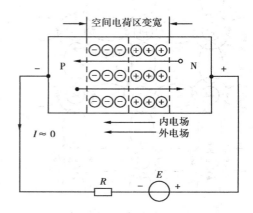

图 8.1.7 PN 结加反向电压

8.2 半导体二极管

半导体二极管是由 PN 结两端加上引线和管壳构成的。

8.2.1 二极管的类型及结构

半导体二极管从结构形式上分为点接触型和面接触型两类。

点接触型二极管结构见图 8.2.1(a),它的特点是结面积小,不能通过大的电流,但是其结电容小,适用于高频(几百兆赫)下工作。

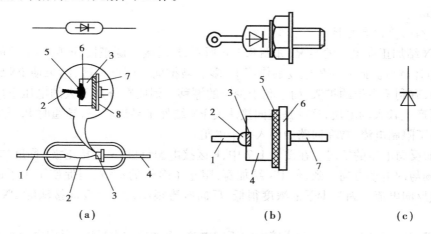

图 8.2.1 二极管的结构

(a)点接触型

1—正极引线;2—金属触丝(P 型);3—N 型锗晶片;4—负极引线;5—P 型层;6—PN 结;7—锡层;8—底座

(b)面接触型

1—正极引线;2—铝合金球(P 型);3—PN 结;4—N 型硅晶片;5—金锑合金层;6—底座;7—负极引线

(c)符号

面接触型二极管结构见图 8.2.1(b),它的特点是结面积大,因而能通过较大的电流,但是其结电容很大,只能在较低的频率下工作。

总之,点接触型二极管适用于高频小功率的场合,面接触型适用于低频大功率的场合。

8.2.2　二极管的特性

二极管最主要的特点就是单向导电性,其特点可以用伏安特性曲线说明。所谓伏安特性曲线就是电压与电流的关系曲线,见图 8.2.2(图中实线为硅二极管、虚线为锗二极管的特性)。

二极管的伏安特性曲线可分为下列 4 个区域。

1)死区

当二极管外加正向电压较小时,外电场还不足以克服内电场对多子扩散运动所造成的阻力,因此正向电流仍很小(二极管处于正向截止)。图 8.2.2 中的 OA 段(实线)称为死区,A 点电压称为死区电压,硅管约为 0.5 V;锗管约为 0.2 V。

2)导通区

当二极管的正向电压大于或等于死区电压时,外电场大大削弱了内电场的阻挡作用,使多子快速扩散形成较大的正向电流,且随着电压的增加,正向电流迅速增大,如图

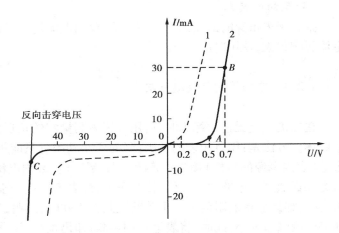

图 8.2.2　二极管的伏安特性曲线
1—实线硅管;2—虚线锗管

8.2.2 中的 AB 段所示。硅二极管电流上升曲线比锗二极管更陡。正向导通且电流不太大时的管压降,硅管为 0.6 ~ 0.8 V,锗管为 0.2 ~ 0.3 V。

3)反向截止区

当二极管加上反向电压时,由于反向电压是增加内电场的,故使 PN 结加宽,只有极小的少子引起反向电流通过二极管,此时二极管处于截止状态。反向电压增加,反向电流基本不变,故反向电流又称为反向饱和电流。在同样的条件下,硅管的反向电流比锗管更小。

二极管的反向电流具有两个特点:一是它随温度的上升而增加很快;二是当外加反向电压在一定范围内变化时,反向电流基本不变,如图 8.2.2 OC 段。

4)反向击穿区

反向电压高于一定值后反向电流急剧增大,这种现象称为击穿。击穿时的反向电压称为反向击穿电压,见图 8.2.2 中的 C 点。二极管击穿时,将造成永久性的破坏。因此在使用二极管时,加在二极管上的反向电压,不得超过反向击穿电压。

8.2.3　二极管的主要参数

（1）最大平均整流电流 I_F

指管子长期运行允许通过的最大正向平均电流,它由 PN 结的面积和散热条件决定。使用时应注意通过二极管的平均电流不能大于这个数值,并满足散热条件,否则将导致二极管的损坏。

（2）最大反向电压 U_{RM}

指二极管在使用时允许加的最大反向电压,超过此值就有击穿的危险。为了确保管子的安全工作,一般给出击穿电压值的一半作为 U_{RM}。

（3）反向电流 I_R

指管子未击穿时的反向电流的数值,反向电流越小,管子的单向导电性越好。温度对反向电流影响很大,使用时应加以注意。

8.2.4　二极管的简易测试法

在二极管上无任何标志时,可用万用表测量它的正反向电阻,从而判定其正、负极及管子的好坏。方法是:用万用表的欧姆挡(对于小功率管只能用 $R \times 100\ \Omega$ 或 $R \times 1\ k\Omega$)测试,将红表笔(表内电源的负极)接二极管的一端,黑表笔(表内电源的正极)接另一端。如果测得的阻值为几百欧至几千欧时,二极管恰为正偏,红表笔所接一端为二极管的负极,黑表笔所接一端为正极;如果测得的阻值为几十千欧至几百千欧时,说明二极管为反向偏置,结果与上述相反;如果所测阻值太小,此时,将表笔对调再测,如仍很小,说明二极管已击穿;如果测得的阻值为无穷大,将表笔对调后,也是如此,说明管子内部已断路。

8.3　单相整流和滤波电路

8.3.1　单相桥式整流电路

把交流电变换为直流电的过程称整流。常用的整流电路有半波、全波和桥式 3 种。本节仅介绍应用最广泛的单相桥式整流电路,如图 8.3.1 所示。它由变压器,二极管和负载 3 部分组成。

（1）工作原理

设变压器副边的电压 $u_2 = \sqrt{2}\,U_2 \sin \omega t$。当 u_2 为正半周时,即变压器副边的 a 端为"$+$",b 端为"$-$",a 点的电位高于 b 点,二极管 V_1 和 V_3 承受正向电压而导通,V_2 和 V_4 承受反向电压而截止。电流的方向由图 8.3.1 分析可知,从变压器副边的 a 端流出,通过 V_1 流经负载 R_L,再通过 V_3 回到 b 端流入变压器。若忽略二极管 V_1 和 V_3 的正向压降,则负载电压 $u_L = u_2$。这时二极管 V_2 和 V_4 承受的反向电压近似等于 u_2,其最大值 U_{RM} 为:

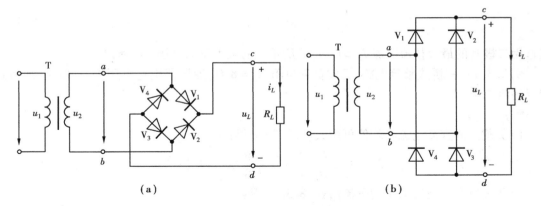

图 8.3.1　单相桥式整流电路

$$U_{RM} = \sqrt{2}\,U_2 \tag{8.3.1}$$

当 u_2 为负半周时,b 端为" + ",a 端为" - ",二极管 V_2 和 V_4 导通,V_1 和 V_3 截止。电流从 b 端流出,通过 V_2 流经 R_L,再通过 V_4 回到 a 端。同样可以认为 $u_L = |u_2|$。V_1 和 V_3 承受的反向电压最大值仍为 $\sqrt{2}\,U_2$。

总之,在电源电压变化的一个周期内,负载 R_L 上都始终有一个方向不变的电流流过,R_L 上始终为同一极性的电压。电源电压 u_2、负载电压 u_L 和负载电流的波形如图 8.3.2 所示。

（2）负载上直流电压和电流的计算

桥式整流后负载上的脉动电压 u_L 和脉动电流 i_L 虽然方向不变,但是它们的大小却时刻在变化。因此,其大小仍需用平均值来衡量。其平均值 U_L 和 I_L 可以分别用直流电压表和直流电流表测量,也可以用积分的方法求得,计算方法如下:

$$U_L = \frac{1}{\pi}\int_0^\pi u_L \mathrm{d}(\omega t) = \frac{1}{\pi}\int_0^\pi \sqrt{2}U_2 \sin\omega t \cdot \mathrm{d}(\omega t)$$

$$= \frac{2\sqrt{2}}{\pi}U_2$$

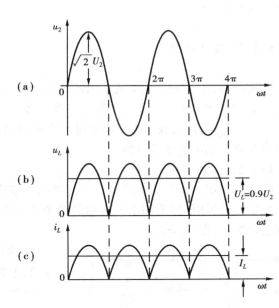

图 8.3.2　桥式整流波形

即

$$U_L \approx 0.9U_2 \tag{8.3.2}$$

流过负载电阻 R_L 的直流电流平均值为:

$$I_L = \frac{U_L}{R_L} = 0.9\frac{U_2}{R_L} \tag{8.3.3}$$

由前述可知,桥式整流电路是 V_1 和 V_3、V_2 和 V_4 串联后轮流导通的,所以在一个周期内流过每个二极管的平均电流 I_D 为总负载电流的一半,即

$$I_D = \frac{1}{2}I_L \tag{8.3.4}$$

应选用二极管的最大整流电流 $I_F \geqslant I_D$，每管所承受的最大反向电压 $U_{RM} \geqslant \sqrt{2}U_2$。

例 8.3.1 一桥式整流电路，已知负载电阻 $R_L = 8~\Omega$，变压器副边电压 $U_2 = 36~V$，试为其选择整流二极管。

解：

1）负载上的直流电流平均值可由式（8.3.3）求得：

$$I_L = 0.9\frac{U_2}{R_L} = 0.9 \times \frac{36}{8}~A = 4.05~A$$

2）通过每个二极管的平均电流由式（8.3.4）得：

$$I_D = \frac{1}{2}I_L = \frac{1}{2} \times 4.05~A = 2.025~A$$

3）加在二极管上的最大反向电压由式（8.3.1）得：

$$U_{RM} = \sqrt{2}U_2 = \sqrt{2} \times 36~V = 50.4~V$$

查《晶体管手册》，可选整流二极管 2CZ56C，其额定正向整流电流 $I_F = 3~A$，最高反向峰值电压 $U_{RM} = 100~V$。

8.3.2 滤波电路

所谓滤波，本节是指把整流输出的脉动比较大的直流电压或电流利用滤波器，使输出电压或电流的脉动程度减小。滤波电路的种类很多，常用的滤波电路由电抗元件组成。如在负载两端并联电容 C；在负载回路中串联电感 L 或由电容、电感组合成各种复式滤波器等。本节将着重介绍常用的电容滤波电路。

（1）电容滤波电路

电路的组成如图 8.3.3 所示。电容并联在整流输出端。

无电容滤波时，整流输出的波形如图 8.3.4（b）中虚线所示。为了分析方便，设 $t = 0$ 时，电容上未充电，即 $u_C = 0$。

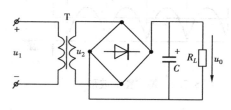

图 8.3.3　桥式整流电容滤波电路

当第一个正半周开始上升时，二极管 V_1 和 V_3 导通，电源 u_2 向负载 R_L 提供电流的同时，向电容充电，由于二极管的正向电阻和变压器副绕组的直流电阻比 R_L 小得多，所以充电时间常数很小，电容端电压 u_C 的上升速度基本跟得上 u_2 的上升速度，即充电电压 u_C 与 u_2 波形一致，直到 $u_C = \sqrt{2}U_2$，如图 8.3.4（b）的 oa 段。

u_2 从最大值开始下降，当 $u_2 < u_C$ 时，V_1 和 V_3 截止，在此期间电容器向负载 R_L 放电。因为通常 C 和 R_L 都较大，所以放电时间常数 $\tau = R_LC$ 较大，放电速度较慢，u_C 的下降速度比 u_2 的下降速度慢得多，因而在这段时间 $u_C > u_2$，整流管全部截止。波形见图 8.3.4（b）的 ab 段。

在 u_2 按正弦规律逐渐上升到 b 点（如图 8.3.4（b）所示）后，当 $u_2 > u_C$ 时，V_2 和 V_4 管导通，又对电容 C 充电，规律同前述，如此周而复始地进行充放电，使负载上获得的电压波形大大改善。

根据以上分析,对于电容滤波可以得到下面几个结论:

①电容放电的时间常数($\tau = R_L C$)愈大,放电过程越慢,则输出电压愈高,同时脉动成分也愈小,即滤波效果愈好。为此,应选择大容量的电容作为滤波电容;而且要求 R_L 也大,因此,电容滤波适用于负载电流比较小的场合。

为了得到较好的滤波效果,对于单相桥式整流电路,在实际工作中经常根据下式来选择电容器的容量。

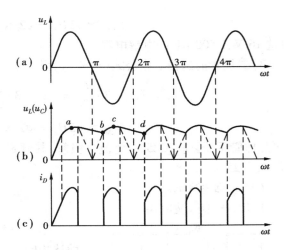

图 8.3.4 桥式整流电容滤波电路的波形

$$R_L C \geqslant (3 \sim 5) \frac{T}{2} \qquad (8.3.5)$$

式中 T——电网交流电压的周期。

由于电容值较大,为几十至几千微法,一般选用电解电容,接入电路时,注意电容的极性不要接反。电容器的耐压值应大于 $\sqrt{2} U_2$。

②整流电路中加滤波电容后,输出电压的平均值显著提高了,且脉动成分降低了。如图 8.3.4(b)所示,u_C 波形曲线包围的面积显然比原来虚线部分包围的面积增大了,且波形比较平滑了。

当整流电路的内阻不大(几欧姆),电容值满足式(8.3.5)时,桥式整流电路可按下式确定输出电压:

$$U_0 \approx 1.2 U_2 \qquad (8.3.6)$$

式中 U_2——变压器副边电压的有效值。

③电容滤波电路中整流二极管的导电时间缩短了。由图 8.3.4(c)可知,由于加了电容滤波,平均输出电流提高了,而二极管的导电角却减小了,因此,整流管在短暂的导电时间内流过一个很大的冲击电流,对管子的寿命不利,因此,整流二极管的选择应按下式进行:

$$\left.\begin{aligned} I_D &= (2 \sim 3) \frac{I_L}{2} \\ U_{RM} &\geqslant \sqrt{2} U_2 \end{aligned}\right\} \qquad (8.3.7)$$

例 8.3.2 某国产收录机,需要的直流电源输出电压为 12 V,电流为 300 mA,若采用桥式整流电容滤波电路,试求变压器副边电压值、滤波电容,并选择整流二极管。

解:

1)求变压器副边电压。因是桥式整流电容滤波电路,由式(8.3.6),得:

$$U_2 \approx \frac{U_L}{1.2} = \frac{12}{1.2} \text{ V} = 10 \text{ V}$$

2)由式(8.3.5)计算滤波电容量

因为

$$R_L = \frac{U_L}{I_L} = \frac{12}{0.3} \Omega = 40 \Omega$$

所以

$$C \geqslant (3 \sim 5) \frac{T}{2} / 40 = \frac{(3 \sim 5) \times 0.02}{2 \times 40} \mu\text{F} = (750 \sim 1\,250) \mu\text{F}$$

$$U_{CM} \geqslant \sqrt{2}\,U_2 = \sqrt{2} \times 10 \text{ V} = 14.14 \text{ V}$$

可选 16 V、1 500 μF 的电解电容。

3)二极管的选择。由公式(8.3.7),得:

$$I_D = (2 \sim 3)\frac{I_L}{2} = (2 \sim 3)\frac{300}{2} \text{ mA} = 300 \sim 450 \text{ mA}$$

$$U_{RM} \geqslant \sqrt{2}\,U_2 = \sqrt{2} \times 10 \text{ V} = 14.14 \text{ V}$$

查《晶体管手册》选2CZ54A整流二极管,其额定正向整流电流 $I_F = 500$ mA,最高反向峰值电压 $U_{RM} = 25$ V。

(2)其他滤波电路

1)RC-π 型滤波电路

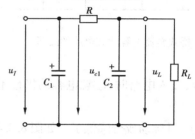

图 8.3.5　RC-π 型滤波电路

图 8.3.5 为 RC-π 型滤波电路,电容 C_1 的滤波原理与前述相同,但 C_1 两端的电压中仍带有一定的交流成分。所以把 u_{c1} 加在 R 和 C_2 组成的分压电路上,利用 R 与 $C_2 /\!/ R_L$ 的串联对直流与交流的不同分压作用,使交流成分较多地降落在电阻 R 上,而较少地降落在负载电阻上。这是因为,对 u_{c1} 中的交流成分而言,$\frac{1}{\omega C_2}$ 很小,所以 $\frac{1}{\omega C_2} /\!/ R_L$ 的等效阻抗很小,交流成分在其上产生的压降就很小,达到了滤波的效果。而对于直流成分,$\frac{1}{\omega C_2}$ 很大,则 $\frac{1}{\omega C_2} /\!/ R_L$ 的等效阻抗约为 R_L,所以在 R_L 上能获得较大的直流成分。这种滤波电路,由于 R 的接入,负载电压值要降低,并且电阻耗能。所以其适用于负载电流小,要求输出直流脉动很小的场合。

2)电感滤波

图 8.3.6(a) 为电感滤波电路,电感线圈是串联在整流电路与负载电阻 R_L 之间。它是根据电感线圈具有维持电流不变的原理工作的。

当 u_I 从零上升时,电感线圈产生自感电动势阻止电流的增加,而当 u_I 过了峰值下降时,线圈所产生的自感电动势却阻止电流减小,故电流的波形比较平滑。因为 $U_0 = I_L R_L$,故输出电压的波形也较平滑。如图 8.3.6(b) 所示。

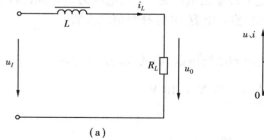
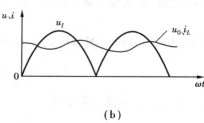

图 8.3.6　电感滤波电路

电感滤波适用于负载电流较大的场合。缺点是电感线圈体积大,成本高。

若要获得更好的滤波效果,可采用复式滤波电路,如图 8.3.7 所示。其滤波原理不难根据上述滤波电路分析,这里不再赘述。

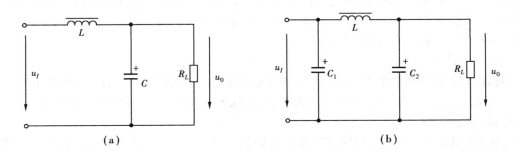

(a)　　　　　　　　　　　　(b)

图 8.3.7　复式滤波电路
(a) LC 倒 L 型　　(b) LC-π 型

8.4　稳压管及其稳压电路

采用整流—滤波电路后,可使负载上获得较平滑的直流电压,但是这种电压是不稳定的。因为,当交流电网电压波动时,会引起负载电压的波动;在电网电压不变时,若 R_L 变动,由于整流—滤波电路中存在一定内阻,内阻压降的变动,也会使负载电压变动。因此,在要求电压稳定的场合,必须采用稳压电源。图 8.4.1 为硅稳压管稳压电路。

8.4.1　稳压管的特性和主要参数

硅稳压管是一种特殊的硅二极管,其正常工作在反向击穿区。由图 8.4.2 稳压管的特性曲线 AB 段可知,当反向电压超过击穿点 A 进入击穿区后,电流虽在很大范围内(小功率管为几毫安 ~ 几十毫安)变化,但管子两端的电压变化(ΔU_Z)很小,这就体现了稳压作用。

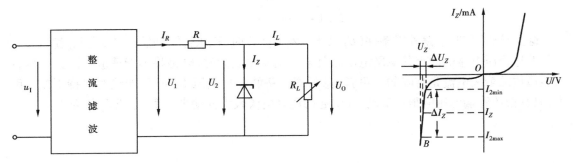

图 8.4.1　硅稳压管的稳压电路　　　　　　图 8.4.2　稳压管的特性曲线

稳压管击穿后只要采取一定措施(如在外电路中采用限流措施)使其 PN 结的温度不超过允许值,这种击穿便是非破坏性的,管子可以持续和反复使用。

稳压管的主要参数：

1）稳定电压 U_Z

即稳压管在正常工作时其两端的稳定电压值。同型号的稳压管稳定电压稍有差别，如2CW15管，手册中给出 $U_Z = 7 \sim 8.5$ V，即对于一个确定的稳压管来说，在一定的工作电流下，U_Z 在 $7 \sim 8.5$ V 内有一个确定的值。

2）稳定电流 I_Z

即稳压管正常工作时的参考电流值。低于这个数值，稳压效果略差，高于此值，但低于最大稳定电流 I_{Zmax} 时，可以正常工作，且电流愈大，稳压效果愈好，但管子的功耗要增加。

3）最大耗散功率 P_{ZM}

是指反向电流通过管子的 PN 结时所产生的最大允许功率损耗值。$P_{ZM} = U_Z I_{Zmax}$，使用时不许超过此值。

8.4.2　U_I 或 R_L 变动时的稳压原理

由图 8.4.1 稳压管稳压电路可见，稳压管与负载 R_L 并联，R 是限流电阻，是此稳压电路必不可少的组成元件，当电网电压波动时，通过调节 R 上的压降来维持输出电压基本不变。电路的调节原理如下。

（1）假设稳压电路的输入电压 U_I 保持不变

当 R_L 减小，I_L 增大时，电流在 R 上的压降上升，输出电压 U_0 将下降。而稳压管并在输出端，由其伏安特性可见，当稳压管两端电压略有下降时，电流 I_Z 将显著减小，亦即由 I_Z 的减小来补偿 I_L 的增大，最后使 I_R 基本不变，因而输出电压也维持基本不变。上述过程可简述如下：

$$R_L \downarrow \rightarrow I_L \uparrow \rightarrow I_R \uparrow \rightarrow U_R \uparrow \rightarrow U_0 \downarrow \rightarrow I_Z \downarrow \rightarrow I_R \downarrow \rightarrow U_R \downarrow \rceil$$
$$U_0 \uparrow \leftarrow$$

（2）假设负载电阻 R_L 保持不变

当电网电压升高，U_0 升高时，此时稳压管的电流 I_Z 显著增加，则电阻 R 上的压降增大，以此来抵消 U_I 的升高，从而使输出电压基本保持不变。上述过程简述如下：

$$U_I \uparrow \rightarrow U_0 \uparrow \rightarrow I_Z \uparrow \rightarrow I_R \uparrow \rightarrow U_R \uparrow \rceil$$
$$U_0 \downarrow \leftarrow$$

综上分析可知，电路外界条件（U_I 及 R_L）发生变化时，稳压管"吞吐"电流，使 U_0 稳定。

上述稳压电路的缺点是电网电压和负载电流变化太大时，电路将不能适应。因为稳压管所能通过的最大电流是有限的。再者，稳压管电路的输出电压 U_0 不可能绝对保持不变。因为，只有稳压管端电压的很小变动，才引起稳压管电流较大变动来平衡 U_I 或 I_L 的变化。

8.5 晶体三极管

8.5.1 晶体三极管的结构

晶体三极管又称为晶体管、半导体三极管和双极型晶体管等，以下简称三极管。它的结构见图 8.5.1，它有 3 个区：发射区、基区和集电区，由 3 个区各引出一个电极，分别叫发射极 e、基极 b 和集电极 c。有两个 PN 结：发射区与基区间的 PN 结称为发射结，集电区与基区间的 PN 结称为集电结。由两块 P 型半导体中间夹着一块 N 型半导体的管子叫 PNP 管，由两块 N 型半导体中间夹着一块 P 型半导体的管子叫 NPN 管。两种类型管子的符号见图 8.5.1。发射极的箭头代表发射结正向接法时电流的方向，NPN 型管箭头向外，PNP 型管箭头向内。三极管制造工艺上的特点是：发射区掺杂浓度高，基区很薄且杂质浓度低，集电区面积大，掺杂浓度低于发射区。这是晶体管电流放大的内部条件。

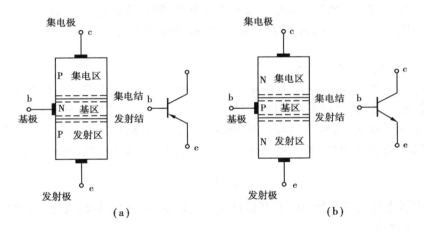

图 8.5.1　晶体三极管结构示意图及符号
(a)PNP 型　(b)NPN 型

由于硅三极管应用较多，下面以 NPN 型硅管为例进行分析。

8.5.2 三极管的电流放大作用

三极管电流放大的外部条件是：发射结处于正向偏置，集电结处于反向偏置。对于 NPN 型管来说，就是要求 $U_{BE} > 0$[①] 和 $U_{BC} < 0$。图 8.5.2 为三极管共射接法（即输入与输出以射极为公共端）。图中 E_B、R_b 和基极—发射极构成输入回路，E_B 的正极通过 R_b 接基极，保证了发

---

① 实际上 U_{BE} 还应大于死区电压。

射结为正偏。E_C 通过 R_C 和集电极—发射极构成输出回路。通常 $E_C > E_B$，保证了集电结为反偏。

PNP 型三极管的放大电路，仍然是发射结加正向电压，集电结加反向电压，如把图8.5.2电路中换成 PNP 型管子，只要把 E_B 和 E_C 的极性反过来即可。

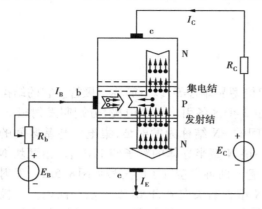

图 8.5.2　三极管内部载流子运动和各极电流

下面来分析三极管内部载流子(仅分析多子)的传输过程。

(1)发射区向基区发射电子的情况

当发射结加上正向电压时，发射区的电子将源源不断地越过发射结到达基区，同时基区的空穴也将扩散到发射区，二者共同形成 I_E。但因基区的空穴浓度比发射区的电子浓度小得多，故空穴电流远远小于电子电流。

(2)电子在基区扩散和复合的情况

电子到达基区后，因靠近发射结一侧的电子浓度很大，靠近集电结侧的电子浓度很小，在基区形成浓度上的差别，因此，电子便向集电结继续扩散，在扩散过程中，电子不断地与基区空穴复合，复合掉的空穴由基极电源不断地补充，从而形成基极电流 I_B。基区越薄，浓度越低，复合掉的电子所占的比例就越小，即大量电子扩散到集电结。

(3)电子被集电极收集的情况

电子到达集电结后，集电结所加反向电压产生的电场，一方面阻止集电区电子向基区扩散，另一方面把从基区扩散到集电结的电子吸引到集电区，形成集电极电流 I_C。

从以上分析可知，I_C 比 I_B 大得多，管子做成后，I_C 与 I_B 的比值基本上保持一定。把集电极电流 I_C 和基极电流 I_B 的比值称为三极管共射极直流电流放大系数，用 $\bar{\beta}$ 表示，即

$$\bar{\beta} = \frac{I_C}{I_B} \tag{8.5.1}$$

而把集电极电流的变化量 ΔI_C 与基极电流的变化量 ΔI_B 的比值称为三极管的交流电流放大系数，用 β 表示，即

$$\beta = \frac{\Delta I_C}{\Delta I_B} \tag{8.5.2}$$

一般情况下，$\bar{\beta}$ 和 β 差别很小，在分析计算中，通常取 $\beta = \bar{\beta}$。三极管的 β 值一般为几十倍，特殊的可达上千倍，所以三极管在共射接法时，有较大的电流放大作用。

根据图 8.5.2 中各极电流的方向，由 KCL 得：

$$I_E = I_B + I_C \tag{8.5.3}$$

由式(8.5.1)得：

$$I_E = I_B + \beta I_B = (1 + \beta)I_B \tag{8.5.4}$$

8.5.3　三极管的输入特性和输出特性

三极管的各极电压与电流之间的关系曲线称为三极管的伏安特性。它反映了三极管的基

本性能,是分析放大电路的基本依据。其中最常用的是输入、输出特性。一般晶体管手册中也常画出这些曲线。图 8.5.3 是测试三极管特性曲线的电路。

（1）输入特性

输入特性是指 U_{CE} 为一定值时,加在基极—发射极间的电压 U_{BE} 与由它产生的基极电流 I_B 之间的关系,用函数式表示为:

$$I_B = f(U_{BE}) \Big|_{U_{CE}=常数}$$

测试时,先固定 U_{CE} 为某值,而后改变 R_b,逐步测出不同 U_{BE} 时的 I_B 值,得到一组数据。接着再固定 U_{CE} 为另一数值,调节 R_b,又测得相应的另一组 U_{BE} 和 I_B 的值。把这些数据用曲线形式描绘出来,便得到一簇输入特性曲线。严格的讲,U_{CE} 不同,得到的输入特性曲线也略有不同,但实际上当 $U_{CE} \geq 1$ V 以后,如 U_{BE} 保持不变,则注入基区的电子数一定,而集电结所加的反向电压,已能把注入基区的电子绝大部分拉到集电区,以致 U_{CE} 再增加,I_B 也不再明显的减小。所以通常只需画出 $U_{CE} \geq 1$ V 时一条曲线来代表 U_{CE} 为其他更高数值的特性,如图 8.5.4 所示。它与二极管的正向特性相似,因为 b,e 间是正向偏置的 PN 结。图中 R 的作用是防止 R_b 调到零,使 U_{BE} 过大,而引起 I_B 猛增,使三极管损坏。

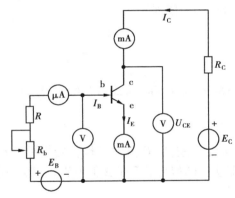

图 8.5.3　测试三极管特性曲线的电路

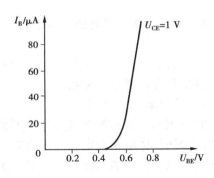

图 8.5.4　三极管输入特性曲线

（2）输出特性曲线

输出特性是指在一定的基极电流 I_B 下,输出回路中集—射极之间的电压 U_{CE} 与集电极电流 I_C 的关系,用函数式表示为:

$$I_C = f(U_{CE}) \Big|_{I_B=常数}$$

测试时,先固定 I_B 为某值,然后改变 E_C 值,逐步测出相对应的 U_{CE} 和 I_C 值,逐点描绘得到 I_C 随 U_{CE} 变化的一条曲线。接着固定 I_B 为另一数值,改变 E_C,测量相应的 U_{CE} 和 I_C 值,得到另一条曲线,重复上述实验,就可得到图 8.5.5 所示的一簇特性曲线。从图中可以看出,三极管的工作状态可分为 3 个区。

1）截止区

一般习惯于把 $I_B \leq 0$ 的区域称为截止区。在图 8.5.5 的输出特性曲线上,相当于 $I_B = 0$ 这条曲线以下的区域,叫做截止区。通常可以说三极管工作在截止区时发射结和集电结都处于反向偏置状态。

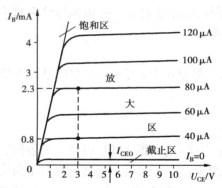

图 8.5.5　三极管输出特性曲线及 3 个工作区

2）放大区

曲线近似水平的区域是放大区。三极管放大时工作在此区域。在此区域里发射结处于正偏，集电结处于反偏。当 I_B 改变时，I_C 随着改变，曲线水平部分上下平移，而与 U_{CE} 的大小基本无关。而且 I_C 的变化比 I_B 的变化大得多，具有很强的电流放大作用。

3）饱和区

当 I_B 增加，则 I_C 增加很小或不增加，三极管基本上失去放大作用，这种情况称为饱和。在图 8.5.5 曲线中靠近纵轴的区域是饱和区。造成饱和的原因是输出回路接有电阻 R_C，而电源电压是一定的，当 I_B 上升使 I_C 上升时，$I_C R_C$ 随着上升，使 U_{CE}（ $= E_C - I_C R_C$）下降。当 U_{CE} 下降到小于 U_{BE} 时（即 $U_B > U_C$），则集电结处于正向偏置，三极管集极失去了收集电子的能力，故 I_B 上升 I_C 基本不变，管子处于饱和状态。饱和时，三极管的发射结和集电结都处于正偏。饱和压降用 U_{CE}（sat）表示，小功率硅管 $U_{CE(sat)} \approx 0.3$ V，锗管的 $|U_{CE(sat)}| \approx 0.1$ V，其值是判定三极管是否饱和的依据。

8.5.4　晶体三极管的主要参数

三极管的参数表示了管子的各项技术指标和适用范围，是计算、调试和选用三极管的依据。这里仅介绍常用的参数。

（1）电流放大系数 β

它是表示三极管放大能力的主要指标。β 值小放大能力差，但 β 值大工作稳定性差。选用时应根据具体电路而定。由于制造工艺的分散性，即使是同型号的管子 β 值差别也很大，所以产品目录上都只能给出一个范围。使用时应具体测量。

（2）穿透电流 I_{CEO}

当基极开路时，集—射极间加上一定反向电压时的集电极电流称为穿透电流。I_{CEO} 也是衡量管子质量的一个标准。温度对 I_{CEO} 影响很大，当温度上升时，I_{CEO} 增加很快，使 I_C 也相应增大，显然 I_{CEO} 愈小管子愈稳定。硅管的温度稳定性比锗管好。

（3）反向击穿电压 $U_{(BR)CEO}$

指基极开路时，集—射极间所能承受的最大反向电压。当温度上升时，击穿电压要下降，所以工作电压要选得比击穿电压小得多，以保证有一定的安全系数。若 $U_{CE} > U_{(BR)CEO}$ 将导致三极管损坏。

（4）集电极最大允许电流 I_{CM}

I_C 值较大时若再增加，β 值就要下降。I_{CM} 就是表示当 β 下降到额定值的 2/3 时，所允许的最大集电极电流。因此，$I_C > I_{CM}$ 时，管子不一定立即损坏，但超过太

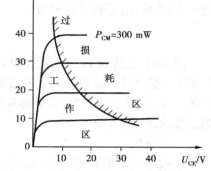

图 8.5.6　由 $P_{CM} = 300$ mW 定出的安全工作区

多,可能烧坏三极管。

(5)集电极最大允许功率损耗 P_{CM}

它是根据管子允许的最高温度定出。显然,使用时加在管子上的电压 U_{CE} 和通过集电极的电流 I_C 的乘积应小于 P_{CM} 值,且要注意散热条件。如某管子的 P_{CM} 已定,由 $P_{CM} = U_{CE} \times I_C$ 可在其输出特性曲线上作一条临界损耗曲线。图 8.5.6 就是由 $P_{CM} = 300 \text{ mW}$ 定出的安全工作区。

8.6 基本放大电路

所谓基本放大电路,是指一个放大元件的简单电路。基本放大电路有共射极、共基极和共集电极 3 种形式。本节将以应用最广的共射极电路为例,讨论电路的组成、静态工作点的设置、工作原理及静态工作点的计算方法。

由于放大电路中的电压和电流中既有直流分量又有交流分量,因而电压和电流的名称较多,为了区别,在无特殊声明时,规定用大写字母加大写下标 I_{BQ}、I_{CQ}、U_{CEQ}、U_{BEQ} 表示直流分量;用小写字母加小写下标 i_b、i_c、u_{ce} 表示交流分量或用 I_b、I_c、U_{ce} 表示正弦量的有效值;用小写字母加大写下标 i_B、i_C、u_{CE} 表示交直流的总电流或总电压的瞬时值。

8.6.1 电路的组成

图 8.6.1 所示的共射极放大电路需要 E_B 和 E_C 两个直流电源,在使用时既不方便也不经济。实际上常采用如图 8.6.2 所示基极回路与集电极回路共用一个电源 E_C 的放大电路。二者没有本质的区别,只是将 R_b 适当加大,由原来接到 E_B 的正极一端改接到 E_C 的正极上。E_C 也习惯不画电源的符号,只标出其对公共端(用符号 $\perp$ 表示,又称参考点或地)的电压值和极性。所以图 8.6.2 又称共射极放大电路的习惯画法。现简述各元件的作用。

• 三极管 V 是 NPN 型,担负着电流放大作用,是整个电路的核心。

• 直流电源 E_C 保证发射结正偏,集电结反偏,它又是放大电路的能源。三极管把能量微弱的信号放大成较强的信号,必须给其提供一个能源 E_C。这样就可以由能量较小的输入信号通过三极管控制 E_C 所供给的能量,使之输出较大的能量,所以放大的本质是实现能量的控制。

• 电阻 R_b 是基极偏流电阻,当 E_C 一定时,R_b 的阻值决定了基极偏流 I_B 的大小,通过适当选择 R_b 的阻值,可使放大电路获得合适的静态工作点。

• 电阻 R_C 是集电极负载电阻,它的作用是把三极管的电流放大转换成电压放大。因为,输入回路加入交变信号,发射结电压 U_{BE} 只要有少量的变化,就会引起较大的 I_B 变化(见三极管输入特性),通过电流放大,又会引起更大的 I_C 变化,因此 I_C 在 R_C 上产生的电压变化将比输入信号大许多倍,即 R_C 把电流放大转换成了电压放大。

• 电容 C_1 和 C_2 称为耦合电容,其作用是隔直流而通交流。隔直流的目的是防止负载或信号源影响放大电路的静态工作点。而对于有用的交流信号其呈现很小的阻抗,保证信号能顺利地通过。

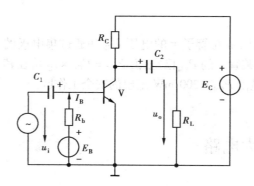

图 8.6.1　共射极基本放大电路

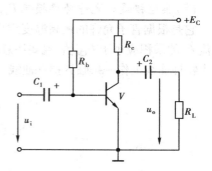

图 8.6.2　共射极放大电路的习惯画法

8.6.2　放大电路静态工作点的设置

输入信号为零时，称为放大电路处于静态。此时电路各处的电压、电流值分别用 I_{BQ}、U_{BEQ}、I_{CQ}、U_{CEQ} 来表示。由于这一组数值分别对应着三极管输入、输出特性曲线上的某一个点（如图 8.6.4 中的 Q 点），故称静态工作点。

（1）设置静态工作点的必要性

由于三极管发射结的单向导电性，如果没有直流基极电流 I_{BQ}，即 $I_{BQ}=0$ 时，当输入信号 u_i 在正半周，瞬时值大于死区电压时，三极管才能产生基极电流。而且输入特性的开始部分非线性很严重，使得 i_B 不能按比例地随着输入电压而变化；而当 u_i 在负半周时，发射结处于反偏，三极管截止。显然，负载 R_L 上获得的电压 u_o 的波形与输入信号 u_i 的波形完全变了样，见图 8.6.3。这种现象称为放大电路的失真。

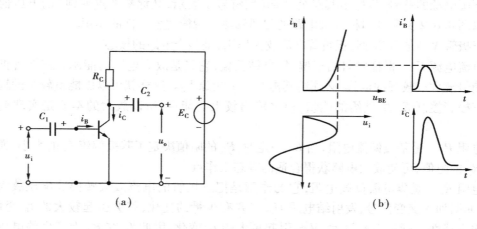

（a）　　　　　　　　　　　　　　　　（b）

图 8.6.3　放大电路在零偏流时的情况
（a）零偏流电路　（b）波形图

（2）设置合适静态工作点的情况

由图 8.6.4(a)可见，在交流信号 u_i 未加入之前，由 E_C 通过 R_b 预先给三极管一个直流电

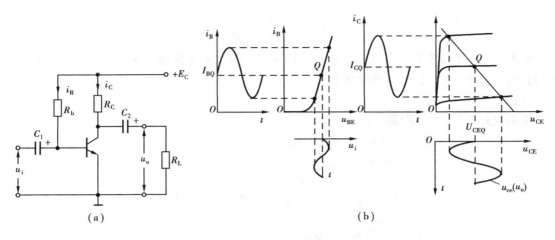

图 8.6.4　放大电路设置合适静态工作点的情况

（a）设置偏流的电路　（b）i_B、i_C 和 u_{CE} 的波形

压 U_{BEQ}，使三极管导通，产生一个 I_{BQ}、I_{CQ} 和 U_{CEQ}，即有一个静态工作点 Q，见图 8.6.4(b)。这样，当 u_i 为正半周时，三极管基极上的电压 $u_{BE} = U_{BEQ} + u_i$，三极管工作在放大状态；当 u_i 为负半周时，三极管基极上的电压 $u_{BE} = U_{BEQ} - u_i$，只要 $U_{BEQ} - u_i > 0.5$ V(硅管的死区电压)，三极管发射结就处于正偏，工作在放大区。可见设置静态工作点 Q 后，u_i 在整个周期内，三极管始终处于放大状态，从而获得不失真的放大电压信号。图 8.6.4(b)画出了设置合适的静态工作点 Q 时 i_B、i_C 和 u_{CE} 的波形。由图中波形可以看出：

①当输入信号 u_i 增加，i_B 增加、i_C 也增加，$i_C R_C$ 增加，而 $u_{CE}(= E_C - i_C R_C)$ 则随 i_C 的增加而减小，因此，输出交流信号 u_{CE} 或 u_o 随 u_i 的增加而减小，即 u_o 与 u_i 的相位相反，这种情况称为放大电路的倒相作用。

②u_{BE}、i_B、i_C 和 u_{CE} 都是由两个分量组成：一个是静态时的直流分量，另一个是动态(有信号作用)时的交流分量。

8.6.3　静态工作点的计算

静态工作点要根据直流通道求得。在图 8.6.4(a)中，因为 C_1、C_2 不通直流，所以把其所在支路断开，保留的电路便是直流通道，见图 8.6.5。

在图 8.6.5 中，若 E_C、R_b、R_C、β 已知，则可根据克希荷夫电压定律(KVL)列出方程：

$$E_C = I_{BQ} R_b + U_{BEQ}$$

则

$$I_{BQ} = \frac{E_C - U_{BEQ}}{R_b} \tag{8.6.1}$$

从图 8.5.4 的输入特性曲线上可见，U_{BEQ} 的数值很小，一般硅管 $U_{BEQ} \approx 0.7$ V，锗管 $U_{BEQ} \approx 0.2$ V。

由式(8.6.1)可知，当 R_b 值选定之后，I_{BQ} 就固定了，因此，图 8.6.4(a)电路称为固定偏置式电路。

由 I_{BQ} 可求得 I_{CQ} 和 U_{CEQ} 为：

$$I_{CQ} = \beta I_{BQ} \tag{8.6.2}$$

$$U_{CEQ} = E_C - I_{CQ}R_C \tag{8.6.3}$$

例 8.6.1 在图 8.6.4(a)中,已知 $E_C = 12$ V,$R_C = 4$ kΩ,三极管为 3DG6,$\beta = 80$,如果静态时要获得 $U_{CEQ} = 6$ V,问 R_b 应选择多大?

解:

根据给定条件,计算步骤是:

$$由 U_{CEQ} \rightarrow I_{CQ} \rightarrow I_{BQ} \rightarrow R_b$$

因为

$$U_{CEQ} = E_C - I_{CQ}R_C$$

所以

$$I_{CQ} = \frac{E_C - U_{CEQ}}{R_C} = \frac{12 - 6}{4} \text{ mA} = 1.5 \text{ mA}$$

$$I_{BQ} = \frac{I_{CQ}}{\beta} = \frac{1.5}{80} \text{ μA} = 18.75 \text{ μA}$$

由

$$E_C = I_{BQ}R_b + U_{BEQ}$$

得

$$R_b = \frac{E_C - U_{BEQ}}{I_{BQ}} = \frac{12 - 0.7}{18.75} \times 10^{-3} \text{ kΩ} = 603 \text{ kΩ}$$

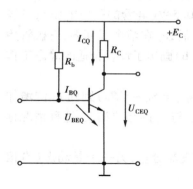

图 8.6.5 图 8.6.4(a)的直流通道

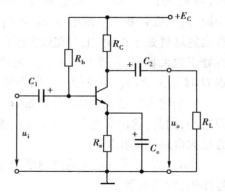

图 8.6.6 例 8.6.2 题图

例 8.6.2 在图 8.6.6 中,已知 $E_C = 15$ V,$R_b = 450$ kΩ,$R_e = 1$ kΩ,$R_C = 2$ kΩ,三极管为 3DG6B 型,$\beta = 100$,求静态工作点。

解:

根据克希荷夫电压定律(KVL),由输入回路得:

$$E_C = I_{BQ}R_b + I_{EQ}R_e + U_{BEQ} = I_{BQ}R_b + (1+\beta)I_{BQ}R_e + U_{BEQ}$$

$$I_{BQ} = \frac{E_C - U_{BEQ}}{R_b + (1+\beta)R_e} = \frac{15 - 0.7}{450 + 101 \times 1} \text{ mA} = 0.026 \text{ mA}$$

$$I_{CQ} = \beta I_{BQ} = 100 \times 0.026 \text{ mA} = 2.6 \text{ mA}$$

由输出回路得:

$$U_{CEQ} = E_C - I_{CQ}R_C - I_{CQ}R_e \approx E_C - I_{CQ}(R_C + R_e)$$

$$= 15 \text{ V} - 2.6(2 + 1) \text{ V} = 15 \text{ V} - 7.8 \text{ V} = 7.2 \text{ V}$$

8.7　放大电路静态工作点的稳定

8.7.1　温度变化对静态工作点的影响

三极管是一种对温度十分敏感的元件。温度变化,管子的参数都将发生变化,但是通常需要考虑的是以下 3 个参数。首先,从输入特性看,温度升高时 U_{BEQ} 将减小。在固定偏置式电路中,由于 $I_{BQ} = \dfrac{E_C - U_{BEQ}}{R_b}$,因此 U_{BEQ} 减小,将导致 I_{BQ} 增大,I_{CQ} 增大。其次,温度升高时管子的 β 也将增大,表现在输出特性曲线之间的间距加大,如图 8.7.1 中虚线所示。最后,当温度升高时三极管的反相电流 I_{CBO} 将急剧增加,这是因为反相电流是由少数载流子形成的,因此受温度的影响比较大。

综上所述,温度升高对三极管参数的影响,最终将导致集电极电流 I_C 增大。图 8.7.1 中实线表示在 20 ℃时三极管的输出特性,虚线表示温度上升至 50 ℃时的特性。由图可见,温度升高使静态工作点由 Q 点移至 Q' 点,接近饱和区,此时将使输出波形产生严重的饱和失真。

8.7.2　分压式电流反馈偏置电路

(1)稳定静态工作点的原理

前述固定偏置式电路,在外界温度变化时,其静态工作点是不稳定的。它只适用于温度变化不大的场合,然而,一年四季温差很大,必须找到一个稳定静态工作点的途径。如把放大器置于恒温装置中,可使静态工作点稳定,但经济代价太高,很少采用。通常从电路的结构上加以改进,达到稳定静态工作点的目的。最常用的稳定静态工作点的电路是图 8.7.2 所示的分压式电流反馈偏置电路。它的指导思想是:先设法使基极对地的电位 U_B 固定,即不受温度的影响。然后在发射极回路串接一个电阻 R_e,用它两端的电压 U_E 来反映 I_{CQ} 的变化,并与 U_B 相比较,得到 I_{CQ} 变化后的 U_{BE} 值。如果 I_{CQ} 增加,则 $U_{BE}(= U_B - I_{EQ}R_e)$ 下降,使 I_{BQ} 下降,I_{CQ} 下降,其结果维持 I_{CQ} 基本不变。工作过程可表示为:

$$温度上升 \rightarrow I_{CQ} \uparrow \rightarrow I_{BQ} \uparrow \rightarrow I_{EQ} \uparrow \rightarrow I_{EQ}R_e \uparrow \rightarrow U_{BEQ} \downarrow (= U_B - I_{EQ}R_e)$$
$$I_{CQ} \downarrow \leftarrow \qquad \qquad I_{BQ} \downarrow \leftarrow$$

为了使电路具有良好的稳定效果,元件的参数必须满足一定的条件。在图 8.7.2 中,如果满足:$I_1 \gg I_{BQ}$ 时,则 U_B 基本上由 R_{b1} 与 R_{b2} 的分压决定,即

$$U_B \approx \frac{R_{b2}}{R_{b1} + R_{b2}} \cdot E_C \qquad\qquad (8.7.1)$$

因为 R_{b1}、R_{b2} 不受温度的影响,故 U_B 基本上是恒定的。

当 $U_B \gg U_{BEQ}$ 时

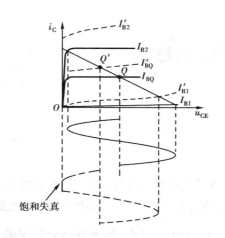

图 8.7.1 温度对 Q 点和输出波形的影响
实线—20 ℃时的特性曲线
虚线—50 ℃时的特性曲线

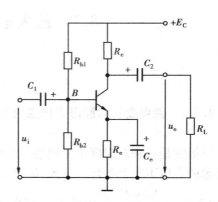

图 8.7.2 分压式电流反馈偏置电路

$$I_{EQ} \approx \frac{U_B}{R_e} = \frac{R_{b2}}{R_{b1} + R_{b2}} \cdot \frac{E_C}{R_e} \qquad (8.7.2)$$

可见 $I_{EQ}(\approx I_{CQ})$ 与三极管易受温度影响的参数(β、I_{CBO}、U_{BE})无关,因而静态工作点比较稳定。根据以上讨论,可归纳出分压式电流反馈偏置电路稳定静态工作点的条件为:

$$\left.\begin{array}{c} I_1 \gg I_{BQ} \\ U_B \gg U_{BEQ} \end{array}\right\} \qquad (8.7.3)$$

但是,I_1 与 U_B 并非越大越好。因为 I_1 太大,R_{b1}、R_{b2} 上功耗太大,不经济,且使放大器的输入电阻太小。另外,如果 U_B 太大,则射极电位抬得太高,在 E_C 一定的情况下,将使 U_{CEQ} 变得太小,使输出电压 U_0 的变化范围变小。因此,通常设计电路时选择:

$$\left.\begin{array}{c} I_1 = (5 \sim 10)I_{BQ} \\ U_B = (5 \sim 10)U_{BEQ} \end{array}\right\} \qquad (8.7.4)$$

如果设计电路时能满足式(8.7.4)两个条件,则静态工作电流 I_{EQ} 或 I_{CQ} 主要由外电路参数 R_{b1}、R_{b2} 和 R_e 决定,这样不仅提高了电路静态工作点的稳定性,而且在更换三极管时,不必重新调整静态工作点,给维修和成批生产带来了方便。

发射极电阻 R_e,既然能抑制 I_{CQ} 的变化,当然也对交流信号有抑制作用,这将使放大电路的电压放大倍数下降。为解决这个矛盾,在 R_e 两端并一个电容 C_e,只要 C_e 足够大,容抗将很小,这样交流信号就能在 R_e 旁边的 C_e 上顺利通过,所以称 C_e 为交流旁路电容。一般取 10 ～ 100 μF。

(2)静态工作点的计算方法

在分析计算分压式偏置电路的静态工作点时,先从计算 U_B 入手,而后分别求出 I_{EQ}、I_{BQ} 和 U_{CEQ}。由 $I_1 \gg I_B$ 可得:

$$U_B \approx \frac{R_{b2}}{R_{b1} + R_{b2}} \cdot E_C$$

$$I_{EQ} = \frac{U_B - U_{BEQ}}{R_e} \tag{8.7.5}$$

$$I_{BQ} = \frac{I_{EQ}}{1 + \beta}$$

$$U_{CEQ} = E_C - I_{CQ}R_c - I_{EQ}R_e \approx E_C - I_{CQ}(R_c + R_e) \tag{8.7.6}$$

例 8.7.1 在图 8.7.2 中，已知 $E_C = 15$ V，$R_{b1} = 15$ kΩ，$R_{b2} = 5.1$ kΩ，$R_c = 2$ kΩ，$R_e = 1$ kΩ。1) 如硅三极管的 $\beta = 50$，求静态工作点的值；2) 如换用 $\beta = 100$ 的硅三极管，重新计算静态工作点的值。

解：

1) $\beta = 50$ 时

$$U_B \approx \frac{R_{b2}}{R_{b1} + R_{b2}} E_C = \frac{5.1}{15 + 5.1} \times 15 \text{ V} = 3.8 \text{ V}$$

$$I_{EQ} = \frac{U_B - U_{BEQ}}{R_e} = \frac{3.8 - 0.7}{1} \text{ mA} = 3.1 \text{ mA}$$

$$I_{BQ} = \frac{I_{EQ}}{1 + \beta} = \frac{3.1}{51} \text{ mA} = 0.061 \text{ mA}$$

$$I_{CQ} = \beta I_{BQ} = 50 \times 0.061 \text{ mA} = 3.05 \text{ mA}$$

$$U_{CEQ} = E_C - I_{CQ}R_c - I_{EQ}R_e = 15 \text{ V} - 3.05 \times 2 \text{ V} - 3.1 \times 1 \text{ V} = 5.8 \text{ V}$$

2) $\beta = 100$ 时

$$I_{EQ} = 3.1 \text{ mA}$$

$$I_{BQ} = \frac{I_{EQ}}{1 + \beta} = \frac{3.1}{101} \text{ mA} = 0.0307 \text{ mA}$$

$$I_{CQ} = \beta I_{BQ} = 0.0307 \times 100 \text{ mA} = 3.07 \text{ mA}$$

$$U_{CEQ} = E_C - I_{CQ}R_c - I_{EQ}R_e = 15 \text{ V} - 3.07 \times 2 \text{ V} - 3.1 \times 1 \text{ V} = 5.76 \text{ V}$$

可见，即使 β 从 50 变为 100，电路中 I_{CQ}、U_{CEQ} 基本不变。

8.8 放大电路的分析方法

放大电路的分析方法常用的有两种：图解法和微变等效电路法。图解法比较直观明了，但是必须借助于晶体管的特性曲线才能求解，而晶体管特性曲线又需查找晶体管手册，比较麻烦。本节仅介绍微变等效电路法。前已分析，三极管的输入、输出特性曲线是非线性的，但是，如果变化的信号是一个微小的变量（即微变），这样，在静态工作点附近的一个比较小的变化范围内，可以近似地认为是线性的。由此得到一系列的微变等效参数，从而得到三极管的微变等效电路，于是就可以利用电路原理中学过的有关线性电路的各种定理来求解三极管电路。

8.8.1 三极管的简化等效电路

三极管共射极接法时的输入、输出特性如图 8.8.1 所示。从输入特性上看,在 Q 点附近特性曲线基本上是一段直线,即 Δi_B 与 Δu_{BE} 成正比,因此可以用一个等效电阻 r_{be} 来代表输入电压与输入电流的关系,即 $r_{be} = \Delta u_{BE}/\Delta i_B$。$r_{be}$ 称为三极管的输入电阻。对于低频小功率管,r_{be} 可用下式求得:

$$r_{be} = 300 + (1 + \beta)\frac{26 \text{ mV}}{I_{EQ} \text{ mA}} \tag{8.8.1}$$

再从图中输出特性曲线看,假定在 Q 点附近特性曲线基本上是水平的,则 Δi_C 与 u_{CE} 无关,而只取决于 Δi_B,即 i_C 好像是一个受 i_B 控制的电流源,所以从三极管输出端 c,e 两点看进去,可用一个大小为 $\beta\Delta i_B$ 的恒流源代替。这样就得到图 8.8.2 中的微变等效电路。由于忽略了 u_{CE} 对 i_C 的影响,也忽略了 u_{CE} 对输入特性的影响,所以称它为简化的微变等效电路。

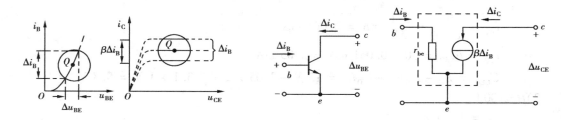

图 8.8.1   三极管等效参数的求法   图 8.8.2   简化的三极管微变等效电路

8.8.2 交流参数的定义和求法

在求交流参数时,必须找出它的交流通道。在图 8.8.3(a)中,C_1、C_2 容量很大,对于交流信号可视为短路;对于直流电源,由于其内阻很小,交流信号在其内阻上的压降可以忽略,因此,也把它视为短路,这样便得到图 8.8.3(b)所示的交流通道。如三极管用微变等效电路代替,就得到图 8.8.3(c)所示放大电路的微变等效电路。

(1)电压放大倍数 A_u

为了衡量放大电路的放大能力,规定输出电压与输入电压变化量之比为电压放大倍数,用 A_u 表示[1],即

$$A_u = \frac{U_o}{U_i} \tag{8.8.2}$$

其中,U_o 和 U_i 分别是输出电压和输入电压的正弦有效值。

现在假设图 8.8.3(a)加上一个正弦输入信号,图中 U_i、U_o、I_b 和 I_c 等分别代表有关量的有效值。根据等效电路的输入回路可得:

---

[1]当考虑电路元件所产生的附加相位移时,A_u 将为 U_o 和 U_i 的复数之比。下面其他指标也有类似情况,本节为便于说明起见不考虑。

$$U_i = I_b r_{be}$$

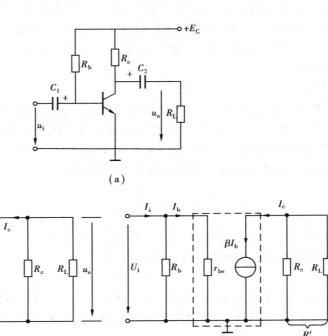

图 8.8.3　共射极放大电路及其微变等效电路
（a）电路图　（b）交流通道　（c）微变等效电路

由输出回路可知：

$$I_c = \beta I_b$$

且

$$U_o = -I_c R_L'$$

其中

$$R_L' = R_c /\!/ R_L$$

则

$$U_o = -\beta I_b R_L'$$

所以

$$A_u = \frac{U_o}{U_i} = -\frac{\beta R_L'}{r_{be}} \tag{8.8.3}$$

式中负号说明输出电压与输入电压反相 180°。此式为共射极放大电路的电压放大倍数。

（2）输入电阻 r_i

所谓输入电阻 r_i 就是从放大器输入端看进去的等效电阻。这个电阻值的大小等于输入电压 U_i 与输入电流 I_i 之比，即

$$r_i = \frac{U_i}{I_i} \tag{8.8.4}$$

由图 8.8.3（c）看出：

$$r_i = \frac{U_i}{I_i} = R_b /\!/ r_{be} \tag{8.8.5}$$

对于 r_i 大小的要求,要具体分析。r_i 大,则放大电路向信号源(或前级放大电路)吸取的电流就小,减轻了信号源的负担;同时信号源内阻 R_s 上的压降小,使放大电路所得电压 U_i 接近信号电压 U_S。因此,作为测量电压仪表用的放大电路其 r_i 要大,测量电流仪表用的放大电路其 r_i 要小(因 r_i 要串入被测电路,r_i 越小,对被测电流影响就越小)。故此,输入电阻是放大电路重要的性能参数。

(3)输出电阻 r_o

对于负载 R_L 来讲,放大电路是一个信号源。因此从放大电路的输出端看进去,放大电路就相当于一个具有内阻 r_o 和电动势 E_o 的等效电路。这个内阻 r_o 就是放大电路的输出电阻。它的求法是:将输入信号电压源短路(即令 $U_i = 0$,但信号源内阻保留),在输出端将 R_L 取去,加一个交流信号 U_o,求出由它所产生的电流 I_o,此时输出电阻为:

$$r_o = \frac{U_o}{I_o}\bigg|_{\substack{R_L = \infty \\ U_i = 0}} \tag{8.8.6}$$

例如,对于图 8.8.3(c)等效电路,当 $U_i = 0$ 时,$I_b = 0$,此时电流源 βI_b 相当于开路,又因 R_L 取去,所以从输出端看进去只有 R_c 存在,即:

$$r_o = R_c \tag{8.8.7}$$

例 8.8.1 画出图 8.8.4(a)电路的微变等效电路。已知 $E_C = 15$ V,$R_{b1} = 27$ kΩ,$R_{b2} = 12$ kΩ,$R_c = R_L = 4$ kΩ,$R_e = 2$ kΩ,三极管为 3DG6,$\beta = 50$,试求 A_u、r_i、r_o。

解:

微变等效电路如图 8.8.4(b)所示。

$$I_{EQ} = \frac{\dfrac{R_{b2}}{R_{b1} + R_{b2}}E_C - U_{BEQ}}{R_e}$$

$$= \frac{\dfrac{12}{27 + 12} \times 15 - 0.7}{2} \text{ mA} = 2 \text{ mA}$$

$$r_{be} = 300 + (1 + \beta)\frac{26}{I_{EQ}} = 300 \text{ Ω} + (1 + 50)\frac{26}{2} \text{ Ω} = 963 \text{ Ω}$$

因为 $$U_o = -\beta I_b(R_c \mathbin{/\mkern-5mu/} R_L), \quad U_i = I_b r_{be}$$

所以 $$A_u = \frac{U_o}{U_i} = -\frac{\beta(R_C \mathbin{/\mkern-5mu/} R_L)}{r_{be}} = -\frac{50(4 \mathbin{/\mkern-5mu/} 4)}{0.963} = -104$$

根据图 8.8.4(b),由式(8.8.4)得输入电阻:

$$r_i = \frac{U_i}{I_i} = R_{b1} \mathbin{/\mkern-5mu/} R_{b2} \mathbin{/\mkern-5mu/} r_{be} = 27 \mathbin{/\mkern-5mu/} 12 \mathbin{/\mkern-5mu/} 0.963 \text{ kΩ} = 0.863 \text{ kΩ}$$

根据图 8.8.4(b),由式(8.8.6)得输出电阻:

$$r_o = \frac{U_o}{I_o}\bigg|_{\substack{R_L = \infty \\ U_i = 0}} = R_c = 4 \text{ kΩ}$$

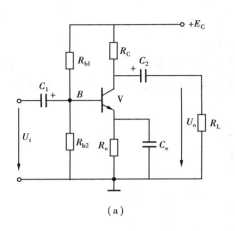
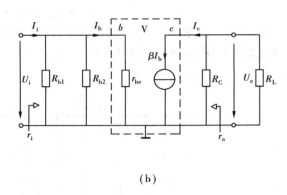

(a)　　　　　　　　　　　　　　(b)

图 8.8.4　例 8.8.1 的电路和微变等效电路

8.9　多级放大电路

前述基本放大电路的电压放大倍数一般只有几十倍,然而要放大非常微弱的信号,往往满足不了要求。为了获得更大的放大倍数,常常把若干个单级放大电路连接起来,组成多级放大电路。

多级放大电路级与级之间的连接方式称耦合方式。常用的耦合方式有3种:阻容耦合、直接耦合和变压器耦合。下面简述阻容耦合和直接耦合多级放大电路的组成及其特点。

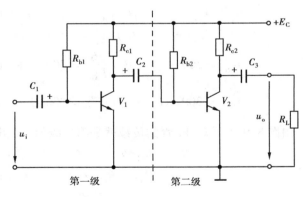

第一级　　　　第二级

图 8.9.1　阻容耦合两级放大电路

8.9.1　阻容耦合

由图 8.9.1 看到,第二级的输入电阻 r_{i2} 就是第一级的负载电阻,通过电容 C_2 把它与第一级耦合在一起。把这种连接方式叫做阻容耦合。

阻容耦合方式的优点是:由于电容的隔直作用,各级静态工作点互不影响。这样给分析、设计、调试和维修等带来了很大方便。因此,阻容耦合方式得到了广泛的应用。但是,阻容耦合电路的应用也有很大的局限性。首先,它不适宜传送缓慢变化的信号。因为这种信号通过耦合电容时,由于容抗很大,将受到很大衰减。其次,这种耦合方式不易集成。因为集成电路中制造大容量的电容是很困难的。

求阻容耦合多级放大电路静态值的方法与单级相同;分析交流性能(即 A_u、r_i、r_o)时,应先画出微变等效电路,再进行计算。总的电压放大倍数等于各级电压放大倍数之积。如果有 n

级,则:

$$A_u = A_{u1} \cdot A_{u2} \cdot \cdots \cdot A_{un}$$

例 8.9.1 在图 8.9.1 所示的两级阻容耦合放大电路中,已知 $E_C = 12$ V,三极管均为硅管 $\beta_1 = 80, \beta_2 = 50, R_{b1} = R_{b2} = 560$ kΩ,$R_{c1} = R_{c2} = 4$ kΩ,$R_L = 4$ kΩ,试画出微变等效电路,并求 A_u、r_i 和 r_o。

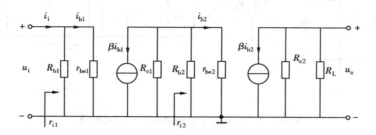

图 8.9.2 例 8.9.1 的微变等效电路

解:微变等效电路如图 8.9.2 所示。求解 A_u 的思路为:

$$I_{BQ} \rightarrow I_{EQ} \rightarrow r_{be} \rightarrow R_L' \rightarrow A_u$$

由于阻容耦合多级放大电路各级静态工作点互不相扰,因此求静态工作点的方法同基本放大电路,由已知条件得:

$$I_{BQ_1} = I_{BQ_2} = \frac{E_C - U_{CEQ}}{R_{b1}} = \frac{12 - 0.7}{560} \text{ mA} = 0.02 \text{ mA}$$

$$I_{EQ_1} = (1 + \beta_1) I_{BQ_1} = (1 + 80) \times 0.02 \text{ mA} = 1.62 \text{ mA}$$

$$I_{EQ_2} = (1 + \beta_2) I_{BQ_2} = (1 + 50) \times 0.02 \text{ mA} = 1.02 \text{ mA}$$

$$r_{be_1} = 300 + (1 + \beta_1) \frac{26}{I_{EQ_1}} = 300 \text{ Ω} + (1 + 80) \frac{26}{1.62} \text{ Ω} = 1.6 \text{ kΩ}$$

$$r_{be_2} = 300 + (1 + \beta_2) \frac{26}{I_{EQ_2}} = 300 \text{ Ω} + (1 + 50) \frac{26}{1.02} \text{ Ω} = 1.6 \text{ kΩ}$$

由图 8.9.2 可知,V_1 管的负载就是第二级的输入电阻 r_{i2},因此 R_{L1}' 和 R_{L2}' 分别为:

$$R_{L1}' = R_{c1} /\!/ r_{i2} = 4 /\!/ 560 /\!/ 1.6 \text{ kΩ} = 1.14 \text{ kΩ}$$

$$R_{L2}' = R_{c2} /\!/ R_L = 4 /\!/ 4 \text{ kΩ} = 2 \text{ kΩ}$$

因此

$$A_{u1} = -\frac{\beta_1 R_{L1}'}{r_{be_1}} = -\frac{80 \times 1.14}{1.6} = -57$$

$$A_{u2} = -\frac{\beta_2 R_{L2}'}{r_{be_2}} = -\frac{50 \times 2}{1.6} = -62.5$$

$$A_u = A_{u1} \cdot A_{u2} = -57 \times (-62.5) = 3\,562.5$$

式中,总电压放大倍数为正值,说明输出电压与输入电压同相位,这是两级倒相的结果。

由图 8.9.2 可知,放大电路的输入电阻 r_i 就是第一级放大电路的输入电阻;输出电阻 r_o 就是最后一级的输出电阻,因此 r_i 和 r_o 分别为:

$$r_i = R_{b1} /\!/ r_{be_1} = 560 /\!/ 1.6 \text{ kΩ} = 1.595 \text{ kΩ}$$

$$r_o = R_{c2} = 4 \text{ kΩ}$$

8.9.2 直接耦合

(1) 直流放大电路

由前述可知,阻容耦合放大电路,不能放大直流或缓慢变化的信号,然而,在自动控制系统中,常常遇到的是一些缓慢变化的信号,例如,由压力、速度、温度、流量等转换成的电信号。放大这些信号只能采用直接耦合放大电路,也叫直流放大电路,如图 8.9.3 所示。图中设置稳压管 V_3 是为了避免 V_2 管饱和。

级间用导线、电阻、二极管、稳压管等能通过直流信号的元件连接时,称为直接耦合。它的主要优点是:频率特性好,即能放大的信号频率范围宽。因为它既能放大直流信号,又能放大交流信号。缺点是各级的静态工作点互相影响,而且零漂大。在直接耦合多级放大电路中,静态工作点的缓慢变化会一级一级地传下去并逐级放大。这样,即使把放大电路的输入端短接不加输入信号,在放大电路的输出端也会出现一个偏离原起始点、随时间缓慢变化着的电压 ΔU_o,这种现象叫做零点漂移,简称零漂。

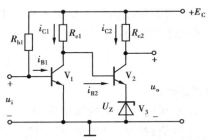

图 8.9.3 直接耦合放大电路

从以上分析可知,在直接耦合放大器中,第一级的零点漂移影响最大。因此为减小零点漂移,多级放大器的第一级常采用差动放大电路。

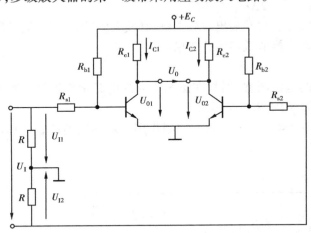

图 8.9.4 差动放大电路的基本形式

(2) 差动式直流放大电路

图 8.9.4 是差动放大电路的基本形式。它由两个对称的单管放大电路组成。所谓对称是指 V_1 管与 V_2 管的特性完全一致,R_b、R_c、R_s(限流电阻)等都对应相等。电压信号从两管基极输入,输出电压从两管集电极取出,这称为双端输入、双端输出。由于对称,因而两管的静态工作点也相同。

1) 对零点漂移的抑制作用

当未加输入信号时,由于电路对称,两端的静态工作点完全相同。即

$$I_{C1} = I_{C2}, \quad U_{C1} = U_{C2}, \quad U_{01} = U_{02}$$

式中,为了书写方便省去了下标 Q,所以输出电压为:

$$U_0 = U_{01} - U_{02} = 0$$

当温度变化时,由于对每个三极管的影响一样,所以引起两管集电极的电流同时变化,且大小相等,方向相同,集电极电压的变化量也相同,即

$$\Delta I_{C1} = \Delta I_{C2}, \quad \Delta U_{C1} = \Delta U_{C2}, \quad \Delta U_{01} = \Delta U_{02}$$

因而输出电压

$$U_0 = \Delta U_0 = \Delta U_{01} - \Delta U_{02} = \Delta U_{C1} - \Delta U_{C2} = 0$$

上述说明,温度变化虽然引起每个三极管都产生了零点漂移,但是输出从两管集电极取出,由温度等外界因素产生的零点漂移,在输出端相互抵消为零。所以说差动放大电路具有很好的抑制零漂的能力。

2)对差模信号的放大作用

将输入的直流信号分为两类:一类是 $U_{I1} = U_{I2}$,即两个大小相等、极性相同的输入信号,叫做共模信号。如前述由温度引起的两管输出漂移电压相同,将其折合到输入端,电压的大小、相位也是相同的,所以是共模信号。另一类是 $\Delta U_{I1} = -\Delta U_{I2}$,即两个大小相等相位相反的输入信号,叫做差模信号。见图 8.9.4,把一个直流信号 ΔU_I 加到串联电阻 $2R$ 两端,由于两电阻 R 的分压作用,两边各得 ΔU_I 的一半,因中点接地,故:

$$\Delta U_{I1} = \frac{1}{2}\Delta U_I, \quad \Delta U_{I2} = -\frac{1}{2}\Delta U_I$$

为差模信号。

在差模信号电压的作用下,对于 V_1 管来说,$\Delta U_{I1} > 0$,则 I_{C1} 增加,$U_{01}(= E_c - I_C R_c)$ 下降,即 ΔU_{01} 为负值;相反,对于 V_2 管来说,$\Delta U_{I2} < 0$,则 ΔU_{02} 为正值。此时两管集电极间的输出电压:

$$\Delta U_0 = \Delta U_{01} - \Delta U_{02} = -2\Delta U_{01}$$

但是,加在 V_1 管上的电压为 $\frac{1}{2}\Delta U_I$,即 $\Delta U_{I1} = \frac{1}{2}\Delta U_I$,也即 $\Delta U_I = 2\Delta U_{I1}$。故差放电路的电压放大倍数为:

$$A_u = \frac{\Delta U_0}{\Delta U_I} = -\frac{2\Delta U_{01}}{2\Delta U_{I1}} = \frac{\Delta U_{01}}{\Delta U_{I1}}$$

由此可见,用两个晶体管组成的双端输入、双端输出差放电路,其放大倍数和单管的相同,这实际上是通过牺牲一个管子的放大倍数来换取低零漂的效果。

3)典型的差动放大电路

为了减小差动放大电路中每只管子的电压漂移,通常在图 8.9.4 的电路中再增加调零电位器 RP、发射极电阻 R_e 和直流负电源 E_E,如图 8.9.5 所示。

①射极公用电阻 R_e 的作用 R_e 对每只管子的零漂都有抑制作用。对零漂的抑制过程可简述如下:

$$温度\ T\ ℃\uparrow \begin{cases} I_{C1}\downarrow & \\ I_{C1}\uparrow & \\ I_{C2}\uparrow & \\ I_{C2}\downarrow & \end{cases} \rightarrow I_E\uparrow \rightarrow I_E R_e\uparrow \rightarrow \begin{cases} U_{BE1}\downarrow \rightarrow I_{B1}\downarrow \\ U_{BE2}\downarrow \rightarrow I_{B2}\downarrow \end{cases}$$

可见,R_e 对温度升高造成的每只管子的电压漂移都能得到一定程度的抑制,即有负反馈作用。且 R_e 越大,抑制零漂的效果越好。这样,如果信号从一个管子的集电极输出(称单端输出),零点漂移也大大减小。

然而,R_e 对差模信号却没有抑制作用。因为,有差模信号输入时,一只管子的电流 I_E 增加,另一只管子的电流 I_E 却减小,使流过 R_e 中的电流与无信号时相同,在 R_e 上的压降也不变。因此,接入 R_e 对差模电压放大倍数没有影响。

②电位器 RP 的作用 RP 称为调零电位器。因为两只管子的特性不可能绝对一致,这样可调节 RP 使 $I_{C1} = I_{C2}$,使 $U_{C1} = U_{C2}$,一般 RP 为几百欧姆。

③负电源 E_E 的作用 它主要是为了解决工作点与抑制零漂之间的矛盾。因为 R_e 愈大,反馈愈强,抑制零漂的效果就愈好。但是 R_e 增大使 U_{Re} 也增大,当 E_C 一定时将使管子的工作点降低,使放大电路不能正常工作。为了补偿 R_e 上的直流压降,所以接入负电源 E_E。

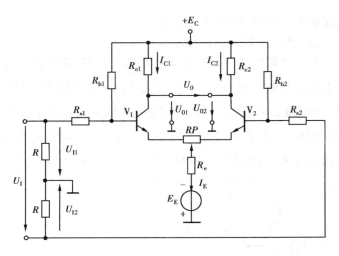

图 8.9.5 典型的差动放大电路

差放电路除上述双端输入、双端输出的连接方式外,还有双端输入、单端输出,单端输入、双端输出,单端输入、单端输出。限于篇幅不再一一介绍。

多级放大电路级间的耦合除了上述两种方式外,还有变压器耦合。但是,由于变压器的体积大,频率特性差,不便于集成等缺点,使其应用受到很大限制,这里不再赘述。

8.10 放大电路中的负反馈

放大电路中引入负反馈,可使放大器的性能得到改善,因此负反馈在放大器中应用非常广泛。本节着重讨论负反馈的类型、类型的判定方法和负反馈对放大电路性能的影响。

8.10.1 反馈的定义和类型

反馈就是把放大电路的输出信号的一部分或全部,通过反馈路径回送到输入回路。如果送回的反馈信号,使净输入信号增加,结果使放大倍数提高,则为正反馈;相反,如果反馈信号使净输入信号削弱,结果使放大倍数减小,则为负反馈。

负反馈的类型,常用的有电压串联、电流串联、电压并联和电流并联负反馈4种。

8.10.2 反馈类型的判别

(1)电压反馈和电流反馈的判别

如果反馈信号取自输出电压,称为电压反馈;如果反馈信号取自输出电流,则称为电流反馈。是电压反馈还是电流反馈,要看输出回路。方法是假设将输出端交流短路(即令 $u_0 = 0$),看有无反馈存在,如有则为电流反馈,无则为电压反馈。如图 8.10.1,将 R_L 两端短路,则 U_f 为零,所以为电压反馈。如前述图 8.7.2,将 R_L 短路后,仍有电流通过 R_e,并将产生反馈信号而影响输入信号,故为电流反馈。

（2）串联反馈和并联反馈的判别

判别串联反馈和并联反馈要看输入回路,若反馈信号与输入信号是以电压形式相加（即反馈信号与输入信号串联）,即 $\dot{U}_i \pm \dot{U}_F = \dot{U}_i'$（净输入信号）,为串联反馈;若二者以电流的形式相加减（即反馈信号与净输入信号是并联关系）,即 $\dot{I}_i \pm \dot{I}_f = \dot{I}_i'$（净输入信号）,则为并联反馈。例如图 8.10.1 所示,在输入回路 $\dot{U}_i' = \dot{U}_{be} = \dot{U}_i - \dot{U}_f$ 或 $\dot{U}_f$ 与 $\dot{U}_i$ 是串联关系,所以是串联反馈。又如在图 8.10.2 的输入回路,$\dot{I}_i' = \dot{I}_b = \dot{I}_i - \dot{I}_f$,即 $\dot{I}_f$ 与 $\dot{I}_b$ 是并联关系所以是并联反馈。

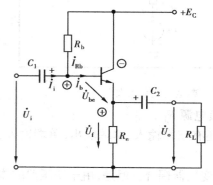

图 8.10.1 电压串联负反馈电路

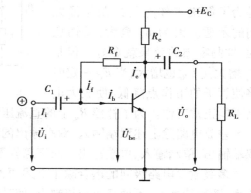

图 8.10.2 电压并联负反馈电路

（3）是负反馈还是正反馈

可用瞬时极性法判定。即先假定输入信号处于某一个瞬时极性（在电路图中用符号⊕、⊖来表示瞬时极性的正负,并分别代表升高、降低）,然后逐级推出电路其他有关各点的瞬时极性,最后观察反馈电压的瞬时极性与假定输入信号的极性,若起削弱作用是负反馈,否则为正反馈。例如在图 8.10.1 中,设输入端加上⊕的电压信号,根据电路的工作原理,则 V 管射极电压瞬时极性为⊕,因为 V_i 不变,所以当 U_f 上升时,U_{be} 必然下降,即 $U_{be}\downarrow = U_i - U_f\uparrow$,因此是负反馈。

8.10.3 负反馈对放大电路性能的影响

负反馈虽然使放大电路的放大倍数降低了,但是可使放大电路的性能得到多方面的改善。

（1）提高了放大倍数的稳定性

前述图 8.10.1 射极输出电路为电压串联负反馈,其反馈过程为:

$$R_L\downarrow \to U_o\downarrow \to U_f\downarrow \to U_{be}\uparrow (=U_i-U_f\downarrow)\to I_b\uparrow \to I_e\uparrow \to U_E\uparrow$$
$$U_o\uparrow \longleftarrow$$

可见,当负载或者电路参数变化时,电压负反馈具有稳定输出电压的作用,只要输入电压为定值,则放大倍数就必然是稳定的。

（2）减小了波形的失真

由于三极管特性曲线的非线性,或者由于静态工作点设置的不合理,都会造成如图 8.10.3(a)所示输出波形的失真。即上半周大,下半周小。当引入负反馈后见图 8.10.3(b),

294

上半周大的输出信号,送回到输入求和点的反馈信号也大,这样就使净输入量变为上半周略小;同理,下半周小的输出信号反馈信号也小,使净输入信号变成了下半周略大。这样的信号再经过放大,其输出波形的失真程度势必得到一定的改善。

（3）改变了输入、输出电阻

1）对输入电阻的影响

由图 8.10.1 串联负反馈电路可知,有负反馈时,在输入回路中由于串入了反馈电压 U_f,它与 U_{be} 的关系是 $\dot{U}_{be} = \dot{U}_i - \dot{U}_f$,前已说明,$U_i$ 为定值,U_f 增大,U_{be} 将减小,I_b 跟着减小。加入较大的输入电压 U_i,却产生很小的电流 I_b,且反馈量 U_f 愈大,I_b 愈小。这说明有串联负反馈时,电路的输入电阻增大,即串联负反馈使输入电阻增大。

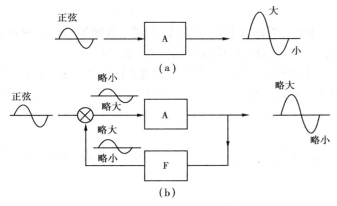

图 8.10.3　负反馈改善了波形失真
(a)无反馈　(b)有负反馈

同理可以分析,并联负反馈使输入电阻减小。

2）对输出电阻的影响

前已分析,图 8.7.2 是一个分压式电流负反馈偏置电路,引入负反馈电阻 R_e 后,使 I_C 不受温度的影响,即 I_C 稳定。由此可见,电流负反馈能稳定输出电流。又由电流源的外特性可知,输出电流愈稳定,其内阻愈大,所以说电流负反馈使放大电路的输出电阻增大。

前已证明,电压负反馈能稳定输出电压,由电压源的外特性可知,输出电压愈稳定,其内阻愈小,所以说电压负反馈使放大电路的输出电阻减小。

8.10.4　负反馈的特例——串联型稳压电路

（1）电路的组成

图 8.10.4 是常用的三极管稳压电路,因为调整管 V_2 与负载 R_L 是串联关系,所以又称串联型三极管稳压电路。V_1 为放大管,R_C 是 V_1 管的集电极负载电阻,又是 V_2 管的基极偏流电阻。稳压管 V_3 和电阻 R_3 提供基准电压 U_Z。输出电压的变化由 R_1、RP 和 R_2 分压取出送给 V_1 管放大,所以称为取样电路。电位器 RP 用来调节输出电压 U_o 的大小。

（2）负反馈稳压原理

当输入电压 U_I 增大或负载电流减小（R_L 增加）而使输出电压 U_o 增大时,此时采样电阻 RP' 与 R_2 上的压降 U_{B1} 也增大。U_{B1} 与基准电压 U_Z 比较后,其差值使 U_{BE1}（$= U_{B1} - U_Z$）增加,经 V_1 管放大,将引起 I_{C1} 增加和 V_1 管集电极对地电压 U_{C1} 减小,而 V_2 管的 $U_{BE2} = U_{C1} - U_o$,此时,U_o 增大,U_{C1} 减

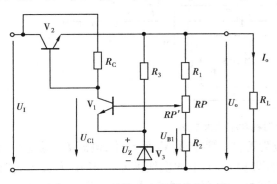

图 8.10.4　反馈式串联型稳压电路

295

小,则使 V_2 管基极电流变小,从而使 U_{CE2} 增大,使 U_o 减小,即保持 U_o 基本不变。其负反馈过程可用下面的形式表示:

$$U_I \uparrow (或 I_o \downarrow) \rightarrow U_o \uparrow \rightarrow U_{B1} \uparrow \rightarrow U_{C1} \downarrow \rightarrow U_{BE2} \downarrow \rightarrow U_{CE2} \uparrow$$
$$U_o \downarrow \longleftarrow$$

同理,当输入电压减小(或负载电流增加)使 U_o 减小时,通过类似的过程,使调整管 V_2 的 U_{CE2} 减小,从而也可使输出电压 U_o 基本不变。

上述稳压过程是一个负反馈过程。反馈信号 U_{B1} 正比于输出信号 U_o,即将 R_L 短路,无反馈信号 U_{B1},故是电压反馈;反馈信号 U_{B1} 与基准信号 U_Z 相减后去控制放大器,故是串联负反馈。

8.11 功率放大电路

前述电压放大电路的主要目标是使负载获得较大的不失真电压信号。而功率放大电路,不但要使负载得到较大的电压,而且要得到足够大的电流,即以输出功率为主要目标的放大电路。这样才能带动一定负载。如驱动扬声器、继电器等负载。

传统的功率放大电路,一般采用变压器耦合方式,其优点是便于实现阻抗匹配,但由于变压器体积大、功耗大、不易集成等缺点,因而在电子设备中日趋采用无变压器的功率放大电路。本节将以实用为目的,主要介绍这类功放电路的组成和工作原理。

8.11.1 基本的互补对称功率放大电路

图 8.11.1 是基本的互补对称功率放大电路。其中 V_1 是 NPN 型三极管,V_2 是 PNP 型三极管,两个管子的特性是对称的。静态时两管的射极电位为 $E_C/2$,电容器 C 两端的电压也基本上充电到这个数值。

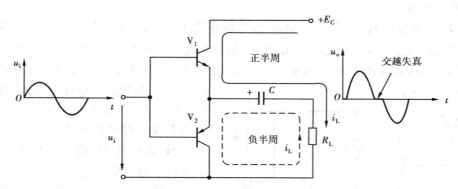

图 8.11.1 互补对称功率放大电路

当输入信号 u_i 为正半周时,两管基极电位为正,V_1 管导通,V_2 管截止,电源 E_C 通过 V_1 管向负载提供变化的电流,同时向电容 C 充电,如图 8.11.1 中的实线所示。当 u_i 为负半周时,两管基极电位为负,故 V_2 管导通,V_1 管截止,此时电容器作为电源通过 V_2 管向 R_L 提供变化电流,如图 8.11.1 中的虚线所示。

由于上述电路中两个三极管工作时互为补偿,且电路工作情况完全对称,故称互补对称电路。这个电路的缺点是当基极与发射极之间的电压小于死区电压时,三极管仍处于截止状态,因而输出电压在过零值前后出现波形失真。这种失真称为交越失真,如图 8.11.1 所示。

为了克服交越失真,在两个三极管基极之间加上二极管 V_3、V_4 及小阻值电位器 RP,如图 8.11.2所示。利用 RP、V_3、V_4 的直流压降为 V_1、V_2 管发射结提供一定的正向偏置电压,使 V_1 和 V_2 管静态时的集电极电流不为零。使输出电压交替得比较平滑。调节 RP,可调整 V_1、V_2 管发射结正偏压;同时 V_3、V_4 具有温度补偿作用,使 V_1、V_2 的静态电流不随温度而变化,因为 V_3、V_4 与 V_1、V_2 具有相同温度系数的 PN 结。加上交流输入信号 u_i 后,因二极管的动态电阻很小,RP 也很小,故 b_1、b_2 之间的交流电压很小,可认为加在两管基极间的是相同的信号电压 u_i。

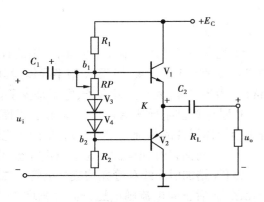

图 8.11.2　克服交越失真的互补对称功效电路

8.11.2　实用的互补对称功率放大电路

图 8.11.3 是实用的互补对称功率放大电路,它与图 8.11.2 不同的是,增加了一级前置放大 V_5 管,以给输出级提供足够大的激励信号。RP_1 接在输出端 K 点,这具有电压负反馈作用,可稳定 K 点电位。例如由于某种原因使 K 点电位升高,通过 RP_1 和 R_1 与 R_2 的分压,使 V_5 基极电位升高,I_{C5} 增大,V_1、V_2 基极电位下降,使 K 点电位下降。显然,RP_1 对 K 点交直流电位都具有稳定作用,改善了功率放大电路的动态和静态性能。同时,调整 RP_1 可使 K 点电位满足 $U_K = E_C/2$。C_2、R_3 组成"自举电路",它的作用是提高互补对称功率放大电路的正向输出电压幅度。因为 C_2 足够大,对交流信号而言,其容抗很小,使 A 点的交流电位随 K 点电位而变化,起到了正反馈的作用。如果 V_1 导通,K 点电位由静态时的 $E_C/2$ 升高时,A 点电位跟着升高,保证导通的 V_1 管进入饱和,因饱和压降

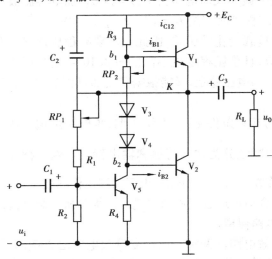

图 8.11.3　实用互补对称功率放大电路

很小,因此使输出正向电压的幅值可接近 $E_C/2$。

由于该电路的输出级与前置放大级是直接耦合,所以前后级之间互相有影响,调整时要反复进行。一般先将 RP_2 调到最小值,然后调整 RP_1 使 $U_K = E_C/2$,最后加入交流信号,调节 RP_2 使输出波形刚好消除交越失真为止。注意:调试中千万不能将 RP_2 断开,否则 b_1 点电位过高,

b_2 点电位过低,将使 V_1、V_2 管电流过大而导致损坏。

本章小结

①纯净的半导体为本征半导体,常用的有硅和锗两种。本征半导体的导电性能较差,在其中掺入微量的 5 价元素,可得 N 型半导体,其电子是多子,空穴是少子;掺入微量的 3 价元素,可得 P 型半导体,其空穴是多子,电子是少子。无论是 N 型或 P 型半导体,宏观都呈中性。

P 型与 N 型半导体结合在一起,在交界面两侧形成空间电荷区,就称为 PN 结。它是制造各种半导体器件的基础。PN 结具有单向导电性,正向偏置时,电阻小,处于导通状态,出现正向电流;反向偏置时,电阻大,处于截止状态,仅有较小的反向电流。

②PN 结加引出线和管壳构成二极管。二极管也具有单向导电性,其正向伏安特性开始有个死区,而后正向电流随电压升高急剧增长。硅管压降为 0.6 ~ 0.8 V,锗管为 0.2 ~ 0.3 V。二极管加反向电压(小于反向击穿电压)时,由少子漂移运动形成很小且保持不变的电流,故称为反向饱和电流;当反向电压大于反向击穿电压时,反向电流急剧增大,这种现象称为击穿,二极管击穿后将造成永久性的破坏,因此,使用时不能超过反向击穿电压。

③利用二极管的单向导电性可以组成各种整流电路。我们仅介绍了广泛应用的单相桥式整流电路。整流电路的任务是把交流电变换成脉动的直流电,要获得尽可能平直的电压,往往在整流电路后加滤波电路,常用的有电容、电感和 RC－π 型滤波电路。桥式整流加电容滤波后,输出电压的平均值 $U_o \approx 1.2U_2$,整流管承受的最大反向电压为 $U_{RM} = \sqrt{2}U_2$,加电容滤波后二极管的导电时间缩短,但冲击电流很大,选择二极管时应按 $I_D = (2 \sim 3)I_L/2$ 考虑。

④经过滤波的直流电压仍然受电网波动和负载变化的影响,因此还需要有稳压措施。利用稳压管稳压的电路最简单,但稳压值不能调节,且稳压程度也不高。图 8.10.4 是利用稳压管作为基准电压并引入放大和电压反馈,可使输出电压稳定,又能根据需要加以调节的典型稳压电路。

⑤三极管是放大电路的核心元件,其放大的基本条件是:发射结正偏、集电结反偏。放大作用表现在电流放大系数 $\beta = \dfrac{\Delta I_C}{\Delta I_B}$ 上。三极管的特性分为输入特性和输出特性。输出特性上有 3 个区域:截止区、放大区和饱和区,正常工作在放大区。为使三极管始终工作在放大区,需预先设置合适的静态工作点。静态工作点是否合适可通过直流通道进行计算分析。画直流通道时,电容支路视为开路,电感视为短路,其他电路保留。

⑥放大电路的分析方法有图解法和微变等效电路法两种。以微变等效电路法为例,介绍了放大电路交流性能的分析方法,画三极管的等效电路时,把 b—e 之间用 r_{be} 替代。对于小功率管取 $r_{be} = 300 + (1 + \beta)\dfrac{26}{I_E}$。c—e 之间用一个受 I_b 控制的电流源替代。画放大电路的微变等效电路时,把电容视为短路,把直流电源也视为短路,然后由等效电路求放大电路的交流性能 A_u、r_i 和 r_o。

⑦实际电路往往是多级的,多级放大电路的耦合方式有:阻容耦合,直接耦合和变压器耦

合。阻容耦合放大电路的静态工作点互不影响,又能使一定频率范围的交流信号方便的传递,加之电阻、电容轻小,价廉,又能获得较高的电压放大倍数,所以获得广泛应用。

为了放大变化缓慢和直流信号,多级放大器之间应采用直接耦合方式。但这种方式存在前后级静态工作点互相影响和零点漂移问题。为了解决这个问题,引出了差动放大电路,它是利用电路的对称性和射极电阻来抑制共模信号而放大差模信号的,从而使电路的零点漂移大大减小。

多级放大电路总的电压放大倍数等于各级电压放大倍数的乘积,输入电阻为第一级的输入电阻,输出电阻为最后一级的输出电阻。

⑧为了改善放大电路的性能,在实际的放大电路中常常引入负反馈。负反馈组态有 4 种:电压串联、电流串联、电压并联、电流并联负反馈。不同类型的负反馈对放大电路产生的影响不同,负反馈使放大倍数减小,但使其他各项性能得到了改善。例如,提高了放大倍数的稳定性,减小了非线性失真,改善了输入、输出电阻等。电压负反馈降低了电路的输出电阻,因而使输出电压保持稳定;电流负反馈提高了输出电阻,因而使输出电流保持稳定;串联负反馈提高电路的输入电阻,并联负反馈降低输入电阻;直流负反馈的主要作用是稳定静态工作点。

⑨为了能使放大电路带动一定的负载,引出了功率放大电路。功率放大电路与电压放大电路没有本质的区别,都是利用三极管的放大作用进行工作的。但是功率放大器的输出信号,不仅电压幅度大,电流幅度也大,一般都使三极管工作在接近极限状态。因此要考虑如何避免非线性失真问题,同时由于输出功率大,则内部能量消耗也大,因此要考虑功放管的散热问题。

基本知识自检题

一、填空或选择填空题。

1. 本征半导体就是_____,其中掺入三价元素硼,构成_____半导体,掺入五价元素锑构成_____半导体。

2. 半导体温度升高后会使_____和_____的数目增多,因此我们说半导体对_____很敏感。

3. N 型半导体中多数载流子是_____,所以又称_____型半导体;P 型半导体中多数载流子是_____,所以又称_____型半导体。

4. PN 结加正向电压是指 P 区接电源的_____极,N 区接电源的_____极。接正向电压时使 NP 结内电场_____,形成较大的正向电流。

5. 二极管的正向电阻_____,反向电阻_____(a_1:大;b_1:小);当温度升高,二极管的正向压降_____,反向电流_____(a_2:增大;b_2:减小)。

6. 一般稳压管正常工作在_____状态(a_1:反向截止;b_1:反向击穿;c_1:正向导通)。如果工作电流小于稳定电流,其稳压效果_____,大于稳定电流而不超过最大稳定电流,稳压效果_____(a_2:差;b_2:好)。

7. 三极管工作在放大区时,发射结处于_____偏置,集电结_____偏置;工作在饱和区时发射结和集电结_____偏置,截止时发射结和集电结_____偏置。

8. 当温度升高时,三极管的 β _____,I_{CEO} _____,U_{BE} _____(a:变大;b:变小;c:不变)。

9. 画放大电路的直流通道时电容应_____;画交流通道时电容_____,直流电源 E_C 应_____(a:断开,b:短路,c:不变)。

10. 多级放大电路的耦合方式常用的有_____,_____,_____。阻容耦合能放大_____信号,直接耦合能放_____信号。

11. 差动放大电路是为了_____而设置的,从输入和输出的关系来看,差放电路有_____种连接方式。

12. 典型的差放电路,R_e 的作用是_____,R_e 愈大_____。

13. 对于下面的要求分别应选:a:电压串联;b:电压并联;c:电流串联;d:电流并联负反馈形式,将它填入空格中。(1)某仪表放大电路,要求 R_i 大,输出电流稳定,应选_____;(2)需要得到一个阻抗变换电路,R_i 大,R_0 小,应选_____。

14. 图 8.11.2 电路中,如果不加 V_3、V_4 和 RP,输出波形会出现_____。静态时 $U_K =$ _____V。

二、判断题　用"√"或"×"表示在括号内。

1. 具有下列情况的就一定是反馈放大电路：（1）输出与输入之间有信号通过；（　　）（2）放大电路中存在反向传输信号的通路。（　　）

2. 要利用稳压管稳定负载两端的电压，只需在负载两端并联一个稳压管就可以了。（　　）

3. 若接入反馈后与未接反馈时相比，有下列情况者为负反馈，（1）净输入量变小；（　　）（2）输出量变大；（　　）（3）放大倍数的绝对值变小。（　　）

4. 一个放大电路只要接成反馈，就一定能改善其性能。（　　）

5. 双端输入双端输出的差放电路，电压放大倍数是一个管子的 2 倍。（　　）

思考题与练习题

8.1　空穴导电实质上也是自由电子在移动，它和自由电子导电有何区别？

8.2　半导体分为哪两种类型，它们分别是何种载流子导电？

8.3　把一个 PN 结接成题 8.3 图（a）、（b）、（c）所示电路，电流表的读数有什么不同？ 为什么？

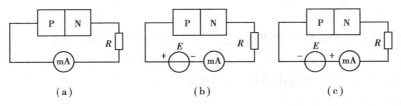

题 8.3 图

8.4　常用的二极管有哪两种类型，各适用什么场合？

8.5　如何用万用表判别二极管的正负极和好坏？

8.6　试分析题 8.6 图所示电路的工作原理，并画出 u_o 的波形。

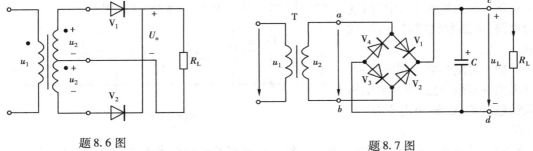

题 8.6 图

题 8.7 图

8.7　有一单相桥式整流电容滤波电路，如题 8.7 图所示，交流电源的频率 $f = 50$ Hz，负载电阻 $R_L = 100\ \Omega$，要求直流输出电压为 15 V，试求 I_L 并选择整流二极管及滤波电容。

8.8 稳压管与二极管的伏安特性是否一样？两者在工作中可否互换使用？为什么？

8.9 试说明整流电路、滤波电路、稳压电路各起什么作用？

8.10 如果单相桥式整流电路中的一个二极管因过压而击穿短路，将会出现什么情况？

8.11 晶体三极管具有电流放大作用的内部条件和外部条件是什么？分别画出 NPN 型管和 PNP 型管的电路符号，并标出各极电流的实际方向和各极电压的极性。

8.12 有两个相同类型的小功率三极管，一个管子的 $\beta = 200$，$I_{CEO} = 200\ \mu A$，另一个管子的 $\beta = 100$，$I_{CEO} = 10\ \mu A$，其他参数相同。在用作放大时，你认为选用哪一个管子比较合适？

8.13 何为放大电路的静态工作点？为什么要设置合适的静态工作点？

8.14 题 8.14 图所示的放大电路中，$E_C = 12$ V，$R_C = 4$ kΩ，$RP = 500$ kΩ，$R'_b = 250$ kΩ，三极管 3DG6 的 $\beta = 100$。(1)如 RP 调到中点，试求静态工作点 I_{BQ}，I_{CQ} 和 U_{CEQ}。(2)要把集电极电流调到 2 mA，问电位器 RP 应调到多少？(3)电路中 R'_b、E_c、C_2 的作用是什么？

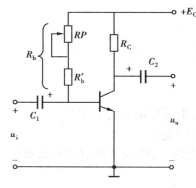

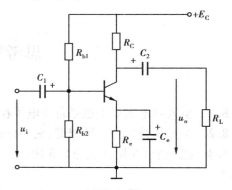

题 8.14 图   题 8.15 图

8.15 画出共射极接法时的 PNP 管电路，如射极接地，比较放大状态下各极电位的高低。

8.16 题 8.16 图电路中，已知 $E_C = 15$ V，$R_{b1} = 40$ kΩ，$R_{b2} = 20$ kΩ，$R_c = 3$ kΩ，$R_e = 2$ kΩ，三极管为硅管 $\beta = 80$，(1)画出直流通道。(2)试求静态工作点。(3)C_e 的作用是什么？

8.17 画出题 8.14 图的微变等效电路图，电路参数同习题 14，试求 RP 调到中点时电路的电压放大倍数 A_u，输入电阻 r_i 和输出电阻 r_o。

8.18 画出题 8.16 图的微变等效电路，电路参数同习题 16，试求 A_u，r_i，r_o。

8.19 电路参数如题图所示，试画出微变等效电路，求总的电压放大倍数和输入、输出电阻（$\beta_1 = \beta_2 = 50$）。

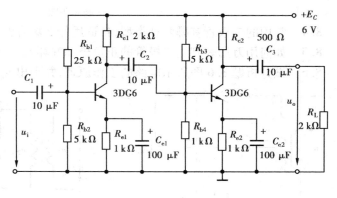

题 8.19 图

8.20 差动放大电路在结构上有什么特点？典型的差动放大电路中，R_e 和 E_E 的作用是什么？这种电路是如何抑制温漂的？又是如何放大差模信号的？

8.21　何为负反馈？负反馈对放大电路的性能有什么影响？

8.22　应引入何类型的反馈，才能分别实现下列要求？（1）稳定静态工作点；（2）稳定输出电压 U_o；（3）稳定输出电流 I_o；（4）提高输入电阻；（5）使输出电阻减小。

8.23　判定下列题 8.23 各图为何种方式的反馈。

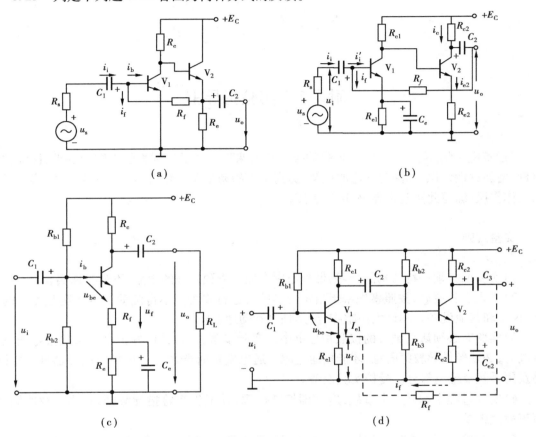

（a）　　　　　　　　　　　　　（b）

（c）　　　　　　　　　　　　　（d）

题 8.23 图

8.24　功率放大电路的任务是什么？它与电压放大电路有哪些主要区别？

8.25　简述图 8.11.1 电路的工作原理，其输出波形产生的失真属于何种失真？应如何消除？

附　录

附录1　实验指导书

《建筑电工学》是一门实践性很强的技术基础课程。为了达到教学大纲的要求,保证教学质量,增加感性认识、加深对理论的理解,提高学生的动手能力和培养学生认真严谨、实事求是的工作作风,编写此实验指导书,以供参照执行。

实验规则

1)实验前必须进行认真的预习,做到心中有数。未预习好的学生,不准参加实验。

2)进入实验室后,按照事先编组指定的实验台进行实验。不得乱动与本次实验无关的仪器、仪表和其他设备。不许大声喧哗,严禁抽烟和随地吐痰。

3)实验时必须认真细心的按照指导书中的实验步骤进行,并做好记录。每次接好线或改接线时,必须经指导教师同意,才能接通电源。通电实验时严禁带电更换电路元器件、改接线路及用手触及带电部分。爱护实验设备。

4)实验过程中如果发生事故,应立即切断电源,并报告实验指导教师,查明事故原因,填写事故报告单。

5)实验结束后,须经指导教师同意,方可拆除线路,并将仪器、仪表归还原处,整理清洁后再离开实验室。

6)做完实验后要及时整理实验数据。对实验中出现的问题,要进行细致的分析。对于解决问题的过程要认真总结,写出实验报告。实验报告要文理通顺、字迹工整,按时交送。

实验1　日光灯电路的连接及其功率因数的提高

一、实验目的

1)学会日光灯电路的连接方法及电压表、电流表和功率表的使用。

2)验证 R,L 串联电路总电压 U 与电阻上的电压(日光灯管可视为纯电阻) U_R 和电感上的电压(镇流器若忽略其电阻,可视为纯电感)U_L 之间的关系。

3)验证感性负载(日光灯电路)并联电容器前后总电流 I 与各支路电流 I_1 和 I_C 的关系。

4)验证感性负载并联电容器(指纯电容)前后有功功率不变及并联不同容量的电容器时电路功率因数改善的原理。

二、实验仪器及设备

1)日光灯实验板一块(包括 220 V、20 W 灯管,镇流器,启动器,灯座,接线柱,导线等)。

2)电容器(450 V、2 μF)2 只。

3)单相功率表(0.5 ~ 1 A、150 ~ 300 V)1 只。

4)交流电压表(150 ~ 300 V)或万用表 1 只。

5)交流电流表(0.5 ~ 1 A)1 只。

6)带熔断器的双刀开关 1 个。

三、预习要求

1)复习 R、L(或 R、L、C)串联电路、总电压与各元件上电压的关系及总电压与电流的关系。

2)复习提高功率因数的意义及感性负载并联电容器容量的计算方法。

3)复习感性负载并联电容器前后总电流会如何变化及总电流、功率、功率因数的计算方法。

四、实验内容及步骤

实验线路如附图 1 所示。

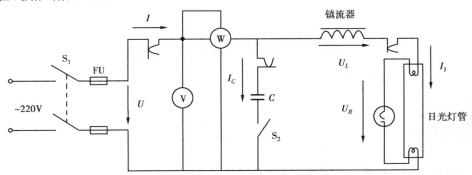

附图 1 实验一电路图

1)按附图 1 正确接好线,经指导教师检查无误后,合上 S_1,即接通电源。

2)待日光灯工作正常后,打开 S_2,即 $C = 0$。首先将功率表的读数记入附表 1 中,而后用万用表 250 V 交流电压档分别测量灯管两端电压 U_R、镇流器两端电压 U_L 及电源电压 U,记入附表 1 中。最后将电流表插头。插入各电流插座,分别测出 I、I_1 和 I_C,并记入附表 1 中。

3)将 S_2 合上,即 $C=2\ \mu F$。实验步骤按 2 进行。结果记入附表 1 中。

4)断开 S_1,把两只电容器并联在一起,即 $C=4\ \mu F$。然后合上 S_1,实验步骤同 2。

附表 1　测量结果

电路状态	U/V	U_R/V	U_L/V	I/A	I_1/A	I_C/A	P/W
未并联电容器							
并联电容器 $C=2\ \mu F$							
并联电容器 $C=4\ \mu F$							

五、实验报告要求

1. 整理实验数据,完成附表 2 中的要求。

附表 2　计算结果

未并联电容器	$\cos\varphi=\dfrac{P}{UI_1}=$	$Q=I_1U\sin\varphi_1=$	$S=UI_1=$
并联电容器 $C=2\ \mu F$	$\cos\varphi=\dfrac{P}{UI}=$	$Q=IU\sin\varphi=$	$S=UI=$
并联电容器 $C=4\ \mu F$	$\cos\varphi=\dfrac{P}{UI}=$	$Q=IU\sin\varphi=$	$S=UI=$

2. 分析总电压 U 与 U_R、U_L 之间的关系、总电流与 I_1 和 I_C 之间的关系。并分别画出它们的相量图。

3. 回答为什么并联电容器前后日光灯电路的有功功率和日光灯管中的电流不变化?

4. 总结收获体会和处理故障的过程。

实验 2　三相交流电路的测量

一、实验目的

1)学习将三相负载接成星形和三角形的方法。

2)验证三相负载作星形连接和三相对称负载作三角形连接时,线电流与相电流之间的关系及线电压与相电压之间的关系。

3)了解三相不对称负载作星形连接时中线的作用。

二、实验仪器及设备

1）三相负载实验箱一个（包括 220 V、60 W 白炽灯泡 8 个，接线柱、连接导线）；

2）交流电流表 1 只（0 ~ 5 A）以及电流表插孔板 1 套；

3）交流电压表或万用表 1 只（0 ~ 250 ~ 500 V）；

4）三相开关和单极开关各 1 个。

三、预习要求

1）复习三相对称负载作星形连接时，各线电流与相电流、线电压与相电压之间的关系，中线电流有无。

2）复习三相不对称负载作星形连接时，各相电流与中线电流之间的关系。去掉中线，各相负载电压有什么变化？ 如是白炽灯负载，各灯泡的亮度有什么变化？

3）复习三相对称负载三角形连接方法。作三角形连接时，线电压与相电压、线电流与相电流之间有什么关系？

*4）复习三相不对称负载作三角形连接时，线电压与相电压之间的关系。线电流与相电流之间还存不存在 $\sqrt{3}$ 倍的关系？ 如果一相开路，其他两相上的电压有无变化？

四、实验内容及步骤

1. 三相负载的星形（Y 形）连接

实验电路如附图 2 所示。

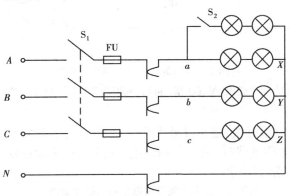

附图 2　三相负载的星形连接电路

1）按附图 2 电路将负载接成星形，经指导教师检查无误后，合上 S_1 开关。

2）断开 S_2，即三相对称负载有中线时，观察各灯泡的亮度，再用交流电压表 250 V 量程分别测量各相电压，用 500 V 量程分别测量各线电压。用交流电流表测量各线电流（也即各相电流）以及中线电流。将测量数据记入附表 3 中。

3）保持三相负载对称的情况下，断开中线，观察各相灯泡的亮度有无变化，而后测量各线电压、相电压,各线电流。将所测得的数据记入附表 3 中。

4)合上 S$_2$,接入中线,即三相不对称负载有中线时,观察各灯泡的亮度,并测量各线电压、相电压,各线电流及中线电流。将所测得的数据记入附表 3 中。

5)在步骤 4)的基础上,断开中线,观察各相灯泡的亮度有无变化,再测量各线电压、相电压,线电流,将测量结果记入附表 3 中。

附表 3　三相负载 Y 接时的测量结果

电路状态		相电压/V			线电压/V			线电流/A			灯泡亮度			中线电流/A
		U_A	U_B	U_C	U_{AB}	U_{BC}	U_{CA}	I_A	I_B	I_C	A 相	B 相	C 相	
对称负载	有中线													
	无中线													
不对称负载	有中线													
	无中线													

注:灯泡亮度可分别填写较亮、正常、较暗 3 种情况。

2. 三相负载的三角形(△形)连接

实验电路如附图 3 所示。

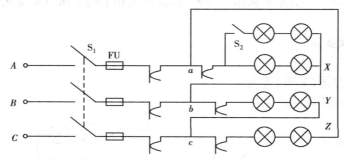

附图 3　三相负载的三角形连接电路

由于实验板采用的是两个 220 V、60 W 的灯泡相串联,所以仍可接入线电压为 380 V 的三相电源。

1)按附图 3 实验线路接好线,经指导教师检查无误后,合上开关 S$_1$。

2)断开 S$_2$,即三相对称负载时,观察各相灯泡的亮度,并测量各线电压、相电压、线电流、相电流,将测量数据记入附表 4 中。

附表 4　三相负载三角形连接时的测量结果

电路状态	线电压/V			相电压/V			线电流/A			相电流/A			灯泡亮度		
	U_{AB}	U_{BC}	U_{CA}	U_{ab}	U_{bc}	U_{ca}	I_A	I_B	I_C	I_{ab}	I_{bc}	I_{ca}	A 相	B 相	C 相
对称负载															
不对称负载															

注:灯泡亮度仍分别填写较亮、正常、较暗 3 种情况。

3)合上 S_2、即三相不对称负载时,观察各相灯泡的亮度,并测量各线电压、相电压,线电流、相电流,将测量的数据记入附表4中。

五、实验报告要求

1)整理实验数据。分析对称负载星形或三角形连接时,线电压与相电压,线电流与相电流之间的关系。

2)三相不对称负载作星形连接时中线的作用。三相不对称负载作三角形连接时,各相电压与对称负载时相比有无变化,线电流与相电流是否为 $\sqrt{3}$ 倍的关系。

3)画出三相负载(包括对称与不对称)作星形连接有中线时,各相电压与各相电流的相量图;画出三相对称负载作三角形连接时,线电流与相电流的相量图。

4)总结收获体会、处理故障的过程及对实验的意见。

实验3　三相交流鼠笼式异步电动机正反转控制

一、实验目的

1)了解接触器、热继器、按钮等的基本结构和接线。

2)了解三相交流异步电动机的连接方法;熟悉其铭牌数据。

3)学习三相交流异步电动机采用交流接触器实现正反转控制电路的接线并进行操作。

4)明确正反转控制电路中自锁、互锁的必要性。

二、实验电路及设备

1. 实验电路(见附图4)

2. 实验设备

1)三相交流鼠笼式异步电动机(0.8 kW)1 台;

2)交流接触器(CJ10-20)2 只;

3)热继电器1 只;

4)复合按钮3 只(或三联一套);

5)三相刀开关1 个;

6)熔断器5 只。

三、实验内容及步骤

1)弄清接触器、热继电、按钮等各器件的接线位置,检查接触器、按钮等各触点通断状态是否良好。

2）按照电路图先接好控制电路,经指导教师检查后,合上电源开关 QS,操作按钮 SB₁ 或 SB₂、观察两个接触器是否能正常吸合和释放,并先后操作 SB₂ 和 SB₃,观察两个接触器是否互锁。

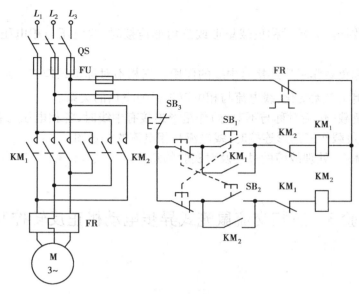

附图4　三相交流异步电动机正反转控制电路

3）控制电路正常后,断开电源开关 QS、按照电路图接主电路,接好经指导教师检查后,合上电源开关 QS 进行下列操作:

①按下正转启动按钮 SB₁,观察电动机旋转方向并设此方向为正转。

②按下停止按钮 SB₃,等待电动机停转。

③按下反转启动按钮 SB₂,观察电动机转向是否为反转。电动机确实反转则接线为正确。

④观察电动机旋转后直接操作反方向启动按钮,电动机将经过强烈的反接制动而进入反向旋转(直接正反转操作)。

四、注意事项

1）接线或检查线路时,一定要注意先断开电源开关。

2）观察电动机直接正反转控制时不要过于频繁,否则因制动电流太大将烧毁电动机定子绕组。

3）当电动机转速较低和发出怪声时,应及时切断电源开关。

五、实验报告要求

1）异步电动机正反转电路是否可以去掉两个接触器常闭触点的互锁?为什么?

2）做实验时,接好线后进行操作,发现电动机正转时转速较高,而反转时转速特低,试说明原因,应检查什么?

3)实验时,接好线进行操作,发现按下正转启动按钮后电动机正转正常,但当手放开启动按钮后电动机又停车,这是什么原因?

4)总结实验收获体会,分析处理故障的过程。

实验4　常用电子仪器仪表的使用及用万用表测试二、三极管

一、实验目的

1)熟悉示波器、低频信号发生器、真空管毫伏表面板上各主要旋钮和接线柱的作用。

2)学习上述仪器仪表的使用方法。

3)会利用万用表判别二、三极管的管脚以及判断它们的好坏。

二、实验仪器及设备

1)SR-071B 型双踪示波器 1 台;

2)XD7 型低频信号发生器 1 台;

3)GB-9B 型真空管毫伏表 1 只;

4)500 型万用表 1 只;

5)NPN 型、PNP 型、2AP9 和 2CZ11 等三极管及二极管各 2 个。

三、各仪器仪表的操作练习

各仪器仪表的操作练习是在实验室指导教师的示范操作下进行的。

1. 真空管毫伏表的使用操作练习

真空管毫伏表是用来测量正弦波电压有效值的仪表。现以 GB-9B 型真空管毫伏表为例说明其使用方法。其面板示意图如附图 5 所示。

(1)将两个"输入"接线柱短接。在核对仪表电源正确后,插上电源插头,将面板上"电源"开关向上(即"电源")板动,旁边指示灯亮,表明仪表电源已接通。待 2~3 min 后,仪表指针将稍微偏转,看它是否回到零点。

(2)调零。当仪表偏转而又不能回到零点时,则调节面板上的"零点调整"旋钮,使指针回到零点。

(3)将面板上的"量程"转换开关旋至所需的测量范围。再过 10 min 后重新调零一次,便可进行测量。测量时,应将毫伏表的地线接线柱与被测电路的零电位点相连。

(4)使用完毕,将"电源"开关置"关"位置,并拔下电源插头。

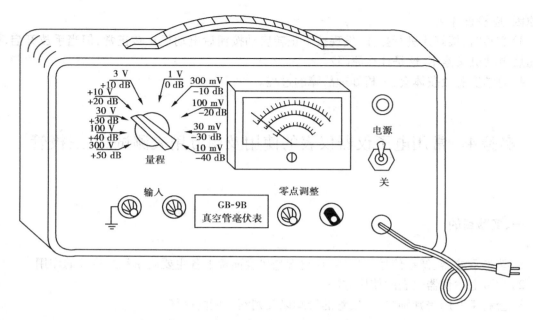

附图5　GB-9B真空管毫伏表面板示意图

2.低频信号发生器的使用操作练习

低频信号发生器是用来输出一定频率和一定幅值的正弦波信号电压(供实验电路作信号源)的仪器。其频率和幅值可在它的频率范围内任意调整。现以实验用 XD7 低频信号发生器为例,说明它的使用方法。其面板示意图如附图6所示。

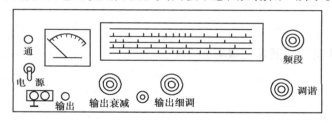

附图6　XD7 低频信号发生器面板示意图

(1)检查仪器背后"电源变换"插头是否指示在相应电源位置上,并且检查电源插头上的地线脚与机壳是否接触良好,以防机壳带电。

(2)在开机前面板上"电源"开关应置在"电源"(即断开)位置、"输出细调"旋钮置在中间、"输出衰减"旋钮置在"0 dB"位置。插上电源插头,再开启"电源"开关,指示灯应亮。

(3)电源接通十几秒钟后功率放大指示电压表应有偏转指示。

(4)调节"频段"旋钮,使其指示在 200~2 000 Hz 位置;调节"调谐"旋钮,使频率刻度盘指针指示在 1 000 Hz;接着调节"输出细调"旋钮,使功率放大指示电压表置在所需要的输出电压值处,以备待用。

(5)使用完毕,将"输出细调"减小,把电源开关置"电源"的位置上。

3.示波器的基本操作练习

示波器主要是用来观察各种周期性信号波形的仪器。并可通过读取正弦信号的峰值电压,换算成有效值;另外还可以利用"时标"来测量周期信号的周期。现以 SR-071B 型双踪示波器为例说明其使用方法。其面板示意图如附图7所示。

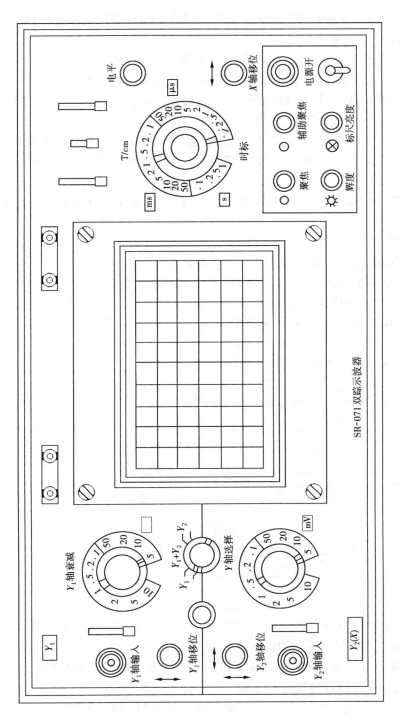

附图 7　示波器面板示意图

（1）检查示波器的"电源开关"是否置于断开（搬把向下）的位置。之后将仪器的电源线相应的插在仪器和交流电源上。

（2）将电源开关向上扳动，其旁边指示灯亮，表明电源已接通。

稍候，将两探头短接，顺时针方向调"辉度"旋钮，荧光屏上将出现一条水平扫描线。继续调整"辉度"旋钮，使亮度适中（不宜过亮）。如扫描线太粗，是聚焦不好，可适当地调节"聚焦"和"辅助聚焦"旋钮，使扫描线达到最细的程度。

如果扫描线不在荧光屏的中间（偏向下方或上方），应调节"Y轴移位"旋钮。如果扫描线偏向左边或右边，应调节"X轴移位"旋钮。调好后备用。如果暂时不用，应将"辉度"调暗，以防烧黑荧光屏。

（3）使用完毕，将"辉度"旋钮逆时针旋至最小，然后将面板上的电源开关关掉，拔去电源线，放回原处。

4. 综合使用练习

（1）用真空管毫伏表测量低频信号发生器的输出电压。

仪器仪表间的连接方法如附图8所示（暂将示波器连线去掉）。先将低频信号发生器的"输出细调"旋钮置在中间位置，频率置于1 000 Hz。然后用真空管毫伏表分别测量信号发生器"输出衰减"在0、20、60、80 dB时的电压值。

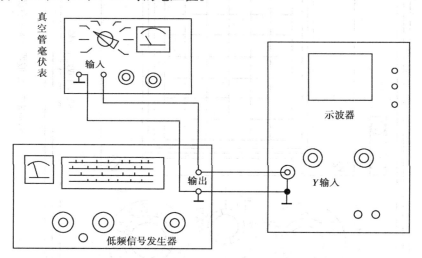

附图8　仪器仪表间的连接

测量前注意观察低频信号发生器电压表的指示，以便正确选择毫伏表的量程。

（2）用示波器观察信号发生器的输出波形

仪器仪表间的连接方法如附图8所示。将低频信号发生器置于1 000 Hz，输出电压分别为10，40，80 mV，用示波器观察其输出波形。

由于实验用示波器为双踪示波器，所以输入信号可从"Y_1轴输入"端和"Y_2轴输入"端同时输入两个信号，但此时应将"Y轴工作方式选择"钮（简称"Y轴选择"）置于"$Y_1 + Y_2$"。如仅使用"Y_1轴输入"端，应将"Y轴选择"置Y_1。

如果观察到的信号波形幅度很小，则应顺时针调节示波器"Y_1（或Y_2）轴衰减"钮，使衰减程度变小；如果信号波形幅度很大，即出现正负波顶被削去时，应逆时针调节。直到易于观察为止。

如果观察到的波形周期很小，则顺时针调节"时标旋钮"，使荧光屏上出现 1~3 个周期的波形。如波形不稳定，调节"电平"钮。如果荧光屏上出现几个交叉重叠的波形，打开时标中间处的"扫描速率转换开关"，并缓慢的进行调节，直到出现一个稳定的波形。

四、用万用表测量晶体二、三极管

用万用表辨别二极管的正极、负极及其好坏；辨别三极管集电极、基极、发射极，管子的类型（PNP 或 NPN）及其好坏。

测量方法见本教材 8.2、8.5 节，这里不再赘述。

五、实验报告要求

1）概述用示波器观察低频信号发生器输出波形时的简单操作方法。

2）要使低频信号发生器输出 100 Hz、100 mV 的信号电压，应该如何操作低频信号发生器面板上的旋钮？

3）真空管毫伏表的主要用途是什么？如果要测量 100 mV 的正弦电压，应如何操作？

4）总结用万用表测试二极管和三极管的方法。

实验 5　单相桥式整流和滤波电路

一、实验目的

1）掌握单相桥式整流电路的连接和测试方法，研究电容滤波和 RC-π 型滤波元件参数变化对输出直流电压的影响。

2）学习用示波器观察桥式整流、电容滤波电路输出电压的波形。

二、实验仪器及设备

1）MDS-1 实验箱 1 个；

2）SR-071B 型示波器 1 台；

3）500 型万用表 1 只；

4）直流毫安表（0~100~200 mA）1 只；

5）变压器（220/10 V、5 VA）1 台；

6）专用插件（实验室制作、电路见附图 9(b)所示）1 只。

三、实验电路及原理

1. 实验电路

实验电路如附图9(a)所示,电路元件参数:$R = R_1 = 51\ \Omega$,$RP = 1.5\ \text{k}\Omega/1\ \text{W}$,$C_1 = 100\ \mu\text{F}/25\ \text{V}$,$C_2 = 470\ \mu\text{F}/25\ \text{V}$,$V_1 \sim V_4$ 为 2CP22 × 4。

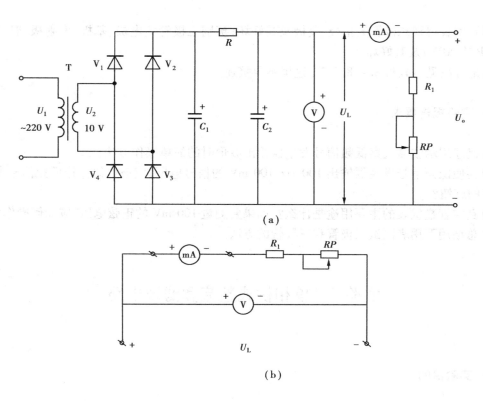

(a)

(b)

附图9 实验五的电路

(a)实验电路 (b)R_L 的专用插件电路

2. 实验原理

附图9(a)所示为单相桥式整流 RC-π 型滤波电路。若 R 短路,去掉 C_1 和 C_2 就构成单相桥式整流电路,此时整流输出电压平均值为:

$$U_L = 0.9U_2$$

桥式整流电容滤波电路,若根据式 $R_L C \geqslant (3 \sim 5)\dfrac{T}{2}$ 选择滤波电容时,输出直流电压为:

$$U_L \approx 1.2U_2$$

R_L 和 C 越大,表明放电的时间常数 $\tau = R_L C$ 越大,U_L 值越高,输出电压的波形越平滑。

对于 RC-π 型波波电路,输出直流电压为:

$$U_L = U_{L1}\frac{R_L}{R + R_L}$$

式中，U_{L1}为滤波电容C_1上的直流电压；R_L为R_1和RP的和。这种电路输出电压的波形更加平滑。

四、实验内容及步骤

实验用 MDS-1 专用实验箱与其配套的 47 号卡片来实施。它所需要的 10 V 的电源也可用自耦调压器供给。R_L是用毫安表、R_1和RP组成的专用插件（见附图 9(b)）来代替。

1. 桥式整流电路

1）将二极管 $V_1 \sim V_4$ 插入相应的位置上，R 用短路线替代，将专用插件 R_L 调为 100 Ω 并插入相应位置。此时便构成桥式整流电路。

2）接通电源，用万用表直流电压档测量 U_L 和从毫安表读出 I_L，并记入附表 5 中。

附表 5　桥式整流电容滤波电路测量结果

测试电路	测量结果			理论计算	
	U_L/V	I_L/mA	U_L 的波形	U_L/V	I_L/mA
桥式整流					
桥式整流 C_1 滤波					
桥式整流 C_1、C_2 滤波					
桥式整流 RC-π 型滤波					
桥整 C_1、C_2 滤波 $R_L = 51$ Ω					
桥整 C_1、C_2 滤波 $R_L = 1\,551$ Ω					

3）用示波器观察 R_L 两端输出电压 U_L 的波形，并记入附表 5 中。

2. 桥式整流 C_1 滤波电路

在步骤 1 电路的基础上，将 100 μF/25 V 的电容器插在 C_1 的位置上，而后按步骤 1 中的 2）、3）分别测量和观察，并把结果记入附表 5 中。

3. 桥式整流 C_1、C_2 滤波电路

在步骤 2 电路的基础上，再把 470 μF/25 V 的电容器插在 C_2 的位置上，而后按步骤 1 中的 2）、3）进行测量和观察，并把结果记入附表 5 中。

4. 桥式整流 RC-π 型滤波电路

在步骤 3 电路的基础上，将 51 Ω 的电阻 R 替换短路线，再按步骤 1 中的 2）、3）进行。并把结果记入附表 5 中。

5. 负载 R_L 对 U_L 的值及其波形的影响

在步骤 3 的基础上，使 R_L 变大或变小，观察输出电压波形的变化情况。测量 R_L 为最小值（51 Ω）和最大值（1.551 kΩ）时输出电压、电流的数值，并同时观察输出电压的波形，把结果记入附表 5 中。

五、实验报告要求

1）整理实验所测数据和波形。完成附表 5 中要求的理论计算。
2）对桥式整流和不同形式滤波电路的特点进行比较和评价。
3）分析改变负载电阻 R_L 对输出电压、电流的大小及其波形的影响。
4）总结收获体会和处理故障的过程。

实验 6 单级电压放大电路

一、实验目的

1）掌握放大电路静态工作点的测试和调试方法。
2）掌握放大电路电压放大倍数的测试方法。
3）了解电路参数变化对放大电路静态工作点、电压放大倍数及输出电压波形的影响。

二、实验仪器及设备

1）示波器、低频信号发生器、真空管毫表各 1 台，型号同实验四；
2）稳压电源 1 台；
3）MDS-1 实验箱 1 个；
4）R_{b1} 的专用插件（实验室制作）1 只。

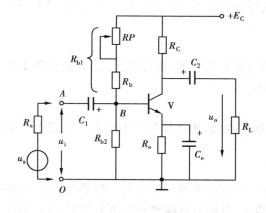

附图 10 单级电压放大电路

三、预习要求及实验电路

1. 预习要求

1）复习分压式偏置电路的工作原理及各元件的作用。

2）复习分压式偏置电路静态工作点及电压放大倍数的估算方法。

3）如何测量 I_{CQ} 值？不断开与集电极的连线行吗？

4）如果出现饱和、截止失真，应如何调整电路参数？

2. 实验电路

实验电路如附图 10 所示。元件参数：$R_b = 10 \text{ k}\Omega$，$RP = 100 \text{ k}\Omega$，$R_{b2} = 10 \text{ k}\Omega$，$R_c = 5.1 \text{ k}\Omega$，

$R_e = 2$ kΩ, $R_L = 5.1$ kΩ, $C_1 = C_2 = 10$ μF, $C_e = 22$ μF, $E_c = 12$ V, V 为 3DG6, $\beta = 50 \sim 60$。

四、实验内容及步骤

实验用 MDS-1 实验箱及其配套卡片 2 号来实施。卡片上的 R_{b1} 由专用插件来代替。

1. 调试静态工作点

1）将配备的元件按卡片电路插好。

2）将各仪器仪表的电源插头插入电源。将真空管毫伏表电源开关接通,使其预热。

3）按指定状态调整静态工作点。

①将被测放大电路的输入端 A-O 间短接。将直流稳压电源的输出量程开关置于 12 V 挡位置上,接通电源开关,调节其"输出细调"旋钮,同时用万用表直流电压 50 V 挡测量其输出电压为 12 V,然后将它接于 2 号卡片的 E_c 和 ⊥ 插孔。

②按 $I_{CQ} = 1$ mA 调整静态工作点。调节 RP,同时用万用表直流电压 10 V 挡测量 R_C 两端的电压,当 R_c 两端的电压为 5.1 V 时,则 I_{CQ} 即为 1 mA,工作点就确定了。此时,用万用表直流电压 10 V 挡分别测量三极管 b 极、c 极、e 极对地电压 U_B、U_C、U_E,并记入附表 6 中。

附表 6　静态测量结果

测试条件	测量结果			理论计算			输出波形
	U_B/V	U_C/V	U_E/V	U_{BE}/V	U_{CE}/V	I_{CQ}/mA	
$I_{CQ} = 1$ mA							
RP 增大							
RP 减小							

2. 测量电压放大倍数 A_u

1）去掉放大电路输入端 A—O 间的短路线。在静态工作点 $I_{CQ} = 1$ mA 的情况下,将低频信号发生器的频率置 1 000 Hz,输出电压为 10 mV（用真空管毫伏表测量）后,加入 A—O 之间。将示波器的电源开关置"电源开"的位置,之后将它调整在待观察信号波形的状态。将其探头接于放大电路 R_L 的两端观察输出电压 U_0 的波形。

2）在输出波形不失真的情况下,按附表 7 中的要求,用真空管毫伏表分别测量 R_L 开路和 $R_L = 5.1$ kΩ 时的 U_i 和 U_o 值,并记入附表 7 中。

附表 7　动态测量结果

测试条件		测量数据			由测试位计算		理论计算	
I_{CQ}	R_L	U_i/mV	U_o/mV	输出波形	A_u	r_{be}	A_u	r_{be}
给定值 1 mA	开路							
给定值 1 mA	5.1 kΩ							

3. 观察

在步骤 2 的基础上（$R_L = 5.1$ kΩ）,调节 RP,分别使 RP 增大或减小,观察到波形出现截止和饱和失真为止。去掉输入信号,测量静态时的 U_B、U_C、U_E 值,并记入附表 6 中。

五、实验报告要求

1)整理实验数据及波形,并完成附表 6,7 中要求的计算(注意:实验三极管管座上标有 β 值)。

2)总结 R_{b1} 变化对放大电路静态工作点及输出波形的影响。提出消除截止、饱和失真的措施。

3)总结 R_L 变化对电压放大倍数的影响。

4)分析理论计算与测量结果的误差原因。

附录2 国产半导体器件的型号命名方法

一般三极管外壳上都标注有型号,其表示的意义请查阅附表8。

附表8 国产半导体型号组成部分的符号及其意义

第一部分		第二部分		第三部分		第四部分	第五部分
用数字表示器件的电极数目		用汉语拼音字母表示器件的材料和极性		用汉语拼音字母表示器件类别		用数字表示器件序号	用汉语拼音字母表示规格号
符号	意义	符号	意义	符号	意义		
2 3	二极管 三极管	A	N型,锗材料	P	普通管		
		B	P型,锗材料	W	稳压管		
		C	N型,硅材料	Z	整流管		
		D	P型,硅材料	L	整流堆		
		A	PNP型,锗材料	U	光电器件		
		B	NPN型,锗材料	K	开管管		
		C	PNP型,硅材料	X	低频小功率管		
		D	NPN型,硅材料	G	高频小功率管		
		E	化合物材料	D	低频大功率管		
				A	高频大功率管		

例如:2AP9　　　普通N型锗二极管

2CW7A　　　N型硅稳压二极管

3DG6B　　　NPN型硅高频小功率三极管

3DD15C　　　NPN型硅低频大功率三极管

附录3　晶体三极管的测试方法

目前市售塑封三极管,均为三脚一字排列,无任何标记,如无晶体管手册可查,各脚难以分辨,这时可用万用表识别。小功率管仍用欧姆挡 $R \times 100\ \Omega$ 或 $R \times 1\ k\Omega$ 测。

1. 判定三极管的管脚和类型

（1）先判定基极

三极管 b,e 之间和 b,c 之间是两个 PN 结,与二极管相同,正向电阻小,反向电阻大。因此,可任设一个脚为基极,将红表笔与它接触,然后用黑表笔分别接另两脚,如附图11所示,如果两次测得的阻值都很大（或都很小）,那么,红表笔所接管脚就是基极。如两次测得的阻值,相差特别大,应重新假设基极再测。

（2）判定是 NPN 型还是 PNP 型管

找到基极后,把黑表笔接基极,红表笔分别接另两个极,若两次测得的阻值都很小,则为 NPN 型,若两次测得的阻值都很大,则为 PNP 型。

（3）判定集电极

NPN 型管正常放大时,须 c 极接电源正极,e 极接负极,如果接反则 β 很小或无电流放大作用。因此,找到基极后,按附图12(a)和(b)所示方法测试,将两次测得的结果进行比较,指针摆度大的一次黑表笔所接极为集电极。

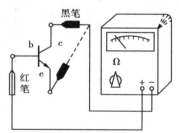

附图11　三极管基极的测试图

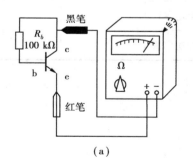

(a)

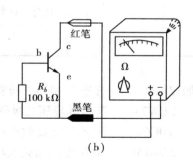

(b)

附图12　三极管集电极的判定方法

若是 PNP 型管子,仍可按附图12所示方法测试,不过应将红、黑表笔对调,其中表针摆度大的一次,红表笔所接极为集电极。

2. 三极管 β 值的粗测

在管子基极、集电极及类型判定的情况下,对于 NPN 型管用附图12(a)所示方法粗测 β 值。指针摆度大的管子,β 值也就大。如果指针摆度很小或不动,说明管子放大能力很差或已报废。

对于 PNP 型管,在附图12(a)中将黑、红表笔对调后,β 值的判定方法同上。

部分习题答案

第1章 思考题与练习题参考答案

1.2 4 V,0.5 A。

1.4 左边线圈产生 e 的方向为纸外,右边为纸里。

1.5 能转动,与磁极转向同。

1.6 N_1 为自感电动势,N_2、N_3 为互感电动势。

1.8 (a)6 Ω;(b) -6 Ω;(c)3 Ω;(d)6 Ω。

1.11 $I_1 = 0.75$ A,$I_2 = 2.5$ A,$I_3 = 1.5$ A。

1.12 $I_1 = 0.65$ mA,$I_2 = 0.325$ mA,$I_3 = 0.975$ mA。

1.13 设 $U_d = 0$ V,$U_a = 7.5$ V,$U_b = 1.5$ V,$U_c = -4.5$ V。

1.14 $U_a = 0$ V,$U_b = 6.5$ V,$U_c = -0.5$ V。

1.15 S 断开,$U_a = 2.4$ V,S 闭合,$U_a = 3$ V。

1.16 $U_1 \approx 380$ V,$U_2 \approx 220$ V,$f_1 = f_2 = 50$ Hz,$T_1 = T_2 = 0.02$ s,$\varphi_1 - \varphi_2 = 75°$。 $t = 0$,$u_1 \approx$ 456.45 V,$u_2 \approx 307.27$ V,u_1 超前 u_2 75°。

1.17 $I_m = 14.14$ A,$\omega = 314$ rad,$\varphi = 44.4°$, $i = 14.14\ \sin(314t + 44.4°)$ A。

1.18 不能,因 $U_m = 314$ V > 250 V。

1.19 (1)$u = 100\ \sin(\omega t + 53.1°)$ V;(2)$i = 14.14\ \sin(\omega t - 45°)$ A;(3)$u = 50\ \sin(314t - 83.1°)$ V。

1.20 (1)$u = 220\sqrt{2}\ \sin(314t + 60°)$ V;(2)$u = 380\ \sin(314t - 90°)$ V;

  (3)$i = 50\sqrt{2}\ \sin(314t - 36.9°)$ A;(4)$i = 14.14\ \sin(314t - 53.1°)$ A。

1.21 $I = 1.25$ A,$i = 1.25\sqrt{2}\ \sin(314t - 90°)$ A,$Q_L = 12.5$ Var。

1.22 $I = 0.17$ A,$i = 0.17\sqrt{2}\ \sin(314t - 30°)$ A,$Q_C = 36.82$ Var。

1.23 (1)$\dot{I} = 2\angle 6.9°$ A,$\dot{U}_R = 8\angle 6.9°$ V,$\dot{U}_L = 6\angle 96.9°$ V;(2)$P = 16$ W,
$Q = 12$ Var,$S = 20$ VA。

1.24 (1)$\dot{I} = 0.18\angle 45°$ A,$\dot{U}_C = 2.86\angle -45°$ V,$\dot{U}_R = 2.88\angle 45°$ V;(2)$\dot{I} = 0.25\angle 0.6°$ A,
$\dot{U}_C = 0.04\angle -89.4°$ V,$\dot{U}_R = 4\angle 0.6°$ V。

  耦合电容 C 一定,频率越高,容抗越小,其上压降就会越小,负载上得到的电压就会越高。

1.25 1 210 Ω

1.26 (1)10 A;(2)电阻,14 A。

1.27 $i_1 = 76\sqrt{2}\ \sin(314t - 36.9°)$ A,$i_2 = 38\sqrt{2}\ \sin(314t - 53.1°)$ A,$i_1 + i_2 = 112.97\sqrt{2}\ \sin$

$(314t - 42.28°)$ A。

1.28 $i_1 = 15.5\sqrt{2}\sin(314t - 45°)$ A, $i_2 = 5.5\sqrt{2}\sin 314t$ A, $i_1 + i_2 = 19.83\sqrt{2}\sin(314t + 33.7°)$ A。

1.29 如:12.88∠42.23° A, $\cos\varphi = 0.74$。

1.32 0.44 A, 0.225, $\cos\varphi = 0.97$。

1.33 (1) $i_1 = 4.4\sqrt{2}\sin(314t - 53.1°)$ A, $\cos\varphi = 0.6$, $P = 580.8$ W;(2)31 μF;

(3) $i = 2.39\sqrt{2}\sin(314t - 25.21°)$ A;(4)不会。

1.34 279 μF。

第2章 思考题与练习题参考答案

2.1 $u_B = U_m\sin(\omega t - 90°)$ V, $u_C = U_m\sin(\omega t + 150°)$ V, $\dot{U}_{Bm} = U_m\angle -90°$ V, $\dot{U}_{Cm} = U_m\angle 150°$ V。

2.2 $\dot{U}_{BC} = 380\angle -90°$ V, $\dot{U}_{CA} = 380\angle 150°$ V, $\dot{U}_A = 220\angle 0°$ V, $\dot{U}_B = 220\angle -120°$ V, $\dot{U}_C = 220\angle 120°$ V。

2.3 2倍相电动势,将产生很大的环流而烧毁变压器绕组。

2.5 设 $\dot{U}_A = 220\angle 0°$ V 时, $\dot{I}_A = \dot{I}_a = 22\angle 0°$ A, $\dot{I}_B = \dot{I}_b = 22\angle 150°$ A, $\dot{I}_C = \dot{I}_c = 22\angle -150°$ A; $\dot{I}_N = -16.1\angle 0°$ A; $P = 4\,840$ W。

2.6 $\dot{I}_a = 4.55\angle 0°$ A, $\dot{I}_b = 6.82\angle -120°$ A, $\dot{I}_c = 4.55\angle 120°$ A。 $\dot{I}_N = 2.54\angle 116.5°$ A, $P = 3\,502.4$ W $= 3.5$ kW。

2.7 $\dot{I}_A = \dot{I}_a = 22\angle -83.1°$ A, $\dot{I}_B = \dot{I}_b = 22\angle 156.9°$ A, $\dot{I}_C = \dot{I}_c = 22\angle 36.9°$ A, $P = 8\,687.71$ W。

2.8 $I_l = 18.99$ A。

2.9 接 $\dot{U}_{AB} = 220\angle 0°$ V 时, $\dot{I}_{ab} = 22\angle -53.1°$ A, $\dot{I}_{bc} = 22\angle -173.1°$ A, $\dot{I}_{ca} = 22\angle 66.9°$ A; $\dot{I}_A = 38\angle -83.1°$ A, $\dot{I}_B = 38\angle 156.9°$ A, $\dot{I}_C = 38\angle 36.9°$ A; $P = 8\,687.71$ W。

接 $\dot{U}_{AB} = 380\angle 0°$ V时, $\dot{I}_{ab} = 38\angle -53.1°$ A, $\dot{I}_{bc} = 38\angle -173.1°$ A, $\dot{I}_{ca} = 38\angle 66.9°$ A; $\dot{I}_A = 65.82\angle -83.1°$ A, $\dot{I}_B = 65.82\angle 156.9°$ A, $\dot{I}_C = 65.82\angle 36.9°$ A; $P = 25\,992$ W ≈ 25.99 kW。

2.10 $I_l \approx 9.83$ A, $I_p \approx 5.68$ A。

2.11 $\dot{U}_{AB} = 380\angle 0°$ V时, $\dot{I}_{ab} = 63.33\angle 0°$ A, $\dot{I}_{bc} = 38\angle 150°$ A, $\dot{I}_{ca} = 76\angle 156.9°$ A; $\dot{I}_A = 136.54\angle -12.6°$ A, $\dot{I}_B = 98.1\angle 168.8°$ A, $\dot{I}_C = 38.55\angle 163.7°$ A; $P = 50.6$ kW。

第 3 章　思考题与练习题参考答案

3.1　不能,因 $e_1 = -N_1 \dfrac{\mathrm{d}\phi}{\mathrm{d}t}$,而直流的 $\dfrac{\mathrm{d}\phi}{\mathrm{d}t} = 0$,即 $e_1 = 0$,由绕组的电压平衡方程式 $U_1 = I_1 Z_1 - E_1$ 知,当 $E_1 = 0$ 时,绕组中因过流而烧毁。

3.2　不能。

3.3　166 盏。

3.4　(1) $U_{2l} = 400$ V, $U_{2p} = 231$ V, $I_{2l} = I_{2p} = 144.31$ A;(2) $U_{2l} = U_{2p} = 231$ V, $I_{2l} = 249.94$ A, $I_{2p} = 144.31$ A;(3)不会改变。

3.5　$U_{2l} = 231$ V, $I_{1l} \approx 4$ A。

3.6　227 匝, $I_{2N} = 100$ A, $I_{1N} \approx 45.45$ A。

3.7　5 A。

第 4 章　思考题与练习题参考答案

4.1　电动机堵转,电动机定子绕组的电流为启动电流,会烧毁电动机定子绕组,需要断开电动机电源。

4.2　不能启动,因为转子回路无电流,相当于定子绕组有空载电流,无危险。

4.3　不是,当转子回路电阻大于转子回路电感时,大于临界点,启动转矩会变小。

4.4　因为电源电压下降过多,电动机要继续工作,定子绕组电流会按比例成平方的增大,所以会烧毁电动机定子绕组。

4.5　若电源电压突然降低10%,(1)旋转磁场的转速不变;(2)旋转磁场的磁通会降低10%;(3)转子电流会增大10%以上;定子绕组电流也会增大10%以上;(4)转子转速会稍微降低。

4.6　扇叶反转了。其定子绕组有两个线圈,将其一个线圈的接线端对调就可以了。

4.7　可能是启动绕组的电容器坏了,更换电容器。

4.8　因为电动机稳定运行时,其电磁转矩等于负载转矩,负载转矩增加时,要稳定运行,电磁转矩必然要增加。当负载转矩大于电动机的最大转矩时,电动机将拖不动负载,转速急剧下降到堵转,需要切断电动机的电源。

4.9　额定电流 $I_N = 59.45$ A;额定转差率 $S_N = 0.02$;额定电磁转矩 $T_N = 292.35$ N·m;堵转转矩 $T_{ST} = 496.99$ N·m;最大转矩 $T_{max} = 643.17$ N·m。

4.10　用 Y—△降压启动时,其启动电流是直接启动电流的1/3,其启动转矩也是直接启动的1/3,因此,Y—△降压启动时的电流 $I_{ST} = 59.45$ A × 6.5 ÷ 3 = 128.81 A,小于 250 A 的要求,启动转矩 496.99 ÷ 3 = 165.66 N·m,大于 292.35 N·m × 0.5 = 146.18 N·m 的要求,可以用 Y—△降压启动。

4.11　三相电动机的三根电源断了一根,产生不了旋转磁场,所以不能启动。在运行过程中电源断了一根,电动机已经建立了旋转磁场(相当于单机电动机),仍然能继续旋转。启动时电源断了一根,电动机不能启动,电动机定子绕组的电流为启动电流,需要切断电动机的电源。在运行过程中电源断了一根,其三相电流分摊在两相上,如果负载较轻时,可以继续运行,如果负载较重时,电流将会超过额定电流,也需要切断电动机的电源。

4.12 三相电动机变极调速时,需要将其中的两组绕组的电源进行对调如果没有进行对调,电动机将会反转。

第5章 思考题与练习题参考答案

5.1 励磁线圈额定电压为 380 V,接到 220 V 的电源上,接触器衔铁不能吸合,相当于启动状态,启动电流比较大,时间过长会烧毁线圈绝缘。实际上,理论上讲由于接触器额定电压的误差及单机 220 V 电压偏高,接触器可能会产生振动,当 220 V 电压达最大值左右时接触器衔铁吸合,过最达值左右后释放。

5.2 20 A 的接触器是指其主触头允许通过 20 A 的电流,触头结构大;其励磁线圈为电压线圈,并联在电源上,电流小;线圈导线细,匝数多。20 A 的电流继电器是指其线圈允许通过 20 A 的电流,触头结构小:其励磁线圈为电流线圈,串联在电源上,电流大;线圈导线粗,匝数少。

5.3 热继电器是用于过负载保护的,当负载电流超过额定电流一定值时,经过一段时间才动作,属于热保护,是通过接触器实现的。熔断器是用于电源短路保护的,电源短路时,电流非常大,需要快速切断电源,而热继电器来不及动作。

5.4 接触器只有在衔铁没有吸合时,才能实现欠电压保护。当接触器吸合后,其维持吸合的电压比较低,所以不能实现欠电压保护。

5.5 过流保护是指电流超过某一定的值,就立即切断电源,常用于直流电动机或交流绕线式电动机,通过电流继电器实现。过负载保护是属于热保护,当电流超过额定电流时,定子绕组温度会升高,但短时间的过电流是允许的,而且电动机还要躲过启动电流,主要是检测温升的,所以用热继电器进行过负载保护。

5.6 (a)图:工作时,KM_1 先工作,KM_2 后工作;停止时不分先后;(b)图:工作时,KM_1 先工作,KM_2 后工作;停止时,KM_2 先停止,KM_1 后停止。

5.7 具有既能连续运行,又能点动的控制电路。

5.8 (a)图不能工作;(b)图属于震动,既吸合、释放、吸合、释放;(c)图只能点动;(d)图为短路。

第6章 思考题与练习题参考答案

6.1 54 kW,63 kVar,83 kVA,126 A,S_{10} – 100/10。

6.2 相线截面:25 mm^2,零线截面:16 mm^2,保护线截面:16 mm^2;熔断器型号:RTO-200,

熔体电流：$I_{N \cdot FE} = 150$ A。

    6.3 相线、零线的截面均为：16 mm^2，保护线截面：10 mm^2。

    6.4 相线截面均为：35 mm^2。DW16 型空开的 $I_{N \cdot OR} = 160$ A，瞬时脱扣电流倍数整定为 4 倍。

    6.5 BV 导线截面均为：16 mm^2，$I_{OP} = 228$ A。

第 7 章　思考题与练习题参考答案

    7.1 光源在单位时间内向周围空间辐射并引起视觉的能量称为光通量，单位是流明（lm）；光源消耗 1 W 电功率发出的光通量，称为电光源的发光效率，单位为流明/瓦（lm/W）。100 W 的白炽灯约为 1 038 lm。

    7.2 光源在某一方向上光通量的立体角密度称为光源在该方向的发光强度，单位为坎德拉（cd）；照度是指单位被照面积所接受的光通量，单位为勒克斯（lx）；眼睛对发光体明暗程度的感觉，称为亮度，单位为尼特（nt）、熙提（sb）。照度说明被照面接受光照的强弱，亮度说明发光体或被照面的明暗程度。

    7.3 使室内外满足一般生产、生活的照明称正常照明；在正常照明因故中断时，供事故情况下继续工作或人员安全疏散的照明称事故照明。事故照明采用能瞬时可靠点燃的电光源。

    7.4 优点是体积小、寿命长、功率大、发光效率高。缺点是发光效率低、寿命短、价格较贵、耐震性较差、灯管温度高。应水平安装，最大倾斜角不大于 4°，不得装在易震、易燃场所。

    7.5 按灯具上半球和下半球光通量的百分比分为直接型、半直接型、漫射型、半间接型、间接型 5 种；按灯具结构特点分为开启式闭合型、封闭型、密闭型、防爆型 5 种；按灯具的安装方式分为吸顶式、嵌入顶棚、悬挂式、花灯、壁灯、墙内嵌入式、可移动式 7 种。

    7.6 在房间功能、面积、灯的型号、功率已知时，利用我国颁布的标准功率密度值，来计算所需灯的数量。主要特点是考虑了照明节能的问题。

    7.8 由架空配电线路引到建筑物外墙的第一个支持点（如进户横担）之间的一段线路，或由一个用户接到另一个用户的线路叫做接户线。进户线指由进户点到室内总配电箱的一段导线。干线指从总配电箱到分配电箱的一段线路。支线指从分配电箱引至负载的一段线路。单相支线电流不宜超过 15 A，每一支线所接负载数（灯和插座总数）不宜超过 20 个（特殊情况最多不得超过 25 个）。

    7.10 BX 指橡皮绝缘铜线，$(3 \times 6 + 1 \times 4)$ 指 3 根 6 mm^2 的相线和 1 根 4 mm^2 的零线，TC40-WC 指穿直径为 40 mm 的电线管沿墙暗敷。

    7.11 灯具 20 盏，灯具型号圆筒型罩灯，每盏灯具有 1 个 40 W 的灯泡（管），灯具安装高度 2.8 m，灯具安装方式为嵌入式（不可进入的顶棚）。

    7.12

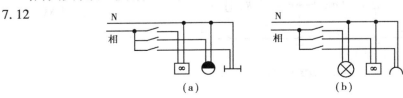

第8章 思考题与练习题参考答案

8.2 N 型,P 型;N 型是多子电子和少子空穴导电,P 型是多子空穴和少子电子导电。

8.3 (a)读数 0,因 PN 结未加偏置电压;(b)读数最大,因 PN 结正偏;(c)读数最小,因 PN 结反偏,仅有反向饱和电流。

8.4 面接触型和点接触型,面接触型适应大电流、低频场合;点接触型适应小电流、高频场合。

8.7 $I_L = 0.15$ A;$I_Z \geqslant (0.15 \sim 0.23)$ A,$U_{(BR)} \geqslant 17.68$ V;$C = (300 \sim 500)\mu$F,$U_{Cm} \geqslant 17.68$ V。

8.9 整流把交流变为脉动直流;滤波把脉动直流变为较平滑的直流,即降低脉动成分;稳压能把电网波动、负载变动引起的电压波动维持不变。

8.10 将会造成整流变压器副边短路而烧毁。

8.11 内部条件:基区很薄,掺杂浓度低;发射区掺杂浓度很高;集电区面积大,掺杂浓度远低于发射区。外部条件:发射结正偏,集电结反偏。

8.12 穿透电流较小的管子较合适。

8.13 输入信号为零时,放大电路所处的直流电压、电流值 U_{BEQ}、I_{BQ}、U_{CEQ}、I_{CQ} 对应于输入输出特性曲线上的某一个点,叫静态工作点。无静态工作点输出交流信号会产生严重失真。

8.14 (1)22.6 μA,2.26 mA,2.96 V;(2)315 kΩ;(3)R_b' 防止 RP 调到最小值时,三极管电流过大而损坏;E_C 为放大电路提供能源;C_2 隔直流,以防止静态对本级及后级的影响,通交流,即耦合信号。

8.16 (2)$I_{EQ} = 2.15$ mA,$I_{BQ} = 26.54$ μA,$I_{CQ} = 2.12$ mA,$U_{CEQ} = 4.34$ V;(3)交流旁路,即使 R_e 失去交流负反馈,从而提高电压放大倍数。

8.17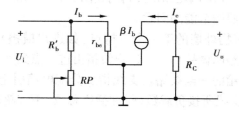

$A_U = 275.86$;

$r_i \approx 1.45$ kΩ;

$r_o = 4$ kΩ。

题 17 微变等效电路

8.18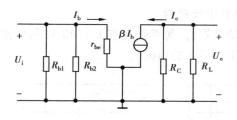

$A_U = 275.86$;

$r_i \approx 1.45$ kΩ;

$r_o = 4$ kΩ。

题 18 微变等效电路

8.19

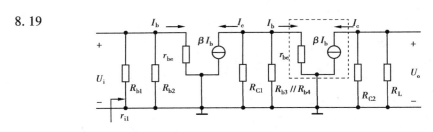

题 19 微变等效电路

$I_{CQ1} \approx I_{EQ1} = 1.3$ mA, $I_{CQ2} \approx I_{EQ2} = 1.3$ mA, $A_{U1} = 11.23$, $A_{U2} = 10.07$, $A_U = 117$; $r_i = r_{i1} \approx 1.32$ kΩ, $r_o = R_C = 500\Omega$。

8.22　(1)引入直流负反馈;(2)引入电压负反馈;(3)引入电流负反馈;(4)引入串联负反馈;(5)引入电压负反馈。

8.23　级间:(a)交直流电压并联负反馈;(b)交流电压并联正反馈;(c)交直流电流串联负反馈;(d)交流电压串联负反馈。